吴文科 · 主编

曲藝學

第3辑

文化藝術出版社
Culture and Art Publishing House

图书在版编目（CIP）数据

曲艺学. 第3辑 / 吴文科主编. — 北京：文化艺术出版社，
2022.10
ISBN 978-7-5039-7207-2

Ⅰ. ①曲…　Ⅱ. ①吴…　Ⅲ. ①曲艺—中国—文集
Ⅳ. ①J826-53

中国版本图书馆CIP数据核字（2022）第019750号

《曲艺学》第3辑

主　　编　吴文科
责任编辑　廖小芳
责任校对　董　斌
封面设计　李　响
出版发行　文化艺術出版社
地　　址　北京市东城区东四八条52号　（100700）
网　　址　www.caaph.com
电子邮箱　s@caaph.com
电　　话　（010）84057666（总编室）　84057667（办公室）
　　　　　84057696—84057699（发行部）
传　　真　（010）84057660（总编室）　84057670（办公室）
　　　　　84057690（发行部）
经　　销　新华书店
印　　刷　国英印务有限公司
版　　次　2022 年 10 月第 1 版
印　　次　2022 年 10 月第 1 次印刷
开　　本　710 毫米 × 1000 毫米　1/16
印　　张　24
字　　数　390千字
书　　号　ISBN 978-7-5039-7207-2
定　　价　68.00 元

《曲艺学》编委会

本书由
“中国艺术研究院基本科研业务费项目”
资助出版
（编号：2021-2-21）

目录

人物研究

王　伟

“鼓界大王”刘宝全艺事综考*

【内容提要】刘宝全是京韵大鼓的主要创始人和一代宗师，但对其艺术的研究尚不深入。散见于民国时期相关报刊的报道和文章，对其艺术活动包括所唱节目数量、风格流派形成及外埠演出情形，均提供了较为翔实的证明，很有史料文献价值。

【关 键 词】刘宝全　京韵大鼓　风格形成　节目钩沉　外埠演出

刘宝全（1869—1942）是使京韵大鼓艺术走向成熟的主要创始人之一，也是“刘（宝全）派”京韵大鼓的创始人，生前被誉为“鼓界大王”，在中国现代曲艺史特别是京韵大鼓的形成和发展史上，占据重要地位。

然而，对于刘宝全的研究却不尽如人意。2017 年，高等教育出版社出版了《中华曲艺图书资料名录》（中国曲艺家协会、辽宁科技大学组织编写），收录曲艺图书 5420 种，但研究刘宝全的专书，只有《刘宝全的京韵大鼓艺术》（周纯一编著）一种，且出版于台湾地区，大陆轻易无法见到。除此之外，当下的刘宝全研究成果，主要有三类：其一，曲艺史和有关志书、辞典。它们或辟专节，或列词条，但皆体量有限，一些具体内容也需要进一步考订，比如《中国

* 本文系国家社科基金艺术学项目“晚清至民国时期京津沪报刊曲艺资料整理研究”（项目编号：21BB029）阶段性成果。

大百科全书·戏曲　曲艺》《中国曲艺志·北京卷》《中国曲艺志·天津卷》的相关记述，就存在抵牾之处。其二，刘宝全弟子、朋友、同行的回忆性文字。这些史料由于各种原因，往往言人人殊，与当时的文献记载亦多不合。其三，研究刘宝全的单篇论文。在中国知网对“刘宝全”进行“主题”检索，截至 2021 年 8 月 18 日可搜到 83 篇文章，但以刘宝全为讨论对象且为研究性文章者则不到 10 篇，其中有的内容更不无可酌之处。但民国报刊中有关他的记述却较丰富，可检索出 400 余篇。本文即在通读这些民国报刊文献的基础上，就有关刘宝全的一些艺事史实，做相应的分类考证。

一、“刘（宝全）派”京韵大鼓的风格形成

这涉及两个基本问题：一是刘宝全的大鼓艺术因缘，二是成就刘宝全艺术风格的因素。

（一）刘宝全的大鼓艺术因缘

刘宝全 9—12 岁学唱大鼓[①]，后学习京剧，原名刘毅民。在当时，京剧艺人无论社会地位还是经济收入，都高于大鼓艺人，可刘宝全最终却脱离了京剧而回归大鼓。其原因众说纷纭，而最流行的有两种，即“误场”说和“难享盛名”说。

“误场”说较早见于杨庆五的《大鼓书话》：

> 刘宝全幼年为四喜班之扫边老生，默默无闻，性好大鼓，每日舍扮戏外，其身必在落子馆中。一日，因听梁三麻儿之大鼓，至于误场。时四喜掌班为时小福，虽不若程长庚掌三庆之严，但部员误场照例科罚不贷。刘并不为意，翌日故意再误。小福愤，因诏之曰：“汝所得戏份不足二次误场之罚款，觇汝意颇不以梨园行业为乐，既酷嗜杂耍，何不改行？”在时意，

---

① 参见《老艺人刘宝全访问记》，《立报》1936 年 4 月 11 日第 4 版。

以此谲谏，冀其自省。刘笑曰：“老班岂认余不能杂耍耶？请于今日始，我自为政。”不三年，竟负大名于此道中，小福一激之力也。①

这一掌故后来广为传说，内容皆大同小异。然而，其中却存在两点漏洞：第一，刘宝全搭四喜班是为了养家糊口，焉能因为一时任性而抛弃饭碗？第二，在当时其所好大鼓为河北传来的木板大鼓，难登大雅之堂，加上采用冀中方音说唱表演，被称为“怯大鼓”，也不被认为有什么技术含量，所谓“岂认余不能杂耍耶”，并不能起到反诘的作用。这一传说虽赋予刘宝全一副与众不同的面孔，但很大程度上也只是其成为“鼓王”后人们的传奇化想象。

“难享盛名”说出自刘宝全本人。但他历次的说辞又不甚一致。例如1935年8月，刘宝全写给《庸报》记者苑易生的“个人生活小史”云：

彼时大名鼎鼎之谭鑫培，汪大老板桂芬，均在沪上演唱。天津有孙老板菊仙（即老乡亲），均是成名之角。窃思在梨园界欲享盛名，殊非易易，因此更名宝全，决意改习大鼓。彼时鼓界虽有胡十、宋五、霍明亮、华桐春、萧玉诸前辈，虽是一般老手，殆皆老成凋谢，是以余占得曲界之先声者，半由时机半由人工，造成今日之声誉也。②

然而，两个月后，他在天津寓所接受访问时又说：

十九岁那年，在上海初次上台，唱《空城计》就没有弄好。受打击后，回天津就学弹弦子，因为我对于弹弦子非常有兴趣。以后改学大鼓，直到现在，一恍的工夫四十多年了。③

两种说法虽然出入颇大，但有一点却是相同的，即刘宝全唱京剧业绩不

---

① 杨庆五：《大鼓书话》，《戏杂志》1922年创始号，第62页。
② 刘宝全：《刘宝全自述生平》，《庸报》1935年8月3日第11版。
③ 心佛：《访问鼓王刘宝全：来沪尚无确信》，《时报》1935年10月3日第9版。

佳，无法出人头地，这是他离开京剧界的根本原因。至于具体原因，是因为谭鑫培等人珠玉在前，还是由于唱《空城计》造成舞台事故呢？后者更符合情理。谭鑫培、汪桂芬的时代，京剧名家辈出，他们没有挡住任何人的成名之路。而刘宝全当时方及弱冠之年，又没有受过多少教育，根本不可能站在这种历史的高度对比京剧、大鼓两个艺术门类，并做出战略性抉择，甚至不会想到难登大雅之堂的“怯大鼓”后来会被发扬光大。他这样说，更大程度上是对自己艺术成长史的重构。按后一种说法，刘宝全因为舞台事故离开京剧戏班，先学弹弦子，后学大鼓。这既没有说假话的必要，也符合人情物理。此时的刘宝全，与其说是选择艺术，不如说是选择生计。他先学习弹弦子让自己有事可做，而后再选定大鼓，这也是人们从离职到再就业的一般过程。

因此，刘宝全转行大鼓的实际原因，我们可以这样概括：他因为业绩一直不好，对唱京剧失去了信心，一次偶然的舞台事故使之决计改弦更张，最终选择了京韵大鼓。

（二）成就刘宝全艺术风格的因素

刘宝全之所以能够取得巨大的艺术成就，除了像大多数艺术家一样，在艺术学习以及生活习惯上对自己严格要求外，还与以下几方面因素有关。

第一，京剧艺术的哺育。早年学戏的经历和后来与刘鸿昇、谭鑫培等京剧艺人的交往，让刘宝全直接或间接汲取了京剧艺术的营养。京剧对刘宝全的影响主要体现在两个方面：其一，促进大鼓声腔改革。曾经有人这样描述：

> 盖刘自入鼓界，尚与刘鸿昇过从极密，常短榻横陈，扣枪而歌，互相研究新鲜腔调，有所得则借用之。①

刘宝全自己也说：

---

① 李熏风：《略谈刘宝全》，《立报》1935年10月11日第3版。

都说大鼓是打皮黄里出来的，其实在从前可是跟皮黄一点没渊源。跟皮黄发生一点关系是打我起头的。我当年年轻的时候儿，也好喜皮黄，在四喜班住了四年，整天跟谭老板（鑫培）、汪老板（桂芬）、余老板（紫云）在一块儿，很得啦点他们的好处，我把这位的好处摘一点，那位的长处摘一点，运用在大鼓上。①

刘宝全改变了传统京韵大鼓粗犷、俚俗的风格，使之优美动听而又不失刚健、雄浑，与京剧艺术的交流起了重要的作用。其二，大鼓表演本来沿袭的是说书路数，是刘宝全通过借鉴京剧艺术经验，在其中加入了“演”的成分。1939年拍摄《宁武关》时，刘宝全曾对导演卜万苍说：

我对于这一段书中的每个角色，总尽力描摹他的神态和个性，力求唱句和表情能够互相吻合，再用声调的抑扬顿挫，来表现出情节的喜怒哀乐。对于这些基本条件，我是一步也不肯放松的。所以当我在演唱之时，我的精神全部都溶化到剧中人去，我简直就忘记我是老了，更忘记了我还是刘宝全。②

事实上也的确如此，江南名士范烟桥第一次听刘宝全大鼓后就感触颇深：

他在唱的时候，有身段做作，有面部表情，完全是唱戏，不单是唱词，所以听他的大鼓，不能不兼用眼睛去看的。③

京剧的表演艺术启发了刘宝全去深切体会人物性格，并从中借鉴身段、神

---

① 芜：《白发歌王刘宝全氏一夕谈：大鼓的新的创造·表情与眼神·琵琶·新脚本·传人·等问题（一）》，《新民报》（南京）1936年7月17日第8版。

② 卜万苍：《水银灯下的大鼓王：刘宝全先生印象记》，《电影世界》1939年第1卷第4期，第7页。

③ 烟桥：《文艺之叶：从刘宝全得到的鼓词风格》，《人事周报》1936年第1期，第8—9页。

态方面的程式动作，尤其是他喜欢唱的长靠、短打类节目，“刀枪架儿”呈现得非常到位。刘宝全自己也曾自豪地说：

> 他们是说大鼓，我才是唱大鼓呢。您问的是身段做派吗？也是得点皮黄的好处。①

第二，受聘世府的经历。刘宝全曾说：

> 我的能有今日些微的成就，完全是靠在世中堂那里二十年的练习。那时候正是逊清末年，宫内对于大鼓也极爱好，因此我就被聘进内务府大臣世中堂家里，在那里一住就是二十年，除了去内廷供奉以外，闲时极多，一个人就独自练习，有时自己觉得旧词不协腔时，就自己来改，总要改成使词动听才罢休。入民国后，因为人事比较忙碌，练习的机会就较少了。②

世中堂即世续，历任晚清总管内务府大臣、文华殿大学士等职。他为刘宝全提供了衣食的保障，使之有充裕的时间来思考艺术。在世府的二十年，可以视作“刘派大鼓”的形成期。

第三，文人的帮助，尤其庄景周的帮助。刘宝全说过：

> 教我唱大鼓时的先生，也没有什么大名气，后来，我请一位比我大三岁的朋友，代我编鼓词，那位朋友，也是报馆里的朋友，把鼓词里的辞韵，研究彻底了，又把这时代的历史，请他讲给我听，然后自己再加以研究，还配合自己所喜欢的乐曲，这样人家听了以为是好。③

---

① 芜：《白发歌王刘宝全氏一夕谈：大鼓的新的创造·表情与眼神·琵琶·新脚本·传人·等问题（二）》，《新民报》（南京）1936 年 7 月 18 日第 8 版。

② 黄静庵：《刘宝全访问记》，《杂志》1939 年第 4 卷第 5 期，第 57 页。

③ 鱼跃：《鼓王刘宝全访问记》，《社会日报》1936 年 4 月 11 日第 4 版。

这位“朋友”便是庄景周，他曾创办《京话日报》。庄氏死后，刘宝全向戏曲学者卢前讲述庄景周生平，并请后者写下一篇纪念性文字。据该文，“景周字荫棠，又号耀亭，别署知非子，一作恃余生，江苏武进人，同光间为吏部选司，久沉下僚，郁不得志”，习诸般乐器，通多门曲艺，为刘氏修订鼓词，“不十年，世无不知有宝全”。①

二、刘宝全演出节目钩沉

刘宝全常唱的大鼓节目，知有二十多段，但他一共唱过多少段，则难以确定。据其子刘一衡说，刘宝全“能唱的大鼓词不下百余种”②。爱萍室主在《爱萍室剧话》中说：“其能剧达二百余出，即最精彩，而为观众所欢迎者，亦有五六十出。”③今可依据相关文献，将其所唱节目尽可能多地钩稽出来。

邹啸（赵景深）《刘宝全的大鼓》一文说：

> 刘宝全的大鼓山药旦曾钞有秘本，以前《罗宾汉》曾刊载过，友人周贻白藏有一份，现在把目录抄在下面，以示刘氏所能唱的大鼓约数：《甘露寺》《刺汤》《草船借箭》《温酒斩华雄》《游武庙》《古城会》《单刀赴会》《火烧博望坡》《华容道》《长坂坡》《截江夺斗》《诸葛亮招亲》《战长沙》《天水关》《击鼓骂曹》《建文帝出家》《凤仪亭》《芦花计》《水淹七军》《士林祭塔》《乌龙院》《斩蔡阳》《秦琼卖马》《三堂会审》《武昭关》《马鞍山》《罗成叫关》《费宫人刺虎》《白蛇传》《关王庙》《包公夸桑》《扬州绕口令》《玉堂春》《蜈蚣岭》《渔樵耕读》《龙凤配》。④

这份目录共计36种节目，其中《建文帝出家》《乌龙院》两种题白凤鸣所

① 冀野：《与刘宝全一夕谭：书鼓词作者庄景周》，《南京日报》1936年8月31日第4版。
② 黄静庵：《刘宝全访问记》，《杂志》1939年第4卷第5期，第57页。
③ 爱萍室主：《爱萍室剧话·鼓王刘宝全》，《上海生活》1939年第3卷第6期，第66页。
④ 邹啸：《刘宝全的大鼓》，《杂志》1939年第4卷第5期，第56页。

有,《费宫人刺虎》《玉堂春》《渔樵耕读》三种题富贵花所有。此外,《击鼓骂曹》与《徐母骂曹》皆简称《骂曹》,当为一个节目的两个名称。曾有传说,刘宝全与白凤岩、白凤鸣兄弟失和,唱了对台,他因为不会唱《击鼓骂曹》而愧走天津。[①] 当时还有文章说,小彩舞“较白发鼓王尤多‘四块活’,计(一)《金定骂城》,(二)《红梅阁》,(三)《伯牙摔琴》,(四)《击鼓骂曹》,皆为刘大王所无者”[②]。这些说法未必准确,但至少说明他们没见过刘宝全唱《击鼓骂曹》,而现有文献亦未见其演唱该节目的记载,所以只能暂时存疑。因此,根据《刘宝全的大鼓》一文,我们可以得到刘宝全节目 30 种,存疑 1 种。

娱园老人(戴愚庵)统计出刘宝全演出节目的目录共 25 种,包括《游武庙》《华容道》《长坂坡》《白帝城》《大西厢》《南阳关》《百山图》《乌龙院》《方孝孺》《博望坡》《单刀会》《古城会》《闹江州》《箭射盔缨》《怀德别女》《双玉听琴》《子期听琴》《审头刺汤》《徐母骂曹》《活捉三郎》《截江夺斗》《一门忠烈》《别母乱箭》《关黄对刀》《战岱州》。又附注云:《丑末寅初》和《八喜》分别为《南阳关》和《百山图》的“髦儿”,《活捉三郎》除“一七”辙外刘宝全还能唱“江洋”辙,这些节目皆未单独列出。[③]《子期听琴》即《马鞍山》,去除重复,再加上《丑末寅初》和《八喜》,共计 28 种。

在这两份目录之外,还有一些节目散见于报刊,具体如下:

刘宝全在南京时,我听过好几次。《马鞍山听琴》《南阳关》《大闹江州》《截江夺斗》《别母乱箭》《审头刺汤》《刘唐下书》等,都听过。[④]

鼓王刘宝全,年逾古稀,精神矍铄,所歌鼓曲,如《长坂坡》《古城会》《黛玉焚稿》《晴雯撕扇》等,词句之典雅,代不尽美,此老之唱做表

① 参见十八子《鼓界大王的轶闻:刘宝全气走津沽(4)》,《北平晚报》1935 年 6 月 26 日第 3 版。

② 梅化:《小彩舞较刘宝全多四块活》,《天声报》1940 年 4 月 27 日第 3 版。

③ 参见娱园老人《杂耍丛谈:刘宝全二十五部曲》,《游艺画刊》1941 年第 2 卷第 9 期,第 21 页。

④ 低眉人:《刘宝全乱谭》,《新民报》(南京)1937 年 6 月 20 日第 4 版。

演，莫不尽善。①

兹将刘之前三天打泡节目介绍如下：十一日早演《闹江州》，晚演《长坂坡》；十二日早演《群英会》，晚演《刺汤勤》；十三日早演《坐楼杀惜》，晚演《博望坡》。②

（刘宝全）近作《战岱州》《收黄盖》《双玉听琴》，新曲雅调，别有意味。③

刘此次计划演唱者，尚有一新曲《建文帝》。④

自九日至十四日，在三庆戏园连演六晚，其节目计《长坂坡》《马鞍山》《新野县》《乌龙院》《华容道》《百山图》。⑤

同时大轴更出鼓王珍藏六十年未演之全本古曲《万寿香》。《万寿香》为鼓牌曲中之名作，古本失传已久，唯刘氏能之。⑥

此处可得新节目有《刘唐下书》《黛玉焚稿》《晴雯撕扇》《群英会》《坐楼杀惜》《收黄盖》《建文帝》《新野县》《万寿香》9种。刘宝全到晚年才学唱“红楼节目”，别处并未见人们提起《黛玉焚稿》《晴雯撕扇》，它们亦未见演出记录；而白云鹏却常唱《红楼梦》题材，《黛玉焚稿》至今仍为“白派”大鼓代表作，所以不排除张冠李戴的可能，二曲暂时存疑。

此外，《新世界》在1918年7月3日第3版刊载了一舟的《听刘宝全大鼓五更调》，内容即为《五更调》的唱词。1948年《民强报》统计“刘宝全之曲词共有二十五段”⑦，其中《杨志卖刀》不见于上面的记载，且与白凤鸣回忆相契合。⑧另据《中国曲艺志·北京卷》，刘宝全还会唱《昭君出塞》《樊金定骂城》

① 《生报》1939年6月16日第1版。

② 邦：《刘宝全抵津订后日出演大观园》，《新天津画报》1939年11月9日第5版。

③ 宋珊：《听鼓杂评》，《新天津》1941年12月6日第8版。

④ 《刘宝全即演〈建文帝〉》，《晨报》1942年2月3日第3版。

⑤ 《白发歌王刘宝全来京奏演七日登台》，《新北京》1942年2月3日第4版。

⑥ 《刘宝全珍藏秘本全部〈万寿香〉七日夜场首演于新新戏院》，《戏剧报》1942年2月5日第4版。

⑦ 《小统计：刘宝全能曲若干？》，《民强报》1948年2月1、2日第2版。

⑧ 参见白凤鸣《刘宝全》，《天津演唱》1980年第6期，第33页。

《风雨归舟》《喜中喜》《佳人赞》《八爱》。[①] 但是，小彩舞比刘宝全多的“四块活”便包括《金定骂城》，已见上文；又娱园老人有云：

> 唱衔灯大鼓，只限于八句，多则牙力不胜衔灯，必致灯翻着落。该项曲本只两个，曰《八喜》，曰《八爱》。《八爱》之曲，早经失传，而《八喜》只刘宝全一人会。刘歌则在大鼓书上，每句用一新腔，绝活也。[②]

不知《中国曲艺志·北京卷》所来何据，故《樊金定骂城》和《八爱》亦暂时存疑。

由此，我们可以整理出这样一份刘宝全演唱的京韵大鼓节目目录：《八喜》《白帝城》《白蛇传》《百山图》《包公夸桑》《别母乱箭》《长坂坡》《草船借箭》《丑末寅初》《大西厢》《单刀赴会》《方孝孺》《风雨归舟》《凤仪亭》《甘露寺》《古城会》《关黄对刀》《关王庙》《华容道》《怀德别女》《火烧博望坡》《活捉三郎》《佳人赞》《箭射盔缨》《建文帝》《截江夺斗》《刘唐下书》《芦花计》《罗成叫关》《龙凤配》《马鞍山》《南阳关》《闹江州》《秦琼卖马》《群英会》《三堂会审》《审头刺汤》《士林祭塔》《双玉听琴》《水淹七军》《收黄盖》《天水关》《万寿香》《温酒斩华雄》《乌龙院》《蜈蚣岭》《武昭关》《五更调》《喜中喜》《新野县》《徐母骂曹》《杨志卖刀》《扬州绕口令》《一门忠烈》《游武庙》《斩蔡阳》《战长沙》《战岱州》《昭君出塞》《诸葛亮招亲》《坐楼杀惜》，共计61种，其中《活捉三郎》可以唱“一七”“江洋”两种辙韵，另有《八爱》《黛玉焚稿》《樊金定骂城》《击鼓骂曹》《晴雯撕扇》5种存疑。[③]

从以上节目不难看出，《三国》《水浒》题材所占比重颇大，其他亦多历史故事，诚如刘宝全夫子自道：

---

① 参见《中国曲艺志》全国编辑委员会、《中国曲艺志·北京卷》编辑委员会编《中国曲艺志·北京卷》，中国ISBN中心1999年版，第664页。

② 娱园老人：《〈八喜〉与〈八爱〉》，《新天津画报》1941年12月17日第3版。

③ 本目录整理出来后，曾蒙中华相声网网友言之惠教，谨识。

我所唱的：是忠，是孝，是节，是义，长靠的、短打的，唱起来才见功力，才有精神。[①]

而像《大西厢》，虽然很受欢迎，但刘宝全却不经常演唱，其艺术追求可见一斑。

三、外埠演出考述

刘宝全大部分时间都鬻艺于京津地区，或出堂会，或辗转于各杂耍园子。他也曾多次应邀赴外埠奏演，“东至大连、奉天、吉林、长春，南至青岛、蚌埠、济南、上海，沿长江西至武汉，至于石家庄、张家口、保定等处，均行演过”[②]。京韵大鼓是一门地域性特征十分鲜明的艺术，在外埠占领演出市场并不容易，与刘宝全同时代的素有“滑稽大王”之称的北京相声名家“万人迷”便在上海吃了闭门羹。所以刘宝全于外埠备受欢迎，既是京韵大鼓传播日广、影响日强的明证，也从侧面说明了他的艺术水平之高。刘宝全在沈阳、上海、南京三地的演出影响尤大，对其本人也别具意义，兹考述如下。

（一）沈阳

1929年夏天，刘宝全应邀至沈阳浴新池澡堂屋顶书场演唱，业绩十分可观，有人这样描述道：

刘宝全在浴新池屋顶奏曲，已有三个多月的长时间。他平日所唱的几十段曲子，像温旧书般，已是滚瓜烂熟。听歌的人，每天均能上六七成座，并不见减少。[③]

---

① 绿叶：《刘宝全大西厢》，《戏剧报》1939年9月29日第2版。

② 刘宝全：《刘宝全自述生平》，《庸报》1935年8月3日第11版。

③ 削颖：《刘宝全之〈大西厢〉》，《大亚画报》1929年第173期，第2页。

刘宝全能取得这样的成绩，既源自其精湛的技艺和“鼓王”的名头，也与“江南四公子”之一的杨云史的揄扬有关。

杨云史（1875—1941），名朝庆，后更名圻，字云史，江苏常熟人，工诗文，先后任陈光远、吴佩孚幕僚，此时应张学良之邀恰寓居沈阳。杨、刘二人的相识，有各种传闻，或云杨氏“偶聆其歌”，大为赞赏；或云刘宝全“深悉时下伶人成名之三昧”，在演唱的言词间求助杨云史为之捧场；或云刘宝全初到辽东时业绩不佳，后通过昔日弟子、已适杨云史的白玉珍介绍，得到杨氏的题赠。[①]然而有一点可以肯定，杨云史的公开褒扬对刘宝全的影响甚大。他听了《宁武关》后，曾为刘氏题诗四首：

此曲人间定有无，花飞四座万人呼。
渔阳三掺齐惊起，争识前朝张野狐。

五月边城闻管弦，熟梅时节老莺天。
少陵野老俱头白，流落江湖二十年。

崔九堂前花满枝，当筵贺老定场迟。
而今休话开元事，白发龟年此一时。

对酒闻歌泪满胸，口传忠孝在伶工。
曲终天上重回首，破碎山河锁故宫。

诗前有小序，称《宁武关》演唱“音节凄厉，容气悲壮沉雄，四座为之陨涕，人则忘其为宝全，优孟而叔孙之，则宝全可知矣”，评价不可谓不高。[②]这四首诗在1929年及以后的几年中多次发表，对刘宝全的揄扬意义不言而喻。

① 参见受生《刘宝全艺将失传》，《金刚钻》1930年4月1日第3版；蛹生《刘宝全挨捧》，《大亚画报》1929年第164期，第2页；停筝《杨云史大捧刘宝全》，《春波影》1929年7月17日第2版。

② 参见杨云史《辽东听刘宝全鼓曲》，《大亚画报》1929年第164期，第4页。

除了诗外，杨云史又为刘宝全题写了“此曲人间”的横幅。[①]在后来的演出中，刘氏常悬该横幅以及诗句直幅，从而名声益彰。[②]

在沈阳听过刘宝全演唱的名流还有张振鹭、高纪毅、周华章、王晋卿、熊希龄、袁伯夔等。[③]

（二）上海

刘宝全曾三度赴沪演出，第一次为1918年。当年5月25日的《新世界》称：

> 今新世界由贾翰卿阿爷介绍，专程往聘，闻刘氏南下，随带金万昌、宋万荣、大茄子、桂秋华、苏起元、王洪利六人。京讯，极迟月之二十边抵沪，月初登坛。[④]

次日，《小时报》亦有相同内容报道。[⑤]5月31日《小时报》又称：

> 兹闻新世界乃托贾璧云之父携资赴京，邀其南下，已得允许，月薪二千金。并闻前日宝全已由京启程，转乘沪宁车，昨晚已抵沪。一般老友以及新世界亦派人迎接，当时招待颇极称盛。惟开演日期，一时尚未定妥，大约须在二十左右云。[⑥]

由以上三篇消息可知：刘宝全此次南来乃应新世界之约，由京剧名家贾璧云之父赴京邀请，包银为每月两千元，其抵达上海的时间为1918年5月30日

---

① 参见亦强《刘宝全红到辽东》，《北洋画报》1929年第7卷第340期，第2页。

② 参见受生《刘宝全艺术将失传》，《金刚钻》1930年4月1日第3版。

③ 参见记者《刘宝全足以自豪》，《戏世界》1936年6月5日第2版；一之《刘宝全临别状况》，《晶报》1936年6月28日第3版。

④ 花萼：《刘宝全来了》，《新世界》1918年5月25日第3版。

⑤ 参见愚夫《大鼓大王刘宝全来沪预志》，《小时报》1918年5月26日第3张。

⑥ 徂徕逸客：《大鼓大王刘宝全抵沪》，《小时报》1918年5月31日第3张。

（农历四月二十一）。这次演出十分成功，其盛况周剑云曾予以撰文描述。[①] 由于演出业绩好，新世界又进行了两次续聘。1918 年 7 月 3 日《小时报》云：

> 新世界自聘大鼓大王刘宝全后生意甚形发达，致前发售每本一元之廉价券，概行取销，仍旧二角之门票，足见大王魔力之大。即近日每届大王登台，听客之拥挤不减来时。因此新世界经理颇思挽留，继续演唱。顷得大王首肯，蝉联一月。[②]

第二次续聘时，刘宝全已应北京新世界游艺场之约，并计划于农历八月十二日返京；后碍于上海方面的诚挚挽留，而又续约一个月，并于农历八月十八日再次登台。[③]

刘宝全第二次来沪为 1936 年。其实在前次离沪北还之后，他就多次接到沪方的邀请。仅 1934 年，新世界就“来了六七封信”，并开出了优厚的条件，但刘宝全年事已高，体弱多病，家人不放心他独自南下，也就没有应允。[④] 关于这次沪上献艺，章秀珊《大鼓大王刘宝全访问记》言之甚详：

> 记得是前三年罢，这里的黄金荣先生曾写信去邀过他。因为他鉴于市面的不景气，所以不敢贸然而来。去年的秋后，又很诚恳的去邀过他。他呢，这时候正在天津的歌舞楼卖歌。本来他是预备应约而来的，因为这歌舞楼有四十余人靠他一个人糊口，所以又不果。一直到前不久，大中华饭店的戴老板和一位与他善交的朋友王玉山君，同时持了黄金荣先生的信再度去邀，他碍于情面难却，竟惠然而来了。他是上月二十九日，挈了他的令郎绍卿由平乘车来沪，三十一日的早晨才到上海，下榻于大中华饭店四

---

① 参见剑云《刘宝全之盛况》，《新世界》1918 年 6 月 17 日第 3 版。

② 一束：《新世界近讯》，《小时报》1918 年 7 月 3 日第 3 张。

③ 参见津人《刘宝全暂不北上》，《小时报》1918 年 9 月 20 日第 3 张。

④ 参见心佛《访问鼓王刘宝全：来沪尚无确信》，《时报》1935 年 10 月 3 日“本埠增刊”第 1 张。

百十八号。休息了两天，三日登场献艺，座价为一元、八角、六角。营业甚盛，大约每日可以售四百元之谱。他的包银是每日百元，管住，管接，管送，不管吃。本来合约是只唱两个星期，后来因为市座很佳，又与他挽商了半个月，故现在已决定准唱一个月。①

刘宝全携子来沪，既由于戴步祥、王玉山等的精诚所至，也与黄金荣的情面有直接关系。但刘宝全并非只演唱一个月。可将报上相关史料排列如下：

该场以一月之营业结束，除全班包银与房金外，盈余者虽属不多，然开幕伊始，损失浩大，况全班艺员之川资，已达五百元以上，如果续唱一月，不难大获厚利。故又商之于刘，刘固重义，许之焉。②

盖前约已于二日满期，复为邀角人王玉山演唱五日，以为帮忙，自三日至七日止。乃大中华方面，以营营盛，不忍失之交臂，四处挽人，再三商议。刘以情面难却，未便过辞，始允续约一月，休息二日，又于十日继续登台矣。③

刘宝全在大中华书场，第一个月期满后，帮忙五天，现蝉联一个月，闻须帮忙十五天。④

刘宝全于大中华合约满后，闻将不再继续，故日内有启程赴京之讯。⑤

大中华书场演唱之刘宝全，续约合同，本定十四日届满，故前报有十六赴约南京之文以纪之……刘宝全隶演于大中华，历时二月，未尝稍息。刘伶不胜其劳，故于前（八）日修养三日。外传赴杭进香，殊非信史。业于十一日照常开演，当补唱三日，计十七日辍演。前经河北同乡会之请，烦刘宝全全体鼓书演唱义务两日，为筹募基金。两日演毕，复应大世界之

---

① 章秀珊：《大鼓大王刘宝全访问记（上）》，《戏世界》1936 年 4 月 16 日第 2 版。
② 章邯：《刘宝全继而又续》，《戏世界》1936 年 5 月 5 日第 2 版。
③ 江南客：《刘宝全明晚露〈大西厢〉》，《戏世界》1936 年 5 月 17 日第 2 版。
④ 《金刚钻》1936 年 6 月 16 日第 3 版。
⑤ 阑：《刘宝全行将启程》，《戏世界》1936 年 6 月 24 日第 2 版。

> 约，演期定七日。南京之游，当在端阳节后。[①]

根据这些报道，我们可以推算出刘宝全演出的具体时间：1936 年 4 月 3 日登台，至 5 月 2 日满一个月；帮忙五天，演至 5 月 7 日；休息两日，5 月 10 日再次登台；第二次续约也是一个月，且要帮忙五天（按：《金刚钻》说“帮忙十五天”与日期不合，疑衍一“十”字），故当演至 6 月 14 日，但因 6 月 8 日至 10 日休息，故而到 16 日方完结；此后，又义务演两日，践大世界之约七日[②]，那么最快也要 6 月 26 日才能辍演。1936 年的端阳节为 6 月 23 日，刘氏离沪自然在此之后。

这近三个月的演出，“营业之佳，打破书场之新纪录”[③]，而且得到了众多社会名流的肯定：

> 若王孟群、王晓籁、叶誉虎、谭泽闿、胡西园、许秋帆、祝书元、陈灨一、陈巨来、丁辅之、鄂吕弓、钱冲父诸先生，或偕美眷，或邀良朋，争相到场。而其他仕女名媛，履舄杂错，一堂济济，犹不与焉。[④]

此外，这段时间听过刘宝全演唱并表示赞赏的还有张啸林、陈庸庵、林语堂、陈公博、梅兰芳、马连良等一时之闻人。[⑤]

刘宝全第三度莅沪也是应大中华之约，到沪时间为 1939 年 4 月 19 日。该日《迅报》报道：

> 此番，大中华书场派人到北方去邀鼓角，就请了刘鼓王。他因为年已

---

① 老朽：《刘宝全左右为难》，《戏世界》1936 年 6 月 30 日第 2 版。

② 刘宝全曾得大世界之邀请，但由于时局和年龄的原因无法南下，便许下了“倘赴沪，必就尊处之约，决不负一再相邀之隆情”的承诺。参见天壤《刘宝全暂缓来沪》，《晶报》1933 年 5 月 22 日第 3 版。

③ 秀珊：《刘宝全旧调重弹》，《戏世界》1936 年 4 月 27 日第 2 版。

④ 乙之：《刘宝全三唱〈马鞍山〉》，《晶报》1936 年 4 月 27 日第 3 版。

⑤ 参见千一《梅兰芳赞赏刘宝全》，《世界晨报》1936 年 4 月 24 日第 2 版；丁仪《艺坛动态》，《沪声》1936 年创刊号，第 16 页；一之《刘宝全临别状况》，《晶报》1936 年 6 月 28 日第 3 版。

古稀，故无意南来。经托人再三恳请，答应一切条件，包银四千元，才应允再来上海一次……全班已定今日到沪，再行择吉登台。[①]

这次南来的时间、报酬以及合作者，皆已十分清楚。刘宝全在上海共停留了三个多月，于7月29日北还。[②]到沪后，他没有立即登台献艺，而是从4月22日开始，连续拜客三天，“第一天拜帮，第二天拜闻人名票，第三天报界”[③]，又于25日晚与大中华主人戴步祥设宴招待新闻界[④]。这也是无奈之举，第二次来沪，他由于身体不适，没有亲自拜访，虽然登报说明，又遣子刘一衡代为拜望，但仍然饱受非议。[⑤]刘宝全正式登台，已在4月28日，三天打泡戏为《截江夺斗》(28夜)、《华容道》(29日)、《闹江州》(29夜)、《游武庙》(30日)、《长坂坡》(30夜)。[⑥]消息传出，鼓迷许秋帆、袁伯夔、谭瓶斋、孙养侬、刘叔仪等沪上名流皆计划订座捧场。[⑦]28日开场，“座价虽售一元二角之巨，是晚未及八时已告客满。座上名士如云，许秋帆、魏廷荣、张善琨诸先生外，票伶两界知名之士，亦复不少”[⑧]。但是，刘宝全并没有完成约定聘期，演了半个多月便告结束。

关于他突然辍演的原因，《社会日报》称：“不意上月下旬，鼓王忽以足疾，辛劳过度，不能登台。”[⑨]而7月24日《力报》则说：

七十多岁的刘宝全老艺人，这一次南下奏技，因曲高和寡，缺少知音，所以在后半个月中很显着萧条冷落的样子。[⑩]

---

① 风光：《鼓王刘宝全今日来上海》，《迅报》1939年4月19日第2版。

② 参见《东方日报》1939年7月29日第2版。

③ 《刘宝全拜客三天》，《社会日报》1939年4月22日第2版。

④ 参见一记者《刘宝全明日登台前晚招待新闻界》，《锡报》1939年4月27日第2版。

⑤ 参见伊《刘宝全致书拜客人》，《晶报》1936年4月3日第3版；鱼跃《刘宝全访问记》，《社会日报》1936年4月11日第4版。

⑥ 参见废厂《三度来沪之鼓王刘宝全打泡戏》，《新闻报》1939年4月29日第6张。

⑦ 参见婴歌《五日间之海上花絮》，《金刚画报》1939年复刊第3号第2版。

⑧ 妙人：《重见当年刘宝全》，《晶报》1939年5月1日第7版。

⑨ 《刘宝全足疾未痊》，《社会日报》1939年6月6日第4版。

⑩ 小素：《鼓王音容搬上银幕》，《力报》1939年7月24日第1版。

刘宝全因病辍演和生意萧条都是事实，只不过也都是部分事实。《庸报》所说便全面得多：

> 这一次鼓界大王刘宝全到上海，在大中华书场演出了两个多月，在开始奏艺的时候，卖座成绩颇佳，而各报的游艺版上，对于这位艺人也一致推荐誉扬，后来宝全偶染微恙，辍演了几天，再度登台，生意便冷落下来了。上海大中华书场是一个旧式的戏园，对于宣传方面，是不注意的，而且所定的票价也未免过昂（前排一元二角，小账加一，一角二分，茶资一角，此外还□另给小账），听一次大鼓，最低要化一元六角。有这两种原因，无怪卖座那样冷落了。①

上海娱乐场内并非所有人都喜欢刘宝全，比如其第二次赴沪献艺就“殊不为上海的摩登人物注意”②，风头输给了“‘荡’的好”③的白玉霜。而如今，由于年老气衰，演艺水平有所下降，则又流失了一部分听众。在演出半个月后，戏剧评论家苏少卿听罢其《乌龙院》，写道：“因中气较前稍差，欲其响脆有力不从心之苦，不得不以巧胜人也。”④刘宝全献艺的前半个月生意火爆，一方面由于“鼓界大王”的余威犹在，以及张啸林、张善琨等名流的力捧；另一方面也如妙人所说，“刘宝全自称年纪还小，不过七十一岁。其实刘之卖钱，实在一半就卖他这‘七十一’”⑤。此语诚然，当时上海甚至平津的报纸经常有“听一天少一天”的宣传。但是这些因素无法维持长久的火爆，半个月后不可避免地开始萧条。当然，这种“萧条”也只是相对刘宝全演出业绩好的时候和预期的景况而言。

---

① 洛：《大鼓上银幕：鼓王刘宝全为华联拍摄〈宁武关〉》，《庸报》1939 年 8 月 5 日第 10 版。

② 塞翁：《鼓王刘宝全在沪》，《铁报》1936 年 4 月 28 日第 4 版。

③ 千一：《梅兰芳赞赏刘宝全》，《世界晨报》1936 年 4 月 24 日第 2 版。

④ 苏少卿：《安乐窝剧谈录·听大中华刘宝全谢瑞芝等杂耍》，《中国艺坛画报》1939 年第 4 期，第 1 页。

⑤ 妙人：《重见当年刘宝全》，《晶报》1939 年 5 月 1 日第 7 版。

（三）南京

1936年在大中华演出期间，刘宝全已经得到南京鸣凤茶社的邀约。大中华演出结束，其便偕乔清秀等径赴南京，先后在鸣凤茶社和麟凤阁演出。刘宝全与鸣凤茶社约定，"演唱七天，帮忙三天，包银两千四百元"。刘宝全的到来使茶社"茶钱骤涨至一元一位，而每日依然客满"。[①]"南京自大官贵客，下至贩夫走卒，旁及绿鬓朱颜诸秦淮女儿，无不看煞此白头衰翁于弦鼓之间，洵盛况也。"[②]虽然仅登台十日，鸣凤茶社获得净利润两千余元。[③]刘宝全在麟凤阁演唱三日，却是另一种情状。先是工务局因书场无太平门而不准营业，后虽经重新修缮获得了营业执照，但由于刘宝全嗓音突然失润、配角水平太差、演出环境恶劣等因素，业绩十分惨淡。[④]

值得一提的是，这次南京之行，使刘宝全获得了南京诸政要的青目，这无疑使人们对其更加刮目相看：

> （本月九日）首都冠盖云集，全国中委出席二中全会也。蒋院长设宴于励志社，被邀者百五十人。席间，某中委提议，筵散可否招刘宝全来歌鼓词一阕。咸称善，因电话示刘，宝全即携琴、弦二人至社。适散席，刘登台歌三国回目一出，殊增各要人之兴会。唱毕，由励志社致赏三百元，以资奖励。[⑤]

各高官亦纷纷以文墨相褒奖，于学忠亲书"江南重见李龟年"赠之；马衡赞以"正是江南风景好，落花时节又逢君"；张岳军则赋诗云："邦国兴衰入管弦，汉家日月自中天。前朝无限悲凉事，付与过江刘宝全。"[⑥]此外，题赠的还

---

① 《北洋画报》1936年第28卷第1351期，第2页。
② 阿眉：《刘宝全》，《小说日报》1940年9月17日第2版。
③ 参见濮筱白《刘宝全一时铩羽》，《晶报》1936年8月19日第3版。
④ 参见濮筱白《刘宝全一时铩羽》，《晶报》1936年8月19日第3版。
⑤ 没遮拦：《刘宝全邀宠中委》，《戏世界》1936年7月23日第2版。
⑥ 陈子：《关于刘宝全》，《烟兑月刊》1939年第1卷第5期，第41页。

有叶楚伧、褚民谊、陈其采等。刘宝全专门将其做成了册页，以宋锦包装，有时还会展示给他人观看，视作无上的荣誉。[①]

四、《宁武关》拍摄因由辨证

《宁武关》是刘宝全留下来的唯一视频资料，1939 年其在大中华演出结束之后，返回北平之前，受新华（华联）影业公司总经理张善琨约请拍摄而成。该片的拍摄因由，在当时有着不同的说法。

首先是“纪念”说。《电影世界》云：

> 刘以年迈，旋即辍演；而一般未仰鼓王丰采者自大有人在，新华影业公司乃特挽刘于归去前将其杰奏《宁武关》一剧搬上银幕，以留纪念，而垂不朽。刘当首允。[②]

其实这是一个模糊的说法，以刘宝全的艺术水平，拍摄出来自然有纪念价值，即便拍摄初衷不是为了纪念，也可以之为冠冕堂皇的理由。

其次是“怜才”说。《力报》说：

> 华联总经理张善琨君，他得悉鼓王此来，景况不大佳，不觉由爱慕而起怜才之意。于是他自动地委托大中华当局，送了鼓王一千二百元一笔川资。鼓王受之有愧，却之不恭，就变通办法，宁愿给华联公司拍一段他生平最拿手的鼓词，留一宝贵的纪念，聊当琼瑶之报。[③]

---

① 参见萍《刘宝全：南北歌遍兴亡事　重来故都作燕居》，《华北日报》1937 年 3 月 20 日第 6 版。

② 《鼓王刘宝全上银幕》，《电影世界》1939 年第 1 卷第 4 期，第 7 页。

③ 小素：《鼓王音容搬上银幕》，《力报》1939 年 7 月 24 日第 1 版。

这种说法漏洞十分明显：第一，张善琨是一个商人，从后来的爽约[①]来看他也不可能轻易赠送出一千二百元；第二，刘宝全不会选择这样的回报方式，因为无法保证对方获得利润，反倒使之先花出更多的钱；第三，刘宝全回北平无需一千二百元，其第二次赴沪全体才用五百余元；第四，刘宝全在沪包银为四千元，尚不至于让人接济。

最后是“商业合作”说。《晶报》载：

> 刘来沪二月，短期即将返平。据称从此将退休田园，不再鬻艺……刘退休消息传出后，有人献计，乘刘在沪之际，不如摄一部影片，以留纪念，亦电影史上之佳话，必为观众欢迎者也。此义旋为新华主人张善琨氏所采纳，但刘所索代价甚高，且只允摄一段，颇令人有难色。后经人周旋，张竟毅然允之，乃□拍其得意杰作《宁武关》，摄制时间计共一星期，所耗资金凡五千余元，而拍得之影片不过四千多尺，即普通影片之二本模样而已。闻此次摄得之《宁武关》一片，将随同新华某一伟大巨片同时一并公映，彼时刘宝全当已返去，而轰动之情形可以预期，新华此次所耗大资本当不致得不偿失。[②]

新华影业公司是以营利为目的的企业，而刘宝全也确实从新华得到了一千二百元的高额片酬。[③]再则，《宁武关》片长不足半小时，只能和其他短片共同上映，新华（华联）影业公司为此先后选择了《雪艳娘》《薛仁贵柳迎春》等[④]，甚至专门斥两万元巨资约请谭富英拍《战太平》[⑤]，这一切指向的也都是利润。因此，他们的合作纯粹是商业行为，追求的是经济上的共赢，所谓“以留纪

---

① 刘宝全与新华影业公司约定，《宁武关》拍好后须送一套拷贝给他收藏。但后来因为胶片价格暴涨，拷贝成本大幅上升，虽经刘家屡次催促，但直到刘宝全去世，“新华”都没有履约。参见老铁《刘宝全〈宁武关〉的拷贝》，《力报》1943 年 9 月 11 日第 3 版。

② 贡庭：《刘宝全上银幕》，《晶报》1939 年 7 月 12 日第 8 版。

③ 参见《刘宝全也上银幕》，《中国艺坛画报》1939 年第 33 期第 1 版。

④ 参见《东方日报》1941 年 2 月 15 日第 4 版。

⑤ 《谭富英将再度上银幕》，《中国影讯》1940 年第 1 卷第 23 期，第 178 页。

念”“电影史上之佳话”不过是炒作出的卖点。

五、结语

刘宝全是京韵大鼓早期发展的一个巅峰，甚至可以说是民国曲艺的一个巅峰，不止一人赋予其“前无古人，后无来者”的至高评价[①]。令人遗憾的是，刘宝全的高超艺术并没有很好地得到传承。他的弟子，或未蒙亲炙，或被认为天分有限，皆不能得到其认可，唯一令他比较满意的是女弟子石淑兰，却又很快离开了京韵大鼓的表演行业。[②]然而从另一方面考量，“鼓界后进，无论男女都是‘无书不学刘’”，“造成‘刘派京音大鼓’是标准，是正宗的势力”。[③]后来的京韵大鼓名家，如白凤鸣、小彩舞、孙书筠等，皆不同程度地从刘宝全这里汲取了营养。可以说，刘宝全的影响又是广泛而深刻的，京韵大鼓艺术的成熟、发展、繁荣和影响，都离不开他的贡献。

（王　伟　上海师范大学人文学院中国古代文学专业2019级在读博士研究生）

① 例如：春华《刘宝全的种种》，《北平晚报》1934年5月31日第4版；鱼厂《刘宝全一聆听记》，《力报》1936年4月22日第3版；雷《刘宝全包银三千元》，《天风报》1936年5月13日第2版；娱园老人《悼鼓王刘宝全》，《游艺画刊》1942年第5卷第9期，第29页。

② 参见黄静庵《刘宝全访问记》，《杂志》1939年第4卷第5期，第57页。

③ 张见心：《娱乐随笔之十：刘宝全和白云鹏》，《华北日报》1937年7月26日第8版。

潘　讯

一位说书人的文化自觉

——感悟苏州评话名家唐耿良先生的艺术人生

【内容提要】苏州评话名家唐耿良的百年艺术人生，体现出一位说书人对自己毕生从事的传统艺术的“文化自觉”。其主要体现在对苏州评话传承发展路径的整体思考与切实践行，对苏州评话创新规律的精准把握与生动实践，以及在跨文化国际视野中对苏州评话文化特性的体认与传播。

【关 键 词】唐耿良　苏州评话　文化自觉

唐耿良（1921—2009）先生是20世纪最为杰出的苏州评话艺术家之一，以擅说“三国”而蜚声书坛曲苑，被海内外听众誉为“唐三国”。笔者聆听苏州评话《三国》有年，今年又得以拜读150万字的巨著《唐耿良说演本长篇苏州评话〈三国〉》（商务印书馆2021年4月出版），从对他的艺术人生的细品慢嚼中，逐渐走进了他的精神世界。唐耿良先生艺术人生的一个精要之点是：作为一位民间说书人，他竟然能在20世纪跌宕起伏的时代变局中，淬炼出一份难能可贵的文化自觉。

文化自觉是对自己安身立命的文化形态的自知之明，通晓文化的来龙去脉、价值所在，由此产生对待文化的正确态度。这一点在唐耿良先生身上体现得最为突出，也最为鲜明。他对保护苏州评话、传承《三国》一书，忧思最殷，谋划最深。“文革”结束后不久，已近花甲之年的唐耿良先生，首先想到的就是如何将他视为生命的评话《三国》作为一份文化遗产最原真、最完整地保存下来。1981年，他到扬州参加长篇评书座谈会，在大会发言中即为抢救传统长篇节目振臂疾呼："我们这一代说书艺人肚子里的长篇传统书，有的已鲜有传人，不抓紧抢救，就会失传。作为老艺人，我们不能消极地等待，有条件的话，要积极主动地自我抢救。评话艺术是一门动态的艺术，我们这一代人有我们这一代的《三国》，把它留下来是我们这一代《三国》艺人承前启后的历史使命。"[①]抢救节目刻不容缓，唐耿良先生更有较深层次的理论思考。就在这个阶段，他先后应邀赴华东师范大学、上海师范大学、杭州大学等高校讲学，主讲"苏州评话《三国》的沿革及其发展"，这是对评话《三国》的艺术总结，也是为抢救整理《三国》所做的理论准备。为此，他做了全方位的努力。第一步是电台录音。自1980年在上海人民广播电台录制了30回《赤壁之战》后，又花了三年左右的时间，录制了《千里走单骑》《三顾茅庐》《火烧博望》《长坂坡》等70回书，前后完璧，形成了100回的完整录音。第二步是整理出版演出本。1986年开始记录整理《三国》中的片段"群英会"，历时两载，至1988年由中国曲艺出版社出版了16回本《三国群英会》。第三步是留下影像资料。最早是在1994年，唐耿良先生回到故乡苏州，在刚刚创办不久的苏州电视书场录下"关公书"12回，包括《千里走单骑》《过关斩将》《古城相会》《华容道》等。1996年，年届75岁的唐耿良先生由客居的加拿大回国，在上海电视书场录下了23回《三国》，从《战樊城》开书，经《当阳道·赵子龙单骑救主》，到《智激周瑜》结束。次年，他再度返国，在上海电视书场补录了23回书，连同客岁所录共46回书，将近全部《三国》的一半。2002年，他又在美国达特茅斯学院录制了56个小时的全部《三国》，此时他已经81岁高龄了。录音、演出本、录像，构成了评话经典《三国》节目传承的完整体系，前后历时20多年，这在苏州评话传承史上是绝无仅有的创举。

不仅于此，他还留下了一部长篇回忆录《别梦依稀——我的评弹生涯》，这是基于演说《三国》生涯而又远远超越单一节目意义的传承文献。《别梦依

① 唐耿良著，唐力行整理：《别梦依稀——我的评弹生涯》，商务印书馆2008年版，第257页。

稀——我的评弹生涯》实则是以“唐耿良与《三国》”为主线而串联起对20世纪以来苏州评话百年命运的沉重思考与深长探寻，构成了保护与传承评话艺术的一个宏阔背景与时代语境。以1949年新中国成立到“文革”结束的近30年为例，评话与时代、艺术与政治之间的关系忽“紧张”、忽“亲密”，忽“高歌猛进”、忽“暗流涌动”，一波三折……唐耿良先生为我们一一道来。他的笔调固然是“哀而不伤、怨而不怒”，我们的确从中见出了说书人在社会变革中的渺小与无奈，读出了传统艺术在时代大潮中落花流水、断井残垣的悲哀与苦涩。但是，回顾与缅怀并不是回忆录的基调，唐耿良先生的忆往追怀是面向未来的，他关怀的基点始终是苏州评话的命运。读者在掩卷之余会感到，对时代的深刻认识、对历史的深刻反思，促使我们超越了对评话传承命题的单线、平面思考，促使我们从更深广的文化特性、社会因素、历史规律中寻找“苏州评话是什么、苏州评话从哪里来、苏州评话向哪里去”的终极答案。

唐耿良先生的文化自觉还在于对评话艺术特性的精准把握。他深谙苏州评话作为说唱艺术流动、柔性、活态的特征，他珍视传统，更重视创新。节目传承的核心在于节目创新，在传承链上占据一席之地的“传承人”必然是节目的“创新者”，“创造”的成分远大于“因袭”的成分。唐耿良说《三国》师承唐再良，他曾向乡野老艺人周镛江补学前《三国》，向杨莲青请教口技等。兼收并蓄、从善如流，使他在同时代的《三国》名家中独树一帜。他的艺术风格被公认为：“说表以流畅晓达、剖析周到、事理分明为特点，并善于顺应潮流、结合时事，对比映衬，使书情富有新意。”[①] 唐耿良先生形成了自己的评话“进化论”。在整理出版《三国群英会》之后，他写道：“当然这些加工并非一代人所能完成的，而是几代人的不懈努力逐渐积累所形成，这里包括听众们的意见在内，也可以说是集体创作的成果。这个过程并没有结束，随着时代的发展和演员素质的提高，还会在演出实践中不断地丰富和完善。其实每个演员早期演出的本子和他后期成熟的演出本子相比，都会有不同程度的再创造和发展的。

① 吴宗锡主编：《评弹小辞典》，上海辞书出版社2011年版，第223页。

我的演出本《三国群英会》，也凝聚了数十年的再创造。”[①] 如果有心的听众或学者，将近代以来不同流派的评话《三国》演出本和音像资料做一番比较的话，就可以看出唐耿良先生艺术成就的渊源所自，也可以验证他的“进化论”不仅见于理论自道，更是付诸辛勤实践。20 世纪 80 年代初，他创编的《三国用人之道》更是古为今用、老树新枝的典范，也是对评话艺术的卓越创造。在《三国用人之道》里，唐耿良先生分别讲了刘备、孙权、曹操、诸葛亮四人的用人故事，以古喻今又以今证古，真是思接千载，视通万里。更令人拍案叫绝的是他的语言依然明白练达、酣畅淋漓，点到为止的讽刺，恰到好处的噱头，更兼时事新语信手拈来、涉“口”成趣，颇有“目送飞鸿，手挥五弦”的潇洒风致。故事里说刘备三顾茅庐请诸葛亮出山，诸葛亮高卧未起，张飞向关羽发牢骚道：“诸葛亮好大的架子，我大哥是当今皇叔，等了他半天他还不起来，待小弟到后门口去放把火，看他还起不起床?!”刘备赶忙劝解：“现在正是要解决知识分子住房困难的时候，张飞却要去烧知识分子的房子，这是犯法的事。”[②] 说得很风趣，又很巧妙；说的是刘备用人之道，又给当时社会的焦点矛盾轻轻一击。

他自嘲为“写作现代评话的专业户”，从建团伊始到 20 世纪 80 年代，30 多年的时间里他独立创作或参与创作的现代节目应不低于 50 部。特别是他创作的现代评话，不少作品固然带有浓重的政治宣教，有些还来不及打磨得更加精细圆熟，但是这些作品却在那个时代的书坛上留下了深深的辙痕，赋予了古老评话艺术崭新的时代风貌。现代评话是唐耿良先生评话“进化论”的重要一翼，也是他艺术成就不可忽视的组成部分。对唐耿良先生知之甚深的秦绿枝说过：“他（指唐老）在 20 世纪 50 年代末 60 年代初为贴近时代编说的现代评话，倒是相当出色的。如《黄继光》《王崇伦》以及《王铁人的故事》《大寨人的故事》，在群众中有很大影响。我听过《大寨人的故事》。不妨坦率说，政治宣传的气息很浓，但他说得那么生动，那么有吸引力，你不得不佩服他的艺术

---

① 唐耿良著，唐力行整理：《别梦依稀——我的评弹生涯》，商务印书馆 2008 年版，第 259—260 页。

② 唐耿良著，唐力行整理：《别梦依稀——我的评弹生涯》，商务印书馆 2008 年版，第 419 页。

功力。”[①] 秦绿枝别具只眼!《大寨人的故事》等现代节目固然是主题先行的“遵命文学”，但是作为口头文学，它们又具有“成功”的一面。“成功”既来自唐耿良先生传统的功底，也来自合乎规律的创编之道。受命创作《大寨人的故事》时，唐耿良先生作为《解放日报》的特约通讯员亲赴山西大寨采访，他和社员一起参加劳动，采访劳模贾进才和青年农民赵小和，又和陈永贵深谈了整整一个下午，他怀揣了一肚子的大寨故事，在返程的火车上就迫不及待地讲给同车的乘客们听了。回到上海，他并不急于编写脚本，而是先下农村去试讲，随着听众的反映对故事加以增删润色，然后再根据录音定稿。演出本全文刊发于《解放日报》，整整占据了4个版面，当日报纸发行量突破130万份，今天看来简直是一个“神话”。今天，不少新编节目之所以听起来味同嚼蜡，就在于它走了一条完全相反的创作路子。可以毫不夸张地说，唐耿良先生创作的这批现代评话，在苏州评话史上仍具有“经典”意义。

唐耿良先生的文化自觉还体现于他具有十分强烈的国际文化交流和文化推广意识。特别是退休之后，20余年的海外旅居生活给他提供了跨文化的国际视野，这在他那一辈评话艺术家中是不多的经历。他虽然生活在海外的老年公寓，但是比较广泛地接触到海外文化。他在海外说书不仅仅局限于多伦多、温哥华、纽约的华人社交圈，而且进入了大学、教堂等域外主流文化圈。1989年，他在加拿大多伦多市的圣乔治教堂参加“一千零一夜故事会”，和许多当地的民间故事员一起讲故事，这个民间故事会的吸引力以及观众的热烈反响，促使他思考在电视媒体大行其道的时代，传统说书艺术的生命力何在。他连续七年在多伦多大学讲授评话及《三国》故事，直接触发了他撰写回忆录的想法。他最终能够完成自己的回忆录，也得益于海外生活的清静与沉思。2002年，他受邀赴美国华盛顿参加“丝绸之路”民间生活表演大会，与印度、巴基斯坦、伊朗等20多个国家的民间艺人一起表演。颇有挑战性的演出环境，使他更深层次地发现了苏州评话的艺术特性。他与海外评话学者石清照、白素贞结下了深厚友谊，正是在白素贞教授的鼎力支持下，最终在美国达特茅斯学院

① 唐力行主编:《别梦依稀——说书人唐耿良纪念文集》，上海人民出版社2010年版，第47页。

完成了全部评话《三国》的录像工作。频繁而深入的跨文化对话与交流，促使唐耿良先生更加深刻地发现与认识到苏州评话的价值所在，对评话保护与传承路径的思考也更加清晰完整。

20世纪以来，中国传统文化曾数次遭受摧折。唐耿良先生曾经抱憾，从1951年参加评弹团直到“文革”结束的20多年时间里，他说《三国》的时间累计不过五年左右。我说不清，文化自觉是给他带来欣喜，还是带来痛苦。但是，有一点是毋庸置疑的，在他身后，他的评话故事被更多人书写记忆，他的文化自觉也被更多人继承延续。我想，在太多的遗憾中，他总能感到一丝欣慰了吧。

2021年8月1日，南京

（潘　讯　江苏省文学艺术界联合会网络文艺传播部主任、
上海师范大学人文学院2017级在读博士研究生）

曲种研究

江玉亭

西河大鼓的艺术传统及传播影响

【内容提要】西河大鼓是华北地区十分重要的曲艺品种，历史悠久，传统深厚，节目类型丰富多样：长、中、短篇及书帽、赞赋诸体皆备；曲本文学特色鲜明：题材广泛、手法多样、语言鲜活、修辞独特；音乐唱腔多彩多姿：板式多样、功能强大；传播影响巨大深远：不仅辐射整个华北及东北地区，而且对其他曲种产生深远影响，值得特别关切、仔细梳理、深入挖掘和深刻继承。

【关 键 词】西河大鼓　艺术传统　传播影响

西河大鼓是清代晚期在今河北省河间一带形成的曲艺“鼓书”形式，曾名梅花调、河间调、河间大鼓和弦子鼓等，一般认为，是在木板大鼓的基础上发展形成的；且以高度成熟的技术水平、为数众多的从艺人员、遍布城乡的广大受众和十分广泛的流传地域，为整个业界及学界所重视。

著名音乐史家杨荫浏先生曾对西河大鼓给予很高评价。他在其举平生之学而写就的《中国古代音乐史稿》一书之“大鼓的类别及其发展”一节中，列举了 11 个“大鼓”类曲种，第一个进行剖析的曲种就是西河大鼓，并在论述中占用了 2 页多的篇幅，这在该书惜字如金的篇量中是十分难得的，足见西河大鼓在他心目中的位置。①

① 参见杨荫浏《中国古代音乐史稿》，人民音乐出版社 1981 年版，第 831—834 页。

有“中国民间文学和民俗学之父”之称的钟敬文先生在他主编的《民间文学概论》之“鼓词和曲词”一节中谓：“大鼓流行于北方，种类很多，多按地区取名，如西河大鼓、乐亭大鼓、京韵大鼓等。”[①] 依然将西河大鼓摆在第一位。

冯光钰先生在其《多重视野中的曲艺音乐》一书中列举“大鼓”类曲种，西河大鼓依然名列前端。[②]

栾桂娟女士《中国曲艺与曲艺音乐》一书对西河大鼓的艺术评价也很高：“西河大鼓可以称作流行最广、板式最全、书目最多的一个颇有影响的代表性曲种。可以说，熟悉了西河大鼓的方方面面，也就掌握了鼓曲艺术的基本风貌。”[③]

虽则如此，学界对于西河大鼓艺术进行全面系统梳理的论述并不多见。有鉴于此，本文拟就笔者所了解和理解的有关西河大鼓的传统认知作一全貌性的梳理并作适度学术展开，兼及其在20世纪上半叶的流播影响，以飨有心于此的读者。

一、西河大鼓的形成过程及本体特征

西河大鼓在清代晚期兴起于以保定、河间、沧州为中心的冀中地带，距今已有一百七八十年的历史。对其最初形成和早期发展的具体情况，只能从相关艺人的师承倒推及其口述资料去研判。为大家所公认的西河大鼓初创时期的代表性人物，是清代咸丰年间由说唱木板大鼓转化而来的马瑞河（约1820—1890，绰号及艺名为“马三疯子”，故名字曾被讹作“马三峰”）。相传他在意趣相投的文人挚友韩云甫（秀才）和韩云亭（私塾教师）的帮扶下，一改木板大鼓较为呆板的唱法，吸收了当地民歌和戏曲的音乐语汇，创出了一套新的唱腔，包括规范头板、二板及三板的板式，创立了至今仍为西河大鼓艺人普遍使用的【一马三涧】【紧五句】【双高】【反腔】等唱腔，大大丰富和规范了所唱书曲的唱腔。同时，他又以铁板（月牙板）代替木板击节，淘汰了音域窄、音量小的小三弦，换

① 参见钟敬文主编《民间文学概论》，上海文艺出版社1980年版，第345页。
② 参见冯光钰《多重视野中的曲艺音乐》，香港华夏文化出版社2004年版，第38—39页。
③ 栾桂娟：《中国曲艺与曲艺音乐》，人民音乐出版社1998年版，第86—87页。

用音域广、音量大的大三弦伴奏，确立了西河大鼓的独立品性。此后又经艺名“朱大官”的徒弟朱化麟（1866—1941）等充实完善，遂使西河大鼓发展成熟。

如前所述，西河大鼓早期的名称也较多样而随意，后来统一而为“西河大鼓”，始于20世纪20年代的天津。相传有一次，西河调女艺人王凤咏与京韵大鼓名家刘宝全及西河调名家赵玉峰和王振山等在天津的四海升平戏园同台演出，鉴于西河大鼓始终没有统一的名称，故在写海报时有些为难。后经众人商量，确定使用“西河大鼓”的名称。之所以定此名称，是考虑到天津的听众原就称此为“西河调”。而天津漕运发达，说唱表演此种艺术形式的艺人，多来自天津西边的子牙河和大清河一带，天津人称此两河为“西河”，故有此称。之所以将“西河大鼓”的定名时间推定在20世纪20年代，是由于1923年百代唱片公司录制的由王凤咏演唱的《三顾茅庐》（唱片号和版税号均为33752）和《绕口令》（唱片号和版税号均为33751）两张唱片，为已知最早标出“西河大鼓”的文献资料。由此推知，其定名时间应不晚于此时。而胜利唱片公司于1931年录制的焦秀云演唱的《大姐算卦》（唱片号及版税号均为54222）和《劝人方》（唱片号及版税号均为54223）两张唱片，仍标为“河间大鼓”。可见，“西河大鼓”的曲种称谓由定名到逐渐统一，经过了相当长一段时间。

西河大鼓自形成以来，虽然得到了很大的发展，特别是传统节目等的艺术积累空前丰富，但艺术样貌即本体特征一直延循着马瑞河与朱化麟所创立的形态。那就是：采用冀中一带方音，说唱相间叙演，铁板书鼓击节，大三弦弹拨伴奏，中长篇节目为主，类型属于说书（即为“鼓书”）。再加上板式使用的头板、二板、三板和唱腔及唱法的【一马三涧】【紧五句】【双高】【反腔】【十三咳】和【哭相思】等，共同构成了西河大鼓的独立曲种品性和本体形态特征。

换言之，在语音的使用上，西河大鼓艺人多操其生发地保定、河间一带的方言。进入京津等城市后，有些艺人开始向普通话靠拢，但大多数艺人在语言的使用上，并未失却其乡土味的本真面目。同时，一些加入大城市曲艺表演团体的西河大鼓艺人，虽然常演的节目类型是以短篇唱段为主，但与京韵大鼓、梅花大鼓等专门演唱表演的“鼓曲”类“唱曲”形式，不能说是一个类型。从而表明，作为曲艺“说书”类型的“鼓书”类曲种之一，西河大鼓的审美优长和艺术传统，主要是“说书”即重在长篇连回叙事，而非“唱曲”即重在短篇抒情。不明白和明确这一点，就看不到西河大鼓的艺术本真，也会忽略西河大鼓的艺术传统，不利于对西河大鼓的正确认知，更不利于西河大鼓按照自身的本来面貌全面健康地持续发展。

二、西河大鼓的传统节目及文学特色

（一）节目类型的丰富性

西河大鼓的传统节目非常丰富，但具体数量难以确定。仅就节目类型而言，不仅有长篇、中篇、短篇，而且有可以独立表演的小段和书帽，甚至赋赞。

西河大鼓在当今的一些曲艺团体，由于只演唱短篇唱段，给人它是属“鼓曲”类型曲种的感觉。事实上，它是以说唱相间表演的方式，擅长表现中长篇故事的典范“鼓书”类曲种。因此，其长篇书一般可演数十场甚至百场以上，就是说，有的能连说几个月，一些长篇大书如《大隋唐》，甚至可连说一两年；中篇书，艺人称之为“巴棍儿”[①]或“八大工”，一般可演三五场至十来场；短篇书也叫书段儿，以唱为主，偶有间白，通常有二百来句篇幅，也有多达三四百句的，演出多在半个小时以内，也有长达四十多分钟的；书帽，艺人习称“小巴掌”，少则几句十几句，多则数十句，大都情节智趣，作为说书的开场或垫场用。

关于西河大鼓传统节目的数量，史上曾有两次认真的统计。第一次是1961年在天津召开的西河大鼓流派座谈会上，因当时有名望的老艺人大都健在，这份统计数字就是在这些老艺人所提供的资料中，经过系统整理形成的，有着相当的权威性和可信度。第二次是20世纪80年代笔者参加“集成志书”即《中国曲艺志》和《中国曲艺音乐集成·河北卷》编纂时的补充统计。

根据前后的两次统计，已知西河大鼓的长篇书有“座谈会”所得的83部和“集成志书”编纂中新发现的39部，共计122部；中篇书有“座谈会”所得的68部和“集成志书”编纂中新发现的76部，共计144部；短篇书有“座

① “巴棍儿”为冀中农村土语，意为不长不短、不粗不细、携带使用都很方便的棍棒。寓意使用方便。

谈会”所得的264部和“集成志书”编纂中新发现的132部，共计396部；书帽有“座谈会”编纂中新发现的109个和“集成志书”编纂中新发现的95个，共计204个。兹将两次所得之目俱录于后。

1. 长篇

（1）“座谈会”所得的83部

封神演义　列国　英烈春秋　左传春秋　吴越春秋　金盒春秋　走马春秋　锋剑春秋　西汉　东汉　三国　东西晋　马潜龙走国　隋唐　四马投唐　花木兰　薛家将　说唐　西唐　回唐　月唐　反唐　兴唐　李旦走国　绿牡丹　残唐　兴隆炎宋　南北宋　金沙滩　南北合　呼家将　呼杨合兵　头下南唐　二下南唐　三下南唐　打西凉　南北战　狄王征西　宏碧缘　粉妆楼　破洪州　十二寡妇征西　五虎征南　大八义　小八义　大五义　小五义　续小五义　水浒传　精忠传　三侠五义　鹦哥记　包公案　十粒金丹　再造天　明英烈　少英烈　葛红霞扫北　五毒传　千里驹　海公案　小红枪　二度梅　江公案　满汉斗　刘公案　康熙私访　彭公案　施公案　于公案　三侠剑　剑侠图　双镖记　明清八义　五女七贞　金刀访七义　七贞十老九义图　小七侠　西游记　打罗汉　第一奇女　八王下江南　乾坤带

（2）“集成志书”编纂中新发现的39部

呼延庆鞭扫十七国　海瑞剑侠图　万历登基　龙凤再生缘　永乐剑侠图　雍正剑侠图　济公传　罗通扫北　说唐后传　龙赛花造反（马潜龙造反续集）　云台中汉　秦英征西　杨家将　小五虎演义　杨世翰出世　杨世翰扫北　杨金豹下山　杨满堂扫北　五虎平西（狄王征西）　紫金鞭　燕王扫北　黄杨传（清烈传）　响马传　刘秀走国　杨文广征南　小五虎征南　金鞭记　蜜蜂记　永庆升平　齐国　薛仁贵征东　薛丁山征西　武王伐纣　五女兴唐传　茶瓶记　七奇案　九义十八侠　金镯玉环记（雷公子投亲）　呼延庆出世

2. 中篇

（1）“座谈会”所得的68部

玉虎坠　赵五娘　大衣箱　张公瑾卖马　反延安　三全镇　困虎山　河间府　紫金罩　三省庄　破孟州　太原府　苏家庄　十二红　贾家楼　瓦岗寨

罗成遇害　罗通扫北　少西唐　秦琼打擂　汾河湾　呼延庆打擂　小上坟　莱芜县　六郎探母　十字坡　野猪林　宋江出世　打关西　回龙传　七郎打擂　杨宗英下山　两狼山　破洪州　天门阵　杨金花夺印　双锁山　白马寨　金陵府　包公出世　少英烈　丝绒记　金环记　玉杯记　双钗记　合同记　石兰传　莲花盏　剑峰山　温凉盏　书囊记　回杯记　三贤传　玉堂春　何家寨　香莲帕　清烈传　双盒印　空棺记　金钱记　小枣案　铡阁老　双头案　五龙传　月明楼　王定宝　旋风案　左连城告状

（2）"集成志书"编纂中新发现的76部

劫囚车　倒反延安　大破风都岭　大破仓毛山　五珠配　巧联珠　打登州　包公断后　花木兰扫北　杜十娘　李存孝渡江　吴天宝征西　青龙传　夜宿花亭　莲花湖　乾隆下江南　翡翠连环记　绣鞋记　潘杨讼　借女吊孝　十八国斗宝　卧龙山　霸王娶虞姬　张松献地图　劫皇纲　秦琼发配　打登州　王伯当招亲　二虎岭　南昌卫　马踏梅花县　苏家庄　北平府　八马岭　罗成卖丝绒　怀庆府　扬州府　五女兴唐传　白良关　回唐传　薛平贵　金沙滩　洪羊洞　双钉记　铡美案　黑驴告状　武松大闹八岔路　千里驹　丁郎寻父　白玉楼　红风传（黄犬告状）　金姐凤姐告状　乌鸦告状　花狗告状　竹林寺　十字街审人头　破佟家寨　白绫扇　收复牛家寨　济南府拿国泰　卖小枣　红马告状　秦琼卖马　双钗记　洪风传　石兰传　黄凤坡　剑峰山　王清明投亲　红沙峪　罗松认父　孙庞斗智　火烧大王庄　彩楼配　打黄袍　王华买爹

需要说明的是，对于中长篇的分野，也不是那么泾渭分明、断然判定的。在上述资料中，多有将同一书目分列为不同种属的，比如《鹦哥记》，既有将其列入长篇书的，也有将其列为中篇书的；同理，在中篇书和短篇书，短篇书和书帽间，也存在此类交混现象。上述分列，仅是笔者经过分析与考辨做出的判断，也难讲十分精准，但总算有个初步头绪，供后继研究者参考。并且，这些资料本文是首次披露。

3. 短篇

（1）"座谈会"所得的264个

太公卖面　周游列国　火焚绵山　芈建游宫　九里山　禅宇寺　桑园会

马鞍山　摔琴　临潼会　棋盘会　白猿偷桃　鞭打芦花　将相和　刺王僚　伍子胥过江　孟姜女　朱买臣休妻　韩信算卦　张良辞朝　赵五娘　马前泼水　昭君出塞　鸿雁捎书　华容道　芦花荡　战长沙　关黄对刀　箭射盔缨　马失前蹄　魏延劫法场　斩颜良　甘露寺　凤仪亭　古城会　单刀会　斩华雄　借东风　舌战群儒　黄文下书　草船借箭　夜战马超　徐母骂曹　走马荐诸葛　月下斩貂蝉　挑袍　长坂坡　截江夺斗　柴桑口　诸葛亮招亲　二顾茅庐　三顾茅庐　诸葛亮押宝　临潼山　南阳关　樊江关　薛丁山征西　满床笏　李存勖夺篙　唐二主探病　红月娥做梦　樊金定骂城　罗成算卦　罗成叫关　罗成托梦　下扬州　王宝钏　花木兰　张紫燕盗令　双锁山　打围　回围　马家店　输华山　闹江州　活捉三郎　坐楼杀惜　武松打店　武松打虎　武松装媳妇　武松上会　快活林　鲁达除霸　杨门女将　接印　一门忠烈　全德报　吕蒙正教学　吕蒙正赶斋　抱妆盒　杨八姐游春　呼延庆鞭打陈均衡　玉堂春起解　铁冠图　宁武关　棋盘街　灵官庙　拿肃六　办龙袍　游湖　盗灵芝　水浸　断桥　合钵　祭塔　湘子上寿　头度林英　二度林英　三度林英　金精戏窦　八戒招亲　八戒拱地　耗子告猫　劈山救母　刘伶醉酒　闹天宫　悟空戏八戒　周仓抢娃娃　胡迪骂阎　打黄狼　李翠莲盘道　洞宾戏牡丹　天雷报　雷劈刘奇　梁祝　闹五更　十八相送　小姑贤　小姑不贤　蓝桥会　刘云打母　王婆骂鸡　郭巨埋儿　丁郎寻父　王员外休妻　苏梅山卖妻　争灯　鞭打一只虎　王定保借当　杨二舍化缘　王二姐思夫　排王赞　百忍图　小黑驴　啃面床　烟鬼叹　巧娶连科　晕头叹　夸美人　夸阴阳　玲珑塔　花唱绕口令　大西厢　拆西厢　莺莺摔琴　莺莺降香　拷红　三婿上寿　一百单八州　花魁从良　菜名造反　姐俩拜年　妓女上坟　灯下功夫　大贤人劝丈夫　疼闺女上当　取潼关　骂媒婆　落打哥们心焦　吹破天　百年长恨　巧云合　小算卦　说赌害　小佳人送饭　小佳人送粥　游武庙　降香听琴　槐荫记　罚跪丹墀　油炸鬼上坟　五元哭坟　伐树望友　秦琼辞母　秦琼发配　秦琼卖马　三姐坐窑　五鬼打秦桧　狄仁杰赶考　窦燕山休妻　鸿门宴　宝玉探病　黛玉悲秋　黛玉思亲　二仙采药　平贵搬窑　胭粉计　天河配　寡妇改嫁　双婚配　小两口串亲　临清歉　唐僧取经　恕兄醉母　祭江　孙超观书　杨家报仇　樊

梨花思夫　樊梨花送枕　春梅游故院　十女夸夫　追钵　卜商进茶　书房痛别　收红娘　点化　老母赠箭　打登州　贤孝牌　饽饽阵　小上寿　冯魁卖妻　诗书巧合　小黄狼　小纲鉴　千字文摆宴　干嘴唇　烟鬼增寿　奸夫变灶　卧牛山　败子回头　阎王庙　桃园结义　马跳檀溪　遇水镜　糜氏托孤　大战樊城　遇五阎　闯帐　龙凤配　洪武放牛　王凤义借粮　曹月娥卖文　紫金树　双别窑　二姐吊纸　目莲救母　群仙斗宝　闻太师托梦　下关东　崔胡游春　烈女传　下江西　鹦鹉对诗　小宝盒　大杂会　小杂会　民国纲鉴　打张勋　打杨村　中山纪事　科学救国

（2）“集成志书”编纂中新发现的 132 个

巧媳妇　三堂会审　小二姐拜年　穆桂英挂帅　杨门女将·灵堂　杨门女将·比武　水漫金山寺　高老庄收八戒　王怀女认夫　无底洞　孔明招亲　方天化抢亲　白狗沾卷　老人嫌　姐俩拜年　老太太疼闺女　大烟毒　绕口令　赞花名　绣汗巾　王二姐做梦　弄巧成拙拙又巧　绣鞋帮　倒休　赵匡胤打关西　赵匡胤讨饭　评雪辨踪　调寇　鲁达除霸　宋江发配　百虫会　吕蒙正打彩　回荆州　孙悟空　盗芭蕉扇　孙二娘开店　光棍上当　千里走单骑　庄子点化　连环记　斩蔡阳　何氏女卖身　罗章跪楼　佳人劝丈夫　疙瘩汤　潞安州　岳母刺字　枪挑小梁王　八百破十万　康熙私访　杨二郎捉妖　吕洞宾打彩　二哥哥好　刘金莲借粮　和为宽忍为高　双回门　哥仨分家　拾棉花　黑字令　三大殿　樊梨花下山　卖油郎独占花魁　晴雯撕扇　魏延杀韩玄　阎家滩　两头忙　刘秀截粥　秦琼观阵　薛仁贵招亲　拴娃娃　相府借粮　胖大嫂　宫门挂带　秦雪梅吊孝　哭丧记　拿安德海　高成借妻　黄鹤楼　折金扇　樊梨花投唐　穆桂英指路　大破葫芦谷　劝人方　大姐算卦　张松阅兵　酒色财气　哭黛玉　太白醉写　李三娘打水　潘杨讼　汾河湾　杨金花夺印　武松杀嫂　日接双诏　梁红玉擂鼓战金山　二仙争药　华茂打擂　卧薪尝胆　刘姥姥进大观园　头字令　寇准闹金殿　李白揭榜　怒杀谢金吾　裴元庆大战宇文成都　霸王别姬　杨门女将·定计　九里山　双锁山　寒江关　诸葛亮押宝　涪水关　铡侄　黄爱玉上坟　草桥断后　砸銮驾　呼延庆进京　寇准进京　刘老三开店　借摇车　双学艺　百鸟衣　三下南唐　韩湘子讨封　井台会　托钵

十八扯　人面桃花　舍子救亲人　打秋千　卧龙吊孝　孙继皋卖水　不孝子

4. 书帽

（1）“座谈会”所得的109个

女儿经　大花鞋　缝口袋　十不足　大实话　黑大嫂　一窝黑　两头忙　大瞎话　小秃闹房　大雁对诗　十三月古人名　牛郎织女　老虎吃猫　哥儿仨分家　小两口抬水　蛐蛐斗鸡　姑子庙　罗锅弯　大脚妞　大改良　矮老婆骂灶王　十一对　嫁八处　吊王八　怕媳妇　老财迷　戏戒赌　堵窗户　一寸光阴一寸金　十二个女婿　小两口分家　劝戒鸦片　养女不如养儿好　外财不富命穷人　三不归　小两口回门　小两口顶嘴　唱实话　治罗锅　秃姑爷　俩老婆　扯淡嗑　小送饭　酒色财气　古人名　一窝红　接彩球　难药引　八哥对诗　不养儿不知父母恩　一盆糊涂汤　君子无时且耐时　命里受穷　现世现报　不长那样也不称心　傻子是有福人　耗子摔跤　绕口令　天为宝盖　庄公出城西　瞎子摸枣　大姑娘打水　姑娘捉刺猬　君子之交淡如水　丑妻近地家中宝　老汉观花　瞎子吹火锅　小寡妇出阁　小寡妇上坟　家有宝刀不要常磨　狼鹿结拜　左传春秋子胥强　隋炀帝下扬州　忠臣孝子人人爱　世事茫茫总是空　妓女告状　佳人哭丈夫　半夜来贼　渔翁得利　贪财大姐　穷人搪账　墙上画马　画饼充饥　各行怕　洞宾打药　四辈古　朱洪武赞叹诗　白大嫂　矮大嫂　寡妇光棍　腊月的光棍　没过门的姑爷拜年　妈妈倒劝姑娘　一生细打土鳖　小拜年　夫妻玩笑　三儿妇请公公　十字篇　西厢　财迷传　肉头财迷转向　怕婆子　无用的神　岳王墓（走马观碑）

（2）“集成志书”编纂中新发现的95个

不讲理　叶公好龙　老鸹和猪　吹大话　贪功的猫　馋丫头　鸡蛋变糖葫芦　奉承鬼过堂　四圣朝天　带翅的煤　抽蹭烟的　露水夫妻　傻小子　小女婿　一家四口走背字　顶灯台　掺和着哭　大反话　秃媳妇　说酒令　双怕婆　四大贤　偷年糕　要酒菜　大姑娘偷杏　穷人过年　三个好　公冶长　太爱钱　天河配　掏老鸹　比上不足比下有余　射雁　为孝子　小孩他姥姥是他娘的娘　小雁往南飞　一猫二鼠　财迷做梦　不知足的人　财迷认亲戚　丑与傻　山景　四大京城　小佳人爱斗牌　怪物　骂丈夫　财迷员外　追苍蝇　老两口争热炕

三怕妻　包公夸桑　莫忘父母恩　七星北斗　劝闺女　对字令　看马戏　香油馃子吊孝　治家格言　观山景　胡咧咧　双喜临门　吃包子　说书的先生牛一伙说书的　怕秘方　尼姑庵　唱实理　高媳妇　治罗锅　四辈古人　王袍骂殿　老虎学艺　酒色财气　十五出戏名　败家君子　珍珠倒卷帘　酒迷　红脑袋　洞宾醉酒岳阳楼　八十老叟逛花亭　一锭金　小子好赌　惊人艺业最难得小上坟　一窝张　世事茫茫总是空　偏心眼　太阳出来万丈高　秃对秃　太阳东升还转东　无时歌　日没昆仑黑了天　鹬蚌相争　曲木不直终究是弯　驴和鸡　一分钱一两米

5. 赞赋体

除以上各种篇幅的节目类型之外，西河大鼓还有一种比较通用的可以搬挪套用的念诵式韵文篇子——“赞赋”或称“赋赞”，是说书人用以刻画人物、渲染环境、描摹兵器等的程式性文字，即有相对固定的结构样式。有了它，艺人就可将其板块式地嵌入内容表达中。艺人把这些东西熟记于心，即可在遇到类似情景时轻松取用，非常方便。依据表现需要，大致有如下类型。

（1）描写人物类的：黑面将军、红面将军、蓝面将军、白面将军、黄面将军、元帅、战将、女将、武生、文生、丑角、美女、丞相、道士、和尚、灵怪、员外、贪官、王爷、散官、辕门官、监斩官、太监、牧童等。

比如，描写黑面将军的：

戴一顶镔铁头盔嵌珠宝，金抹额上龙两条。一支皂缨盔头挑，英雄一动突突跳。搂领带，双腮抱，乌金甲，龙鳞壳，内衬一领皂罗袍。锦簇簇，光耀耀，乌云堆，海水闹，当中金龙正探爪，狮蛮大带腰中绕。袢甲绦，三环套，护心镜，光华照，护背旗，身后飘，上绣猛虎正咆哮！肋下剑，装在鞘，能工打，巧匠造。鱼褟尾，苫鞍鞒，两扇征袍金钉包。五彩靴，镫中着，胯下战马乌骓豹。吸溜溜，连声叫，胜似龙宫闹海蛟。看身材，丈二高，瞧脸膛，黑又皂，两道眉，入鬓角，二目烁烁光闪耀。准头端，耳轮朝，颏下胡须似钢条。镔铁枪，无价宝，抖一抖，玄又妙，好比长蛇把芯抛，敌将逢上血光冒！来者正是 ×××，万马营中大英豪。[1]

（2）描述环境类的：辕门、列队、升帐、军容、对阵、安营、败阵、雨、雷、风、雪、火、河、海、山、寨、村庄、房屋、大路、街道、庙宇、寺院、金殿、御花园、擂台、店家、府门、灵棚、酒、笔、字、琴、棋等。

比如，描述军阵排列的：

明晃晃刀枪齐摆，噗啦啦旗幡飘扬。有一字长蛇旗、二龙出水旗、三才分立旗、四门斗底棋、五虎巴山旗、六甲迷魂旗、七星北斗旗、八卦阴阳旗、九宫连环旗、十面埋伏旗。三十六杆天罡旗、七十二杆地煞旗，一百单八杆压阵旗。青龙旗、白虎旗、彩凤旗、飞豹旗。正当中闪出一杆坐纛旗。风吹旗展哗啦啦地山响，大旗之上朗朗四个黑字“三军司命”，正当中飞火焰、白月光，上刺着一个斗大的 × 字。我看那旗挨旗，旗挤旗、旗碰旗、旗靠旗，那真是：征云遮日隐旌旗，战士旗下纵铁骑。旗幡招展，号带飞扬。战马咆哮：皂骝马、胭脂马、艾叶青、干草黄、火焰驹、雪里站、青鬃兽、小白龙、玉顶骥、乌骓骠，一匹匹来往冲撞来回转。长枪林立：鸡嘴枪、鸭嘴枪、金杆枪、银杆枪、梅花枪、梨花枪、八宝枪、驼龙枪、点钢枪、蛇矛枪，一杆杆左右摇摆颤红缨。刀吐寒光：大砍刀、小砍刀、鬼头刀、绣绒刀、七星古月刀、八卦电光刀、九耳八环刀、青铜偃月刀，刀吐寒光冰一片。剑生杀气：太阿剑、太和剑、锟铻剑、匕首剑、斩虎剑、屠龙剑、鱼藏剑、五凤剑、青铜剑、紫电剑、分天剑、划地剑，对对宝剑冷气生烟。描金戟、方天戟如龙摆尾，开山斧、月牙斧大似冰盘。擂鼓瓮金锤、八棱亮银锤、青铜倭瓜锤、镔铁轧油锤，锤分左右，独龙錾金棒、双虎嵌银棒、青铜蒺藜棒、生铁螺丝棒，棒有千斤。日月门旗分在左右。左边旗上写：美英雄真名士秉忠心怀大志收复失土；右边旗上书：

---

① 赵连甲、李国春主编：《中国传统西河大鼓鼓词大全》（下），黄河出版社 2004 年版，第 589 页。

奇男子大丈夫揣赤胆展宏图扫灭敌军。门旗下跑出一匹马，这匹马长有丈二，高够八尺，头上长角，肚下生鳞，八宝鞍、黄金镫、五缨玉顶紫花骝。这匹马项挂紫金威武铃，双蹄胸，大蹄碗、细七寸，踢跳咆哮；涉水如舟，登山似云，夜走八百，日行一千。马上边稳稳端坐都招讨、兵马大元帅，这元帅称得起：寒暑挂甲胄，四方扫烟尘，渴饮枪尖血，睡卧马鞍心，前胸有刀伤，后背有枪痕。枕戈待旦，卧露眠霜，万马营中度岁月，血海塘中过春秋。①

（3）描绘兵器战马类的：大枪、大刀、宝剑、战戟、板斧、铁钺、双钩、钢叉、金镋、链子、神槊、棍棒、钢鞭、双锏、铜锤、飞抓、拐子、流星、箭羽、铡刀、猛虎、战马、车辆等。

如，描绘大枪的：

（之一）大枪一抖惊鬼神，一扎眉泉二面门。三扎咽喉带两臂，四扎双肋并前心。五扎盘肘剪双腕，六扎虎口刺脉门。七扎双腿八扎马，九扎小腹十撩阴。好比金鸡乱点头，真中带假假中真。

（之二）太极神枪传世间，英雄以此会魁元。镔铁打成枪一杆，八卦炉中炼周全。前有八路蛇吐芯，后有八路蟒身翻。左有八路龙探爪，右有八路虎登山。上有八路鹤展翅，下有八路猴上天。共有一百单八路，敌将逢上逃命难。

（之三）五虎枪，圣人留，迎门三招锁咽喉。转环枪，枪法稳，反背枪，敌将愁。立地式旋风乱舞，开天式一张一收。前枪尖乌龙摆尾，后枪纂怪蟒回头。全凭手眼身法步，心神意念要平流。三合八回单九扣，敌将相逢命必休。

（之四）提起这杆枪，足有八丈长，外边银子包，里边加青钢。锋刃

① 赵连甲、李国春主编：《中国传统西河大鼓鼓词大全》（下），黄河出版社2004年版，第623页。

四指宽，枪尖尺半长。素缨斗口大，钩链内中藏。上山与虎斗，下海捉龙王，落在豪杰手，专把敌将伤。①

（4）描述武打拳脚类的：罗汉拳、八卦拳、八仙拳、十步拳、对拳等。比如，描述罗汉拳：

罗汉拳，站中央，伏虎式，暗中藏。后背双锤狠，专把敌将伤。巧施连环脚，神鬼也难防。双峰来贯耳，顺手牵绵羊。跨虎登山慌又慌，斜身忙中忙。②

再如，描述八卦拳：

八卦式，拳一双，变化无穷人难防。上打插花来盖顶，飞腿下踢跑马桩。喜鹊登枝沿边走，凤凰展翅柔中刚。撩阴掌，伤敌将，连环腿，招数忙。进身哪吒去闹海，退步张生跳花墙。童子倒拜观音像，金刚朝天一炷香。天师真传独一掌，老君八卦定阴阳。③

又如，描述八仙拳：

八仙拳，摇晃晃，东倒西歪把人伤。如醉酒，似痴狂，真真假假暗中藏。白蛇正吐芯，丹凤来朝阳。二郎担山追红日，跨马跳涧不着忙。上打落叶藏花式，下踢小腹带扫堂，八仙祝寿鸳鸯堂，金鸡独立站当央。学会

---

① 赵连甲、李国春主编：《中国传统西河大鼓鼓词大全》（下），黄河出版社2004年版，第631页。

② 赵连甲、李国春主编：《中国传统西河大鼓鼓词大全》（下），黄河出版社2004年版，第627页。

③ 赵连甲、李国春主编：《中国传统西河大鼓鼓词大全》（下），黄河出版社2004年版，第627页。

八仙拳一套，定叫英雄美名扬。[①]

（5）交代各种谱式类的：帽谱、脸谱、兵器谱、战马谱等。此类较杂，示例如下。

帽谱：

王帽：平顶冕旒冠、珍珠八宝九龙冠、八宝板沿荷叶冠、三山王帽、太和冠。

头盔：三岔帅字冠、八宝盔、青龙盔、虎壳脑、狮子盔、獬豸盔、三山盔、凤翅盔。

头巾：文生巾、武生巾、壮士巾、扎巾、博士巾、荷叶巾、鸭尾巾、草纶巾、一把抓、软胎壮士巾、随风倒、卧龙巾、棒槌巾、冲天巾、马尾透风巾、方巾、盗巾、范阳笠、斗笠、金边沿毡帽、大叶扁莲巾、儒巾。

道帽：九梁瓦楞巾、华阳巾、庄子巾、一字巾、花莲冠、三岔鱼尾冠、九寿烈焰冠、混元冠。

僧帽：大帽、毗卢帽、五佛冠、月牙金箍。

官帽：相貂（丞相）、长翅乌纱（学士）、中翅乌纱（六大部官长）、尖翅乌纱（大夫）、圆翅乌纱（州城府县官员）、方翅乌纱（一般官员通用）、如意展（国舅）、桃展（驸马）。[②]

脸谱：

红脸：面如重枣、面如火炭、面如朝霞、面如赤炭吹灰、面如熟蟹盖、面如血盆、赤红脸、粉红脸。

---

① 赵连甲、李国春主编：《中国传统西河大鼓鼓词大全》（下），黄河出版社2004年版，第627页。

② 赵连甲、李国春主编：《中国传统西河大鼓鼓词大全》（下），黄河出版社2004年版，第654页。

黄脸：面如姜黄、面如淡金、面如大赤金、面如生蟹盖、面皮微黄。

蓝脸：面如蓝靛、面如青泥、面如瓜皮。

白脸：面如油粉、面如涂粉、面如敷粉、面如白玉、面如冠玉、面如古月、面如银盆。

黑脸：面如锅底、面如乌金、面如刃铁、面如镔铁生锈。

绿脸：面如油绿、面如淡绿、面如青铜生锈、面如西瓜皮。

紫脸：面如紫玉、面如紫羊肝、面如猪肺、面如白纸喷血。①

兵器谱：

剑类：落叶剑、秋霜剑、青霜剑、棠溪剑、宛冯剑、紫靛剑、播虹剑、纯钧剑、盘郢剑、湛卢剑、三首巨阙剑、鱼藏剑、匕首剑、龙泉剑、太阿剑、太和剑、属镂剑、辘轳剑、莫邪剑、干将剑、青萍剑、锟铻剑、七星剑、八卦剑、五行丧门剑。

枪类：鸭脚湛金枪、素缨亮银枪、镔铁点钢枪、虎头錾金枪、虎头金纂枪、杵白枪、丈八蛇矛枪、丈八铲头枪、五刃锋、青铜驮牛战杆。

刀类：象鼻钩镂古月刀、合扇镔铁板门刀、三停冷艳锯、青铜偃月刀、秋水雁翎刀、双手带、斩马刀、银河刀、截头刀、金背砍山刀、三尖两刃刀、九耳八环刀、巨齿飞镰刀、鹅头刀、鬼头刀、亮银扑风刀、压把挠尖刀、厚背三行刀、狼牙湛金锯、七宝刀、金丝大环刀。

戟类：亮银方天戟、花杆描金戟、黄幡戟、豹尾戟、八卦盘龙戟、阴阳火龙戟。

斧类：日月如钢斧、宣化斧、板斧、开山大斧、车轮斧。

钺类：金鸡钺、鸳鸯钺、牛头钺、凤尾钺、八卦钺、金纂劈山钺。

镋类：凤翅镏金镋、雁翅镋、十字镋、牛头镋、短把无须镋、长杆牛

① 赵连甲、李国春主编：《中国传统西河大鼓鼓词大全》（下），黄河出版社 2004 年版，第 654—655 页。

头锐。

棍类：独龙錾金棍、亮银盘龙棍、五行焰火棍、镔铁齐眉棍、丧门棍、吊客棍。

棒类：青铜狼牙棒、蒺藜棒、镔铁螺丝棒、水火虬龙棒、行者棒。

叉类：三股托天叉、烈焰钢叉、五钩神飞亮银叉、七股扎鱼叉、夺命扦。

槊类：开天槊、劈地槊、龙头槊、禹王神槊、四楞虎头槊、金顶枣瓤槊、镔铁娃娃槊、指槊、掌槊、拳槊、衡槊。

钩类：护手双钩、凤尾钩、羊角钩、挠钩、蜈蚣钩、蝎子钩。

链类：鸡爪链、勾链、钐链、连环链。

拐子类：龙头拐、虎头拐、独龙拐、九节拐、环拐、七星卧鱼拐。

鞭类：虎尾钢鞭、豹尾钢鞭、竹节鞭、七节鞭、十三节练子鞭、霸王鞭、打将神鞭。

锏类：瓦面金装锏、银装锏、熟铜锏、镔铁加钢锏、三棱杵。

锤类：八棱亮银锤、青铜倭瓜锤、镔铁轧油锤、孤顶八宝紫金锤、子母锤、梅花八卦紫金锤、鸳鸯锤、懒龙锤、蒺藜锤。

抓类：鸡爪练子抓、龟背驮龙抓、走线飞抓、鹰爪神抓。[①]

西河大鼓的赞赋篇子十分丰富。上面介绍的各种类项，又有多种不同形式，欲做进一步了解，可参阅赵连甲和李国春主编、黄河出版社 2004 年出版的《中国传统西河大鼓鼓词大全》。

（二）题材内容的广泛性

西河大鼓传统节目的题材内容，既纵贯古今百世又横亘人间万象，总括起来，大致有如下类型。

---

① 赵连甲、李国春主编：《中国传统西河大鼓鼓词大全》（下），黄河出版社 2004 年版，第 655—656 页。

1. 讲史演义类

也被称作“袍带书”。以中长篇为主，又以长篇见长。代表性的有《封神演义》《左传春秋》《吴越春秋》《金盒春秋》《走马春秋》《西汉演义》《东汉演义》《隋唐演义》《薛家将》《呼家将》《杨家将》等。

2. 公案传奇类

习惯上也称“短打书”。敷衍各种公案及传奇故事，由于更贴近百姓生活，又多涉曲折故事，无论是中长篇还是短篇，都得到了充分发展。涉及的历史年代以宋代为主。代表性的有《包公案》《三侠五义》《小五义》《大八义》《小八义》《海公案》《施公案》《刘公案》《彭公案》《姜公案》《于公案》等。

3. 传说故事类

一类是史上实有其人，但故事的铺陈已与本事完全无涉，如《赵五娘》故事中的蔡伯喈（蔡邕），情节内容根本就没有在本人身上发生过。或者有其人其事，但已在民间传说中做了远非其事的增饰，如《吕蒙正赶斋》《朱买臣休妻》《姜太公卖面》《马鞍山》《九里山》《二仙采药》《刘伶醉酒》《宫门挂带》《湘子得道》《井台会》《咬脐郎回围》《金精戏窦》等。

另一类是真正来自民间故事，如《白蛇传》《孟姜女》《梁祝》《白猿偷桃》《八仙故事》《苏梅山卖妻》等。虽然数量并不多，却在观众中有超强的影响力，几乎老幼皆知，妇孺通晓。

4. 世俗民风类

多为短篇或书帽。举凡生活世态、世风人情均有涉猎，如《光棍哭妻》《姐俩拜年》《三婿拜寿》《十女夸夫》《小两口争灯》《老两口争热炕》《借髢髢》《拴娃娃》《绣汗巾》《绣鞋帮》《赞花名》《拾棉花》《双回门》《哥仨分家》《小女婿》《傻小子》《怕老婆》《穷人过年》《小佳人爱斗牌》《骂丈夫》《渔樵耕读》《双喜临门》《小两口串亲》《吊王八》《小送饭》《说酒令》《顶灯台》《偷年糕》《看马戏》《大姐算卦》《十五出戏》《小寡妇出阁》《小寡妇上坟》《王婆骂鸡》等。

5. 劝世儆行类

多以短篇为主，也含有部分书帽。虽则劝世教化，但思想上良莠杂陈、精华与糟粕并行，如《小姑贤》《小姑不贤》《大贤人劝丈夫》《老太太疼闺女》《十不足》《和为贵忍为高》《郭巨埋儿》《丁香割肉》《王祥卧鱼》《割肝孝母》《刘云打母》《包公夸桑》《败家君子》《劝人方》《劝戒烟》《败子回头》《莫忘父母恩》《治家格言》《酒色财气》《君子之交淡如水》等。

6. 愤世感时类

也以短篇及书帽居多，内容激愤宣泄与消极伤叹并存，如《四圣朝天》表现的是宅神、财神、灶王、门神去玉皇面前告状，各诉自己的不幸遭遇，实则反映的是人间的苦痛。《妓女告状》告的是阴间的状，但折射的是阳间的种种不幸。另有《一寸光阴一寸金》《世事茫茫总是空》《八十老翁逛花园》《无时歌》《妓女悲秋》《妓女托梦》《妓女伤怀》等。

7. 神魔精怪类

数量不是很多，但情节玄虚神奇，如《封神演义》《西游记》《杨二郎捉妖》《白蛇传》等。

8. 状物拟人类

如《打黄狼》《小蚂蚱出殡》《青菜造反》《老鸹和猪》《一猫二鼠》《鹦哥对诗》《老虎学艺》《狼鹿结拜》《鹬蚌相争》《千字文摆宴》等。

9. 文字游戏类

通过文字游戏展现说书人的“绕口”“贯口”等嘴皮子功夫，讲求智趣和炫技，如《玲珑塔》《绕口令》《花唱绕口令》《一百单八州》《珍珠倒卷帘》《一窝张》《对字令》《十三月古人名》等。

（三）表现手法的多样性

鲁迅先生在其《中国小说史略》中论及宋元时期说话人“讲史”的文学技巧时，曾经指出：“史上大事，即无发挥，一涉细故，便多增饰，状以骈俪，证以诗歌，又杂诨词，以博笑噱。”可谓概括全面、揭示深刻。今且以此为宗，略释西河大鼓传统曲本的文学特色于后。

1. 增饰细故

曲艺说书的优长就是讲故事。故事的曲折、细腻及入情入理，是抓取观众、深化主题的前提。没有细致入微的描写，人物形象很难在听众脑海中鲜活起来。有了精妙引人的细节描绘，才能给人带去如临其境、如见其人的感受。西河大鼓的曲本文学，可以说在表现手法上非常典范地体现了这些优长。

（1）人物刻画细致

比如，在王书祥说唱的《大西厢》中，开篇的几句唱词即点出了崔莺莺这个青春少女怀春思情的娇羞、内敛情状：

崔莺莺清晨早起懒梳妆，乜斜着秋波眼，口咬着指甲盖儿，依靠围屏，手托着她的腮帮。

再如，在田荫亭说唱的《凤仪亭》中的一段唱词，对于吕布和貂蝉的形象描写也很细致，也颇见功力：

约定下在凤仪亭中谈心腹，吕奉先目盼貂蝉意恍惚。在亭前戳下方天戟，欠身回顾人儿无。望眼欲穿心燃烈火，荡步徘徊走进走出。见貂蝉斜穿幽径把凤仪亭入，真好似月间嫦娥入画图。绿莹莹翠柳斜插风流鬓，白亮亮玉腮浸香耳垂珠。娇滴滴梨花粉面自然色，一点点樱桃小口红扑扑。水灵灵秋波转盼如描绘，细弯弯柳眉两道自抹涂。软怯怯弱体轻盈娇无力，窈窕窕柳腰袅袅欠人扶。光彩彩淡雅梳妆多娇美，貌婷婷女中的貂蝉盖世无。说什么自古湘妃出洛浦，真好似巧画一幅美人图。把个勇敢的将军他遍体酥。这貂蝉举目抬头看吕布，真个是仪表堂堂压万夫。戴一顶束发金冠飘雉尾，镶配着金翅抹额衬宝珠。穿一身大红袍绣花千朵，系一条宝带斜挎剑锟铻。生就得面如敷粉天庭满，长就得眉清目秀世所无。说什么贾复陈平重出世，又好比列国年间的那位美子都。[1]

（2）环境、情境和心理描写细密

环境描写是深化主题、展开情节的重要辅助手段，如马俊英说唱的《华

① 《中国曲艺音乐集成·河北卷》（上册），中国 ISBN 中心 2005 年版，第 350—354 页。

容道》中的几段唱词，细密的环境描写对故事中人物的心境烘托发挥了重要作用：

黑压压天色黑了，亮嗖嗖满天的星斗空中飘。猛虎雄狮绕山去跑，咯吱吱许多的狗熊啃葛条。耳听得轰隆隆连声地响，在山后飞过来了一个大白鹤。咕嘟咚泉中冒水亚赛牛吼，乱喳喳高岩上横担独木桥。

……

曹孟德啪啪啪催马的加鞭就闯进了华容道，抬起头来他用目观瞧。山路的崎岖本是行人太少，顽石荆棘大蓬蒿。万重山狂风起，乌云霾霾压松梢。一人（哪）挡住了咽喉路，万夫难进的路一条。好一个极恶极险的这条华容道，大英雄要到此总得要发了毛。[①]

而在田荫亭说唱的《九里山》唱段中，面对楚霸王大势已去、无可挽回的败势，虞姬百感交集、黯然神伤，悲凉心情透彻肺腑：

这虞姬面对着酒宴含珠泪，有千般的愁闷万种的惨悲。辗转反侧难成寐，出帐来孤单单、冷清清、履寒霜、踏曲径，无人跟随，只有残月儿相陪。她亲自巡营作防备，全不顾蓬蒿野草荆棘乱石天色黑。此时天交二更内，秋虫儿啁啁的声音断续待月归。那些众三军一个个周身上打满了冰冷的露水，在斜月下音调儿凄凉有人把箫吹。在山头来了霸王他的追命鬼，原来是张良散楚的歌声悲。

……

这箫声长短高低刺人的心肺，声韵儿凄惨令人伤悲。楚国的兵心神俱入箫管内，性如流水心自悲。

……

这虞姬惊慌失色身体发萎，撕肝裂胆面如灰。回帐中只见霸王依然酣

① 《中国曲艺音乐集成·河北卷》（上册），中国ISBN中心2005年版，第494—500页。

睡，向前来连声呼唤热泪双垂。[①]

另如，在艳桂荣说唱的《杨门女将·灵堂》中，正为杨宗保庆贺五十寿辰的佘太君，听仁宗皇帝告知宗保已经阵亡，而西夏又造反犯境，有段抒发震惊悲愤心情的唱段，深刻传达出老太君此时此刻内心深处的家仇国恨之情：

老太君闻此言猝然惊坐我的手发颤，听一言如雷震魂惊目眩。命八姐取大杯把酒斟满，老太君高举酒杯走至厅前。今逢你五十寿辰竟然不在，愿孙儿饮此杯神游九天。似这等国仇家恨终当报，我不灭敌寇怎能够解心酸。[②]

（3）场面铺排细腻

以长篇《杨家将》中的“灵堂”一回为例，内中有一个情节：西凉国犯境造反，朝中选帅无着，只好到杨府求帅。仁宗皇帝从出宫去到杨府，京剧中只不过一转场就完成了，可是曲艺却有它细致发挥的充分余地。仅是皇家的銮驾，就有如下一番铺陈。而经过此一番的渲染，皇家的威严立现眼前：

在外边有执扇掌扇那叫龙凤扇，两面铜锣在头前。在当中跑开了八匹对子的马，马上的将官好威严。全都是大尾巴扎巾头上戴，黄呢子的马褂儿它绣着龙团。马褂儿全都是川绸子里儿，风磨铜子的扣都系在他的胸前。绿皮子的腰刀就在左肋挎，单头缎儿靴脚巴丫儿穿。缎靴全是五分底，它的前后都叫这绿云子儿圈。列着队队摆的本是对对棍，对对提槊对对鞭。上打一把九曲弯脖儿的黄罗伞，有龙凤车辇在下边。五凤朝阳镶金顶，杏黄缎子外边蒙严。珍珠牵绊黄绒套，有五匹黄马拉前轩。仁宗就在里边坐，在头上戴着冲天冠。身上的龙衣绣着满蟒，珍珠玉带系腰间。[③]

---

① 《中国曲艺音乐集成·河北卷》（上册），中国 ISBN 中心 2005 年版，第 338—346 页。
② 《中国曲艺音乐集成·河北卷》（上册），中国 ISBN 中心 2005 年版，第 650—652 页。
③ 《中国曲艺音乐集成·河北卷》（上册），中国 ISBN 中心 2005 年版，第 645—647 页。

同类的例子，如王书祥说唱的《大西厢》中，红娘走过的每一道门都配有一副对联，对于对联及其内容的介绍，描述也很细腻，一方面扩展了书情的内涵，另一方面增加了内容的情趣，同时也透露出节目及其曲本的书卷气和儒雅风。

2. 状以骈俪

骈体文起源于汉魏，形成于南北朝。全篇以双句（即俪句、偶句）为主，讲究对仗与声律。其以四字、六字相间定句者，世称骈四俪六，亦称四六文，为骈文中的一体。此种文体，在西河大鼓的曲本中难觅其踪。但鲁迅先生所谓的“状以骈俪”当属漫说，并非实指。严格意义上的骈俪体，休说在现代曲艺中，即使在“拟话本”时代也未实兴过。但其中的双句（即俪句、偶句）却俯拾即是，并且是其韵文的基本组成方式。其中“对仗与声律”的讲究，更是屡见不鲜、不胜枚举，如在张桂芳说唱的《潘杨讼》中，有一段宋真宗与呼延丕显对诗的描写是这样的：

万岁说：“我说的是郊外的黄花亚赛金钉钉地，”
丕显对：“城里的白塔亚赛玉钻钻天。”
万岁说：“河里的荷叶鱼儿的伞，”
丕显对：“房上的蛛丝燕子的帘。”
万岁说：“风刮雀巢二三只连科及第（地），”
丕显对：“雨打猿穴众诸侯（猴）大夫朝天。”
万岁说：“河里的荷花和尚采了去他给何人戴？”
丕显对：“道旁栽的稻道人采了去他给道人餐。”
万岁说：“虎行雪地梅花五，”
丕显对：“鹤落霜天竹叶三。”
万岁说：“龙行水浅胸擦地，”
丕显对：“凤飞云霄背薄天。”
（白）哎呀，说到天上去了，好好好，咱们天上就打天上来呀！
我说的是：“天为棋盘星为子，”
丕显对：“地为琵琶道为弦。”

万岁说："天为棋盘谁可能动？"

丕显对："地为琵琶谁可能弹？"

万岁说："你若能摆我就能动，"

丕显对："你能定弦我就能弹。"

万岁说："倒有一座西岳华山，华山倒有一个老陈抟，他请寡人上高山，我与陈抟下棋盘，不亚于过寡人我就上了天。"

丕显对："吾到了一座南海岛南，里边有王母娘娘一只大花船，九天仙女搭跳板，她就让我上了她的船，我借着水音噔嘣噔嘣我把琵琶弹。"

万岁说："远看华山千千里，"

丕显对："近看天子万万年。"[①]

与此相类，前面曾举田荫亭说唱的《凤仪亭》，说到吕布对貂蝉的夸赞，运用了一连串的排比句，其中的形容词也都对仗工整："绿莹莹……，白亮亮……；娇滴滴……，一点点……；水灵灵……，细弯弯……；软怯怯，……窈窕窕……；光彩彩……，貌婷婷……。"成为另一种形式的对偶句。

3. 证以诗歌

说书表演引入诗歌，功能非常之多。或起势，或作结；或画龙，或点睛；或绘景，或抒情；或警示，或议论。可谓无处不用，无所不能。只不过，为了适应口头叙演的方便，说书表演中的诗词，语言词汇较为口语化。西河大鼓传统节目之中的诗词歌赋，用得也很多、很妙。

有的用于开篇，且多以【西江月】体的词牌为最，如：

夏天美景可观，观的（是）绿水青山，
轻风飘飘透竹帘，路上（的）场景不断。
佳人凉亭避暑，池塘开粉红莲，
王孙公子把扇扇，坡下农夫出汗。

---

① 《中国曲艺音乐集成·河北卷》（上），中国 ISBN 中心 2005 年版，第 595—599 页。

有的用于概括交代，如《潘杨讼》中的一首【西江月】：

潘洪为人贪婪，结党伺机篡权，
手段残忍害良贤，呼杨两家含冤。
少年呼延丕显，边关设计捉奸，
寇准智断潘杨案，延昭重镇边关。

在西河大鼓的有些唱段中，也会引入一段唐诗，如王书祥演唱的《赵五娘描容》一段中，就引入了杜牧的诗："清明时节雨纷纷，路上行人欲断魂。借问酒家何处有？牧童遥指杏花村。"并以其末之"村"字，起而续成一段"顶针续麻"的辞句：

村村村，村前村后人吵闹，闹闹吵吵上新坟，坟前坟后人悲恸，恸哭恸伤有情人。情人骑着高头马，马上端坐众郎君。君君君，好美酒，美酒当年到如今。金勒马嘶芳草地，玉楼人酒醉杏花村。①

有的唱段对古诗词进行化用，如王书祥说唱的《大西厢》，就不仅嵌入了《诗经》的名句，而且化用了宋代邵雍的《山村咏怀》诗：

小红娘"桃之夭夭"走出了门去，
"其叶蓁蓁"走慌忙。
"之子于归"归何处？
"宜其家人"上西厢。
走过了"一去二三里"，
抹过了"烟村四五庄（家）"，
也就是眼观"亭台六七座"，

① 《中国曲艺音乐集成·河北卷》（上），中国ISBN中心2005年版，第254—255页。

走过了“八九十枝花”儿墙。[1]

在王书祥的这段《大西厢》中，还插入了许多副“对联”。这些对联显系出自文人之手，似又不见于名家之笔，如：

大门上边有副对儿，能人提笔写得真强：
上联写：“庭有余香谢草郑兰燕桂树，”
下联配：“家无别况唐诗晋字汉文章。”
横批上写：“户列簪缨。”
……
红娘迈步往里走，见迎门放着木头隔成的一道影壁墙，一副对联亮堂堂：
上联写：“柳线莺梭织就三春锦绣，”
下联配：“花罗燕剪裁成四季文章。”
横批上写：“皇恩浩荡。”
小红娘她转身往里走进书房。
……
有副对联笔体强。
上联写：“经传五鹿宜孙子，”
下联配：“翰袭双鲤达吉祥。”
横批上列四个字，
抬头一看“治国安邦”。
……
荷花缸上有副对儿，
这副对联儿写在缸上啦。
上联写：“荆树有花兄弟乐，”

① 《中国曲艺音乐集成·河北卷》（上册），中国ISBN中心2005年版，第254—255页。

下联配："书田无税子孙享。"
戴着仕字冠是个大赵王。
红娘迈步往里走，
瞧见了眼前月亮门旁，
左右镶衬有副对，
这副对联笔体更是强。
上联写："言语招忧同亲友少说几句，"
下联配："书能明礼叫子孙多读两章。"
……
书房门前有副对儿，
这副对联笔体强。
上联写："雨过琴书润，"
下联衬："风来翰墨香。"
横批上写："风清月白。"
……
（书房内）左右镶衬有一副对儿，
这副对联亮堂堂。
上联写："砚水无波文作浪，"
配一首："笔花落纸墨生香。"
……
一转眼瞧见了那位张君瑞，
趴伏书案他读文章。
听他念的是：
"来宵得中，颇济得广，呼朋来也况远方。"
听他念诗：
"正月繁霜，我心忧伤，
民之讹言，亦孔也之将，
念我独兮有西厢。

恰忧心惊惊，再不改跳墙。”①

同是一篇《大西厢》唱段，不同艺人间的路数各有不同，显系书出多源，各有其传。仅以其对联而言，郝艳霞演唱的《大西厢》中的“对儿”就是另一种唱法，如红娘走至张生住室的门上之“对儿”即为：

大门相衬一副对儿，
这副对联写得在行。
上一联：“十口心思思父思母思妻子，”
下联配：“寸身言谢谢天谢地谢君王。”
横批相衬这么四个字，
四个字写的是“治国安邦”。
……
见那月亮门又有一副对儿，
这副对联写得倒比那副强。
上一联：“寿比南山松不老，”
下联配：“福如东海水流长。”
横批相衬四个字，
四个字写的是“春日在忙”。②

后面还有对联数则及引用的古籍多处，各有所异。而同为此唱段，张英勋演唱的《大西厢》中，“对儿”又有自己的路数：

大门上边有副对儿，笔走龙蛇写得强。
上联写：“目读五经春秋礼乐诗书易，”

① 《中国曲艺音乐集成·河北卷》(上册)，中国ISBN中心2005年版，第256—269页。
② 《中国曲艺音乐集成·河北卷》(上册)，中国ISBN中心2005年版，第415—418页。

下联配：“笔点三科状元榜眼探花郎。”

横批写着四个字，

四个字写的是“世代荣光”。

小红娘款步往里走，

迎面一通影壁墙，

这座影壁修得高大，

鹤鹿同春画得强。

上边还配诗一首，

这首诗句在当央：

“斗大黄金印，天高白玉堂。

不读书万卷，难得伴君王。”

左右相衬一副对儿，

这副对联写得字体无双，

上联写：“有心栽花花不放，”

下联配：“无意插柳柳成行。”

横批上也是四个字，

四个字写的是“鸟语花香”。

影壁墙上爬山虎儿，

影壁后，放送一口偌粗偌壮金刚石爆瓷儿的荷花缸。

红娘来到二门外，

见门上这副对联写得更强。

上联写：“春风春月春光好，”

下联配：“人得人心人寿长。”

横批上面四个字，

四个字写的是“接福迎祥”。[①]

---

① 赵连甲、李国春主编：《中国传统西河大鼓鼓词大全》（下），黄河出版社2004年版，第149页。

下面亦有对联多副，亦多不相同。这充分显示出西河大鼓曲本的文学积淀之丰厚，变异之多端，体现出文学样态的绰约多姿。

不难看出，上面三个不同版本的唱段，使用的全为江阳辙。即在不变辙韵的情况下，能衍化出这么多种变体，从而彰显出西河大鼓先辈艺人不凡的文化素养和文学创造的深厚功力。

4. 杂以诨词

诨词，即诙谐逗趣的话语及词句。此为曲艺作为以语言性叙述为主的表演艺术的强项，在西河大鼓的曲本中，体现得尤为鲜明。这从李成林演唱的书帽《吹大话》即可看出其特色。

闲来无事到了村西，
看见了个蝈蝈斗蛐蛐。
蝈蝈说："我在南山吃了两棵大柳树。"
蛐蛐说："我在北海吃了两条大鲸鱼。"
蝈蝈说："我在南山岗还吃了两只斑斓猛虎。"
蛐蛐说："我在北海岸又吃了两头葱白大叫驴。"
它两个正然吹大话，
从那旁来了个芦花大公鸡。
一乍毛、一抖翅，
上前就把蝈蝈吃。
蛐蛐一见有了气，
骂了声："芦花公鸡你无道理，
称四两棉花（访）纺一纺，
蛐爷我不是好惹的。"
它伸了伸腿儿捋了捋须，

赌了赌气也喂了公鸡。[①]

李成林演唱的短篇《“奉承鬼”过堂》，也有异曲同工之妙。

阎王爷坐殿气昂昂，
众鬼卒一见着了慌，
判官忙打开生死簿，
牛头马面站两旁。
阎王爷怒气冲冲叫小鬼儿：
“我命你抓差来过堂。
恨只恨阳世三间风气不正，
是怎么溜、舐、奉承、敌这派的人儿就断不了桩？
只顾他见人奉承说好话，
他全不想把被捧的人儿害遭了殃。
你快把这样儿的坏人给我抓到案，
我要严惩不贷把正气张。”
小鬼儿领命扬长去，
疾走如飞慌里慌张。
不多时听见殿下锁链响，
惊动殿上阎罗王。
见一人项戴犯法锁，
小鬼儿拉拽到殿堂。
那个人跪在森罗殿，
阎王上边开了腔：
“小鬼儿啊，你怎么回来这样快？

① 赵连甲、李国春主编：《中国传统西河大鼓鼓词大全》（上），黄河出版社2004年版，第496页。

错拿了好人你可罪难当。”
小鬼儿说：“这样人阳间多得很，
一出门我就把他碰上。
爷爷要不信你请审问，
抓错了好人我把罪当。”
阎王连说：“好好好，
我先把他过一堂。”
阎王爷手指殿下高声嚷：
“你溜、舐、奉承为哪桩？
你今天不说真情话，
十八层地狱的滋味都叫你尝尝。”
阎王爷手拍桌案叭叭地响，
紧皱双眉气昂昂。
阎王爷这一动怒不要紧，
就觉得肚子里有点胀得慌，
大概是憋住了一口气，
又加上起早坐殿着了点儿凉，
只听得咕噜噜地往下滚，
这口气穿过了小肠奔大肠。
急转直下就听见“噔”的一声响，
一霎时这股子怪味就散满了殿堂。
众鬼卒明知道其中奥妙不敢言语，
殿下边跪着的鬼魂开了腔，
他说道：“你们说我是来到了阴曹府，
叫我看我这真是到了天堂。
要不然怎么刚才的声音好似那优美的琴音响，
这股子味道啊，真赛过冰片加麝香。
在这里音乐悦耳气味又好，

我情愿常住这阴间永不还阳。”
几句话说得个阎王消了气，
满面春风喜洋洋。
暗想道：这个人实在懂礼貌，
说出个话来又甜又绵好像是山药就冰糖。
谁说他“溜、舐、奉承、敬”啊？
这真叫好人受冤枉。
叫：“牛头，快把他领在养心殿，
赐给他一桌御宴尝一尝。”
牛头说：“你快快跟我走，
养心殿内饮酒浆。”
刚刚来到殿门外，
奉承鬼，眼望牛头笑脸扬，
说：“老兄啊，你长了一副贵人相，
你这个相貌可不平常，
两角弯弯眼睛亮，
你这两个有福的耳朵有多长，
左角能挂天边月，
右角能以挂太阳，
以后你必有真富贵，
说不定也得做阎王。”
牛头闻听高了兴，
笑嘻嘻拉住他的衣裳，
牛头说：“阎王的御宴还得等一会儿，
不如到我家先喝碗牛肝牛肚杂碎汤压压心慌。”
他们俩一边说着一边走，
再说殿上五阎王。
见小鬼就在一旁站，

阎王爷一见气昂昂。
眼望小鬼儿破口骂：
“你这个东西太混账。
我命你阳世去抓差办案，
你无理横行为哪桩？
你看看，那个人说话和气才高智又广，
你定是贪赃枉法把好人伤。
要叫上天的玉皇知道了，
这个罪过谁敢当？”
吩咐一声把他拉下去，
四十大板加劲夯！
小鬼儿跪在森罗殿，
不住地磕头尊大王：
“阎王爷爷且息怒，
全怨我做事欠思量。
该死该死我真该死，
为什么你刚才放屁我不说香?!”[①]

这样的段子在西河大鼓的传统节目中还有很多，如《老鸹和猪》《四圣朝天》《抽蹭烟的》《小女婿》《秃媳妇》《矬大嫂》《黑大嫂》《高媳妇》《十八扯》《胡咧咧》《罗锅弯》等。

5. 博以笑噱

让人在轻松愉快中启智解颐，是曲艺重要的美学原则之一。博以笑噱的例子在西河大鼓书段中也是屡见不鲜，比如小书帽《吊王八》：

① 赵连甲、李国春主编：《中国传统西河大鼓鼓词大全》(上)，黄河出版社2004年版，第491—494页。

说了个小伙他本姓白，
他赶集买了个王八来。
买来王八无处放，
找来条麻绳拴起它的脑袋，
把王八吊在门上槛。
走进上房笑嘻嘻地把口开：
“贤妻呀，你的爹爹来看你。”
媳妇说：“爹爹来看我为何不进来？”
小伙子说：“你的爹有个拐棒子脾气，你不接他，他不进来。”

（白）媳妇说：“是呀，我爹他爱讲排场，让我接他，让人看着好看。我别让他老人家在门口儿等了，我就尽尽孝心，去接他老人家去吧。”

媳妇迈步到了门外，
东瞅西望看明白。

（白）“哟，哪有人呐？准是老人家等得工夫长了不耐烦走了。那我就回去吧。”

小媳妇转身往回走，
正赶上王八一蹬腿儿踹着她的脑袋。
她抬起头来留神看，吊着个老鼋正蹬歪。

（白）媳妇一看明白了，他这是想占我的便宜呀！好了，瞧我的。

她想好主意把上房进，
小伙子这里把口开：
“家里的，你到外边去接了一趟，为什么不见你的爹爹他进来？”
媳妇一听她长叹了口气：

“叫声丈夫你听明白，只因为你的爹在门槛子上上了吊，吓得我爹他没敢进来。”[①]

① 赵连甲、李国春主编：《中国传统西河大鼓鼓词大全》（上），黄河出版社2004年版，第555—556页。

此类唱段在西河大鼓的节目中还有不少，如《姑娘偷杏》《偷年糕》《要酒菜》《财迷认亲戚》《两头忙》等。有的书段虽有俳谐太过之嫌，但作为普通百姓苦中作乐的笑料，亦有调剂生活、助人休闲的功用。

除了依照鲁迅的概括及所揭示出来的上述文学特点，西河大鼓的文学手法和技巧，还有很多值得注意的地方。

一是夸张的技巧。

夸张是文学修辞的常用手法。从情节构思到语言表达，西河大鼓的传统曲本中都有广泛的体现。所用形象化的语言对所述事物作的超出实际的描绘，往往给人以超乎寻常而喜出望外的感觉，从而增加其艺术感染力，如李春琴演唱的短段《矬大嫂》：

说了个大嫂个儿矬，
矬得让俺都没法说。
你要问她有多么高的个儿？
用尺量也就半寸多——还是往高处里说。
她回家常打门槛子底下过，
常躲在针线笸箩里去做活。
到集上扯回来半尺花洋布，
给自个缝了件棉裤、夹袄还做了床被窝。
这人要矬来腿就短，
走起路两腿得紧忙活，
南屋到北屋几步远，
她一走走了半月多。
为什么走了这么久？
院子里有碍脚的东西把日子拖。
蚂蚁拱起了一堆儿土，
她说是：“好难过的大土坡！”
又赶上下雨地上存了一洼水，

她又说："没有船让俺怎么过河！"
老婆婆让她去做饭，
她登着梯子还够不着个锅。
啪！老婆婆抡起巴掌朝下打，
骨碌碌，矬大嫂从梯子顶上往下折，
婆婆上前一抬腿，
踩住了儿媳妇她用脚搓。
搓搓了几下低头看，
再找矬媳妇找不着。
无奈何给她娘家送了个信，
来了矬大嫂的娘家哥，
进得门来发了火，
骂声狠毒的亲家婆：
"三天里要找着我的矬妹妹，
咱一笔勾销没话说；
三天内找不到我的矬妹妹，
公堂以上把理说！"
公公吓得嘚嘚战，
婆婆吓得打哆嗦。
赶忙来找矬大嫂，
围着锅台用笤帚扫来簸箕撮，
筛子筛，簸箕簸，
过了粗箩又过细箩，
左找右找没找着。
你要问大嫂哪里去了？

吓得她钻进了蚂蚁窝。[1]

还有一段张树会演唱的短段《财迷员外》，亦有异曲同工之妙。

有位员外叫张三，
清晨早起瞎转转。
也是这员外时运好，
在后院捡了个大铜钱。
老员外捡钱没处放，
左搁右放都为难。
有心放在腰兜里，
又怕腰兜绽线丢了铜钱。
有心送到钱匣里，
又怕那孩子们偷去买个烧饼去解馋。
万般出于无奈计，
将大钱放在嘴里边。
偏赶上半天空中乌鸦叫，
老员外抬头望望天。
这一抬头不要紧，
“哏儿喽”一声咽下了大铜钱。
这员外回到房中得重病，
将三个儿子唤到床前。
员外说：“我若死了你们怎么发送我？”
大儿子闻听发了言：
“你老人家若是黄金入了柜，

① 赵连甲、李国春主编：《中国传统西河大鼓鼓词大全》（上），黄河出版社 2004 年版，第 598—599 页。

买棺椁，买寿衣，准备下二百两银子外带两吊钱。”
员外一听一瞪眼：
“大小子，你这是败家瞎花钱。”
（白）二儿子过来一寻思，我爹准是嫌少啊，我再多说点。
这员外问老二：“老二你咋办哪？”
二儿子说：“三百两银子买棺椁，
外请画匠扎上金山和银山，
鼓乐叫他七八伙，
五方和尚念经篇。”
没等说完老员外生了气，
说：“挺好的日子让你折腾完。”
用手一摆忙把老三叫：
“老三啊，我若是死了你怎么发送咱？”
这老三本是个青头愣，
知道他爹爹不爱命来偏爱钱。
开言道：“你老若是下世去，
扒了你的皮，卖了你的肉，剔了你的骨头，拿来到长街去换钱。”
员外一听心高兴：
“还是小三儿说话与我投缘。
卖肉你别上你舅舅家去卖，
你舅舅家爱吃肉来不爱给钱。
卖肉你别上你姑姑家去卖，
你姑家表兄弟多抓耳挠腮的讨人嫌。
卖肉千万别把我的肠子卖，
我肠子里还有个大铜钱。”①

① 赵连甲、李国春主编：《中国传统西河大鼓鼓词大全》（下），黄河出版社2004年版，第586—587页。

二是哲理的提炼。

西河大鼓的曲本虽然以通俗为本色，但俗中见精，俗中蕴雅，说唱朗朗上口，听着耐人寻味，如孙呈海擅唱的短段《酒色财气》。

太阳一出照九州，
酒色财气世上留。
好酒的酒杯总是不离手，
他说是一醉解千愁。
好色的常往烟花柳巷里走，
他倒说死后做鬼也风流。
好财的家有千所房子万顷地，
他还想不如摇钱树长在屋里头。
好气的常在街上走，
看见了不平事就气冲斗牛。
说酒色财气没好处又不能没有，
少一样也恐怕于理不周：
没有酒款待亲友不能摆酒宴，
没有色世上人不能把后代留。
没有财世上人不能川流奔走，
没有气人世间的歪理不能追究。
我奉劝诸位四句话：
吃酒不醉、遇色不迷、生财有道、好气识理——你得帷幄会运筹。[①]

此类带有人生哲理的唱段，在西河大鼓中还有不少，不多举例。

三是构思的奇妙。

① 赵连甲、李国春主编：《中国传统西河大鼓鼓词大全》(下)，黄河出版社2004年版，第639页。

无论是故事情节的曲折引人，还是短段曲本的巧妙奇崛，传统的西河大鼓节目中，构想的奇妙尤其突出，如王福义擅唱的短段《小子好赌》。

小伙子生来命儿独，
做出事来好糊涂，
整天价无事大街上逛，
掷骰子押宝斗十和。
耍钱场里没好处，
一输输了个光屁股。
夜晚小店去睡觉，
不由得两眼滚泪珠。
二老堂前不能尽孝，
妻子老婆想丈夫，
丈母娘也把姑爷想，
小姨子家中想姐夫。
小姨子为什么把姐夫想？
当了我条红绸裤子他没给赎。
赶腊月二十要出聘，
没有裤子黑夜白日哭。①

在这里，一句“小姨子家中想姐夫”，很容易让人往歪里想，当听了后面两句后，就不禁让人哑然失笑：“小姨子为什么把姐夫想？当了我条红绸裤子他没给赎……”赌徒四处借当的性格特征被刻画得淋漓尽致！

又如，王书祥擅唱的短段《拆西厢》，则给我们展示了别样的艺术深度。这篇小段儿是以一种超越历史时空的构想来展开文思的，不得不令人感佩。

---

① 赵连甲、李国春主编：《中国传统西河大鼓鼓词大全》（下），黄河出版社 2004 年版，第 654 页。

莺莺闷坐手托腮，
叫了声红娘快过来。
小红娘应声来到床前站，
尊道：“我姑娘，把奴才唤来哪边差？”
莺莺说：“姑娘我有件不明的事，
直到如今我解不开。
张君瑞他本是唐朝的青云客，
咱娘儿们是宋室年间的女裙钗。
唐宋相隔二百载，
什么人编出这部《西厢》来？
心窄时净想着悬梁自尽，
只可惜我的娘亲鬓发皆白。”
小红娘听罢抿嘴笑，
尊道：“姑娘，你不明白奴才我倒明白。
想当初咱老爷做过大主考，
三声炮响贡院门开。
关汉卿进京来会试，
咱老爷没中人家书生屈了人家的文才。
关汉卿一怒回了故土，
闷坐书房巧安排——才编出这部《西厢》来。
真自是真来假自是假，
青自是青来白自是白。
这就叫夜明珠没出土真假难辨，
单巴掌拍不响事从两厢来。”
好一个聪明伶俐的红娘女，

几句话她把一部《西厢》给折开。[①]

四是韵律的美感。

西河大鼓由于是说唱相间表演的“鼓书”形式，曲本的体裁呈现为散韵相间的样态。既有散体语言的说表和对白，以及说明描摹和议论，也有韵文体式的唱词和赞赋。又由于唱腔属于板腔体，所以唱词主要是七字和十字的上下句体。押韵的规律，也多押在下句；并且时常嵌有衬词、衬字，格式比较灵活。传统的辙韵，号称“十三道大辙”，即发花、梭波、乜斜、姑苏、一七、怀来、灰堆、遥条、由求、言前、人辰、江阳、中东辙。从前面所引各种例证也可看出，无论怎样创作唱词，口语化、方言性、形象性、生动性都是主要的审美追求。而对各种修辞手法的灵活、精彩运用，尤其丰富和典范。

韵文作为唱词，不光要求上口合律，同时要求鲜活有致。虽然有一定的句式、字数和辙韵要求，但不能机械和刻板，往往要能在看似突破格式的例外变化中，凸显出特殊的美感来。

如王艳芬擅唱的短段《李三娘打水》中就使用了扩展型的下句：

三娘井边正然盘算，（上句）

打那边嗒啦啦啦跑过来高有八尺长有丈二头上长角肚下生鳞日行千里夜走八百追风赶日赶日追风万两黄金买不了的这么一匹马走龙。（下句）[②]

唱词的句式结构，通常为上下句体，但也常有例外，如在郑瑞田擅唱的短段《小姑不贤》中就使用了多个下句：

这一天大贤人在寝房正把活儿做，（上句）

---

① 赵连甲、李国春主编：《中国传统西河大鼓鼓词大全》（上），黄河出版社2004年版，第504—505页。

② 赵连甲、李国春主编：《中国传统西河大鼓鼓词大全》（上），黄河出版社2004年版，第448页。

在外边来了贤人的大哥，
名儿就叫小连科，
外边套来一辆车，
来接郭翠娥。（下句）①

同书段还有：

我叫你住上十天整，（上句）
你愣敢住上半月多，
生敢住得过了作，
你真不听说，
咱俩翻了个儿了，
莫非你是我婆婆！（下句）②

在西河大鼓传统节目的唱词中，“十三道大辙”中的各种辙韵均会用到，但以言前（天仙）、中东、梭波、人辰、江阳辙的使用频率最高。

一般来说，一个情节或者段落，由于表现内容的情感基调基本是一致的，因而通常会押一道辙的韵。但也有少数例外，如刘彩琴擅唱的《十三月古人名》就使用了全部的十三道辙：

正月里来正月正，
刘伯温修下北京城，
能掐会算诸葛亮，
斩将封神姜太公。（中东辙）
二月里来草发芽，

① 赵连甲、李国春主编：《中国传统西河大鼓鼓词大全》（上），黄河出版社 2004 年版，第 81 页。
② 赵连甲、李国春主编：《中国传统西河大鼓鼓词大全》（上），黄河出版社 2004 年版，第 86 页。

刀劈杨凡樊梨花，
穆桂英大破天门阵，
刘金定报号四门杀。（发花辙）
三月里来桃花开，
吕蒙正无时赶过斋，
苏秦无时当过剑，
朱君臣无时打过柴。（怀来辙）
四月里来梨花香，
镇守三关杨六郎，
白马银枪高思继，
日收双妻小罗章。（江阳辙）
五月里来端阳节，
刘备无时打草鞋，
柴王推车卖过伞，
贩卖酸梅洪武爷。（乜斜辙）
六月里来暑三伏，
包老爷捉妖把五鼠除，
济小塘捉妖收五鬼，
张天师捉妖破五毒。（姑苏辙）
七月里来七月七，
临潼斗宝伍子胥，
九里山韩信显才智，
黄飞虎反出朝歌到西岐。（一七辙）
八月里来是中秋，
李三娘磨棚泪双流，
王三姐苦守寒窑十八载，
孟姜女哭倒长城志不休。（由求辙）
九月里来燕南归，

威震当阳猛张飞，
敬德监工大佛寺，
大闹江州黑李逵。（灰堆辙）
十月里来小阳春，
卖竹筢子的是程咬金，
白水滩十一郎大战青面虎，
盗御马的是窦尔墩。（人辰辙）
十一月里来雪花飘，
关云长赴会匹马单刀，
赵匡胤盘龙大棍闯天下，
吴汉杀妻保汉朝。（遥条辙）
十二月末整一年，
金眼毛遂盗仙丹，
冯顺南唐来报号，
魏王大闹御花园。（天仙辙）
十三个月一年多，
薛礼救驾淤泥河，
李梦熊救驾全林寺，
赵云救驾长坂坡。
四十位古人十三个月，
一口气唱了十三道大辙。（梭波辙）①

十三道大辙外，还有两道小辙，艺人习称“小人辰儿”辙和“小言前儿”辙。

小辙是大辙的儿化韵。这两道小辙，又各自包括儿化了的大辙，如“小言

① 赵连甲、李国春主编：《中国传统西河大鼓鼓词大全》（下），黄河出版社2004年版，第606—608页。

前儿”辙包括言前、怀来、发花，如牛肉干儿、瓶塞儿、香瓜儿等；“小人辰儿”辙包括人辰、灰堆、乜斜、一七，如白菜心儿、烟袋嘴儿、毛驴儿、玩意儿等。

“小人辰儿”辙和“小言前儿”加在一起，只包括了十三道大辙里的七道辙，其他六道辙虽然也可以儿化，但使用频率较低。

如田连章擅唱的短段《小黑驴儿》，即为“小人辰儿”辙：

有一个学生正青春儿，
去到南学读书文儿。
上学来先念《百家姓》，
《三字经》来还有《千字文》儿，
《孟子》《老子》全念会，
念完了上《论（语）》儿再念下《论（语）》儿。
到了这一天五月端阳把学放，
个的个的回家去都要散散心儿。
行走来在了大街上，
从那旁来了一匹小黑驴儿。
这匹小驴儿是一锭墨儿，
仔细看长得有点意思儿；
白嘴岔儿来白嘴唇儿，
白眼扎眉儿白尾巴根儿，
白尾巴穗儿白肚皮儿，
雪里站着四个白银蹄儿。
新鞍子儿蓝绨子儿，
新笼头新嚼子儿，
一拄子皮儿出在十里辛集儿。
戴齐胸犀牛尾的一个红穗子儿，
三十六个小“吵”子儿，

檀香木镟了一棵驴轴棍儿，
一拃厚红哔叽的一个座褥，
在驴上坐着一个小佳人儿……①

五是版本的多样。

这是西河大鼓传统节目的重要特点。特别是那些极具代表性的传统经典节目，由于是世代艺人长期积累、共同打磨，即集体创作形成又各自表演传承下来的，从而既有大体的一致性，又有各自的变异性。这使同一节目乃至同一门派，往往存在着大同小异的丰富性即节目版本的多样性。从而与当今的“定本”创作和“同版”表演形成鲜明对照。而西河大鼓传统节目的这种特性，既表现在情节内容的不同变化上，又表现在人物塑造的不同手法上，更表现在语言唱词的不同运用上，从而为其艺术传统增添了格外丰富的特殊内涵。

换句话说，前面我们虽然罗列出了那么多的传统节目，但实际上，对于每一个节目而言，不同艺人都会有不同的说法（书路），具有不同的风格，展示不同的姿彩。尽管当今的新节目创演基本上属于定词定本，但传统节目的这些存在样态，带给我们的现实启示也应是切实的，那就是：没规矩不成方圆，而囿于规矩，不发挥各自的特色，也注定是僵化而缺少活力的。

三、西河大鼓的音乐构成及唱奏特色

西河大鼓之所以与其他曲种特别是同类曲种有别而独立存在，正是由于它有自身独特的音乐唱腔。因此，要对西河大鼓的艺术传统进行全面深入的了解，对其音乐构成及其唱奏特色的梳理探讨就十分重要。

---

① 赵连甲、李国春主编：《中国传统西河大鼓鼓词大全》（上），黄河出版社 2004 年版，第 127—128 页。

（一）西河大鼓的基本唱腔

西河大鼓的音乐属板腔体，基本板式有头板、二板、三板。

头板为一板三眼，4/4 拍子，具体包括【起板】、【慢头板】、【快头板】、【紧五句】、【慢四句】、【一马三涧】、【蚍蜉上山】（亦通用于其他板式）、【蚂蚱蹬腿】和【反二黄】等唱腔。

二板为一板一眼，2/4 拍子，包括【起板】【慢流水】【双高】【蜻蜓三戏水】【反腔】【叠句腔】【垛子句】【串子口】【顶针续麻】【扯不断】【梆子穗】【十三咳】【哭相思】【下扎腔】【上走腔】【溜腔】【海底捞月】【龙卷尾】【抢板】和【小北口儿】等唱腔。

三板为有板无眼，1/4 拍子，包括【慢三板】【快三板】【三板小反腔】【乍口】及【尾腔】等唱腔。

上述具体唱腔中，可作为独立板式的有头板中的【起板】【慢头板】【快头板】【紧五句】【慢四句】等；二板中的【起板】【慢流水】【快流水】【双高】【小北口儿】【顶针续麻】【叠句腔】【垛子句】【串子口】【扯不断】【龙卷尾】【抢板】等；三板中的【慢三板】【快三板】【乍口】和【尾腔】等。其他唱腔体式均为单句式结构，或为润腔而用的花腔，或为收束唱腔或重新起腔的运腔方法，板式的独立意义相对较弱。但艺人中已习惯于将此作为单独的曲调使用，可视为辅助板式。其中只用于上句的有【一马三涧】【梆子穗】【反腔】【下扎腔】【上走腔】【蜻蜓三戏水】和【哭相思】等，只用于下句的有【蚍蜉上山】【十三咳】【溜腔】和【海底捞月】等。

西河大鼓唱腔的板式变化规律，是先从头板的【起板】开始，经过头板中的一些“曲牌”（即专用唱腔曲调，艺人习惯于这样叫）转到二板，经过【慢流水】【快流水】渐次演进到三板，然后经过【尾腔】结束唱段。

需要说明的是，现在实际演唱中头板已经很少使用，多数艺人都用二板的【起板】开唱。还需要说明的是，【慢头板】与【快头板】、【慢流水】与【快流水】、【慢三板】与【快三板】之间，只存在演唱速度上的差别，没有太多音乐形态上的区分。

现将各种板式及其不同的唱腔与唱法分述如下。

1. 头板

（1）头板。曲调舒缓，速度较慢，用于整个唱段的开篇。多用闪板或中眼起唱，落在板上，偶见有板起板落的情形。具体有两种用法。

①单句起唱，只唱一上句，下接【紧五句】，落“5”音，如谱例 1。

谱例 1：头板起板（一）

《走马观碑》唱段①

1=C

周荫增　演唱

江玉亭　记谱

中速稍慢 ♩=88

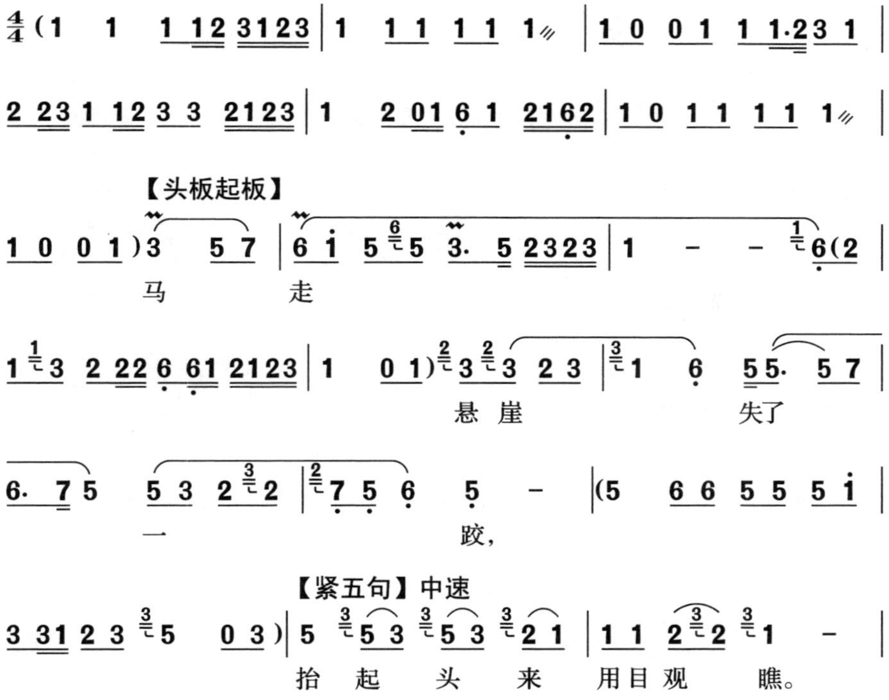

① 《中国曲艺音乐集成·河北卷》（上册），中国 ISBN 中心 2005 年版，第 61—62 页。

②双句起唱，唱一个完整的上下句，下可接【慢四句】或【一马三涧】等唱腔，如谱例 2。

谱例 2：头板起板（二）

《赵五娘描容》唱段①

1=♭B
♩= 104

王书祥　演唱
江玉亭　记谱

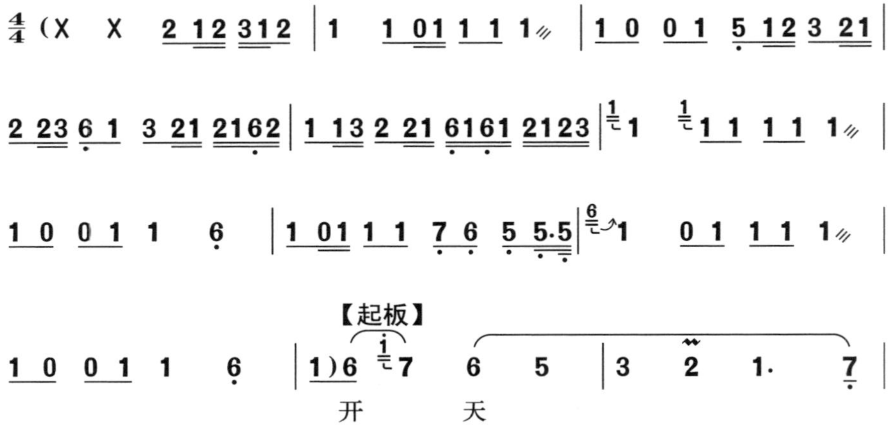

① 《中国曲艺音乐集成·河北卷》（上册），中国 ISBN 中心 2005 年版，第 60 页。

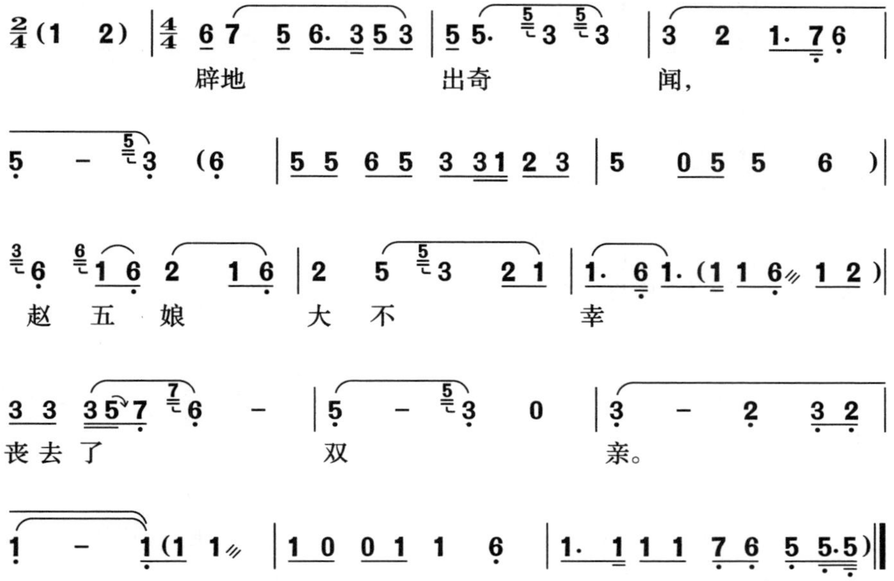

双句【起板】上句落“5”音，下句落“1”音。多中眼起唱，板上落音。也有头眼起，板后切分起唱的情形（如本例）。下句也有时板起板落。需要说明的是，西河大鼓的慢板唱腔，有时会出现2/4拍子。

（2）【紧五句】。基本唱腔虽由五句组成，但也有唱七句或九句的。其句首为下句腔，与头板的单句起板相呼应，成为其下句腔。【紧五句】的唱腔每一句都为板上起腔，中眼落腔，只末句落于板上。与【慢四句】一样，其中间三句为中把唱，只第五句归于下把，结束在宫音上。谱例参见前面的谱例1。

而之所以叫“紧五句”，是因为其上接的单句起板多达6小节以上，但【紧五句】除末句收腔外，每句均紧缩为两小节，故名。

（3）【慢四句】。由四句唱腔组成，多用在双句【起板】的后面，旋律形态及速度与【紧五句】相近，但较为舒展些，长于抒情。其后一般接【一马三涧】等唱腔。【慢四句】常用在双句【头板起板】之后，但也有直接用它开篇的情形。

（4）【流星赶月】。其名称艺人中流传着不同说法，有人认为【紧五句】就是【流星赶月】，理由是这个唱腔由下把到中把，又由中把到下把，上下不停地往返，犹如天上的星星追赶月亮一样，却总也赶不上；有人认为【快头板】即为【流星赶月】。即对这一唱腔没有一个统一的看法。但不管属于哪种腔体，都有对应的名字相称，作为一个独立腔体没被湮没。

（5）【蚂蚱蹬腿】。也是一个不确定的叫法。有人说【蚰蜉上山】就是【蚂蚱蹬腿】，有人说【紧五句】拉腔这一句是【蚂蚱蹬腿】，还有人说【小北口儿】最后拉腔这一句叫【蚂蚱蹬腿】，又有人说【反二黄】是【蚂蚱蹬腿】。西河大鼓名家田荫亭认为，《西厢》中的一段唱是【蚂蚱蹬腿】，唱词是“二八的佳人懒梳妆，清晨起，依靠着围屏，也斜着杏子眼，牙咬着指甲盖儿，手托着她的腮帮”。这段唱中，“手”字这个地方，从三弦的下把跳到中把，这猛然一跳，就好像蚂蚱蹬腿一样，故名。

（6）【一马三涧】。作为上句花腔，应用非常普遍。因其腔连续三次下落在低音“**2**”上，形成三次低音停顿，好似奔马连跳三峰三涧，故而得名。通常上可接单句【起板】【紧五句】或【慢四句】，下接【蚰蜉上山】。句首词格为三字头，但也有多字的。【一马三涧】有平起、上把起和下扎腔起三种唱法。其区别为：平起为从没有花腔的普通唱腔中转入【一马三涧】的唱法；上把起为旋律落脚为“**3**”音的起腔；下扎腔起为高起低落结束在宫音“**1**”上的起腔，如谱例 3。

谱例 3

《西厢》唱段①

1=♯F

田荫亭 演唱

平起的

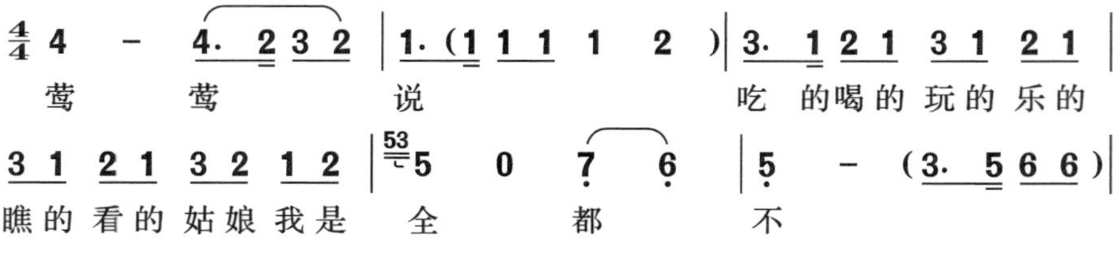

① 《中国曲艺音乐集成·河北卷》（上册），中国 ISBN 中心 2005 年版，第 45 页。

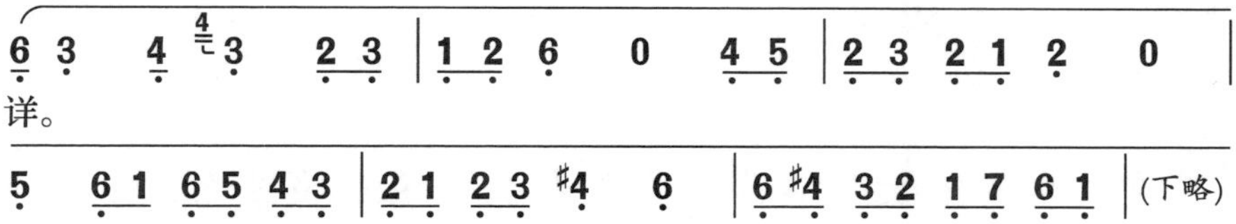

上把起唱的

《九里山》唱段①

1=G

田荫亭 演唱

此腔以下把起唱者居多。而西河大鼓唱腔很少有以上把起唱的情形，中把起唱的未见有踪。相传，当年朱化麟（朱大官）在上、中、下把都可以起唱，并且还在唱腔当中加用过门，以鼓槌击打鼓帮，手板合奏，三弦学舌，很是悦耳，后来人们嫌麻烦，就省掉了。中把起唱也从此失传。

在【一马三涧】后，一般伴奏会继之以过门，如谱例 4。

---

① 《中国曲艺音乐集成·河北卷》(上册)，中国 ISBN 中心 2005 年版，第 46 页。

谱例 4

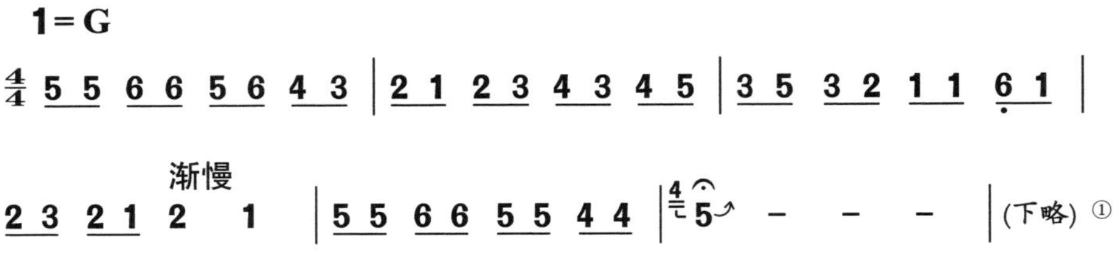

过门稍作停顿后接下腔。这里似仍可看出原三弦学舌的影子。

为了看出【一马三涧】的唱腔全貌，下面附一完整的例子，即谱例 5。

谱例 5:【一马三涧】

《走马观碑》唱段②

周荫增　演唱
江玉亭　记谱

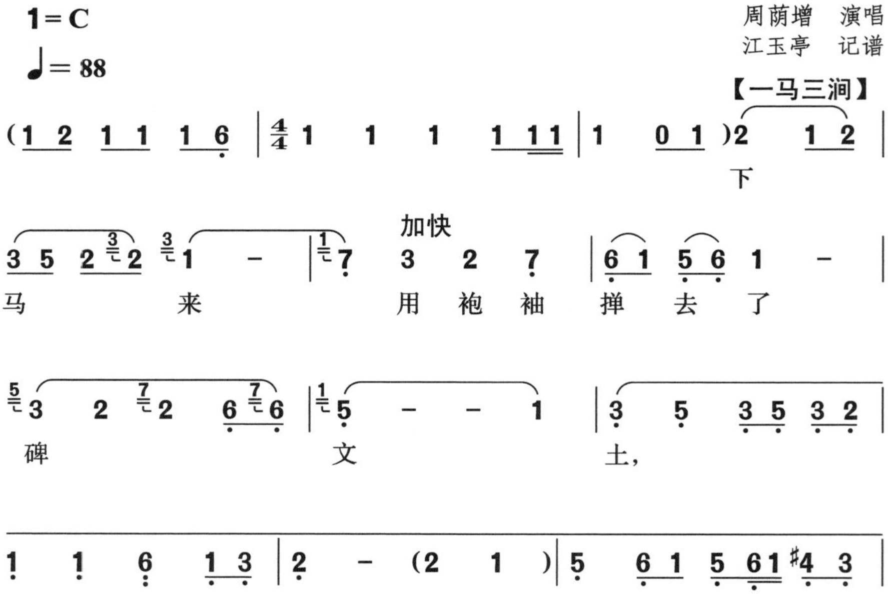

① 《中国曲艺音乐集成・河北卷》(上册)，中国 ISBN 中心 2005 年版，第 47 页。

② 《中国曲艺音乐集成・河北卷》(上册)，中国 ISBN 中心 2005 年版，第 700 页。

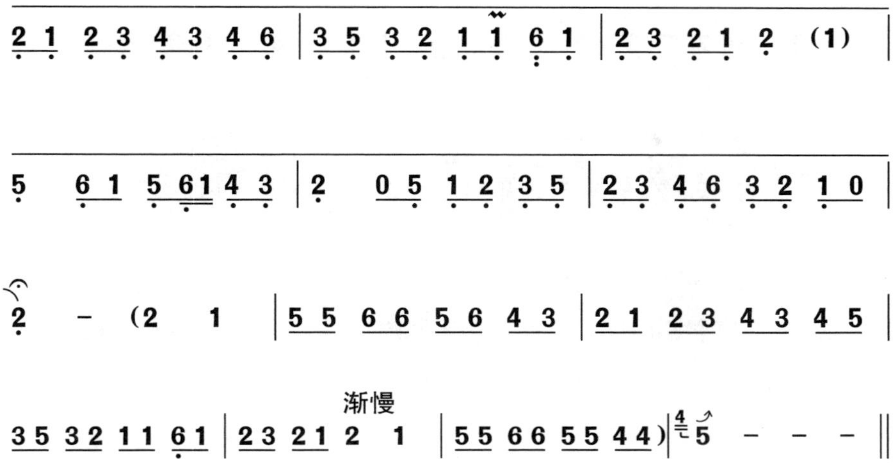

（7）【蚍蜉上山】。是下句唱腔，使用非常普遍。头板、二板、三板均可使用。既可承接各板式的上句花腔，亦可用作一个段落的收束。由于此腔的音区逐渐从高往低走，三弦的把位则由下把逐渐上升至中把和上把，最后终止在低音“1”上，弦师的左手指因而会像蚂蚁（冀中一带俗称“蚍蜉”）一样顺着三弦担子往上爬，好似蚂蚁上山，故名，如谱例 6。

谱例 6

《打黄狼》唱段①

李成林　演唱

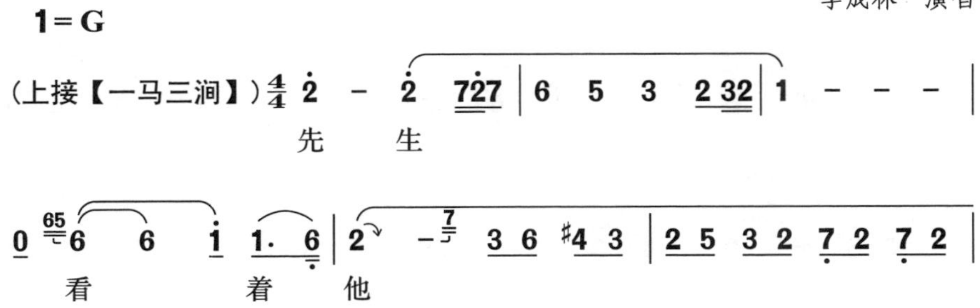

① 《中国曲艺音乐集成·河北卷》（上册），中国 ISBN 中心 2005 年版，第 538—539 页。

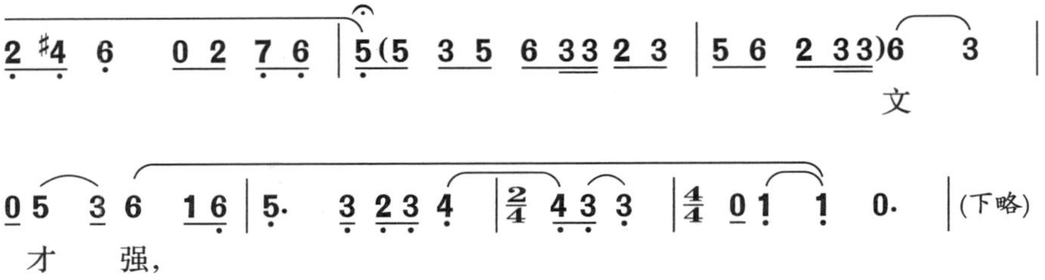

【蚍蜉上山】有时可不接上句花腔而由普通上句接入，如艳桂荣演唱的《杨门女将·灵堂》唱段中“我低下头来暗思索”（普通上句）和“到如今只好杨府去把兵搬”（【蚍蜉上山】）两句，即属此类，如谱例7。

谱例7①

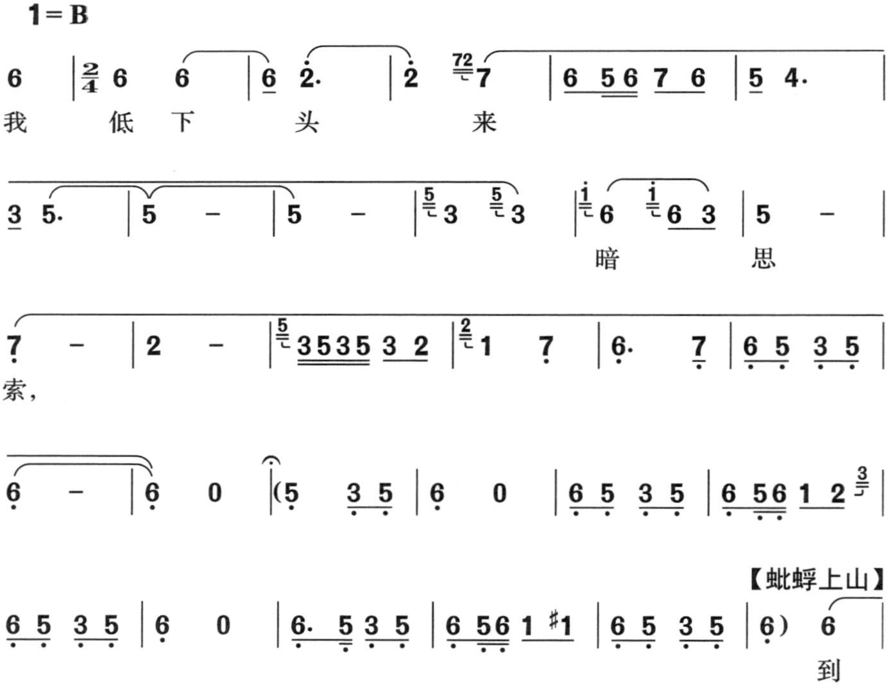

① 《中国曲艺音乐集成·河北卷》（上册），中国ISBN中心2005年版，第640页。

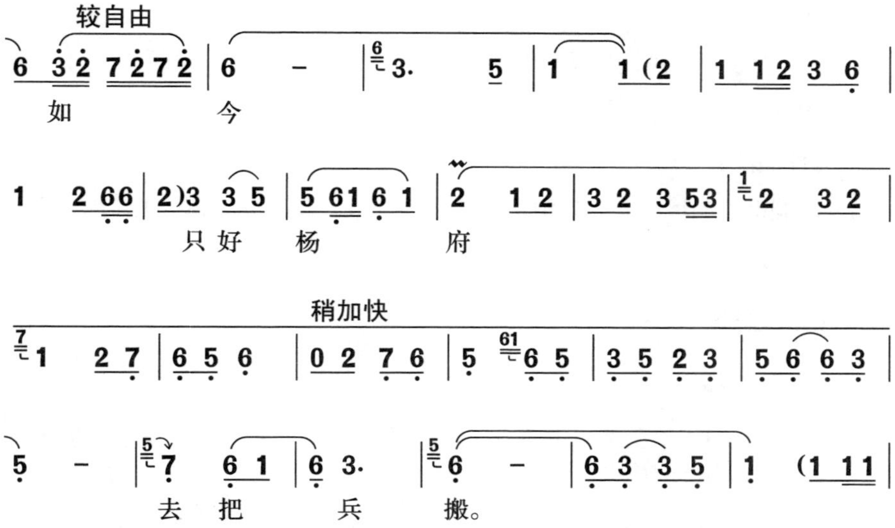

（8）【反二黄】。只用一个下句演唱，且很少用到，已很少有人会唱。此腔由京剧【反二黄】移植而来。很多曲种都有在唱腔中加入一段【反二黄】的，如京韵大鼓和梨花大鼓（山东大鼓）等。

（9）【慢头板】与【快头板】。既可上接两句【头板起板】，也可上接【一马三涧】和【蚍蜉上山】。也有根据内容需要只用【慢头板】而不用【快头板】的。

所谓【慢头板】和【快头板】，只是演唱速度不同，音乐形态并无多大区别。【快头板】因为速度较快，唱出的字并不多，而大三弦伴奏弹得比较快，采用的4/4拍子，给人一种催促的感觉，所以有人将这种唱法称为【紧弹慢唱】。比如田荫亭所唱的《九里山》，从“无奈何将行营扎至在山洼以内”开始进入【慢头板】，到“残局已定无法挽回”结束【慢头板】，从“楚霸王自恃强悍勇猛无畏”开始进入【快头板】，至“这才是大势已去真是祸到了临危”一句拉腔去至下把，结束【快头板】。按这个唱段实测板速，【慢头板】的板速为每分钟80—228拍，【快头板】的速度在每分钟228—240拍。[①]

① 参见《中国曲艺音乐集成·河北卷》（上册），中国ISBN中心2005年版，第330—332页。

2. 二板

（1）【起板】。不用【头板】的唱段多以此开篇，使用频率远高于【头板起板】。演唱比【头板起板】灵活，旋律宽广辽远、飘逸隽永，富有抒情色彩。具体有两种唱法：

①双句起唱。由上、下句组成，上句落“5”音，下句落“1”音，是一个完整的【起板】，如谱例8。

谱例8：【二板起板】（一）

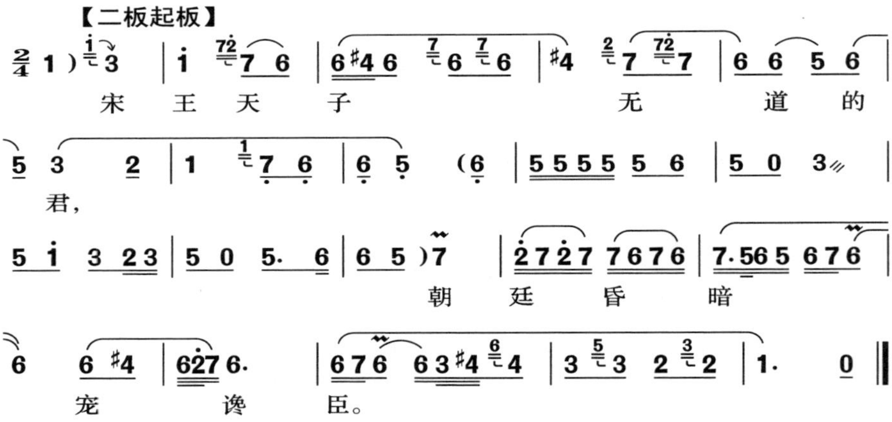

②单句起唱，一般多三字头起，落中把“5”音，下接【慢流水】下句腔，如谱例9。

谱例9：【二板起板】（二）

《华容道》唱段①

1＝♭D
♩＝136

马俊英　演唱
江玉亭　记谱

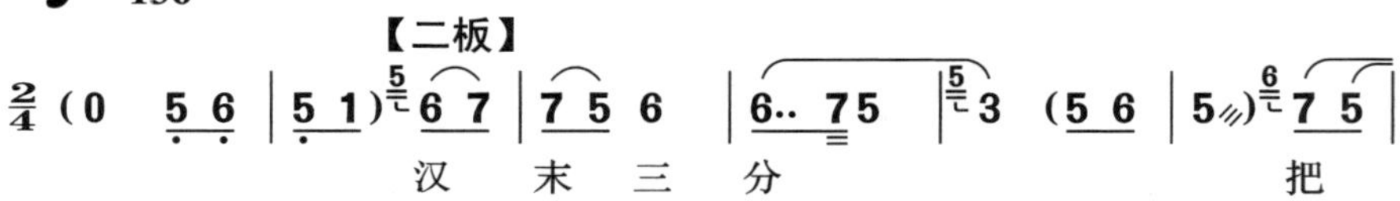

① 《中国曲艺音乐集成·河北卷》（上册），中国ISBN中心2005年版，第485页。

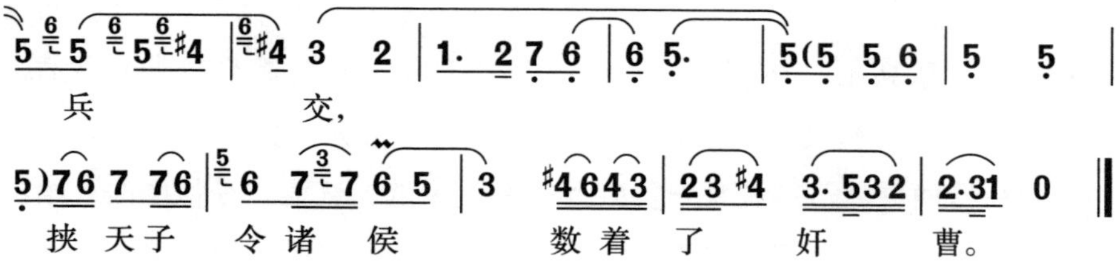

（2）【慢流水】与【快流水】。这是西河大鼓常用的基本唱腔。西河大鼓以唱功为主的短段节目，长则二三百句，短则三五句，基本上都是用这个唱腔，因而被艺人称为“蔓子活儿”，也是艺人们要刻意创新的板式。唱腔除衍化出异常丰富的旋律形态和运用灵活的速度变化外，还始终运用三个音区把位的不同变换来伴奏。这不仅是音区使用上的不同，也是三种调式的反复转换。下把唱应视为宫调式，中把唱应视为徵调式，上把唱视为角调式（但【双高】有例外），这就使唱腔在多种调式的转换中时时出新。

（3）【双高】是穿插于【二板】中的一个特殊曲牌式的独立腔体，它的特点可以归结为以下几点。

①属【二板】，多穿插使用于【慢流水】中。

②属上把唱，旋律始终围绕着“3”音进行，但并不全是角调式，常游离于上方二度调中。

③旋律舒展婉转，气息悠长，苍劲挺拔。高唱则豪迈奔放，低唱则沉雄浑厚，因而有别于西河大鼓其他腔体而独异其趣。

④多用以描绘景物及表现人物的形象，包括穿着打扮等。

⑤伴奏多为“3 7 | 3 6”或“3 3 | 3 6 |”等简单的节奏化音型。

⑥唱词多在一二十句之间，自成一个完整段落。如果只唱两句或四句即转入下把唱或中把唱，则不能算是【双高】，而只说是上把唱。

⑦【双高】唱腔因人而异，多有不同，结构功能更像是楔入【流水板】中的一个“华彩唱段”。

⑧【双高】最后一句腔的运用，是突然从上把扎到底把，即通过【海底捞月】转回【流水板】的下把唱。

关于【双高】的来历，存在着几种说法。一说因为三弦伴奏的把位高（音区低），而唱腔又多高亢激扬，则伴奏三弦的高把位和演唱时出现的高音区，即被称之为【双高】。一说朱化麟（朱大官）当年初创此腔且每唱此调时，总是唱完第一句后即打住对听众说："众位，这个唱腔是从西城调里摘来的，因此叫'双高慢西城'。"一说是朱化麟孙辈家人说的，认为它是从昆曲移植过来的。一说是早年有位西河大鼓老艺人去内蒙古演出，吸收那里的蒙古族民歌旋律又糅进了西城板和诗韵的唱腔，衍化出了美妙动听的【双高】曲调。

也许正是由于说法多源，才使各路西河大鼓艺人的【双高】各有各的唱法。《中国曲艺音乐集成·河北卷》选入的 15 段【双高】唱腔，不仅不同艺人间的唱法不同，同一艺人的唱法也不同，如田荫亭所唱的 4 段【双高】，亦各有特点：《凤仪亭》高亢而嘹亮，唱出了吕布的英勇威猛；《九里山》唱得柔中带刚、悲切凄凉；《打黄狼》唱得低回婉转、舒展悠长且带一点苍凉；《马鞍山》则唱得飘逸隽永，有儒者之风。西河大鼓名家郝艳霞曾说，【双高】很难唱好，所以一般艺人就很少唱。谱例 10 就是田荫亭演唱的一例【双高】唱腔。

谱例 10：【双高】

《九里山》唱段①

1=♭E　　　　田荫亭　演唱

♩= 140　　　　江玉亭　记谱

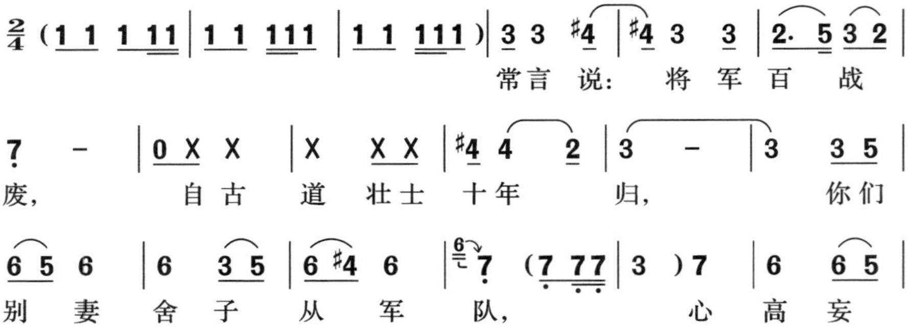

---

① 《中国曲艺音乐集成·河北卷》（上册），中国 ISBN 中心 2005 年版，第 342—344 页。

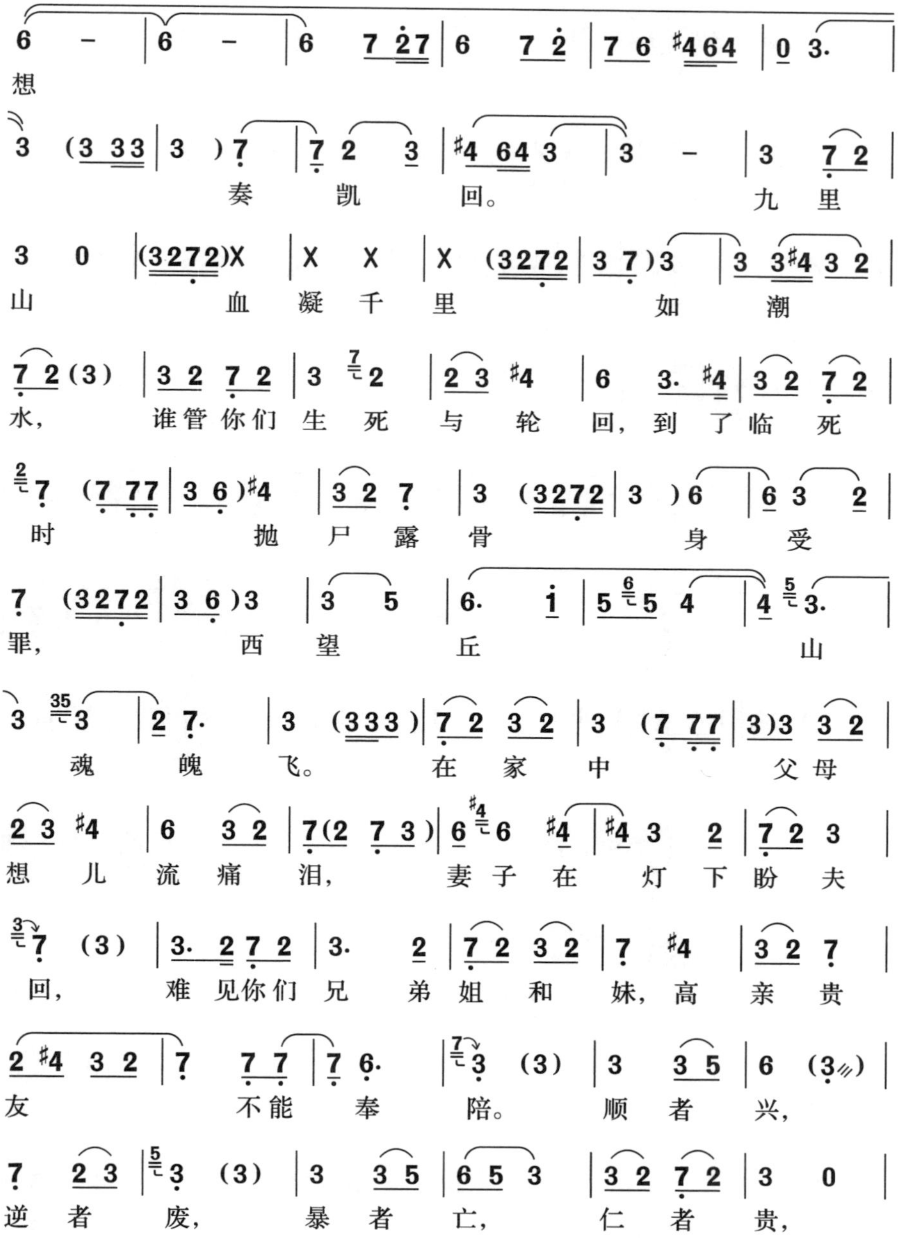
想
奏 凯 回。 九 里
山 血 凝 千 里 如 潮
水， 谁管你们生 死 与 轮 回，到了临 死
时 抛 尸 露 骨 身 受
罪， 西 望 丘 山
魂 魄 飞。 在 家 中 父母
想 儿 流 痛 泪， 妻子 在 灯 下 盼 夫
回， 难 见你们兄 弟姐 和 妹，高 亲 贵
友 不能 奉 陪。 顺 者 兴，
逆 者 废， 暴 者 亡， 仁 者 贵，

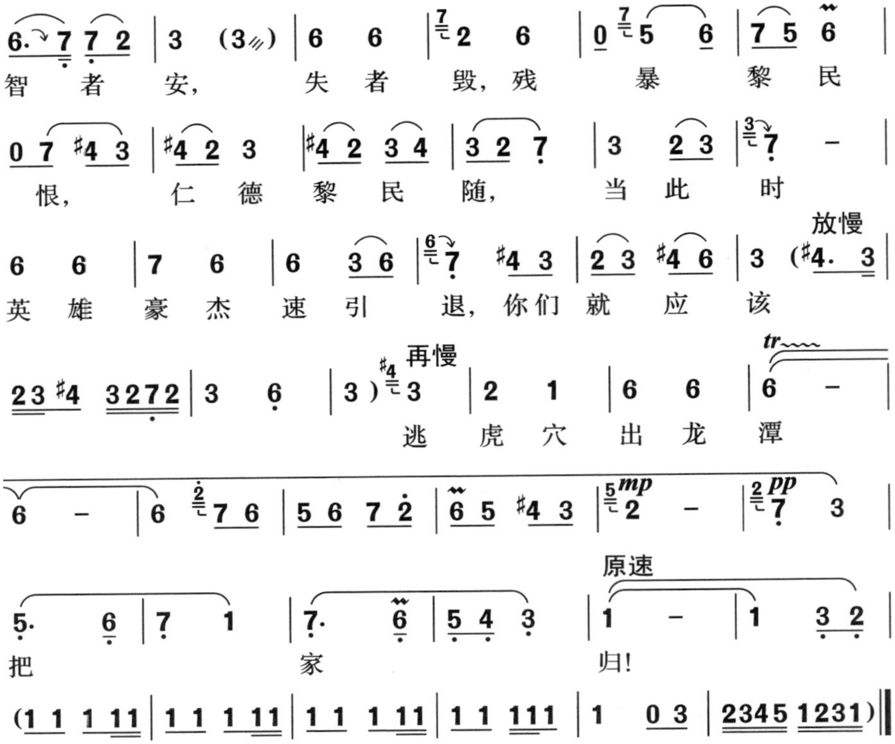

（4）【蜻蜓三戏水】。此唱腔得名于上句唱腔中末字拖腔的三次下落“**6**”音，下句以【溜腔】结束，是西河大鼓少有的在羽音上行腔的唱腔，如谱例 11。

谱例 11：【蜻蜓三戏水】

《潘杨讼》唱段[①]

1=♯F

中速

田荫亭 演唱
江玉亭 记谱

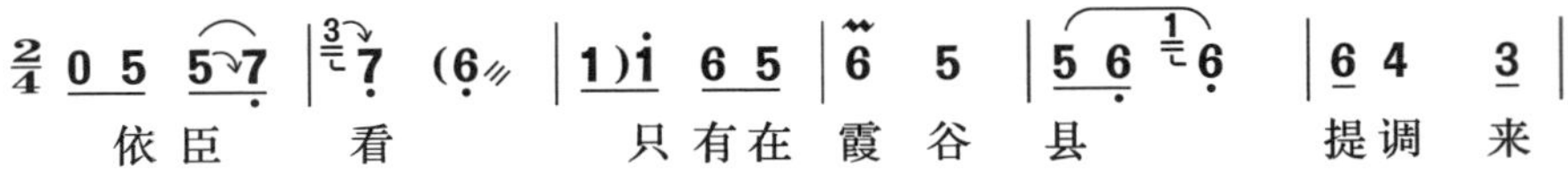

① 《中国曲艺音乐集成·河北卷》（上册），中国 ISBN 中心 2005 年版，第 69 页。

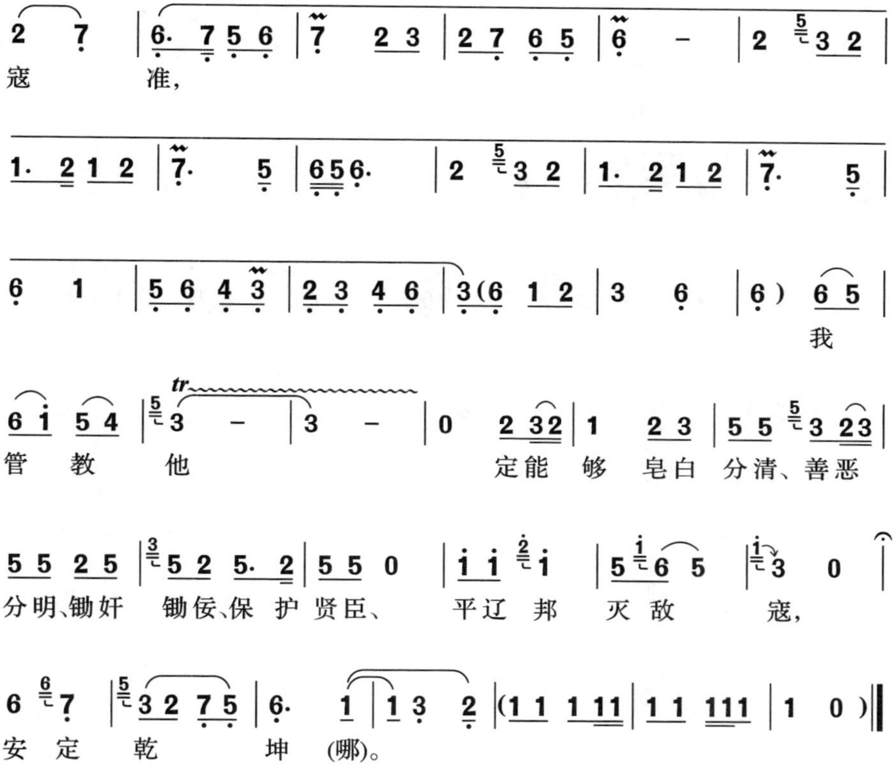

（5）【反腔】。上句腔穿插于【流水板】中，落“2”音，适用于表达低沉的情绪，但稍加变化后，也可用于赞叹；下可接各种下句唱腔。和【一马三涧】有相近之处，全是结落在低音“2”的上句腔，如谱例12。

谱例12：【反腔】

《走马观碑》唱段①

1=C

♩=88

周荫增 演唱
江玉亭 记谱

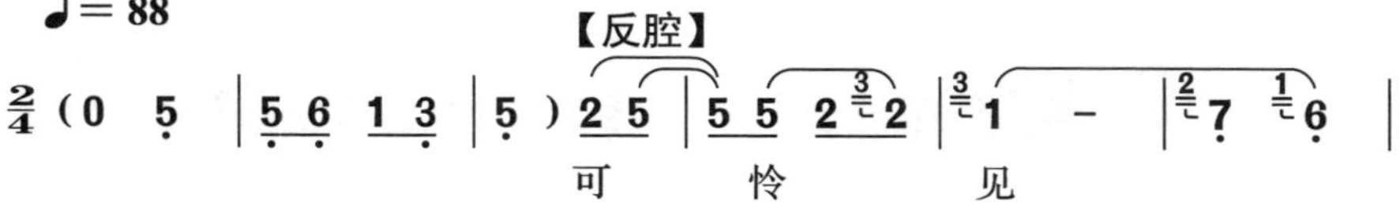

---

① 《中国曲艺音乐集成·河北卷》（上册），中国ISBN中心2005年版，第69页。

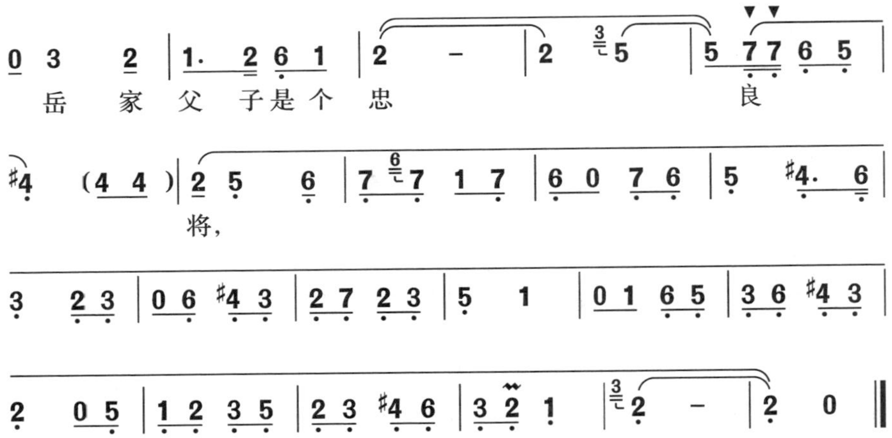

（6）【叠句腔】。即包括一个上句和数个下句的“有重叠”的唱腔。【叠句腔】不常使用，仅见于《小姑不贤》和《蓝桥会》等唱段中，如谱例 13。

谱例 13:【叠句腔】

《小姑不贤》唱段[①]

田荫亭 演唱
江玉亭 记谱

1=#F
中速

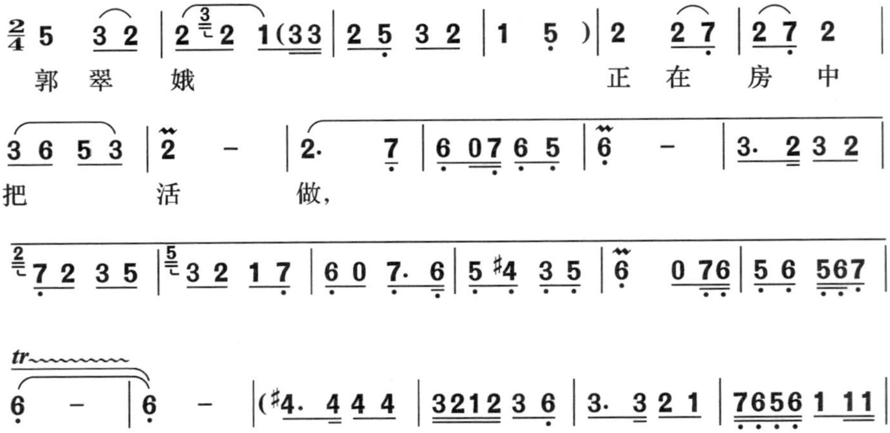

① 《中国曲艺音乐集成 · 河北卷》（上册），中国 ISBN 中心 2005 年版，第 20 页。

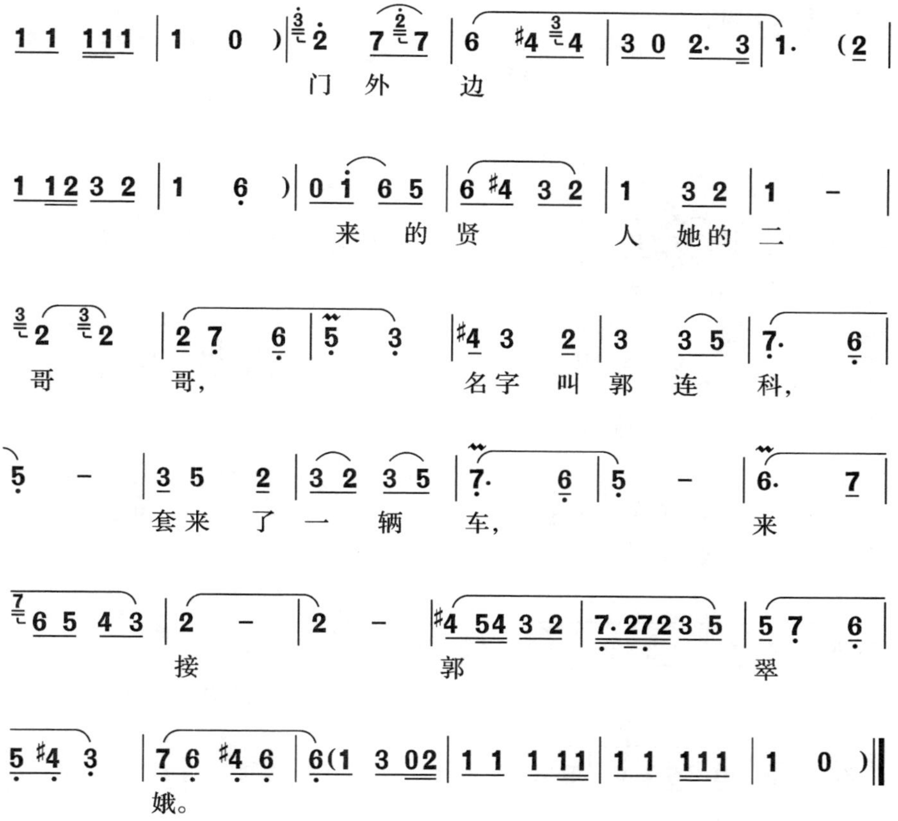

（7）【垛子句】和【串子口】。西河大鼓中，凡是三字一顿数唱句式的唱腔都叫【垛子句】，四字一顿数唱句式的唱腔叫【串子口】。【垛子句】不仅用在小段中，在长篇节目中也常用。长篇书中经常有诗赞体的四字连排句，比如夸赞一位大将武艺如何如何好、形象怎么怎么威武，或者说品德行为怎么怎么好，都会用到【串子口】这种唱腔。【垛子句】和【串子口】的句末拉腔均结束在“1”音上，如谱例 14 和谱例 15。

谱例14:【垛子句】

《将相和》唱段[①]

1=♯F
中速

田荫亭　演唱
江玉亭　记谱

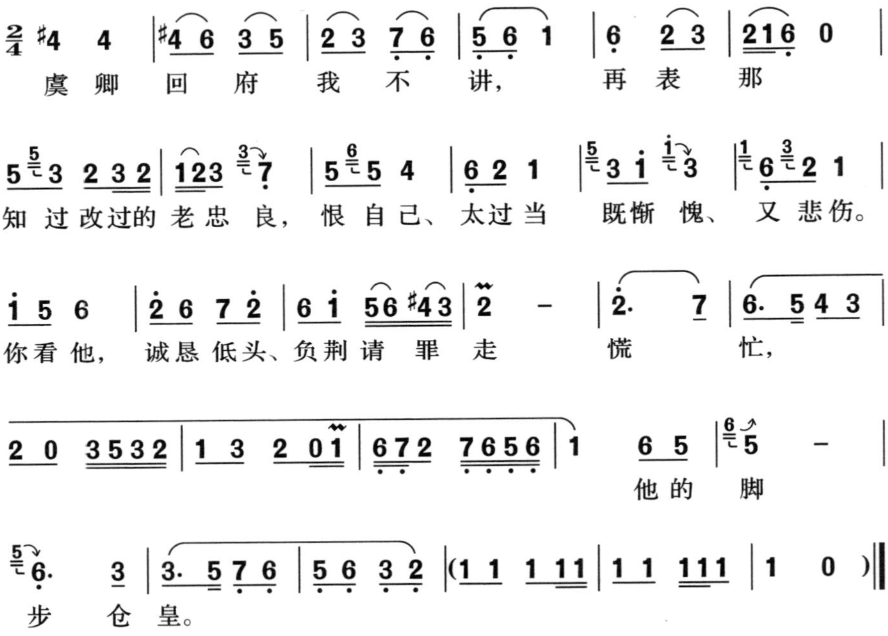

谱例15:【串子口】

《王云休妻》唱段[②]

1=♯F
中速

田荫亭　演唱
江玉亭　记谱

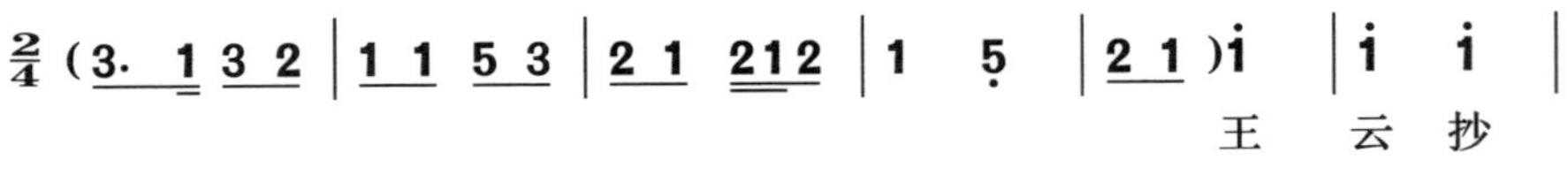

---

① 《中国曲艺音乐集成·河北卷》(上册)，中国ISBN中心2005年版，第71页。
② 《中国曲艺音乐集成·河北卷》(上册)，中国ISBN中心2005年版，第72页。

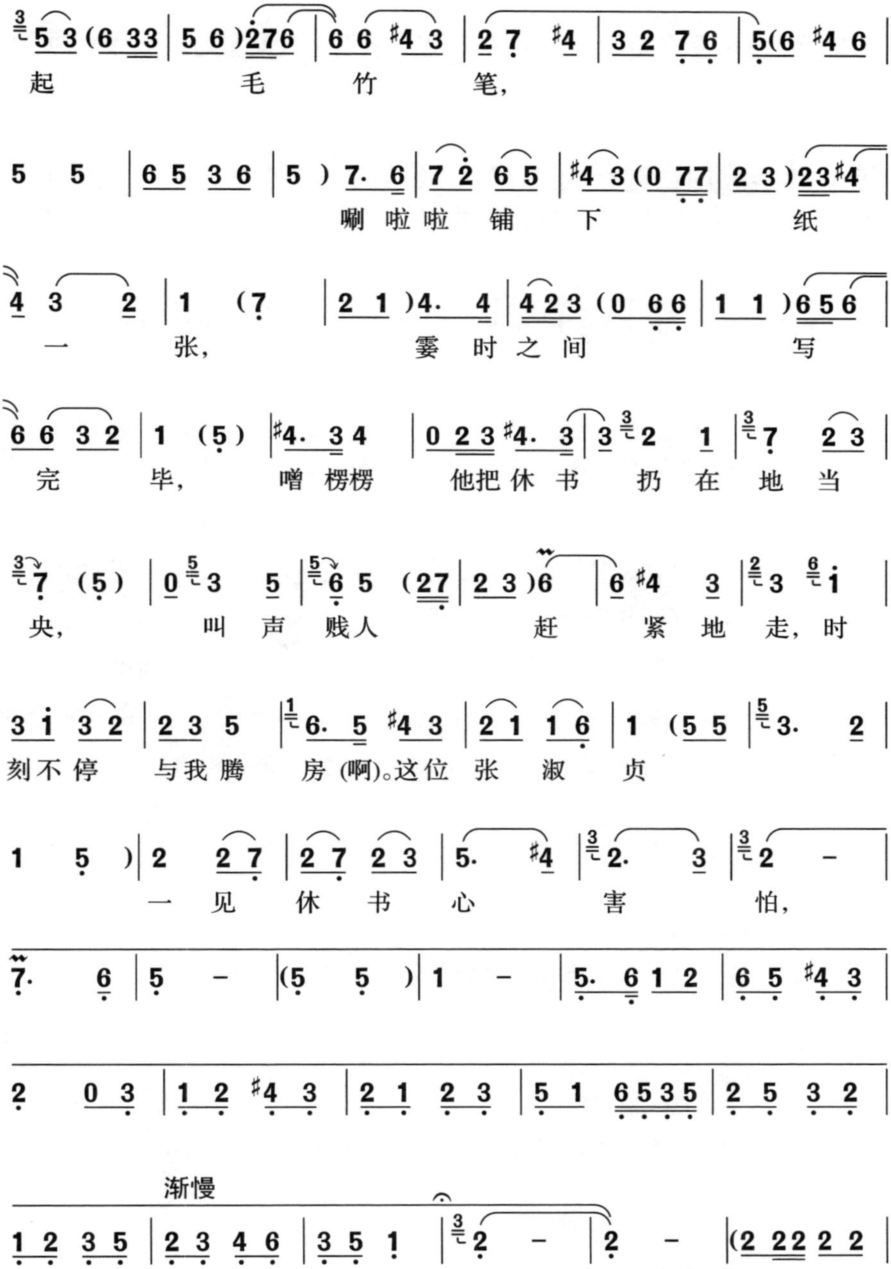
起 毛 竹 笔，
唰啦啦 铺 下 纸
一 张， 霎 时之间 写
完 毕， 噌 楞楞 他把休书 扔 在 地 当
央， 叫 声 贱人 赶 紧 地 走，时
刻不停 与我腾 房(啊)。这位 张 淑 贞
一 见 休 书 心 害 怕，
渐慢

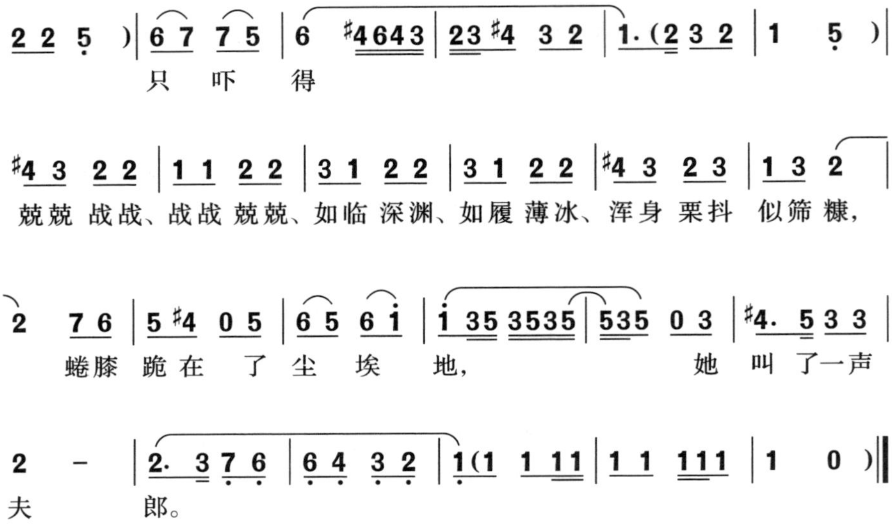

（8）【顶针续麻】。通常穿插使用于【流水板】中。顶针本是文学语言的修辞技巧之一，即相邻两句的首尾字相谐，头一句的末字和下一句的首字同字或同音，使语气递接连贯而生动畅达。因受词格的框定，音乐唱腔也形成了许多相同乐节前后响应，从而使旋律连绵不断的特殊结构形式。为了引起听众对这一相重字的注意，艺人在演唱时，多在前一句末把这一相重的字单独重念一遍，免得听众注意不够。但不见得每一句都重，在前三、五句和末句收腔前重一下即可，如谱例16。

谱例16:【顶针续麻】

《隋唐·路程歌》唱段①

田荫亭 演唱
江玉亭 记谱

1=♯F
中速

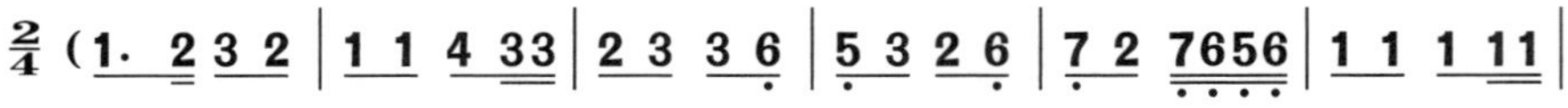

① 《中国曲艺音乐集成·河北卷》（上册），中国ISBN中心2005年版，第74—75页。

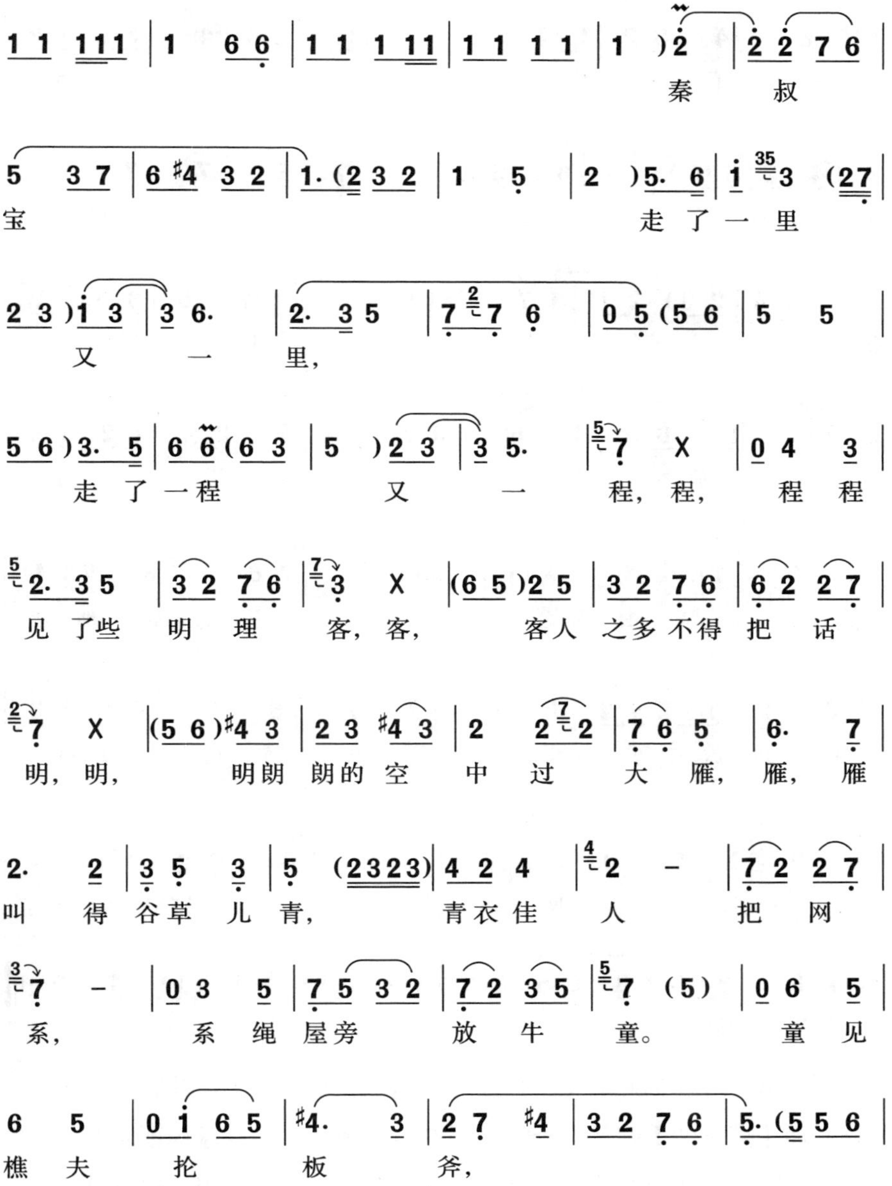
秦 叔
宝 走了一 里
又 一 里，
走 了 一程 又 一 程，程， 程 程
见 了些 明 理 客，客， 客人 之多 不得 把 话
明，明， 明朗 朗的 空 中 过 大 雁，雁，雁
叫 得 谷 草 儿 青， 青衣 佳 人 把 网
系， 系 绳 屋 旁 放 牛 童。 童 见
樵 夫 抡 板 斧，

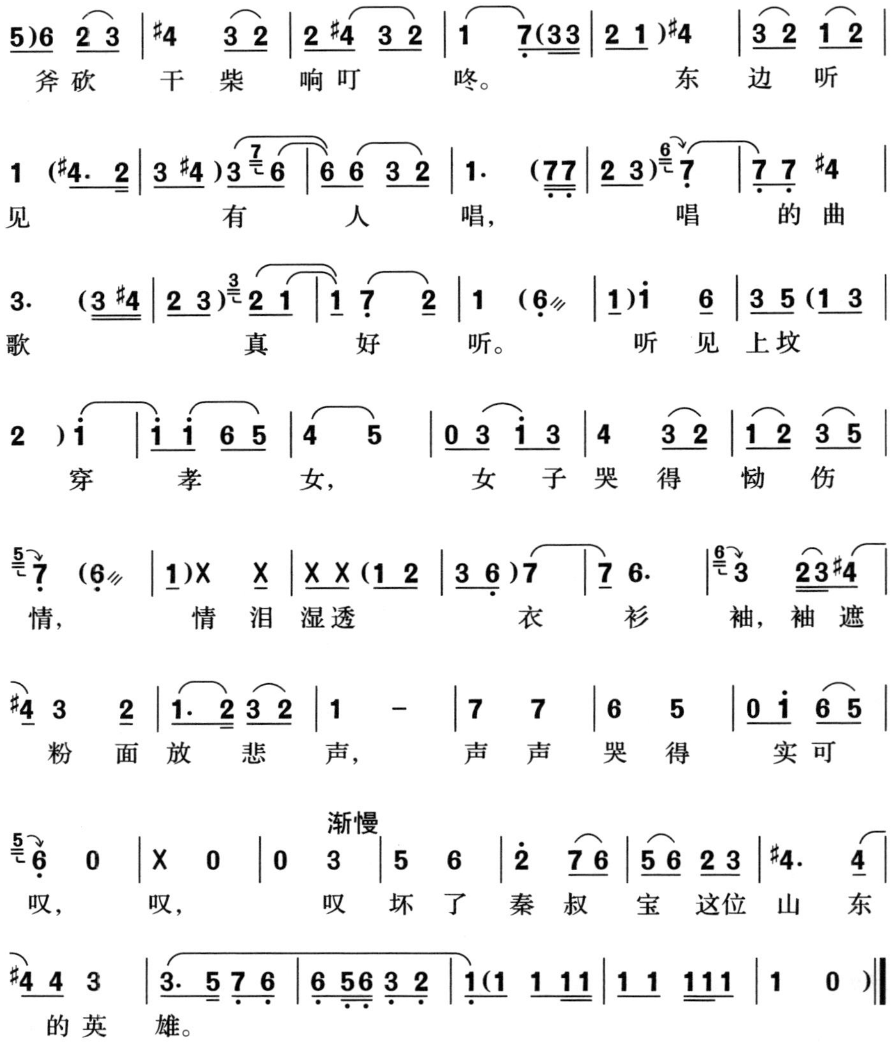

（9）【扯不断】。唱腔与【顶针续麻】相类，只不过【顶针续麻】用的是单字相顶，而【扯不断】则是三个字的同词组相顶。曲调也像扯不断似的接续连绵，并且演唱时换气也都不在句断处，而是在句中间有顿句的地方进行偷气处理，如谱例17。

谱例 17:【扯不断】

《财迷认亲戚》唱段①

1=♯F

中速

田荫亭 演唱

江玉亭 记谱

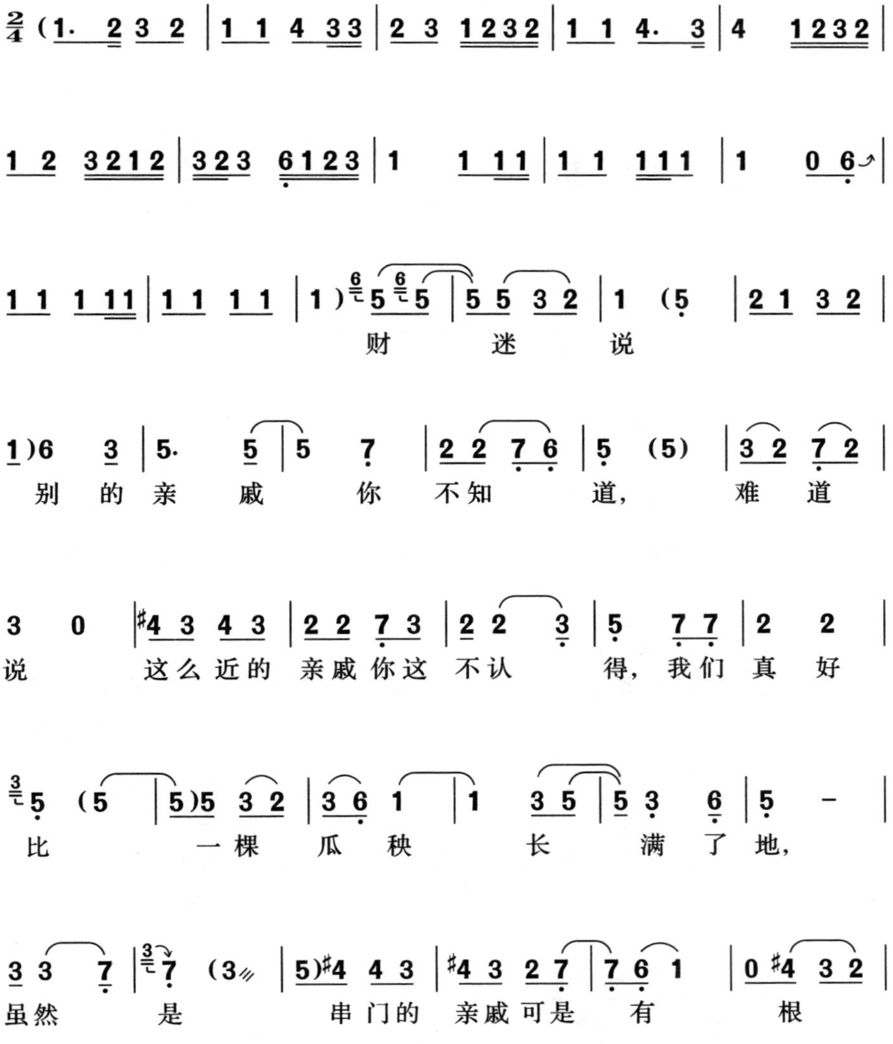

① 《中国曲艺音乐集成·河北卷》(上册)，中国 ISBN 中心 2005 年版，第 76—77 页。

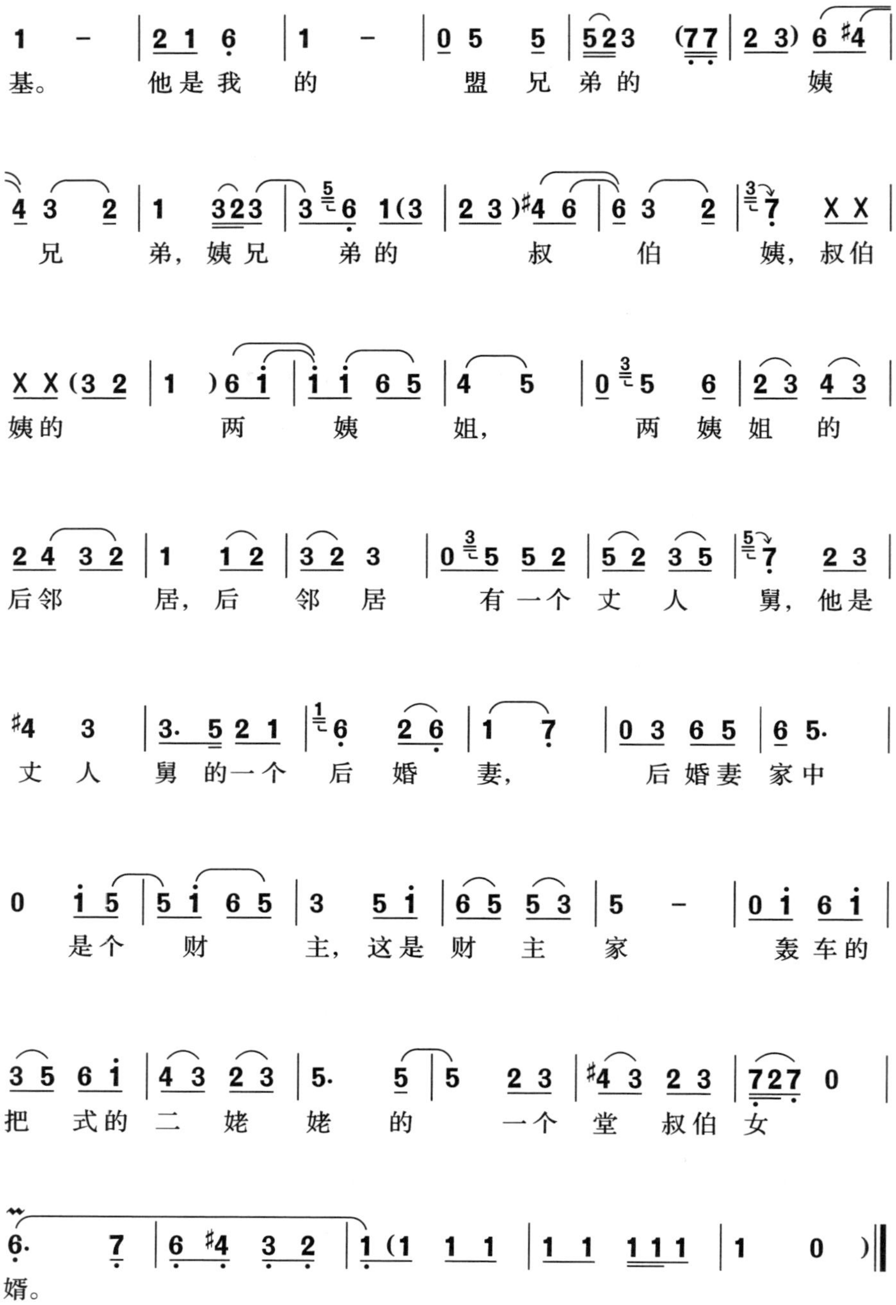
基。他是我的盟兄弟的姨
兄弟，姨兄弟的叔伯姨，叔伯
姨的两姨姐，两姨姐的
后邻居，后邻居有一个丈人舅，他是
丈人舅的一个后婚妻，后婚妻家中
是个财主，这是财主家轰车的
把式的二姥姥的一个堂叔伯女
婿。

（10）【梆子穗】。也有叫【将军令】【上天梯】或【节节高】的。为上句唱腔，穿插于【流水板】中。多在中把行腔，落“5”音。长于表述悲凉凄苦的情绪，亦可用于描景叙事，下可接【十三咳】和【蚍蜉上山】等唱腔，如谱例18。

谱例18：【梆子穗】

《赵五娘描容》唱段①

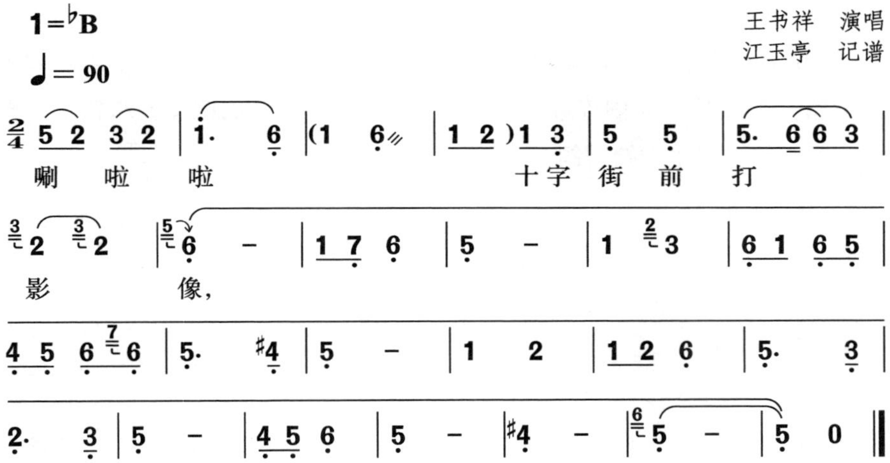

（11）【十三咳】。下句唱腔，用于【流水板】中，因末尾拖腔有十三个“咳”或“哎”的衬字而得名。旋律逐级下行，多用于表现哀怨、叹息的情绪。上可接【梆子穗】和【反腔】等上句唱腔，如谱例19。

谱例19：【十三咳】

《赵五娘描容》唱段②

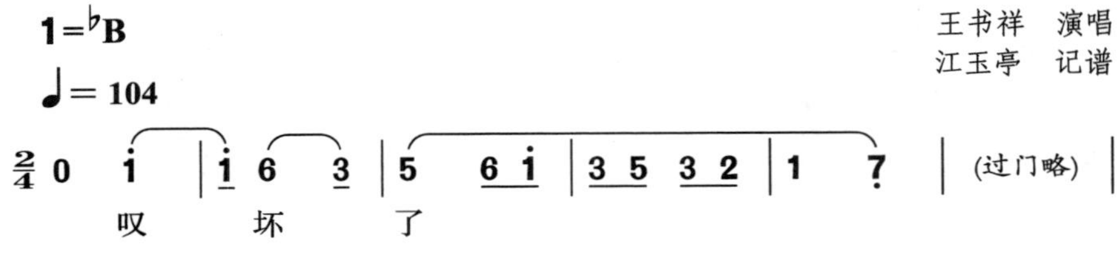

① 《中国曲艺音乐集成·河北卷》（上册），中国ISBN中心2005年版，第77—78页。
② 《中国曲艺音乐集成·河北卷》（上册），中国ISBN中心2005年版，第78页。

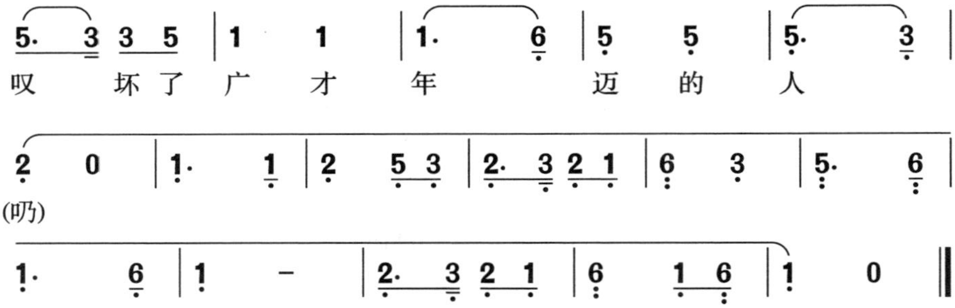

（12）【哭相思】。又叫【悲调】，在【流水板】中使用，多用于表现凄凉的哭诉情绪，特点是上句中连续出现几个“**4**”音。下句仍归【流水板】的把位唱，但可作伸展变化，如谱例 20。

谱例 20：【哭相思】

《隋唐》唱段①

李国春 演唱
钟 声 记谱

1=♭E
中速

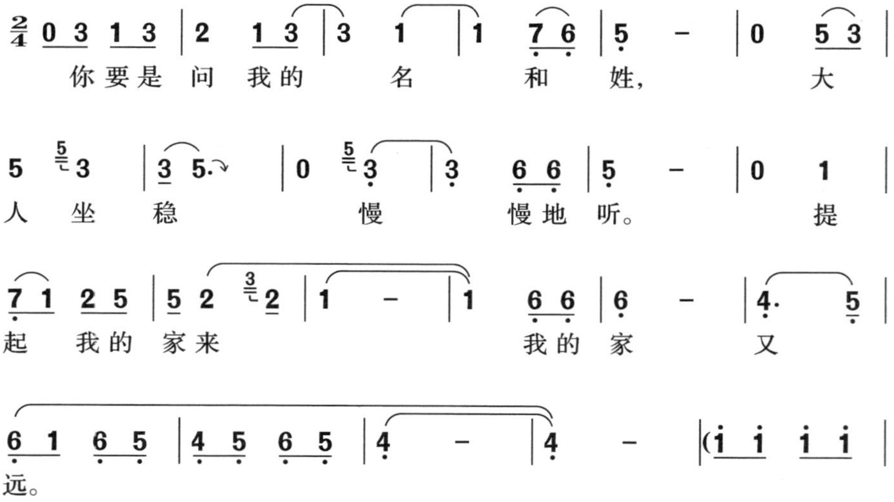

① 《中国曲艺音乐集成·河北卷》（上册），中国 ISBN 中心 2005 年版，第 78—79 页。

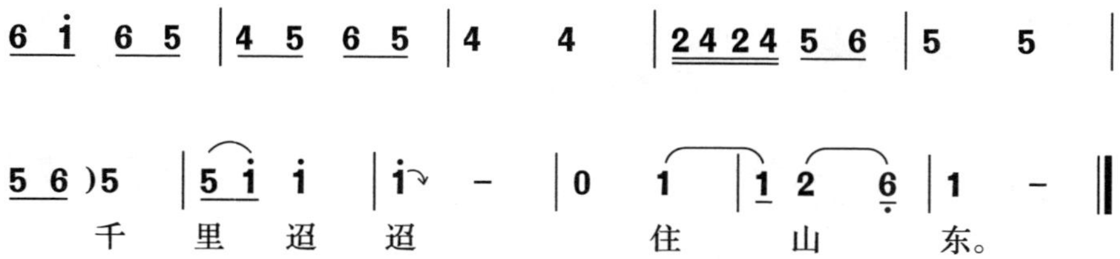

（13)【下扎腔】。常用的一种腔型及唱法，通用于头板、二板和三板中，高起低落，结束在“1”音上。它本身不构成一个乐句，只是运用上句唱词中的几个字来行腔。其唱词可用两个字、三个字或四个字，甚至五个字、六个字都可以唱。但五个字以上使用的极少。以三个字的用得最多，俗谓“三字头”，如谱例21。

谱例21:【扎腔】

两个字的

《走马观碑》唱段①

周荫增 演唱

1=C

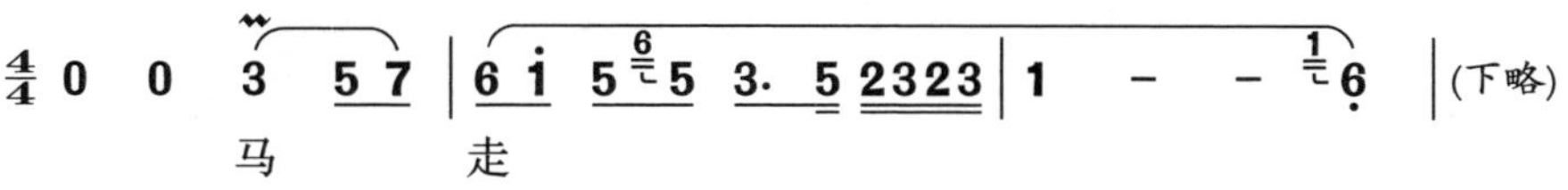

三个字的

《打黄狼》唱段②

李成林 演唱

1=G

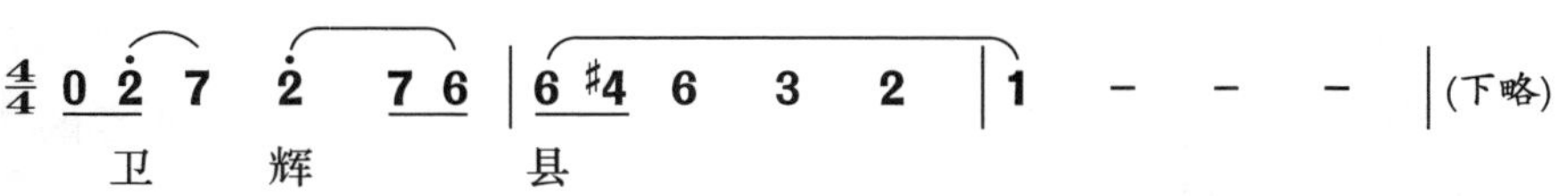

---

① 《中国曲艺音乐集成·河北卷》(上册)，中国ISBN中心2005年版，第51页。
② 《中国曲艺音乐集成·河北卷》(上册)，中国ISBN中心2005年版，第51页。

四个字的

《孔子问路》唱段①

田荫亭 演唱

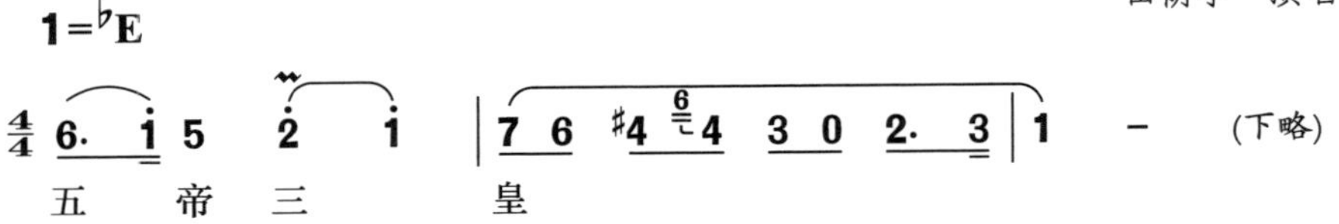

一般说来，两个字和三个字的从中眼起唱的居多，四个字和五个字的从板上起唱，六个字的就要在末眼上垫一字演唱。

（14）【上走腔】。上句唱腔，是下把唱转为中把唱的过渡腔，结束在“**5**”音上，实际上是一落徵音的小拉腔。之所以叫【上走腔】，是由三弦的把位逐步往上走而得名的，与旋律的走向正好相反。它和【下扎腔】音乐形态相似，都是高起低落、直畅下行的旋律，只不过前者落“**1**”音，后者落“**5**”音，如谱例22。

谱例22：【上走腔】

《樊梨花下山》唱段②

王艳芬 演唱

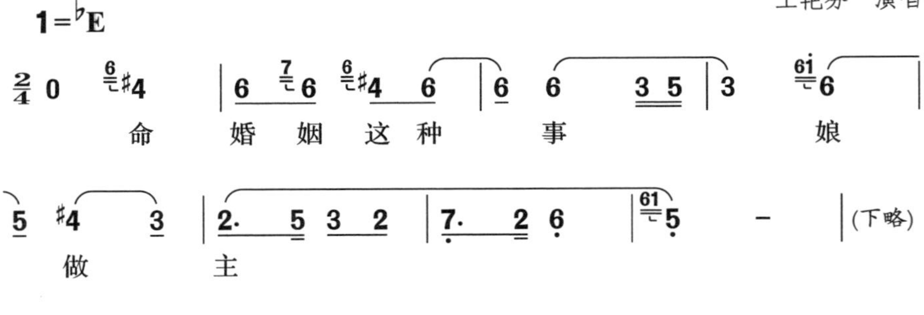

（15）【溜腔】。也叫拉腔、甩腔，用于下句，终结在主音即低八度的“**1**”音上，常作为一个段落的收束或由此转为上把唱时使用，让唱腔层次分明，起止有序。可用于各种板式，其中【快三板】的【溜腔】因速度快，唱起来火爆

---

① 《中国曲艺音乐集成·河北卷》（上册），中国ISBN中心2005年版，第51页。

② 《中国曲艺音乐集成·河北卷》（上册），中国ISBN中心2005年版，第52页。

热烈，常会博得满堂彩，如谱例 23。

谱例 23:【溜腔】

《华容道》唱段①

1=♭D　　　　马俊英　演唱

♩= 136　　　　江玉亭　记谱

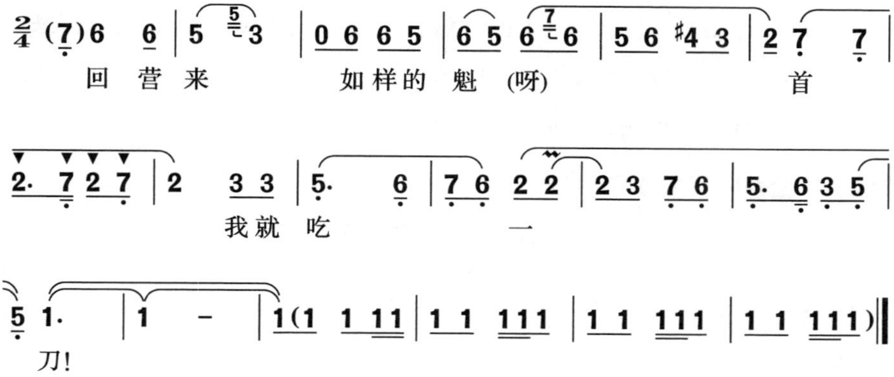

（16）【海底捞月】。下句唱腔。二板和三板均用。通常用作一个小段落的收束。和【蚍蜉上山】等下句唱腔一样具有【溜腔】的性质，只是唱法上有些差别，故有专名。行腔由中音区或高音区迂回下行，使之突然低沉，直到低八度的“**1**”音结束，如谱例 24。

谱例 24:【海底捞月】

《李三娘打水》唱段②

1=♭E　　　　王艳芬　演唱

♩= 152　　　　江玉亭　记谱

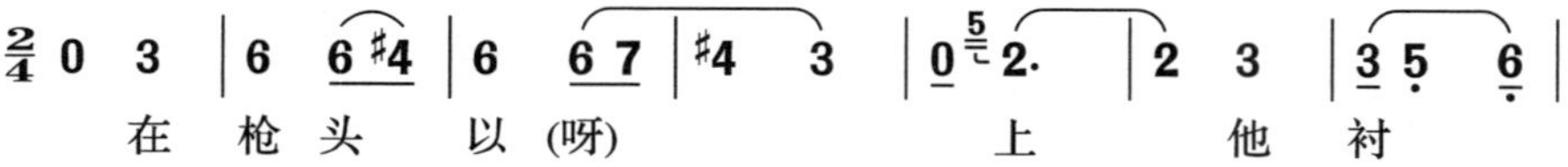

① 《中国曲艺音乐集成·河北卷》（上册），中国 ISBN 中心 2005 年版，第 80 页。
② 《中国曲艺音乐集成·河北卷》（上册），中国 ISBN 中心 2005 年版，第 80 页。

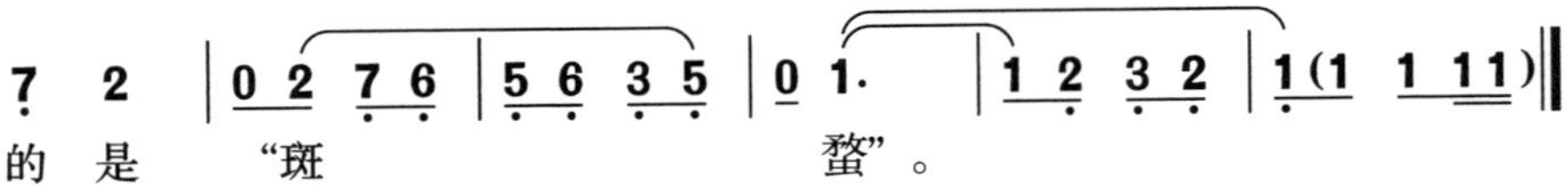

（17）【龙卷尾】。在西河大鼓唱腔中，如果唱一个上句，两个下句，叫“一顺边”；如果唱两个上句，一个下句，叫“三条腿”。“三条腿”唱起来不那么受听，只能在数唱中勉强用；“一顺边”则经常会用到，不过要把它连起来唱，顿开、间断会不好听。【龙卷尾】的唱法，就是把两个或三个下句连起来，一气呵成地唱出，还不能把曲调唱重复、唱刻板，即要有变化，不能一道汤。具体运用中通常有两种唱法，分别参见下面的谱例25和谱例26。

谱例25：【龙卷尾】（一）

《昭君出塞》唱段①

田荫亭　演唱
江玉亭　记谱

1=♯F
中速

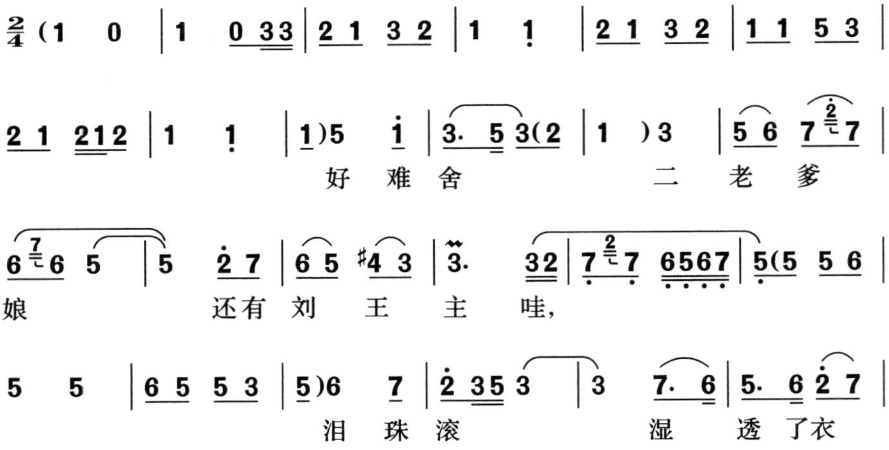

① 《中国曲艺音乐集成·河北卷》（上册），中国ISBN中心2005年版，第80—81页。

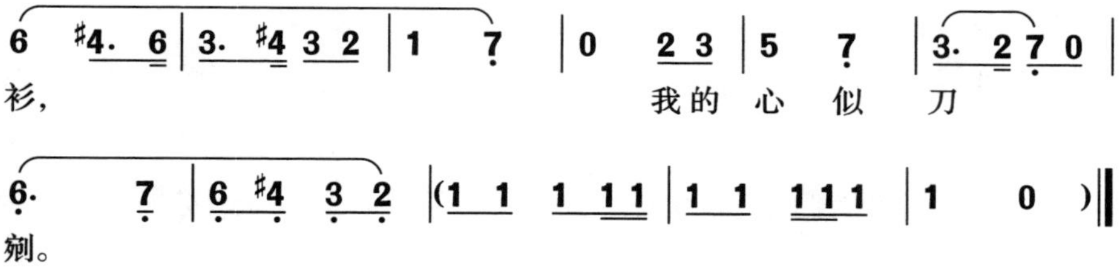

谱例 26：【龙卷尾】（二）

《太白醉写》唱段①

1=♭E

中速稍快 ♩=132

郝艳霞 演唱
江玉亭 记谱

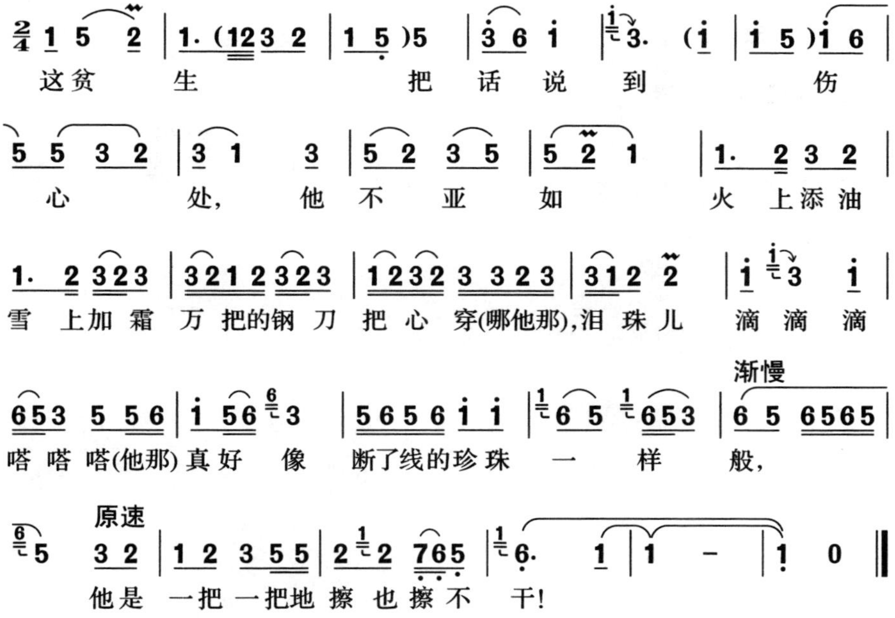

（18）【抢板】。也叫碰板唱，唱前不演奏过门，而在夹白中突然左手拍板同时接唱。多在上把起唱，不论长篇节目还是短篇唱段，此等唱法的唱词都是固定的实词，每到此刻，弦师就会知道有【抢板】唱，并在起腔的同时跟进伴

① 《中国曲艺音乐集成·河北卷》（上册），中国 ISBN 中心 2005 年版，第 81—82 页。

奏。这种唱法常能起到出其不意的新奇效果，但不宜多用。

【抢板】唱法还经常用在“贯口”表演如马赞、风赞、雨赞、火赞、辕门赞等的后面，听来紧凑而抓人。如在张桂芳演唱的《潘杨讼》一段中，呼延丕显奉旨前往边关捉拿潘仁美。潘心怀鬼胎，分外提防。书说到这里，在一段道白后，抢板起唱——

（白）单说潘仁美想到这里，喊道一声：“众将官!”“有。”“来、来、来，摆队相迎。外面给我带马。”“是。”众将听到一声令下，马上离开帅堂，潘仁美来到外边，乘跨坐骑，将马一催，带领众将出城。刚到城外，人马列闪两边。潘仁美在当中“咯噔”勒住坐骑，注意观瞧。“啊！嘿嘿!”——

即从此处【抢板】起唱，如谱例 27。

谱例 27：【抢板】[①]

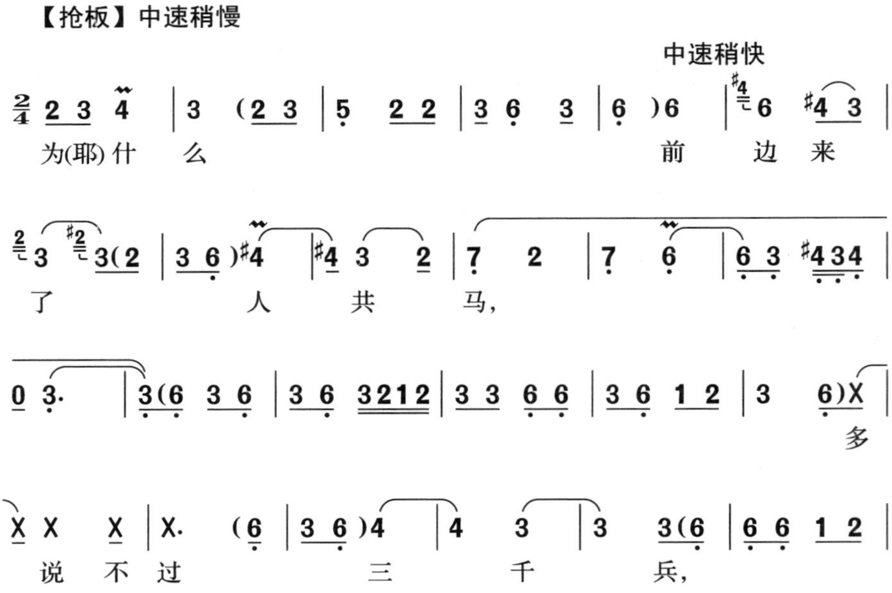

① 《中国曲艺音乐集成·河北卷》(上册)，中国 ISBN 中心 2005 年版，第 606 页。

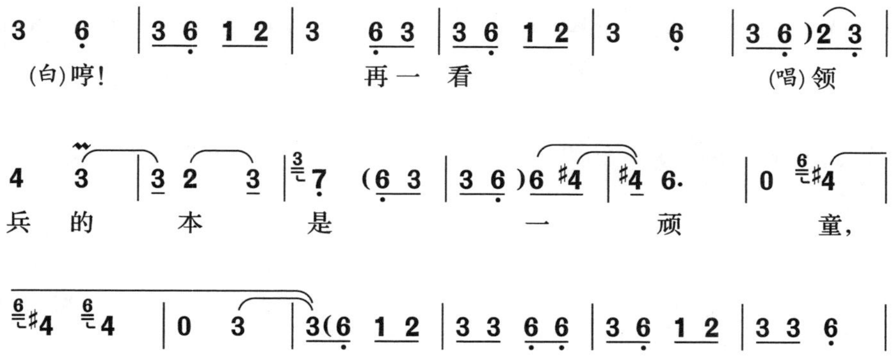

(19)【小北口儿】。简称【小口儿】，属二板唱腔。三弦伴奏多走下把，有时在“上走腔”后转到中把，马上返回下把。【小北口儿】的腔型及唱法，从说唱者击打鼓板到大三弦弹奏过门，和西河大鼓其他板式的唱法都不大一样，既能表达舒畅欢悦的感情，也能表达低沉忧伤的情绪。擅唱此腔的历代艺人有赵连登、程鹤兰、张士德、张士泉、咸士章、祁士林、张春元等。但此腔会唱着稀少，接近消亡。但【小北口儿】的表现功能比较强大，如下面两段分属不同节目的【小北口儿】唱段即谱例 28、谱例 29 所示，就分别表现了冯魁卖妻的凄切悲哀和孙悟空戏耍猪八戒的滑稽幽默。

谱例 28:【小北口儿】(一)

《冯魁卖妻》唱段①

田荫亭 演唱
江玉亭 记谱

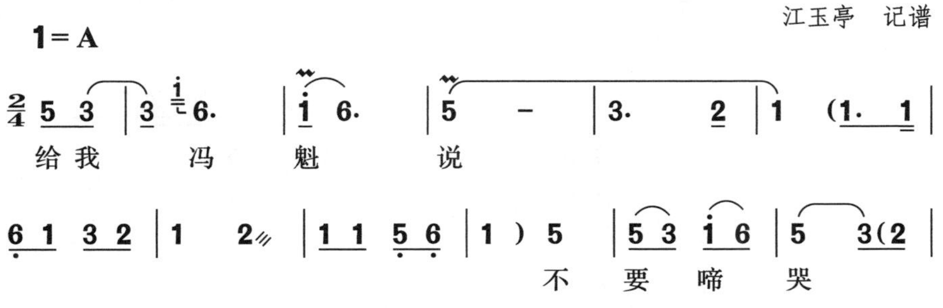

① 《中国曲艺音乐集成·河北卷》(上册)，中国 ISBN 中心 2005 年版，第 82—85 页。

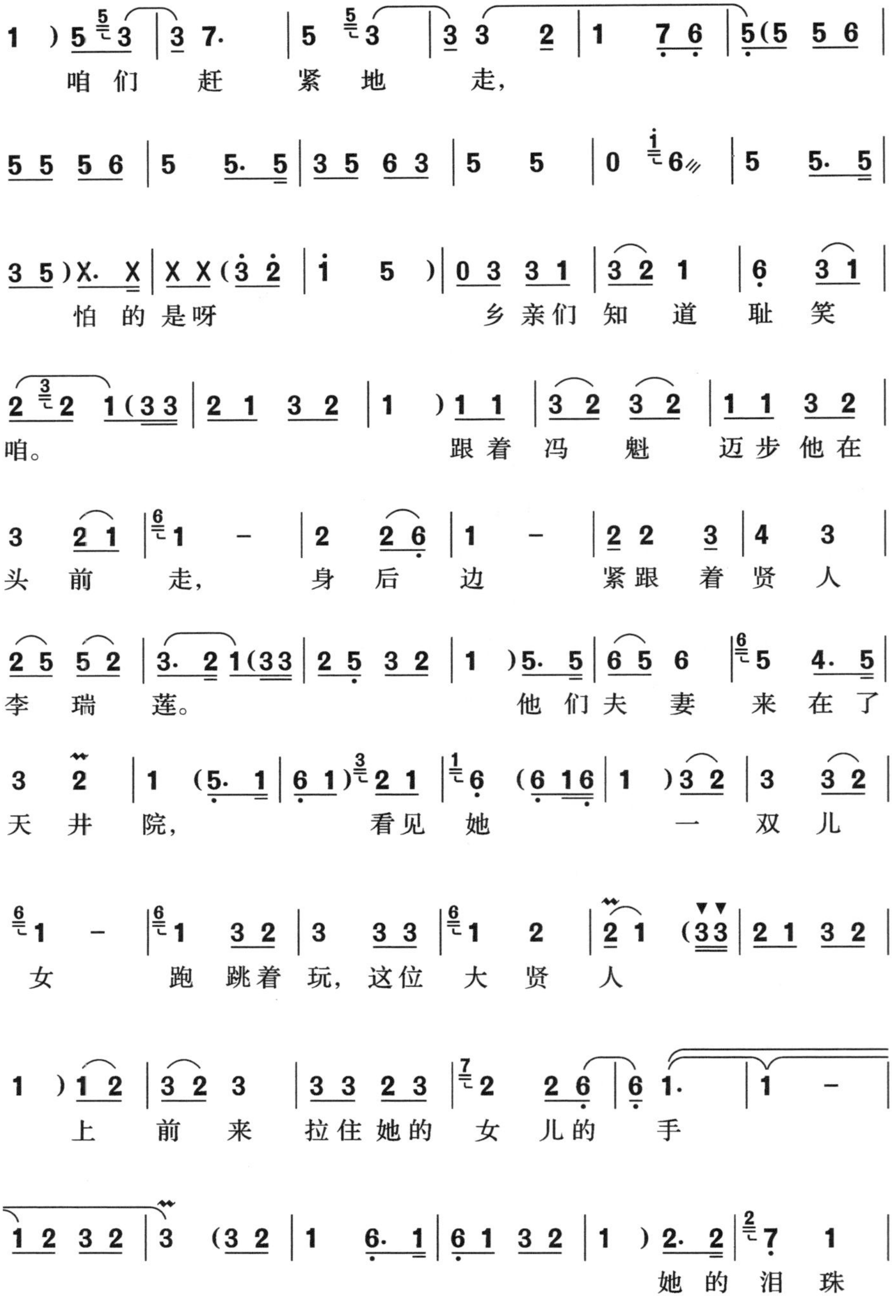
咱们 赶 紧地 走，
怕的是呀 乡亲们知道 耻 笑
咱。 跟着冯 魁 迈步他在
头 前 走， 身 后 边 紧跟 着贤 人
李 瑞 莲。 他们夫 妻 来 在 了
天 井 院， 看见 她 一 双 儿
女 跑 跳着玩，这位 大 贤 人
上 前 来 拉住她的 女 儿的 手
她的 泪 珠

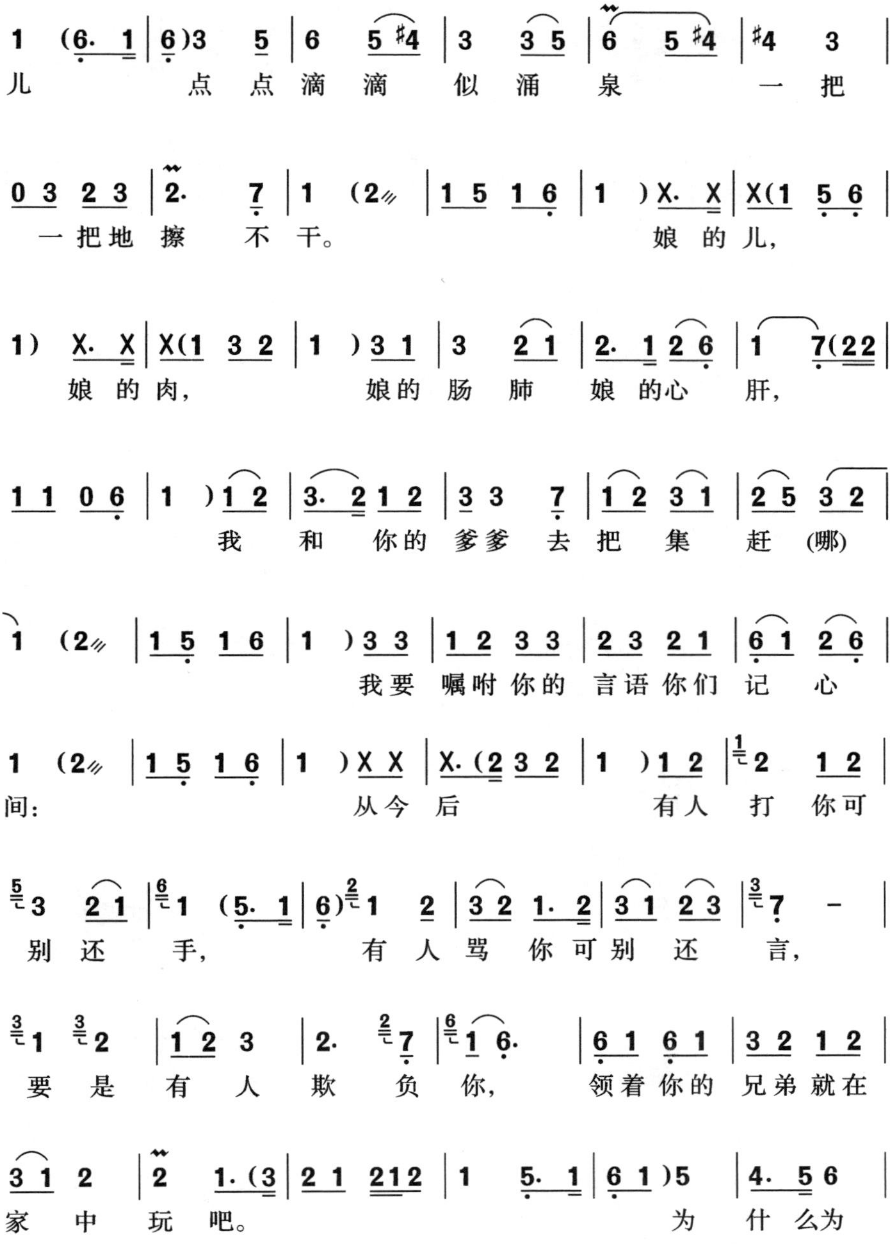
儿 点点滴滴似涌泉 一把
一把地擦不干。 娘的儿，
娘的肉， 娘的肠肺 娘的心肝，
我和你的爹爹去把集赶（哪）
我要嘱咐你的言语你们记心
间： 从今后 有人打你可
别还手， 有人骂你可别还言，
要是有人欺负你， 领着你的兄弟就在
家中玩吧。 为什么为

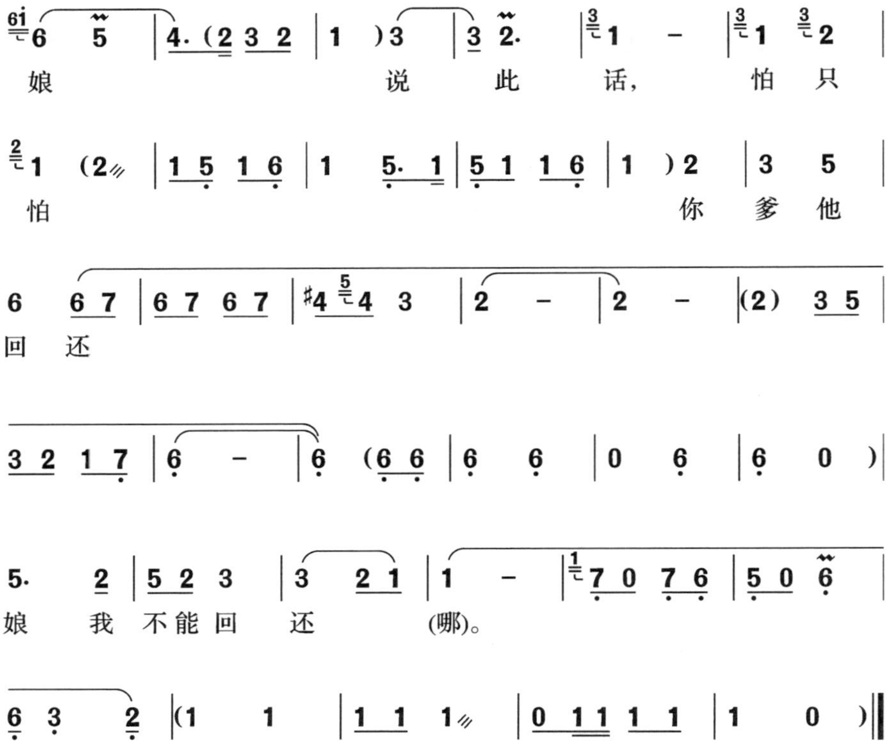

谱例29：【小北口儿】(二)

《孙悟空戏耍猪八戒》唱段①

1=A
中速

田荫亭 演唱
江玉亭 记谱

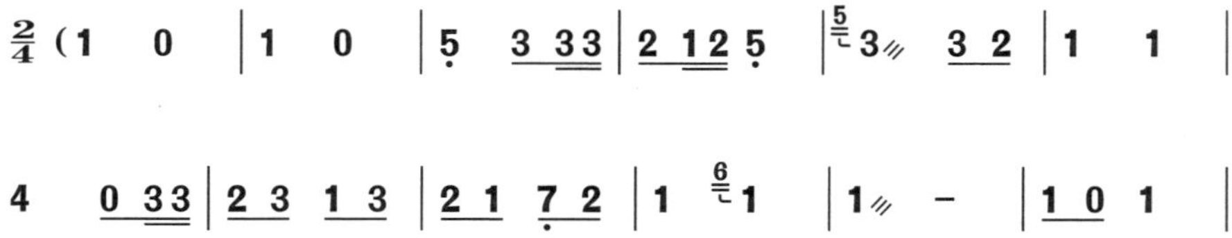

① 《中国曲艺音乐集成·河北卷》(上册)，中国ISBN中心2005年版，第86—89页。

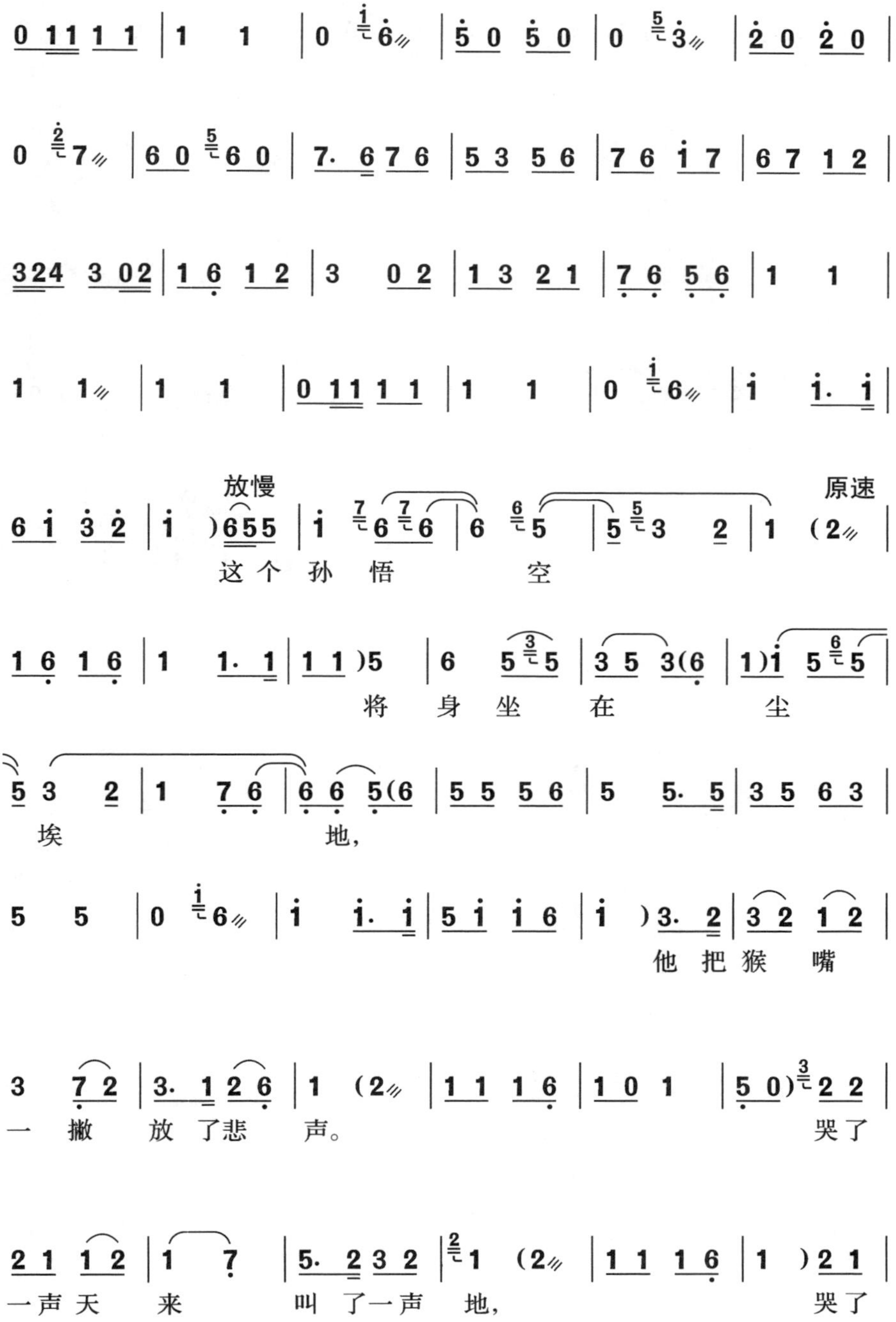
放慢
原速
这个孙悟空
将身坐在尘
埃地，
他把猴嘴
一撇放了悲声。哭了
一声天来叫了一声地，哭了

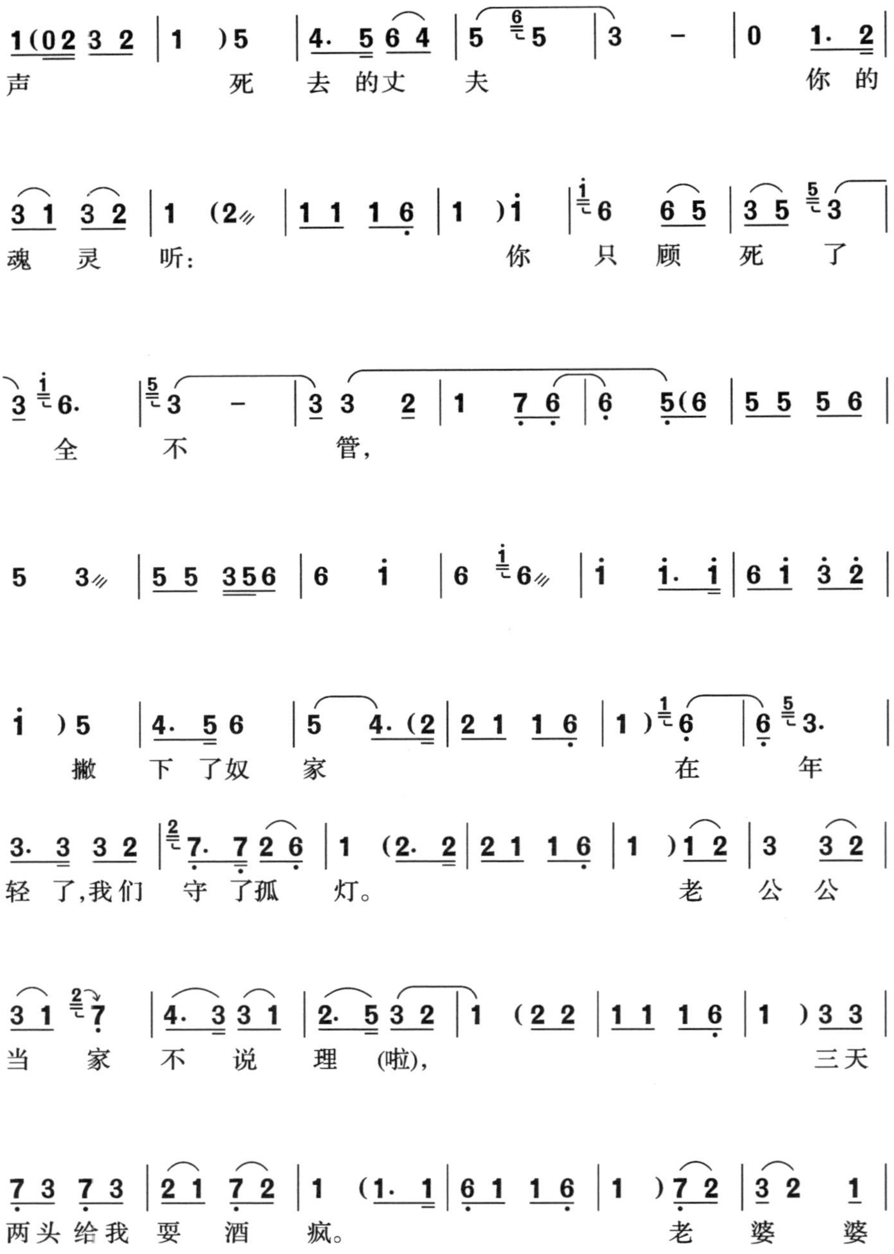
声 死 去 的丈 夫 你 的
魂 灵 听: 你 只 顾 死 了
全 不 管,
撇 下 了奴 家 在 年
轻 了,我们 守 了孤 灯。 老 公 公
当 家 不 说 理 (啦), 三天
两头给我 耍 酒 疯。 老 婆 婆

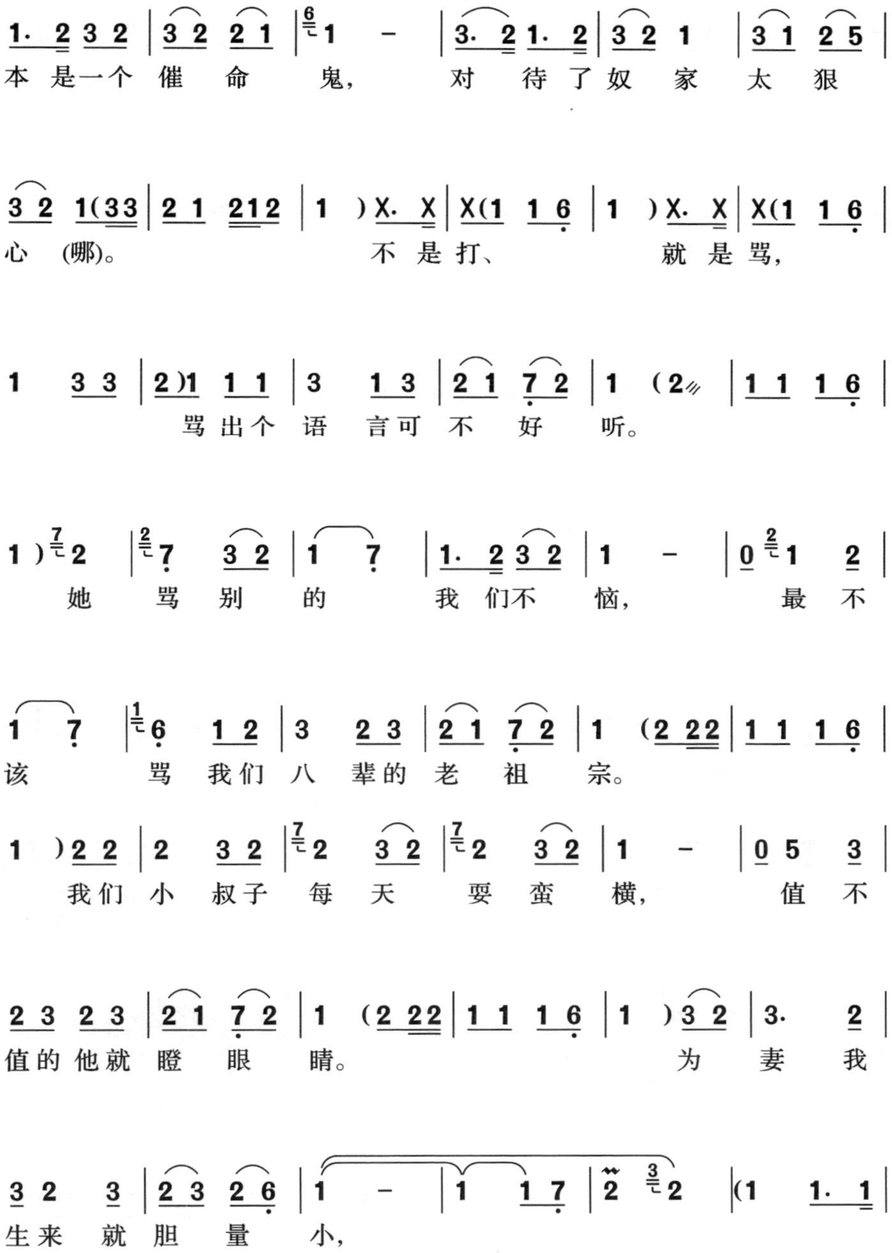
本是一个催命鬼，对待了奴家太狠
心（哪）。不是打、就是骂，
骂出个语言可不好听。
她骂别的我们不恼，最不
该骂我们八辈的老祖宗。
我们小叔子每天要蛮横，值不
值的他就瞪眼睛。为妻我
生来就胆量小，

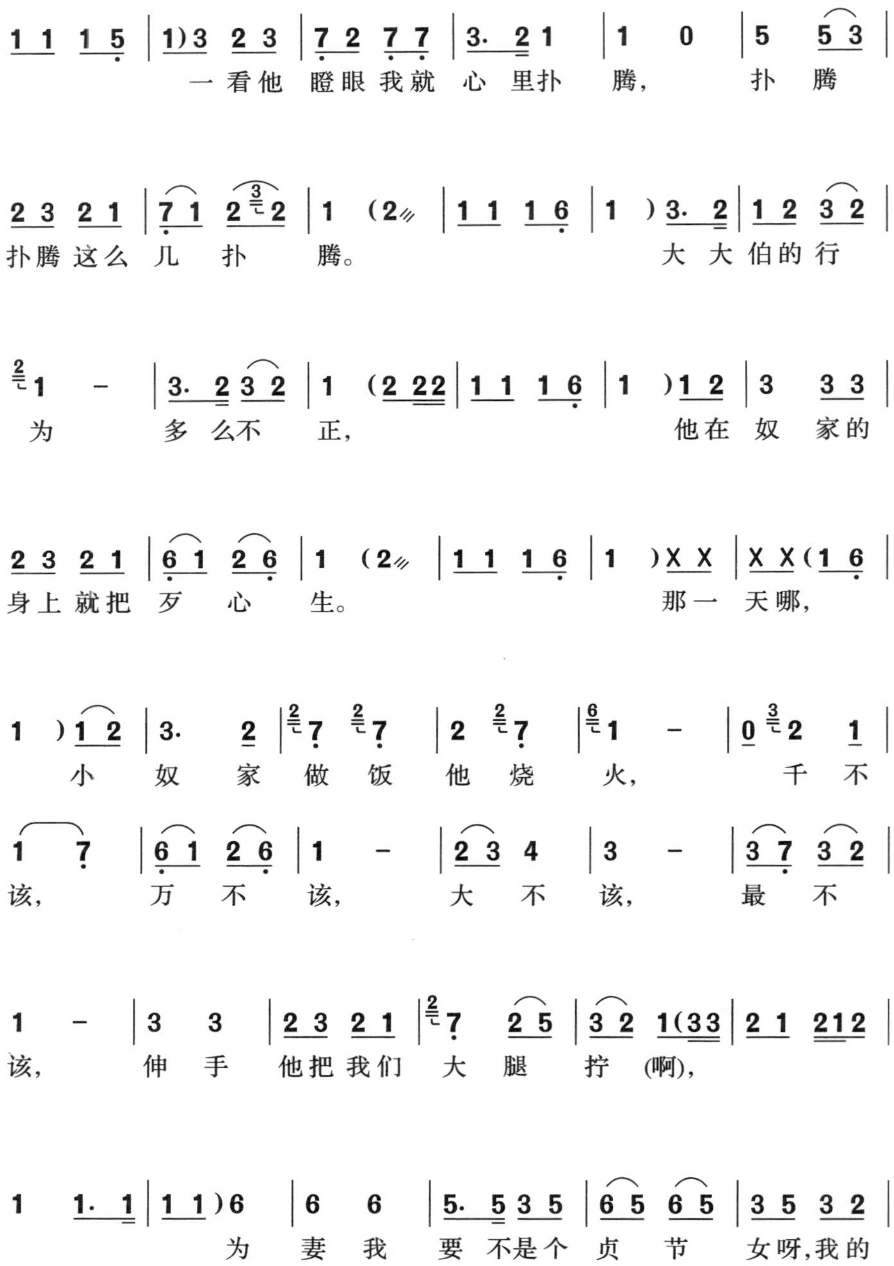
一看他 瞪眼我就 心 里扑 腾, 扑 腾
扑腾这么 几 扑 腾。 大 大伯的行
为 多么不 正, 他在 奴 家的
身上就把 歹 心 生。 那一 天哪,
小 奴 家 做 饭 他 烧 火, 千 不
该, 万 不 该, 大 不 该, 最 不
该, 伸 手 他把我们 大 腿 拧 (啊),
为 妻 我 要 不是个 贞 节 女呀,我的

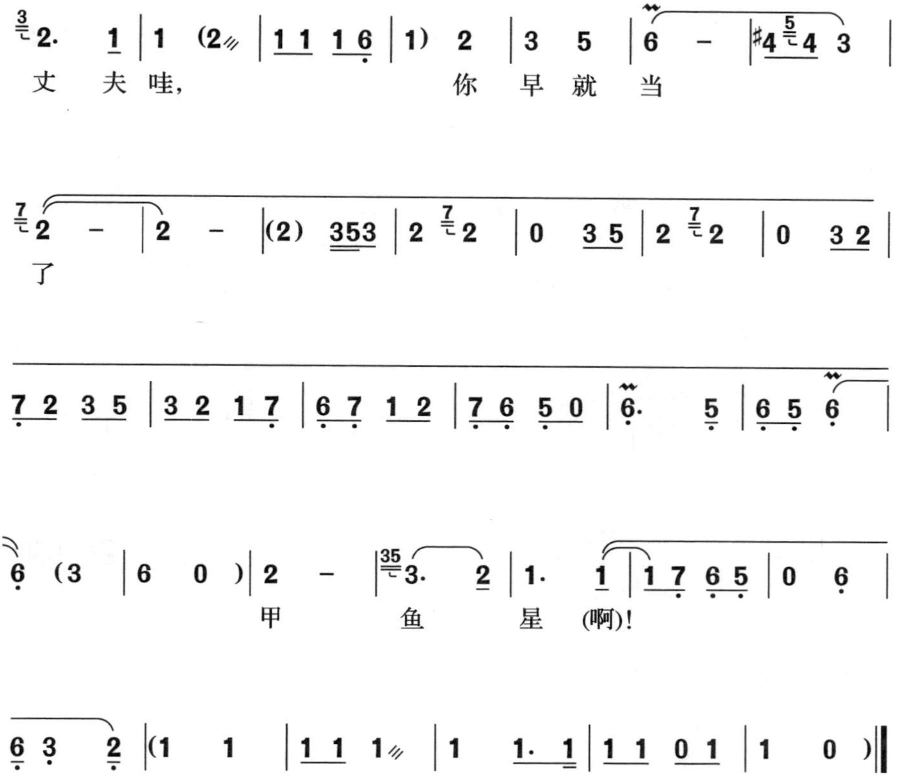

需要说明的是，上面两个【小北口儿】唱腔是西河大鼓名艺人田荫亭早年私下向人学得的，因此得以保存下来。除他而外，在当时也几乎没人会唱。

（20）【二黄大反腔】。此腔为笔者当年从西河大鼓名家郝艳霞处采录得来，如谱例30。

谱例30：【二黄大反腔】①

1＝F

中速 稍快

郝艳霞 演唱

江玉亭 记谱

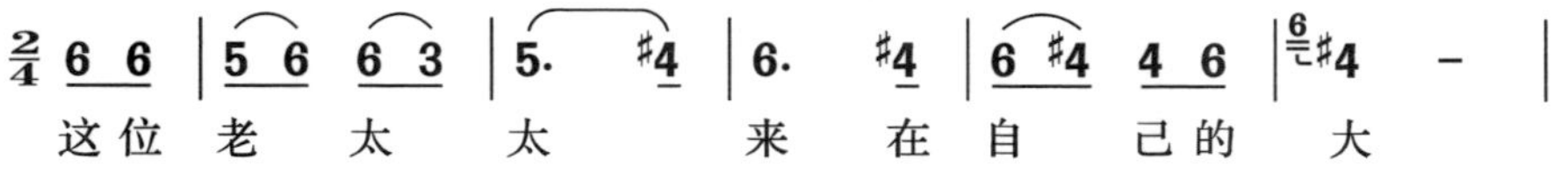

① 《中国曲艺音乐集成·河北卷》（上册），中国ISBN中心2005年版，第89—90页。

（21）【刀刀痛】。仅从名称字面看，就知此为悲腔。相传为西河大鼓名家郝英吉家传的独创唱腔。关于此腔，人多只知其名，未闻其声。为此，笔者当年专门赴津，采访了郝英吉的长女郝艳霞，终于录得此段，如谱例31。

谱例 31:【刀刀痛】

《杨家将》唱段 [①]

郝艳霞 演唱
江玉亭 记谱

1＝C
中速

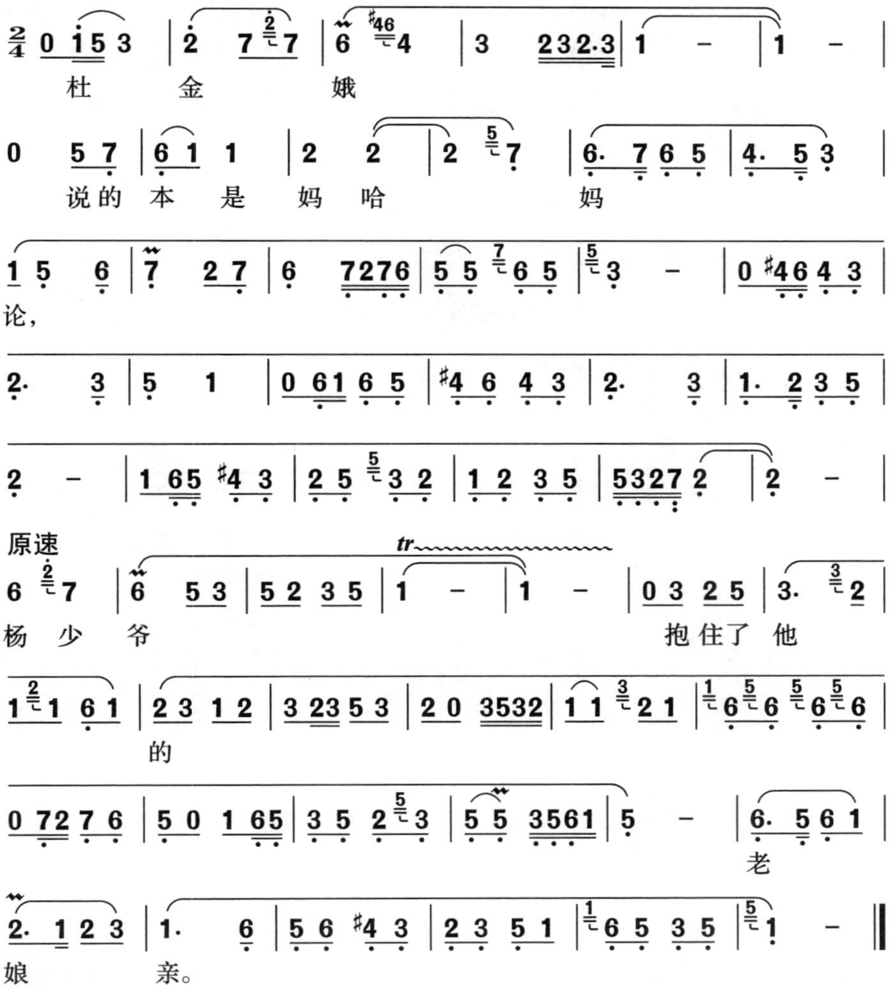

① 《中国曲艺音乐集成·河北卷》(上册),中国 ISBN 中心 2005 年版,第 90—91 页。

3. 三板

（1）【慢三板】与【快三板】。有板无眼，1/4 拍子。一般用在由【快流水】转入三板后，板速呈渐快趋势，板速约在每分钟 120 — 196 拍，是唱段终结时把情节推向高潮的唱腔。

一般说来，三板的旋律性不强，音简字繁，有时似说似唱或只说（有节奏的）不唱。多在中、下把行腔，偶尔用上把，演员的演唱讲究快而不乱、赶板夺字。弦师因速度太快不容有更多的花点变化，只能用拨浪鼓似一按一挑地演奏固定音型伴奏。

【慢三板】与【快三板】的唱腔运用如谱例 32。

谱例 32：【三板流水】

《华容道》唱段 ①

1=♭D

♩= 136

马俊英 演唱

江玉亭 记谱

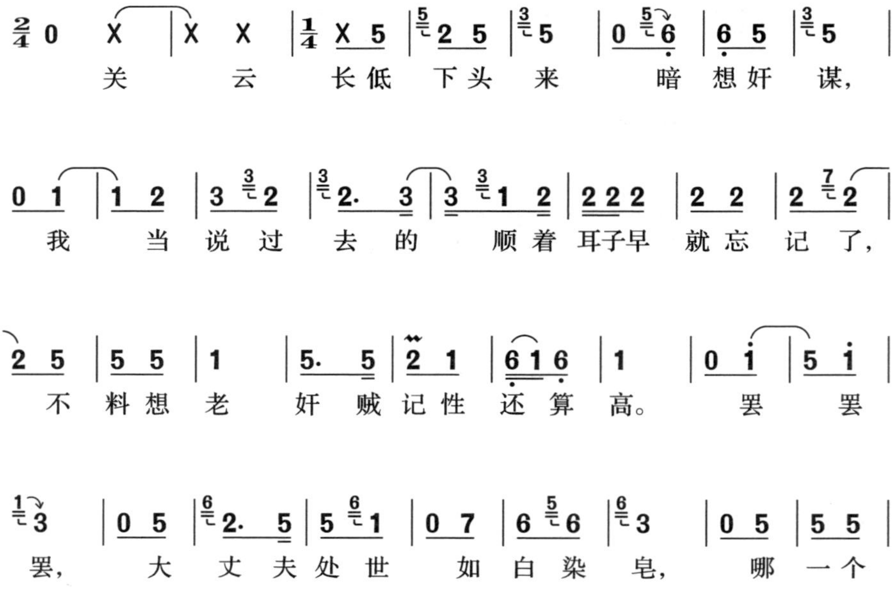

① 《中国曲艺音乐集成 · 河北卷》（上册），中国 ISBN 中心 2005 年版，第 119—120 页。

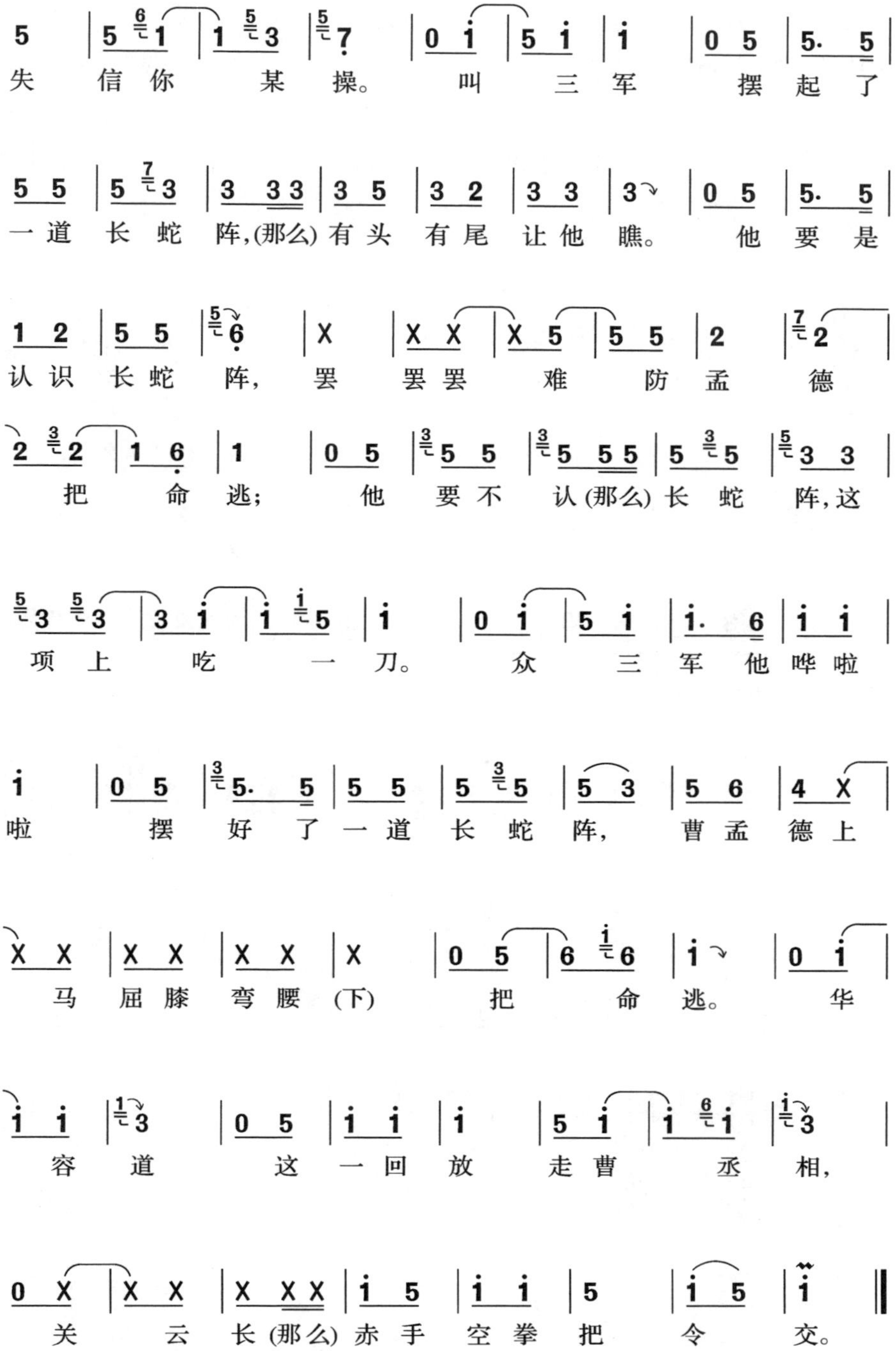
失信你某操。叫三军摆起了
一道长蛇阵,(那么)有头有尾让他瞧。他要是
认识长蛇阵,罢罢罢难防孟德
把命逃;他要不认(那么)长蛇阵,这
项上吃一刀。众三军他哗啦
啦摆好了一道长蛇阵,曹孟德上
马屈膝弯腰(下)把命逃。华
容道这一回放走曹丞相,
关云长(那么)赤手空拳把令交。

（2）【乍口】。是【三板】中仅有的一种花腔。由上、下两个乐句组成。多用在故事情节紧张处。且常常在上、下两个乐句之间，根据表现需要加入风声、雷声、火声、枪声等自然声，或“来了”“哪里走”等念白，以及“哎哟”或“噗”等拟声词。【乍口】常有散唱运用，形成紧弹慢唱的效果，如谱例33。

谱例33：【乍口】

《借东风》唱段①

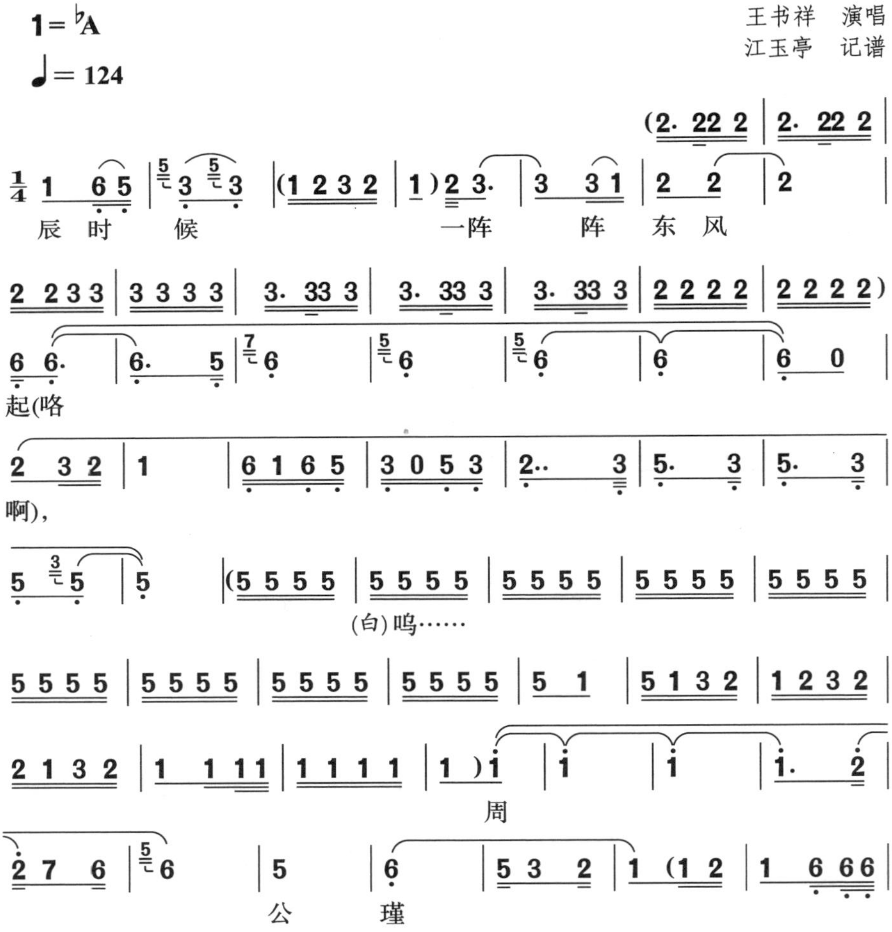

① 《中国曲艺音乐集成·河北卷》（上册），中国ISBN中心2005年版，第120—124页。

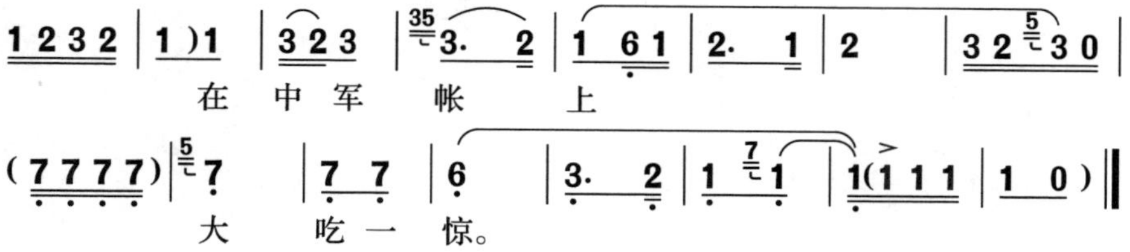

(3)【尾腔】。也叫“锁尾唱”或“收尾唱”，是整个段落的最后收腔。作用有两个，一是将本段唱腔收尾终结，一是引起下文给听众留下悬念。故其唱词的前一句，多是“这本是××××一古段”(常用说白)，后一句多唱“到下回……”(如何如何)，给人留下悬念。也有不用扣子而说上几句吉祥话的，如“这就是王云休妻一古段，愿大家人财两旺，福寿绵长”。

【尾腔】的运用大致有三种形式，如谱例34。

谱例34:【尾腔】

《华容道》唱段①

1=$^\flat$D

♩= 124

马俊英 演唱

江玉亭 记谱

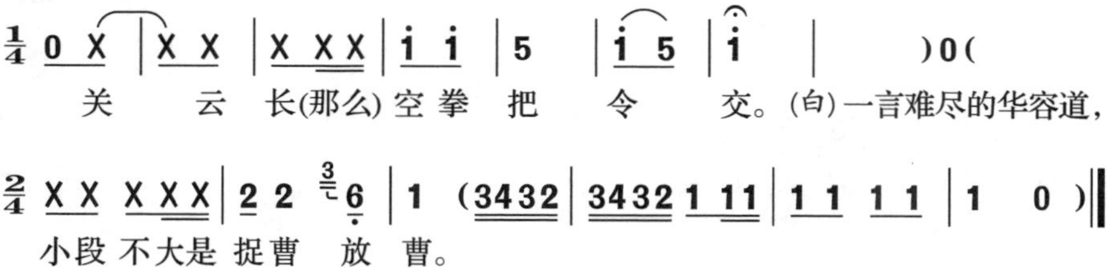

① 《中国曲艺音乐集成·河北卷》(上册)，中国ISBN中心2005年版，第122页。

《马鞍山》唱段①

1=♭A
♩=124

田荫亭 演唱
江玉亭 记谱

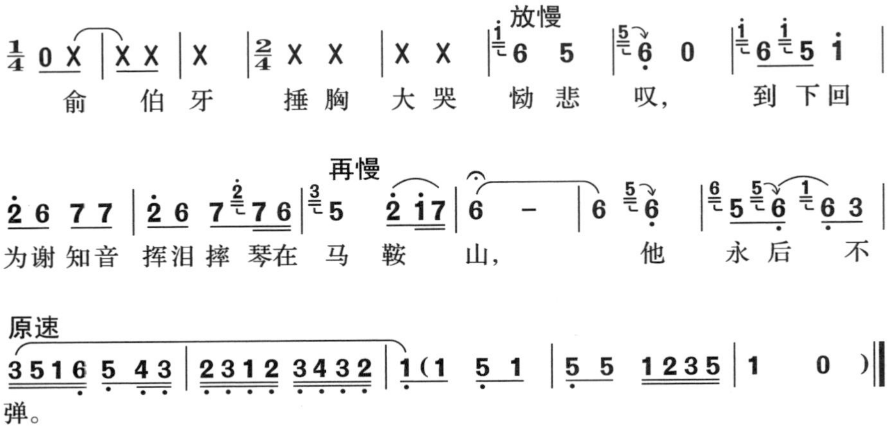

《凤仪亭》唱段②

1=G
♩=124

田荫亭 演唱
江玉亭 记谱

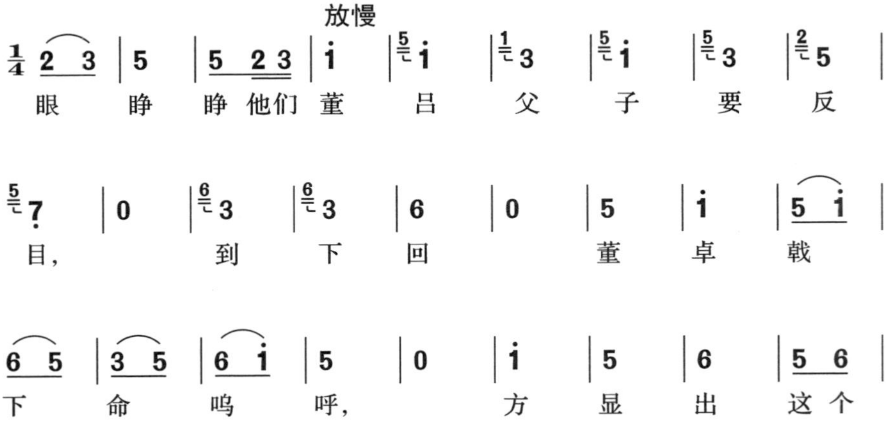

① 《中国曲艺音乐集成·河北卷》(上册)，中国ISBN中心2005年版，第123页。
② 《中国曲艺音乐集成·河北卷》(上册)，中国ISBN中心2005年版，第123页。

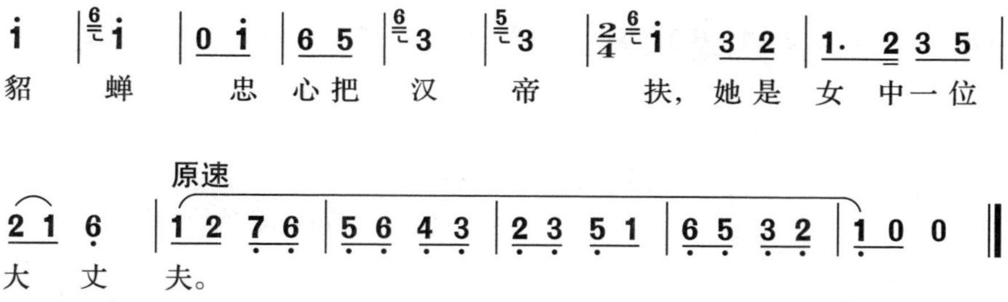

（4）【小反腔】。虽不常用，但却独特。笔者在参与编纂《中国曲艺音乐集成·河北卷》的过程中，曾采录过朱大官之孙朱玉昌的一个《白蛇传》唱段，里面就使用了此腔，如谱例 35。

谱例 35：【小反腔】

《白蛇传》唱段①

朱玉昌 演唱
江玉亭 记谱

① 《中国曲艺音乐集成·河北卷》（上册），中国 ISBN 中心 2005 年版，第 121 页。

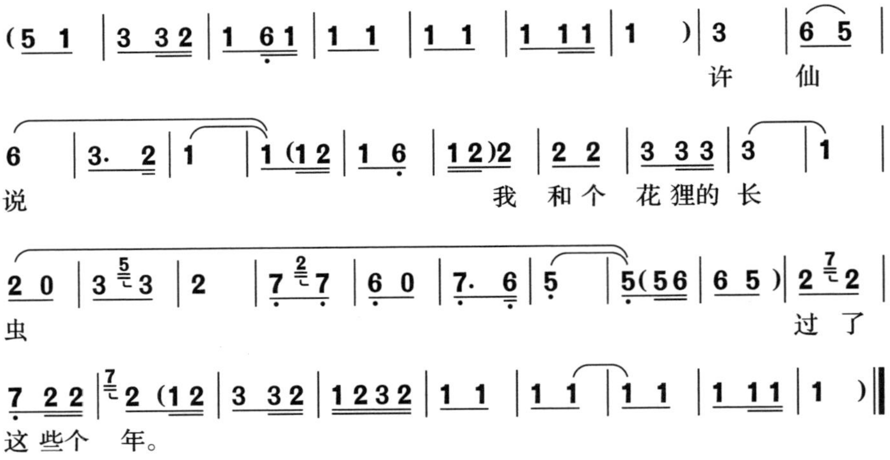

此外，三板中还有一种颇富特色的唱腔，也是在编纂《中国曲艺音乐集成·河北卷》的过程中笔者亲自录得的。演唱者陈连久系清苑县大李各庄人，半职业艺人。他唱的《水漫金山寺》，在大段的三板里大胆地使用了类似京剧【摇板】的唱法，即在伴奏1/4拍子的快速行进中，把唱腔打散了唱，从而达到意想不到的效果。据此可知，西河大鼓也有【摇板】唱腔，如谱例36。

谱例36

《水漫金山寺》唱段①

（紧打慢唱）

陈连久 演唱

1=♭B

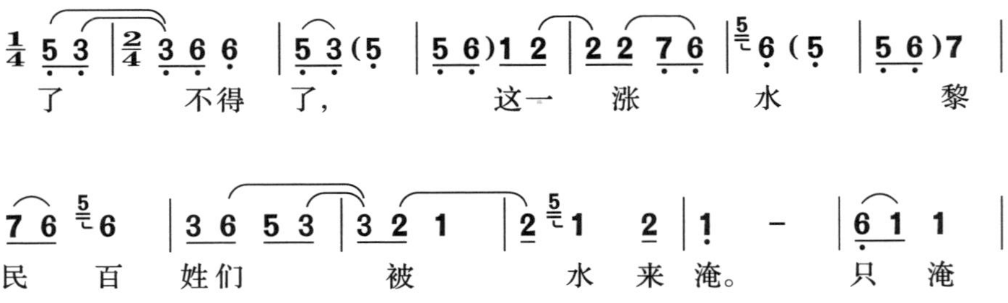

① 《中国曲艺音乐集成·河北卷》（上册），中国ISBN中心2005年版，第705—708页。

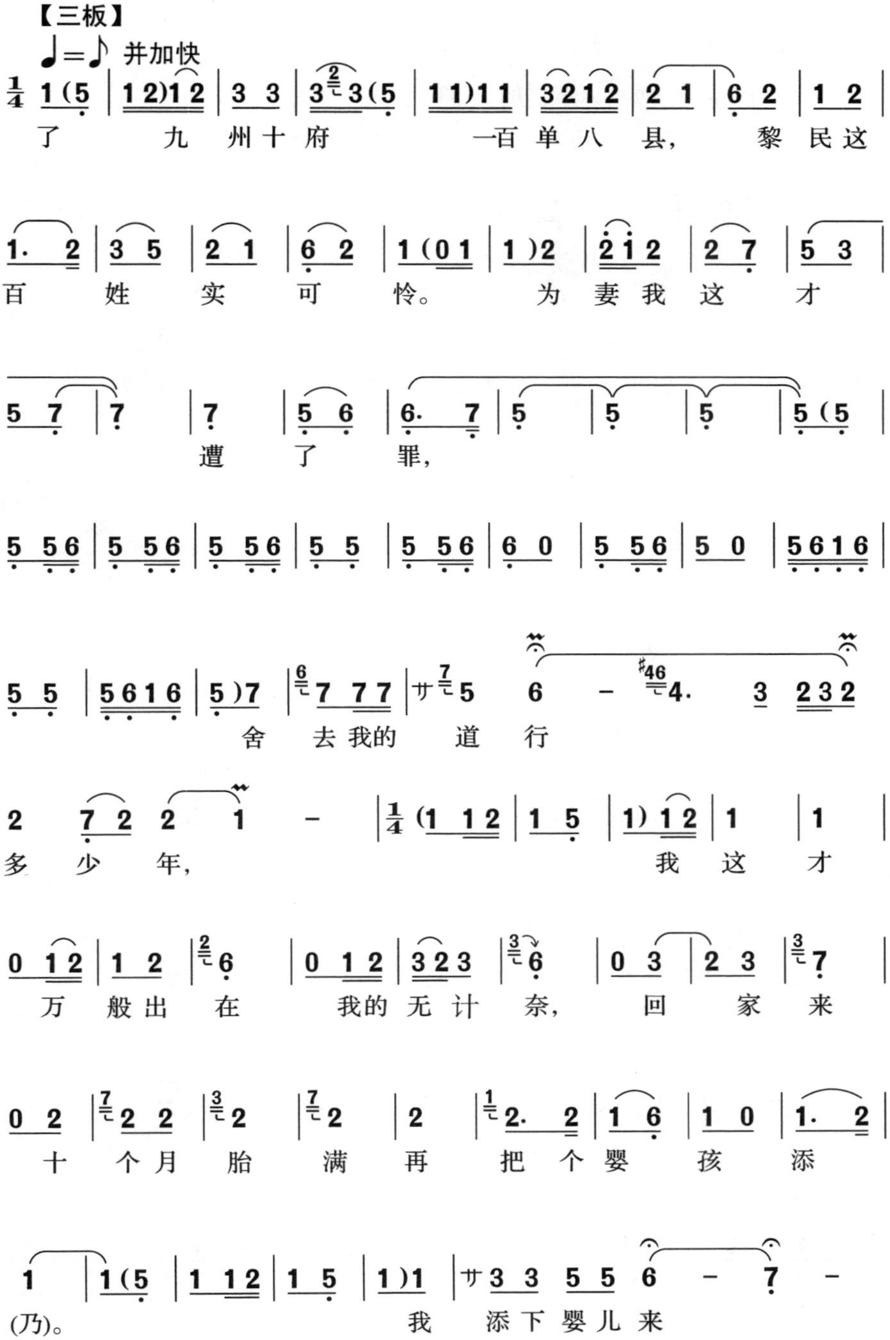
【三板】
♩=♪ 并加快
了 九州十府 一百单八县，黎民这
百姓实可怜。为妻我这才
遭了罪，
舍去我的道行
多少年，我这才
万般出在 我的无计奈，回家来
十个月胎满再把个婴孩添
(乃)。我 添下婴儿来

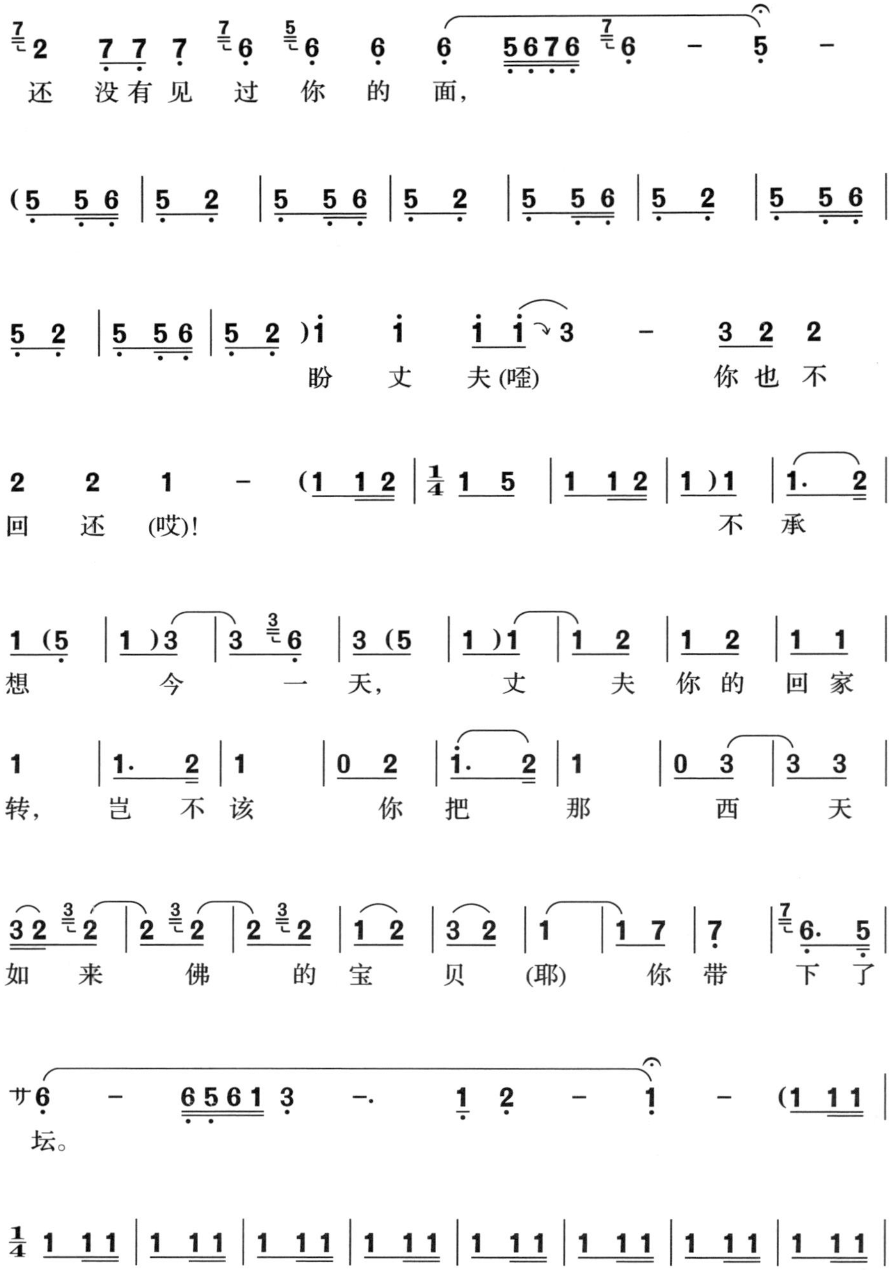
还 没有见 过 你 的 面，
盼 丈 夫(唓) 你也不
回 还 (哎)! 不 承
想 今 一 天， 丈 夫 你的 回家
转， 岂 不该 你 把 那 西 天
如 来 佛 的宝 贝 (耶) 你带 下 了
坛。

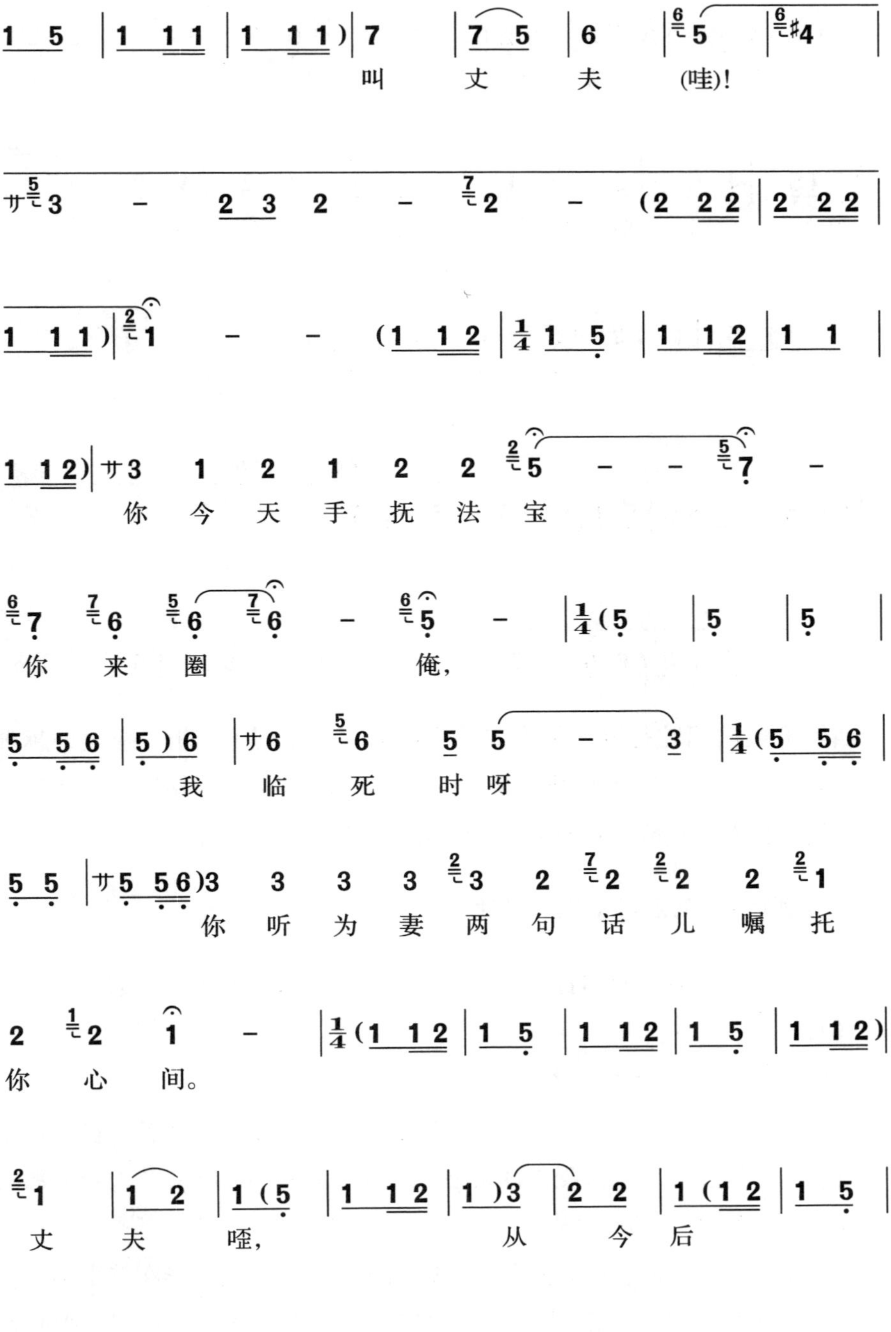
叫 丈 夫 (哇)!
你 今 天 手 抚 法 宝
你 来 圈 俺,
我 临 死 时 呀
你 听 为 妻 两 句 话 儿 嘱 托
你 心 间。
丈 夫 哑, 从 今 后

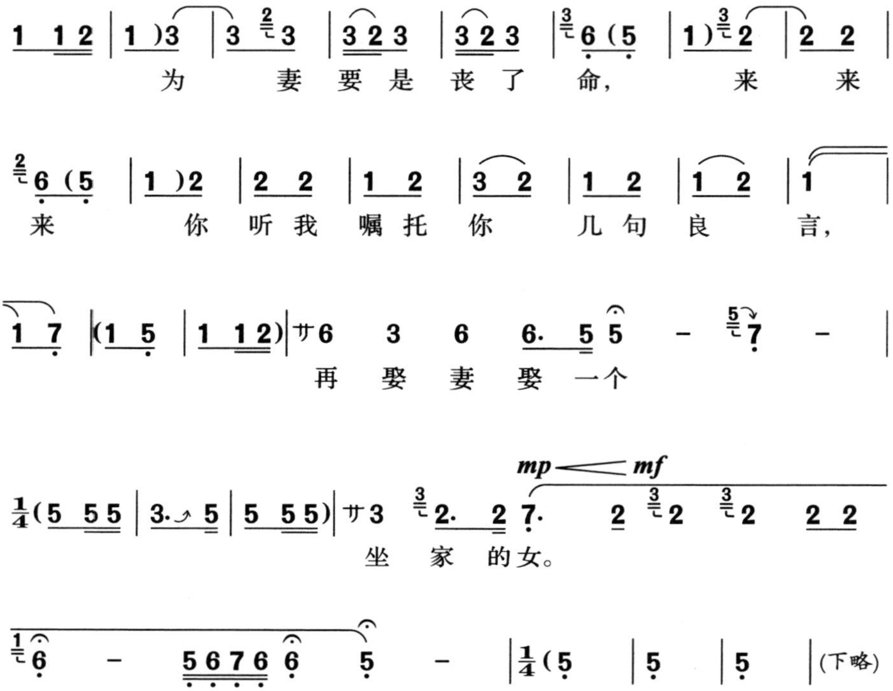

西河大鼓的唱腔是以二板为应用主体的。一般到了三板，板速即越催越快，达到高潮后，即以尾腔结束全段。可以看出，《水漫金山寺》则不同，它是把三板作为大段感情抒发的主腔来使用了，因而十分独特。

（二）西河大鼓音乐唱腔的艺术特色

由上可知，西河大鼓的音乐唱腔非常丰富。不仅功能十分强大，艺术特色也很鲜明。

1. 唱腔风格多样，表现手法灵活

历史上的西河大鼓艺人队伍十分宏大，风格流派比较众多，它的音乐唱腔发育也就丰富多彩。看似程式性很强的板式及其唱腔，随着艺人及流派的不同，也是变化多端、姿彩各异。

如赵（玉峰）派著名传人田荫亭素以唱功见长，他往往能在三十多分钟的唱段中，几乎找不出完全雷同的“回头腔”，功力十分深厚。角调式唱腔在曲唱音乐中相当少见，但田荫亭演唱的西河大鼓【双高】腔却能唱得风起云涌、熠熠生辉、句句出新，如谱例37。

谱例37

《马鞍山》唱段①

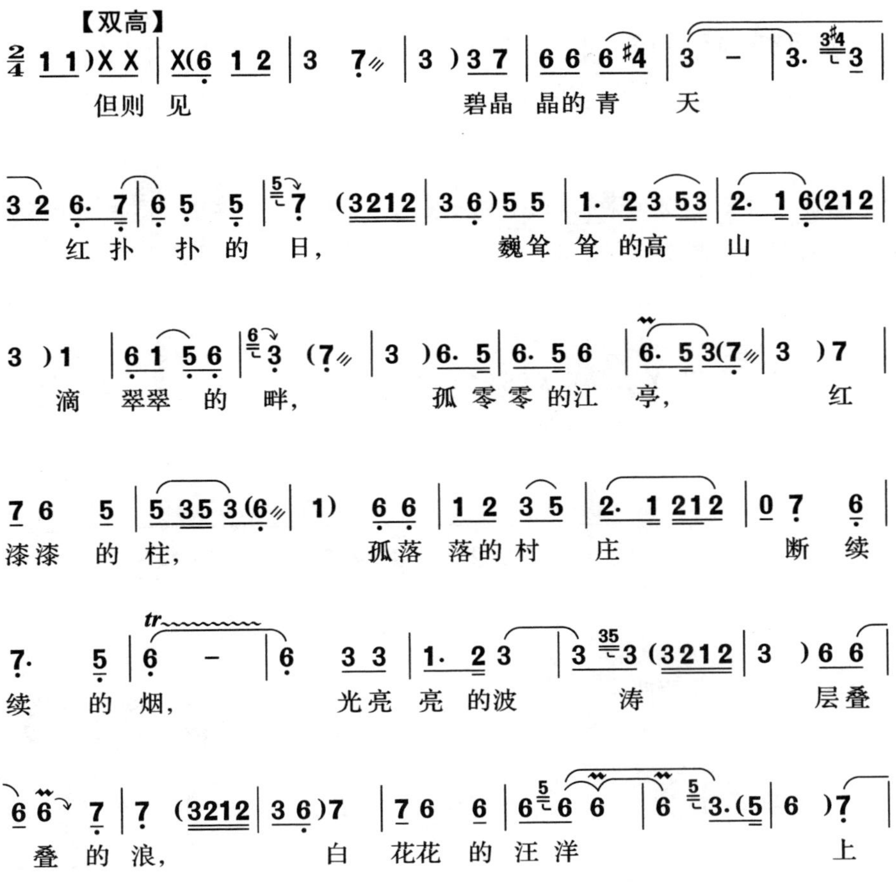

① 《中国曲艺音乐集成·河北卷》（上册），中国ISBN中心2005年版，第308—310页。

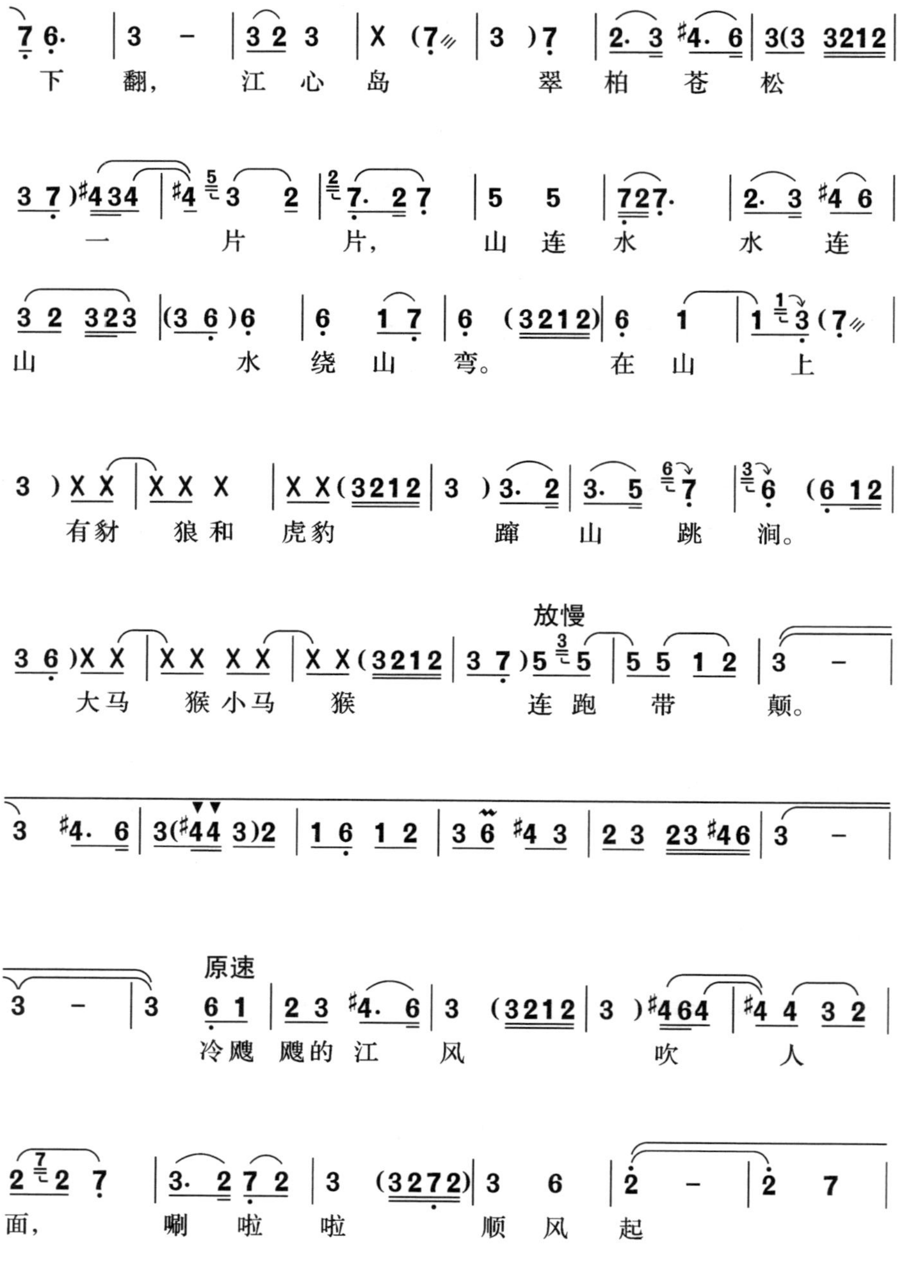

下 翻， 江 心 岛 翠 柏 苍 松
一 片 片， 山 连 水 水 连
山 水 绕 山 弯。 在 山 上
有豺 狼和 虎豹 蹿 山 跳 涧。
放慢
大马 猴小马 猴 连跑 带 颠。
原速
冷飕 飕的 江 风 吹 人
面， 唰 啦 啦 顺 风 起

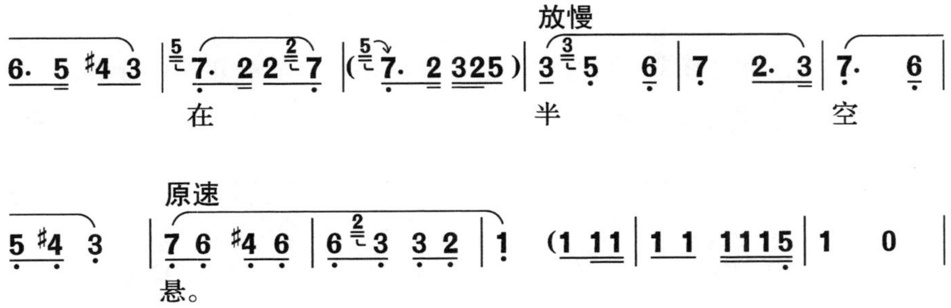

上面所引【双高】，只是西河大鼓唱腔中的一个特殊例子，而在《中国曲艺音乐集成·河北卷》中，共收有15个【双高】唱腔，这些唱腔异常丰富、各具风格，稍加比照，特点自现。

而在其他唱腔中，不同艺人的演唱也往往表现出很大差异，其间最有成就的艺人，除了已知的田荫亭，还有王书祥、马增芬、王艳芬、艳桂荣、张桂芳和马俊英等。

简单说来，西河大鼓唱腔属于板式变化体，音乐结构基本就是上下句的反复及对七字句或十字句为主的唱词演绎。但在实际演唱的具体运用中，往往包含着“一曲百唱”的丰富变化。西河大鼓的唱腔结构及其运用规律，也是非常讲究和灵活的。比如王艳芬演唱的《李三娘打水》这个唱段①，唱腔结构的上下句式比较规整，只是偶有双下句出现。全篇176句中，有112句以下把位演唱为主，占64%；中把唱次之，共36句，占20%；上把唱最少，共28句，占16%，且全部集中在【双高】部分。

关于西河大鼓的把位唱②，不同艺人间有较大差别，如王书祥在《借东风》这个唱段中，几乎通篇都用中把唱，只在段落收束时通过【溜腔】转到下把唱。

落音是唱腔规律的重要体现，也是音乐特征的直接表征，西河大鼓的唱腔，除了落“**1**”音和“**5**”音的次数最多，其他的七个音阶都有落音点，足见

① 参见《中国曲艺音乐集成·河北卷（上）》，中国ISBN中心2005年版，第448—469页。
② 所谓“把位唱”，是指依照伴奏乐器大三弦的把位（音区）使用，确定唱腔音高和调式的演唱方式。

其多样性。

关于唱腔的句构形式，西河大鼓也是非常多变。从已知唱腔分析，腔句最长的为 27 小节，最短的为 4 小节（2/4 拍子），其他腔长 5—24 小节均有所见，足见其变化之灵活无定。但其中复现率最高的，还是腔长在 4—10 小节之间的腔句。

与之相应，唱词的词格，在西河大鼓中同唱腔一样，同样呈现出非对称性特点，表现出超常的灵活性。最少每句 6 个字，最多每句 58 个字。其他 6—18 字的格式全有。对多字句式的唱腔设计方式，常采用连续排比及小夹句，并出现诸如“军爷呀”“大娘啊”之类的招呼语，使唱腔的音乐性与唱词的语言性表达浑然一体，非常鲜明地体现出“说（着）唱”的唱法特点。

行腔的速度即板速，西河大鼓通常由每分钟 60 拍起唱，逐渐加快，中间测速为每分钟 96 拍，再往后可快到 146 拍。三板开始时，板速为 120 拍，至高潮时（【尾腔】以前）可以达到 180 拍，然后降速并恢复 2/4 拍子，以【尾声】结束整段唱腔。

唱腔的整体布局和段落划分，西河大鼓也有自身的特点。整段唱腔通常会由【溜腔】及【海底捞月】等收束性腔体，把唱段划隔成几个小段落，也可称其为“几番”。每番之间由大过门相界，大过门既为前腔的承继，也为后腔的启引，并使演员有一短暂的休息。而“几番”的划分，一般为：1—16 乐句为第一番，17—44 乐句为第二番，45—72 乐句为第三番，73—115 乐句为第四番，116—148 乐句为第五番，149 乐句至唱段结束为第六番。

以上就是西河大鼓唱腔结构及演唱运用的一般规律及特点。

而在具体的演唱运用中，则体现出很大的灵活性。比如，有的唱腔结构为表现特殊情感的需要，呈现出独特的非对称性，王艳芬演唱的《李三娘打水》唱段的第 43 句和第 44 句即是如此。这个唱腔的上下句之间，乐句长度之比为 5 对 23（小节数），词格之比为 8 对 58（字数），下句比之于上句，有极大的扩充，如谱例 38。

谱例 38

《李三娘打水》唱段①

王艳芬　演唱

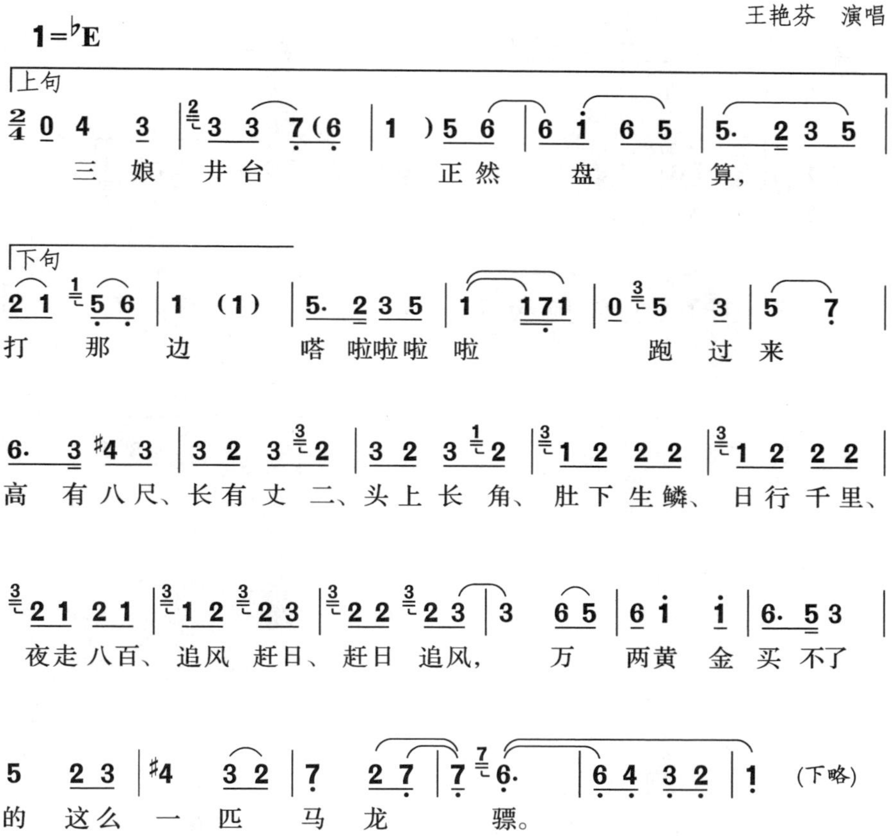

再如，许多唱腔高起低落，直畅率真，情感表达一泄无余。如下面谱例 39 所引的一组 5 句唱腔，就是如此。

谱例 39

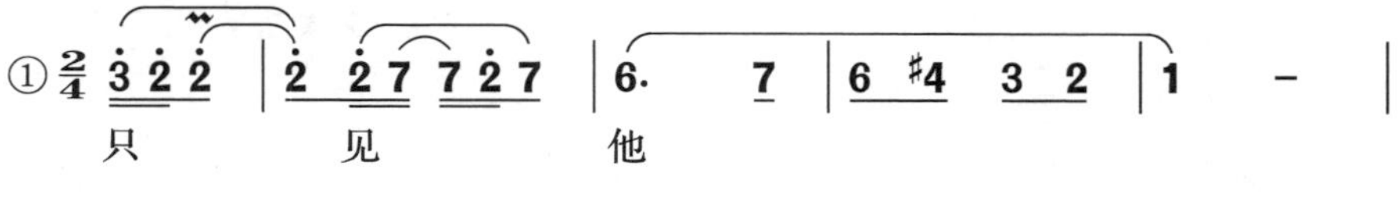

① 《中国曲艺音乐集成·河北卷》(上册)，中国 ISBN 中心 2005 年版，第 453 页。

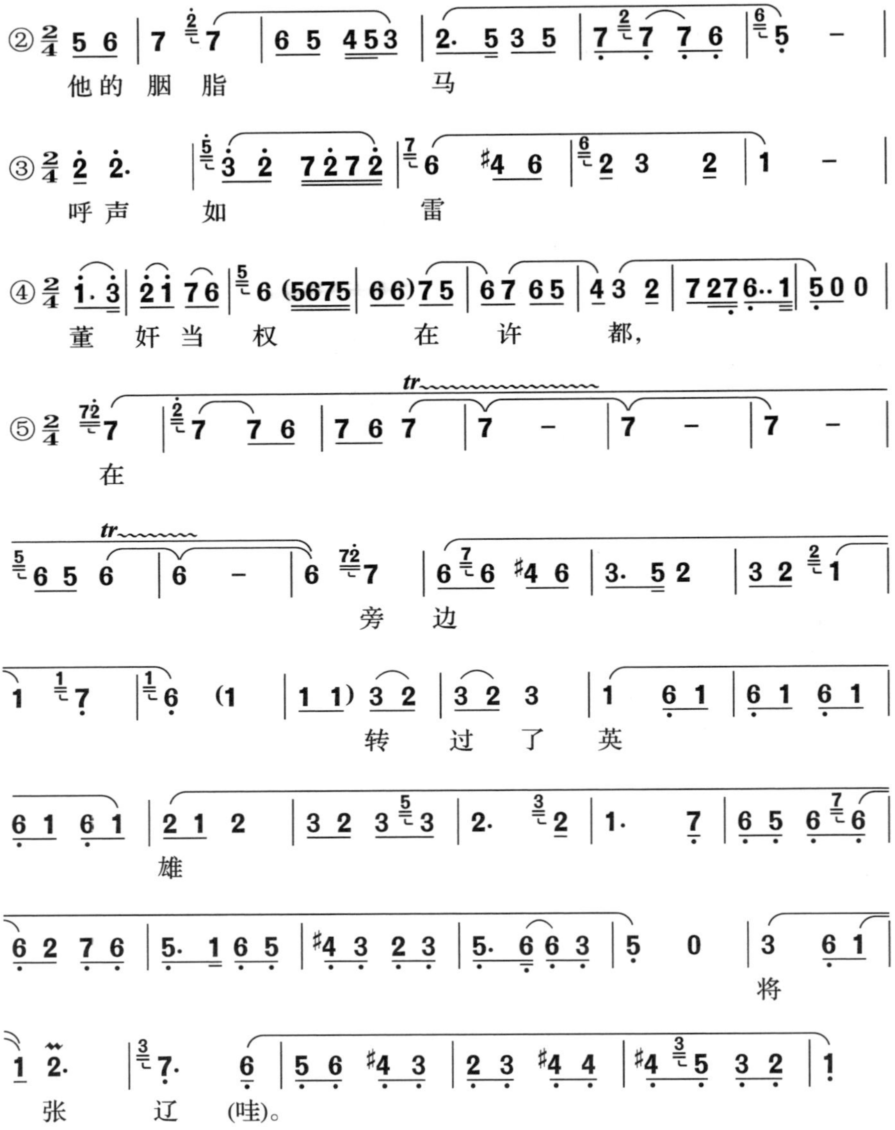

又如，有的唱腔高扬低回，大起大落，充满“燕赵多慷慨悲歌之士”的人文气息，同时也不乏深沉与绵密。

像下面谱例40所示艳桂荣演唱的《杨门女将·灵堂》中的片段，旋律突然翻上高腔，给人异峰突起的震撼之感。

谱例 40[①]

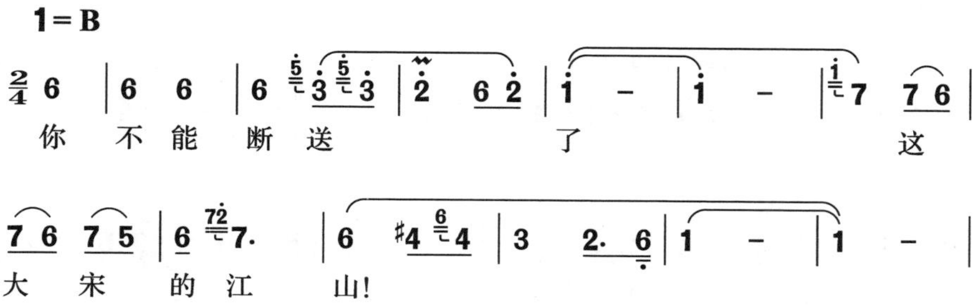

而像下面谱例 41 所示艳桂荣演唱的《穆桂英挂帅》片段，内容表现的是穆桂英的两个子女杨文广和杨金花去校场夺来帅印，想请母亲挂帅。穆桂英想起杨家将为宋室江山拼死征杀，男子几乎全部战死疆场，但换来的却是皇上的冷遇和对奸党的宠信。面对皇室的冷漠寡情和杨家的凄凉下场，穆桂英百感交集，但不得不捆了两个孩儿向朝廷交差。唱腔就是在这种背景下演绎的。此段唱腔含【一马三涧】和【蚍蜉上山】两个花腔，旋律从最高音“2”回环下行，几度回转，降至低音“6”，音域宽达十九度，既表现了感情的巨大起伏，也蕴含了内心世界的五味杂陈，如谱例 41。

谱例 41[②]

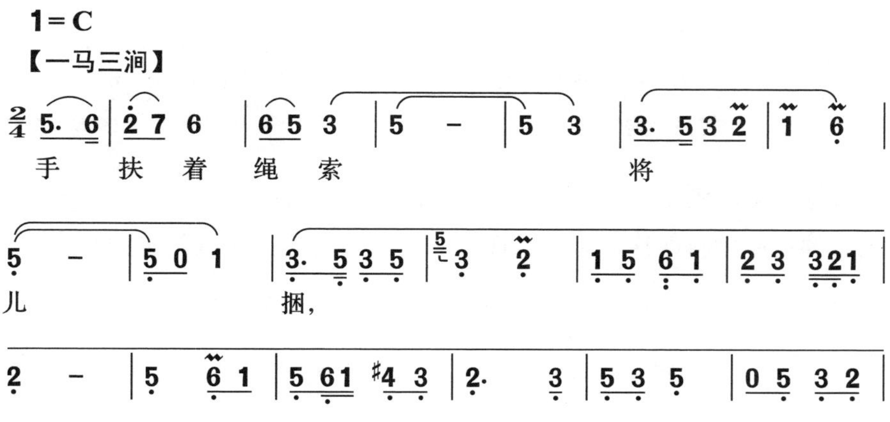

① 《中国曲艺音乐集成·河北卷》（上册），中国 ISBN 中心 2005 年版，第 654 页。

② 《中国曲艺音乐集成·河北卷》（上册），中国 ISBN 中心 2005 年版，第 614 页。

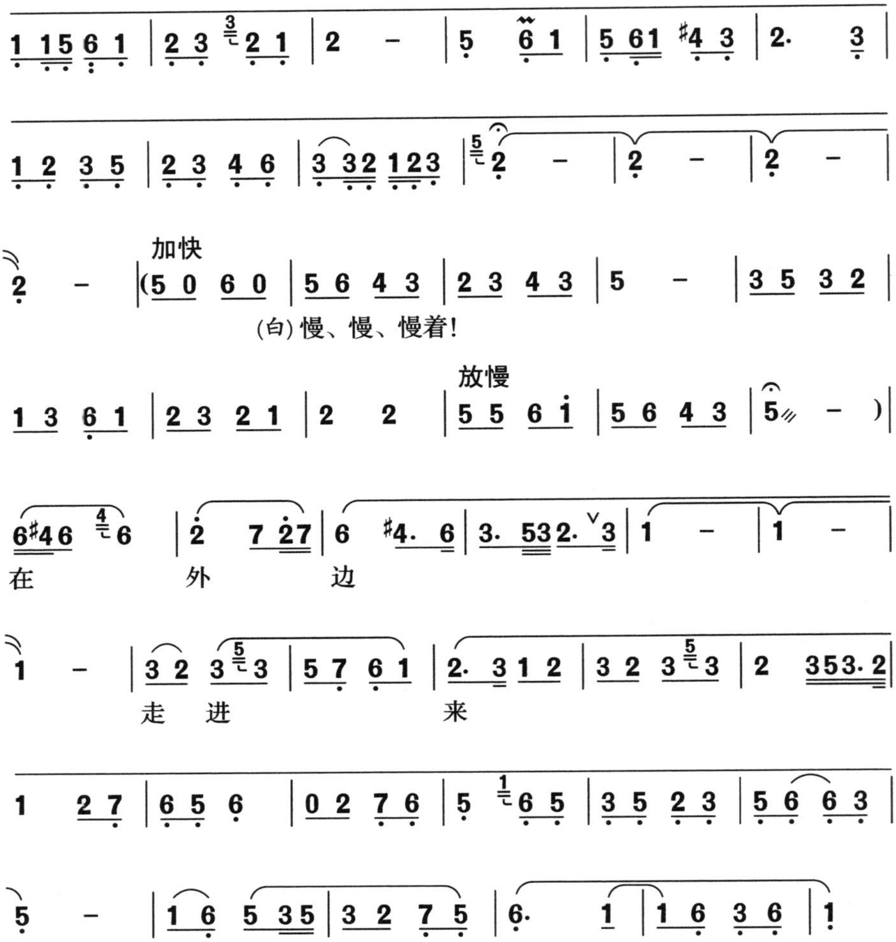

另像下面谱例42所示的一组3句唱腔，既似水流洪，又连绵不断，在一泄无余的行腔中，往往连续切分而把腔节的尾音延留到板位上，并接着再切分，如谱例42。

谱例 42

《凤仪亭》唱段[①]

田荫亭 演唱

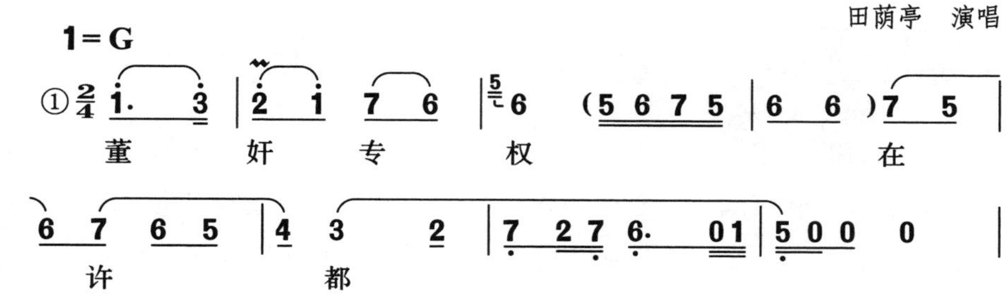

《穆桂英挂帅》唱段[②]

艳桂荣 演唱

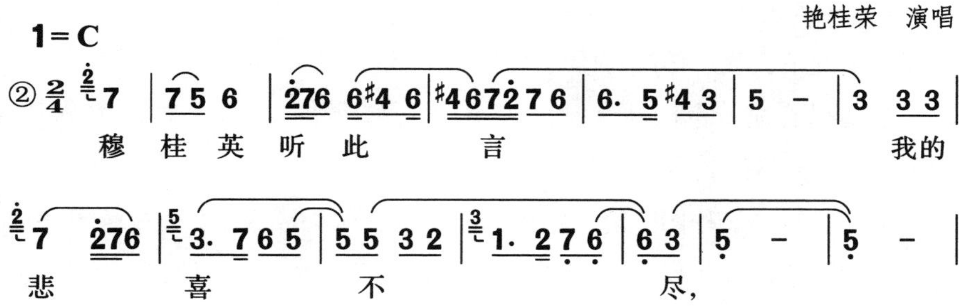

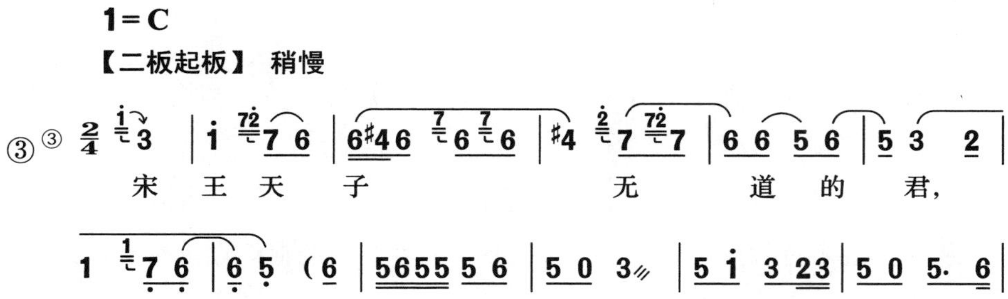

---

① 《中国曲艺音乐集成·河北卷》（上册），中国 ISBN 中心 2005 年版，第 348 页。

② 《中国曲艺音乐集成·河北卷》（上册），中国 ISBN 中心 2005 年版，第 628 页。

③ 《中国曲艺音乐集成·河北卷》（上册），中国 ISBN 中心 2005 年版，第 609—610 页。

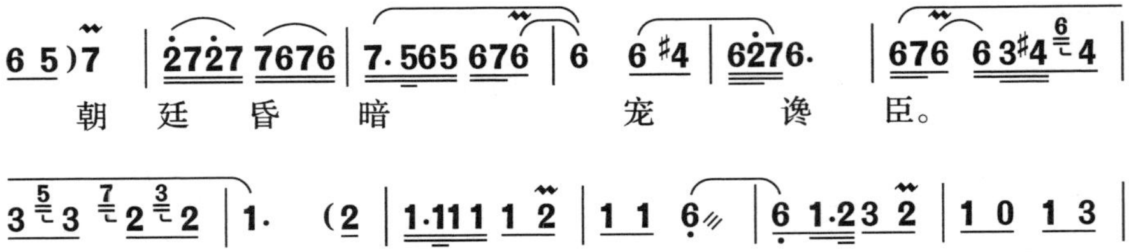

而这方面的行腔演唱，艺人王书祥堪称大师级的巨匠。他的演唱自由舒展、巧俏活泼、诙谐幽默、洒脱隽永，看似信马由缰，实则灵活多变。其在《借东风》唱段中由头板到二板再到三板，几乎找不到转板对接的痕迹，越唱越快，推向高潮。虽已进入三板，却找不出“接缝”，既洋洋洒洒，又浑然一体。

2. 音阶调式复杂，节拍旋律独特

通常情况下，我国传统音阶有以下几种形式。

一是清乐音阶。也叫新音阶，《中国大百科全书·音乐　舞蹈》称其为自然七声音阶，其音阶构成为“**1 2 3 4 5 6 7**”。

二是古音阶。又称旧音阶、雅乐音阶，其音阶构成为“**1 2 3 ♯4 5 6 7**”。

三是清商音阶。杨荫浏《中国古代音乐史稿》称之为“清商音阶”或“俗乐音阶”。后来也有些音乐论著称作“燕乐音阶”。其音阶构成为“**1 2 3 4 5 6 ♭7**”。

四是五声音阶。即全以五个所谓“正声”组成的音阶。其构成为“**1 2 3 5 6**”。

在西河大鼓的音乐中，主要是前两种音阶使用较多，清商音阶只存在于个别唱腔中，五声音阶虽在旋律中经常出现，但不具备明显的理论意义。倒是在不少情况下，西河大鼓的音乐唱腔会将雅乐音阶和清乐音阶交混使用，如在田荫亭演唱的《凤仪亭》中，前面使用的是清乐音阶，间奏后即开始使用雅乐音阶，如谱例43。

谱例 43

有的则是雅乐音阶和清乐音阶两种音阶轮番交替出现，张桂芳演唱的《潘杨讼》片段[①]就是这样，共交替出现 5 次，如谱例 44 。

谱例 44[②]

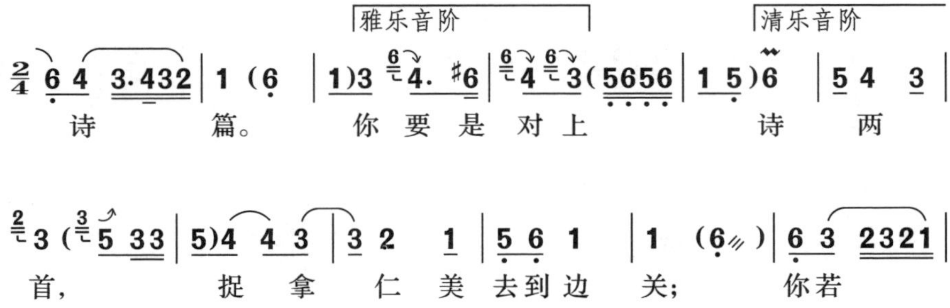

① 参见《中国曲艺音乐集成 · 河北卷》(上册)，中国 ISBN 中心 2005 年版，第 594 页。

② 《中国曲艺音乐集成 · 河北卷》(上册)，中国 ISBN 中心 2005 年版，第 594 页。

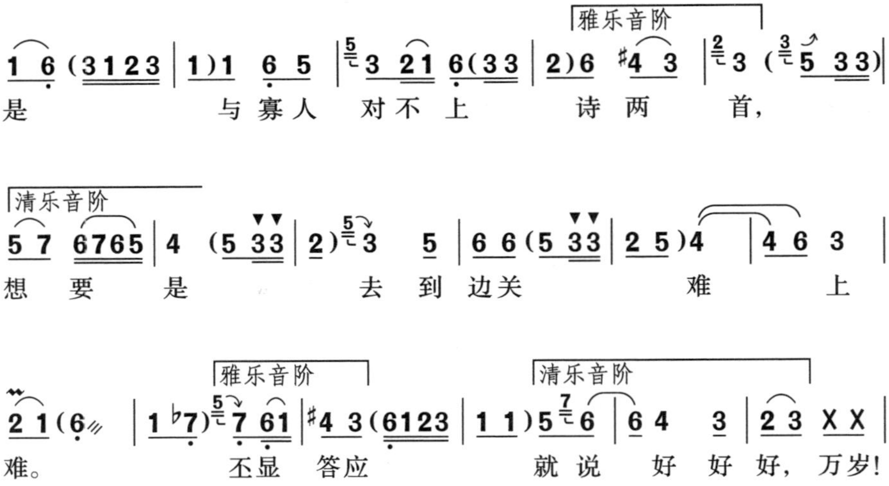

此外，在西河大鼓唱腔和伴奏中，还常常伴有 ♭7 音的出现。下面由张桂芳演唱的《潘杨讼》中的这个片段，就存在此种情况，如谱例 45。

谱例 45 [①]

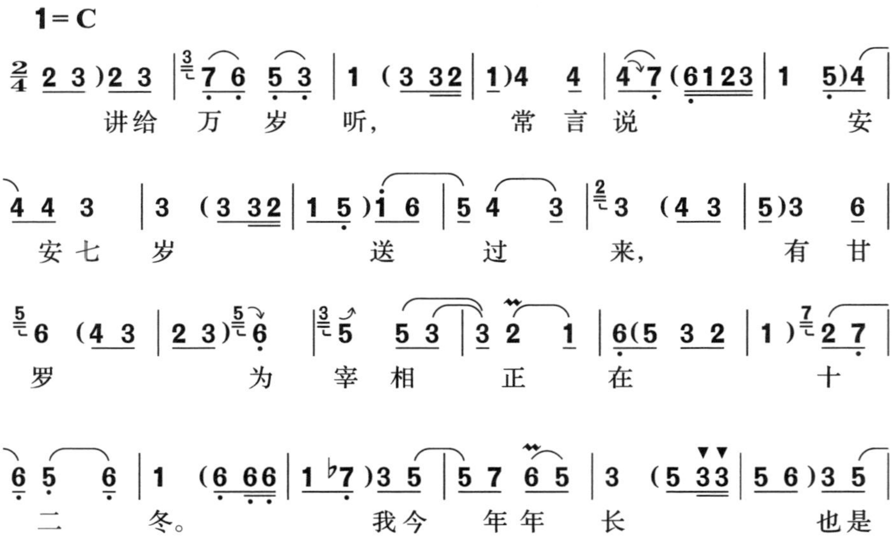

① 《中国曲艺音乐集成·河北卷》(上册)，中国 ISBN 中心 2005 年版，第 590 页。

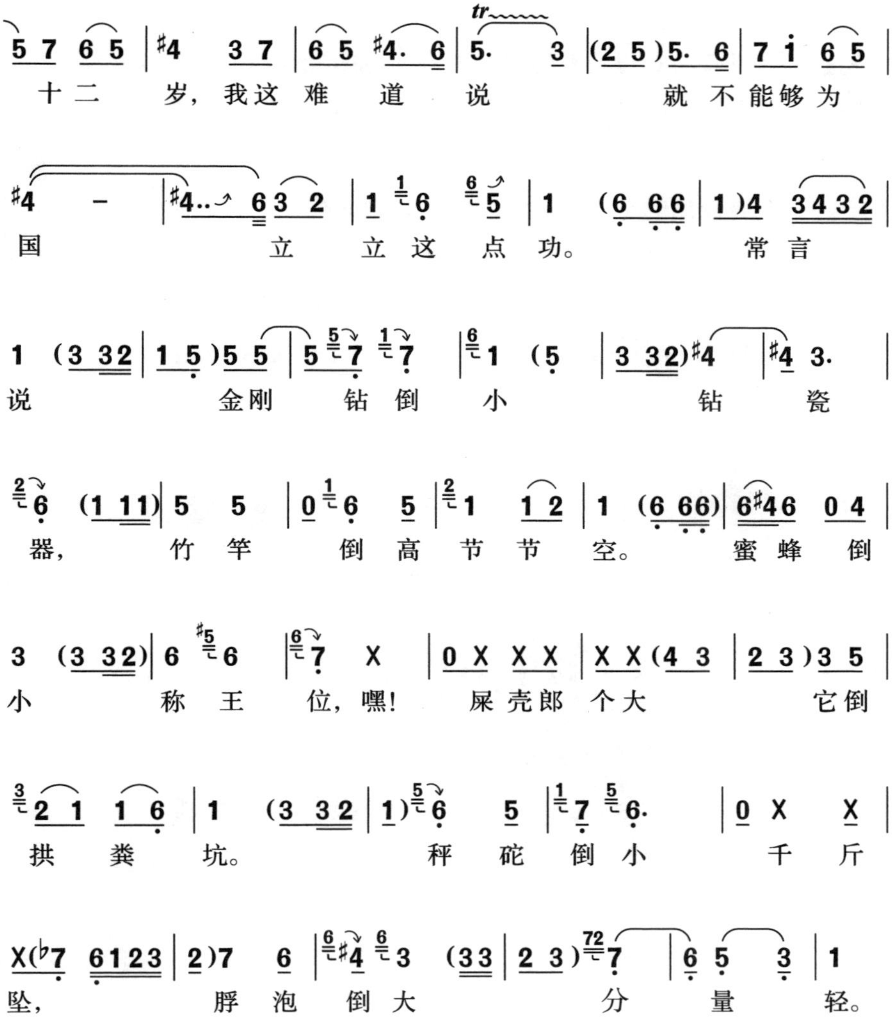

在此类例子中，♭7音均出现在伴奏音乐中，并且多次出现在不同艺人和不同唱段间。这里必须说明，两位伴奏员前者为赵启文，后者为王福桢，均为享誉一方的名家，绝无跑调之嫌。上面展现的种种现象，复现率较高，当不会是误用。但如果说这是在旋律中又引入了清商音阶（其特征音为♭7），笔者尚不敢贸然下结论，因涉重要的学术问题。现在只能说有这种可能，即在唱腔中综合了清乐音阶和雅乐音阶的特征音，而在伴奏中则综合了清商音阶和清乐音阶的特征音。

但这种判断也有难以自我融通的地方：在伴奏音乐中，尤其是大段的前奏或间奏中，伴奏依然使用的是清乐音阶，而 ♭7 音只出现在继腔伴奏中，而且在伴奏中出现 ♭7 音后，继之而起的唱腔立即转回 ♭7 音，这种现象又让人怎么理解呢？说是唱腔使用的是清乐音阶和雅乐音阶的综合形式，而伴奏用的是清乐音阶和清商音阶的综合体，这样的判定也有悖常理，姑且存疑。

当然，有些 ♭7 音的出现属于借调，不属于上述音阶综合的范畴。王艳芬演唱的《李三娘打水》的伴奏中即为向下属调的借调，如谱例 46。

谱例 46

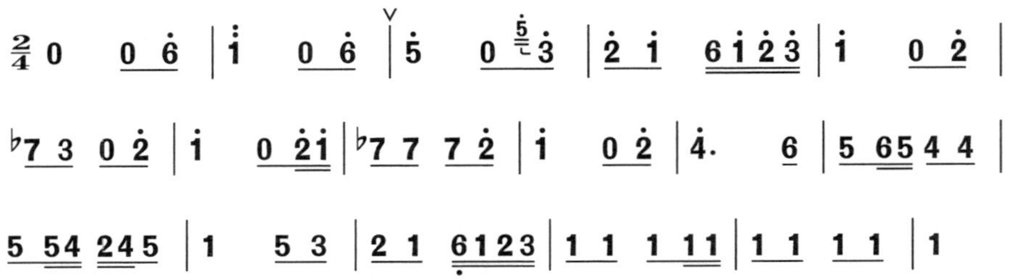

关于调式和调性，西河大鼓中还有一种非常奇特的现象，即唱腔旋律和伴奏旋律的调性分离现象，极为罕见。王艳芬演唱的《李三娘打水》中的【双高】腔，就存在此等情形，如谱例 47。

谱例 47 ①

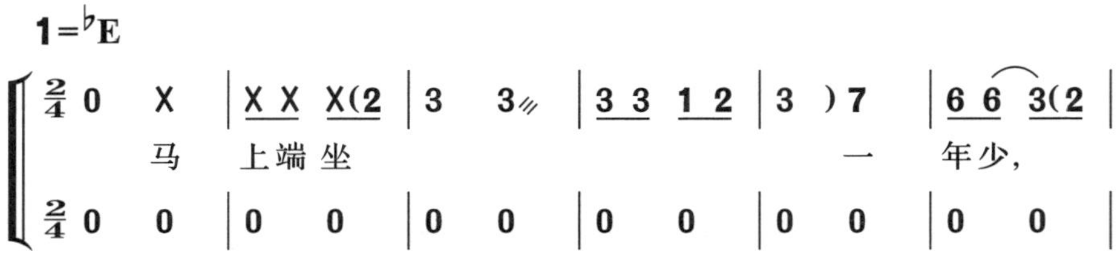

① 《中国曲艺音乐集成·河北卷》（上册），中国 ISBN 中心 2005 年版，第 454 页。

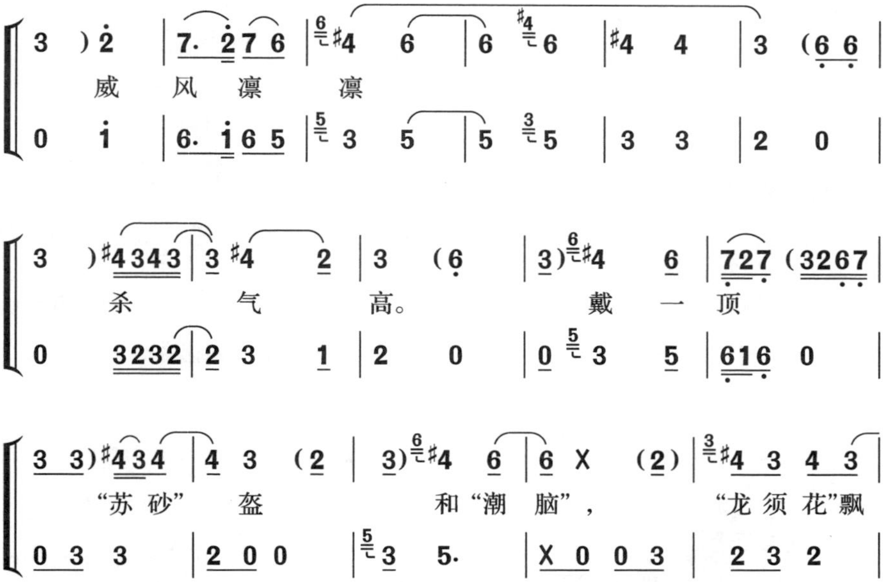

这段【双高】的唱腔，是以“**3**”（角音）为主的旋律，但它不能算作严格的角调式，因为它的演唱离开原有音列和调性而游移到上方二度调上去了，即比原调多了两个升号。也就是说，这里的“**3**”音，在唱腔中要当作首调的“**2**”音来唱才合理。因此，上面的谱中记写了两行，第一行谱是原唱腔，第二行是把它降低了二度，以首调记谱。这样一来，显然从听觉上就觉得合理了。同时，这里的伴奏仍维系在原调上进行，以**6** | **3 7** | **3**这样的旋律音型运行。维系二者统一的是其核心音“**3**”。虽然谱面笔者当初记写成两行，但在实际记谱中却不能按第二行记谱。因为【双高】是上把唱，上把唱是以“**3**”为主音的，否则就不称其为上把唱了；并且那样记谱的话，伴奏音乐就要降低二度，于艺理会说不通。因为，【双高】调不管调性游离得多远，收腔时都会通过一个【海底捞月】腔，将其收回本调。

此等现象，在西河大鼓中并非孤例。艺人田荫亭在《凤仪亭》中演唱的【双高】唱腔，不但出现了“♯**4**”音，还出现了“♯**1**”音。也就是说，这种唱腔与伴奏分离的现象，其实并不少见。【双高】之外的唱腔，也有所见，张桂芳演唱的《潘杨讼》中就有，如谱例48。

谱例 48

《潘杨讼》唱段

1=C

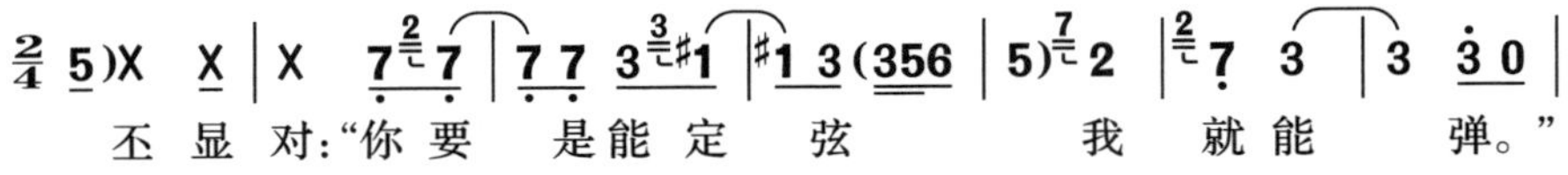

还有一种远关系的转调运用，也是让人难以理解的。艳桂荣演唱的《杨门女将·比武》中，一开唱就出现了类似“冒调”的唱腔，如谱例 49。

谱例 49

1=C

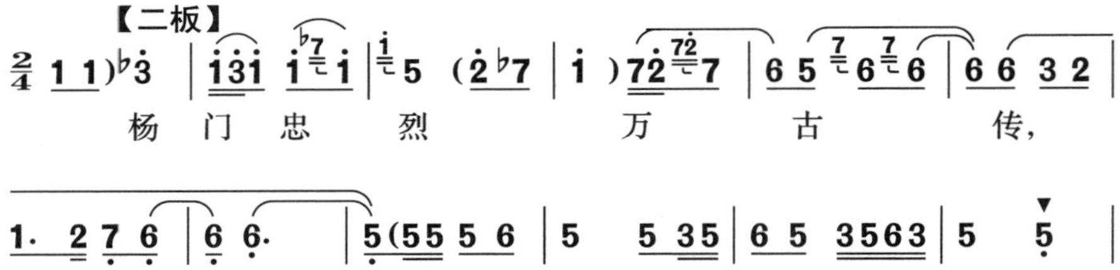

要说艳桂荣“冒调”，委实是贬损了这位享誉曲坛的名家身价。她幼年投在名师手下学艺，从艺几十年声誉很高，绝不可能出现这样的低级失误。而一开腔即出现远关系调的冲冒，似又于理不通。可除她之外，未见其他艺人有过这样的唱法。但从听觉上讲，这种远关系调的强色彩，于此段的书情表达也是吻合的，只能说明演唱者的胆大，也与艳桂荣一生求新求变的作艺风格相符。只不过，这种异调起唱的例子，在河北的平山民歌《莲花开》中，倒是有其先例的，如谱例 50。

谱例 50

《莲花开》唱段

平山县

1=E $\frac{2}{4}$

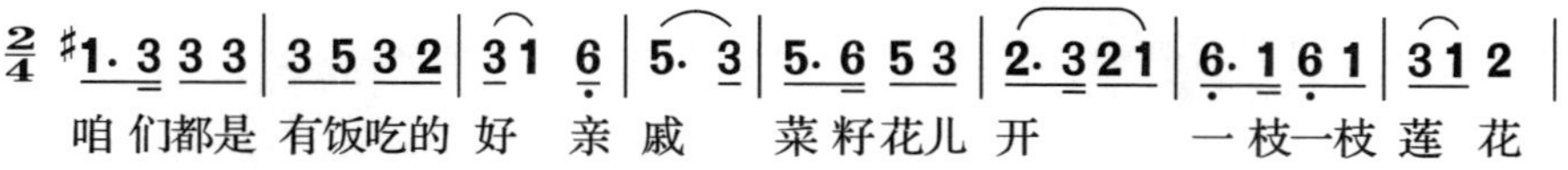

还有一种调式转换现象，是西河大鼓所独有的，就是在三个“把位唱”的不同转化运用中，使得唱腔的调式丰富多变。

西河大鼓三个把位的演唱方式，分别是：下把唱、中把唱和上把唱。其中：

下把唱结落在“1”音上，应视为宫调式，是其最基本的唱腔音型，使用频次最高，也是最为主要的伴奏音型，如谱例 51 所示。

谱例 51

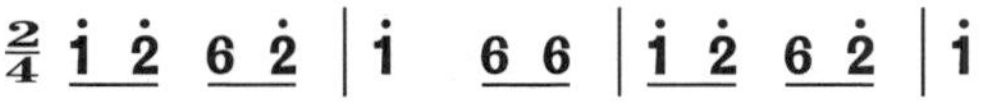

中把唱结落在“5”音上，应视为徵调式，使用频次少于下把唱，但高于上把唱。其伴奏音型主要是“56 36 | 5 33 | 56 36 | 5”。

上把唱结落在“3”音上，主要为角调式。但情况较为复杂。如前面分析过的【双高】调，就往往游离于上方的二度调。上把唱的伴奏音型为“36 12 | 3 66 | 36 12 | 3”。

三个“把位唱”通用于各种板式。其中的下把唱和中把唱可以任意转换，上把唱不是很多，一般只在【溜腔】后才用。但【双高】调可在角音上长时间回绕，是为特例。上把唱可直接转回下把唱和中把唱，而中把唱转上把唱时，需要过渡到下把唱，然后再转上把唱。

正是由于有了三个“把位唱”及其灵活转换，西河大鼓的音乐唱腔就可以在多种调式的思维中时时出新。

西河大鼓音乐唱腔的艺术特色，更表现在节奏节拍的变化多端，以及旋律特殊功能作用上。

著名西河大鼓艺人艳桂荣曾对笔者说过：“学唱西河大鼓，必须先学伴奏，否则你张不开嘴。”这个“张不开嘴”，即说明西河大鼓的音乐节奏该有多么的灵活多变和不易掌握。甚至，一些西河大鼓艺人也常会自己把节奏搞乱，无法准确起唱，比如下面谱例52所示唱腔的唱法，就很难掌握。

谱例52

《穆桂英挂帅》唱段

艳桂荣　演唱

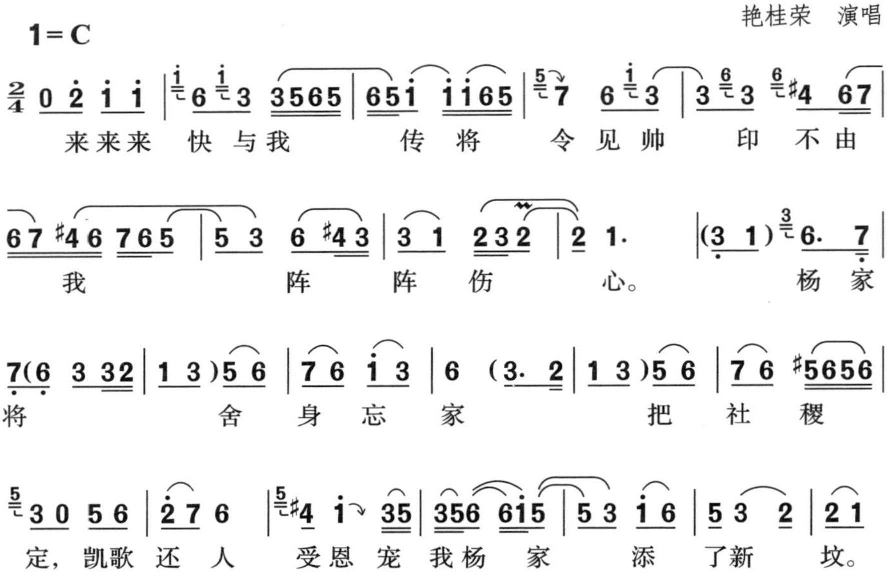

类似上面这种节奏，在西河大鼓的唱腔中是随时可见的。而更复杂的情况，往往让笔者在参与编纂《中国曲艺音乐集成·河北卷》的记谱时都无从下手。像王艳芬演唱的《樊梨花下山》中的有些唱句，如谱例53。

谱例 53

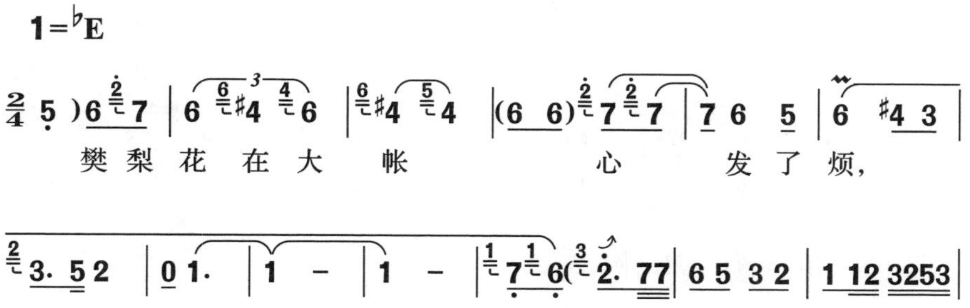

上面的这个谱例，为笔者提交《中国曲艺音乐集成·河北卷》出版用的谱子，出版时也是照此排印的。但这段唱的实际演唱效果却并非如此。即在艺人的实际演唱中，“樊梨花在大帐”这六个字，“樊”字起在眼上，后面的“帐”字落在板上，只有中间这三拍是留给其他几个字的。演唱者王艳芬可谓艺高人胆大，她在这三拍的演唱时值中，大致均衡地将唱词前面的5个字摆了进去，如果按实际效果记，谱子应该如谱例54。

谱例 54

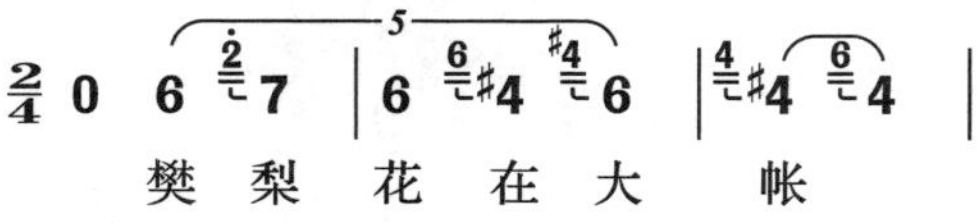

即为跨小节的五连音。而这样的谱子拿出去可能会让同行笑话。但这样的谱子该怎么记，笔者至今仍存疑惑。

在西河大鼓的唱腔中，还经常出现连续一拍半的切分节奏，这也是在传统音乐中难得一见的。这样的节奏不仅屡屡出现，而且还会出现在各种起唱的位置，显示了西河大鼓艺人高超的节奏驾驭能力。其中，起于板上的情形，如谱例55。

谱例 55

《潘杨讼》唱段

张桂芳　演唱

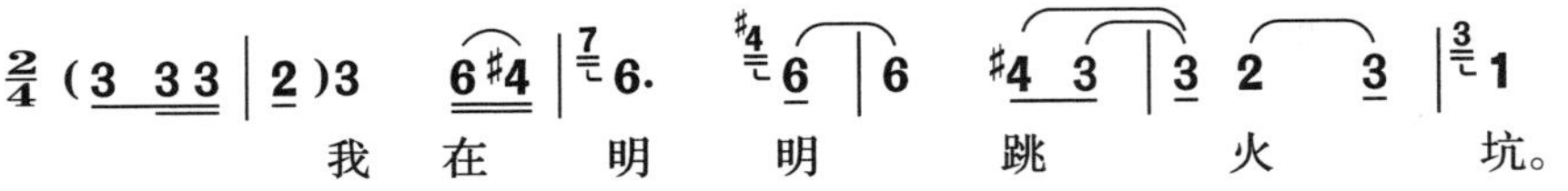

起于板后的情形，如谱例 56。

谱例 56

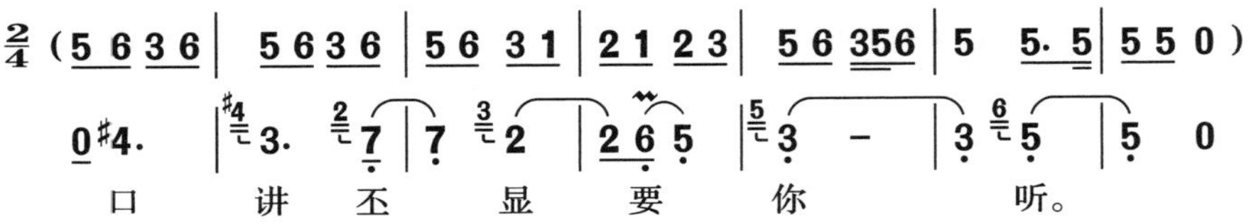

起于眼上的情形，如谱例 57。

谱例 57

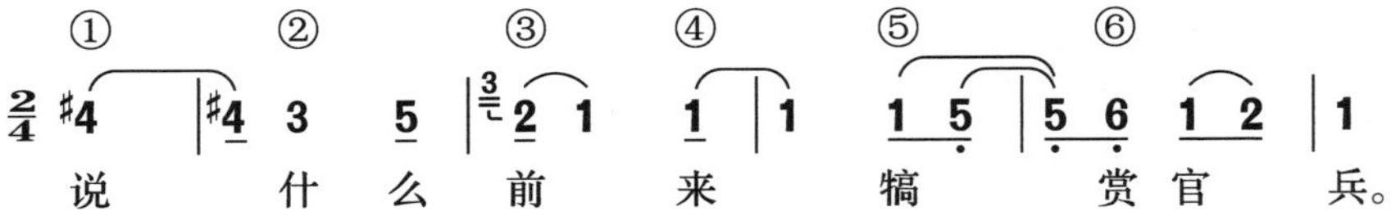

即此类节奏均要连续使用六个一拍半的节奏，共需占用五小节，若从宏观上讲，它应是五对六的节奏型。

有时这类节奏也会用在数唱的唱段中，如谱例 58。

谱例 58

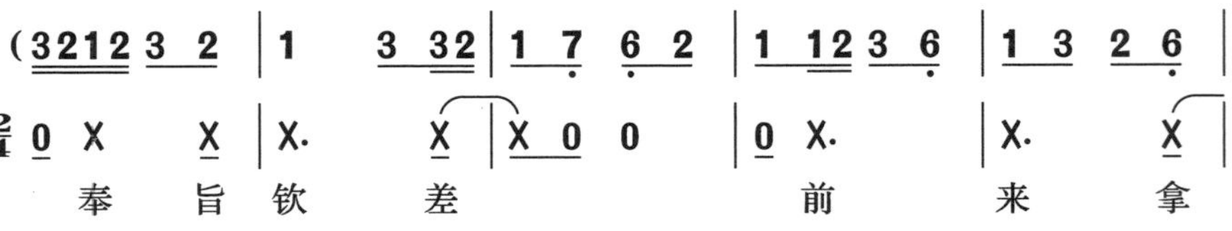

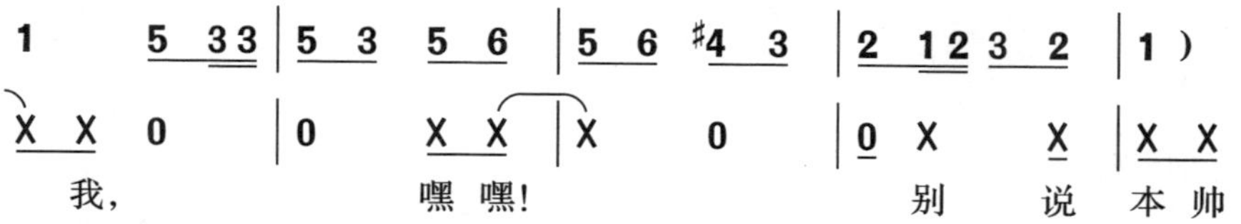

即此类节奏也会发生在快速行进的三板（1/4 拍子）中。此时虽节奏紧缩了一半，但节奏关系仍是一样的。而王艳芬演唱的《李三娘打水》的一段三板唱腔中，竟然连续用了八处这样的节奏，如谱例 59。

谱例 59

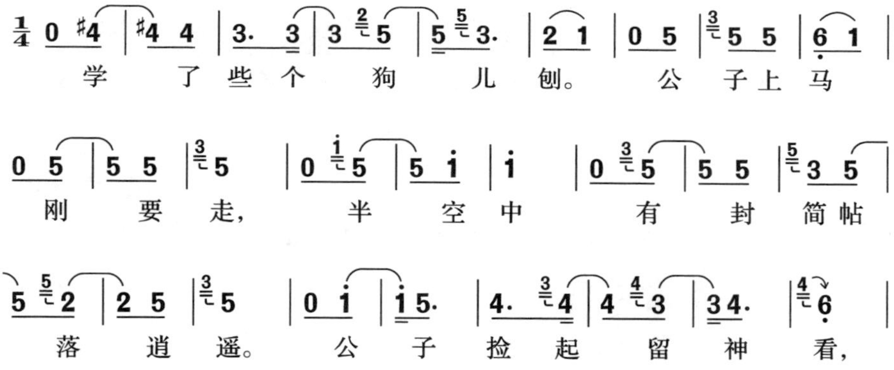

当然，节奏节拍再怎样变换，目的只有一个，就是为表现思想内容和塑造艺术形象服务。离开了审美创造的目的，再花哨的节奏和节拍变化都没有实际的意义。

反过来说，正是在塑造人物形象和表达思想感情等审美功能的充分发挥中，西河大鼓音乐唱腔的特殊风采和价值才得以体现和彰显。下面仅摘引一段艳桂荣演唱的《穆桂英挂帅》中的一个唱段，以窥斑见豹。这段演唱的节目内容，表现的是佘太君怀抱帅印、悲切伤痛的心情。先是低吟浅唱，接着陡然转高，其中“江河湖海波浪滚……”两句上把唱的高音区行腔，不仅唱出了佘太君伤痛压抑的满腔悲愤，而且凸显了老人家大义凛然、气吞山河的英雄气概，同时也凸显了她大公无私的人格魅力及顾全大局的家国情怀，如谱例 60。

谱例 60[①]

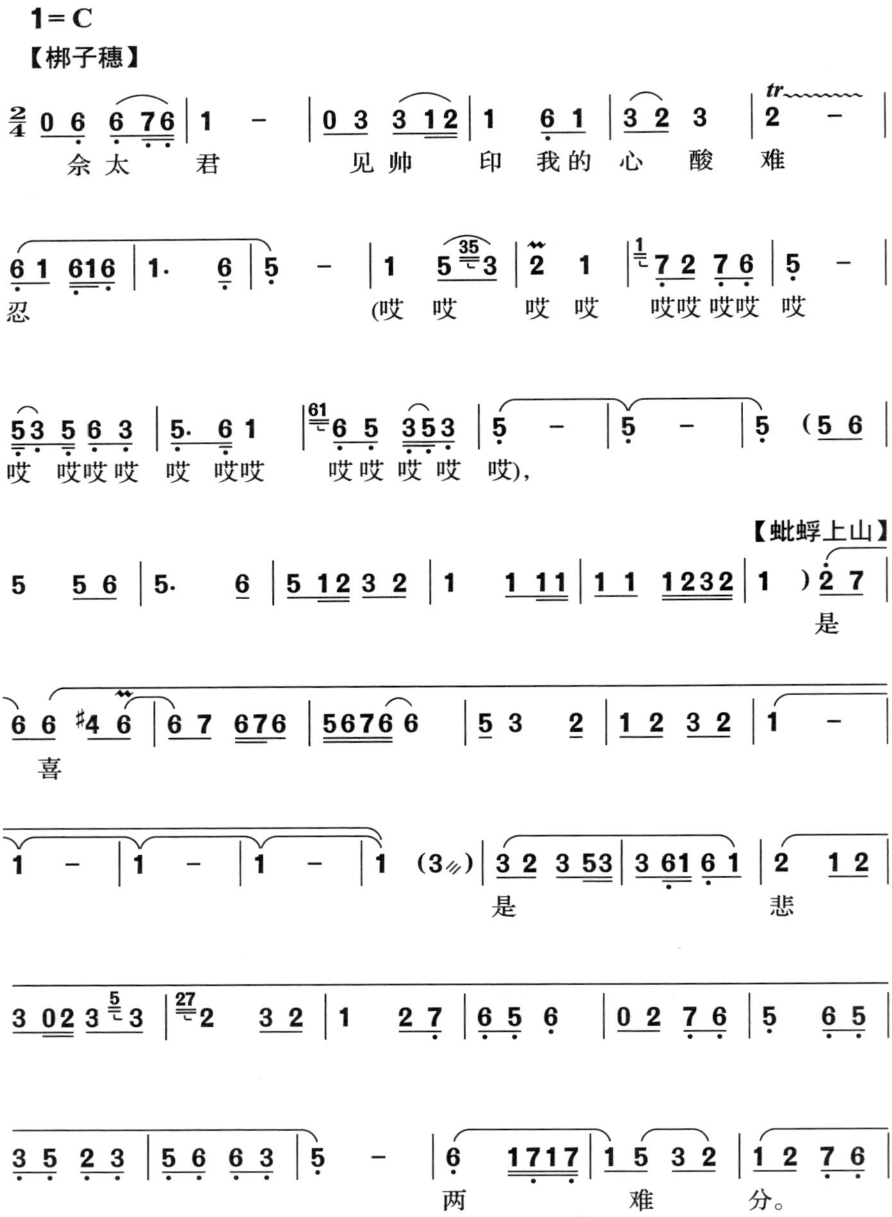

① 《中国曲艺音乐集成·河北卷》(上册)，中国 ISBN 中心 2005 年版，第 617—619 页。

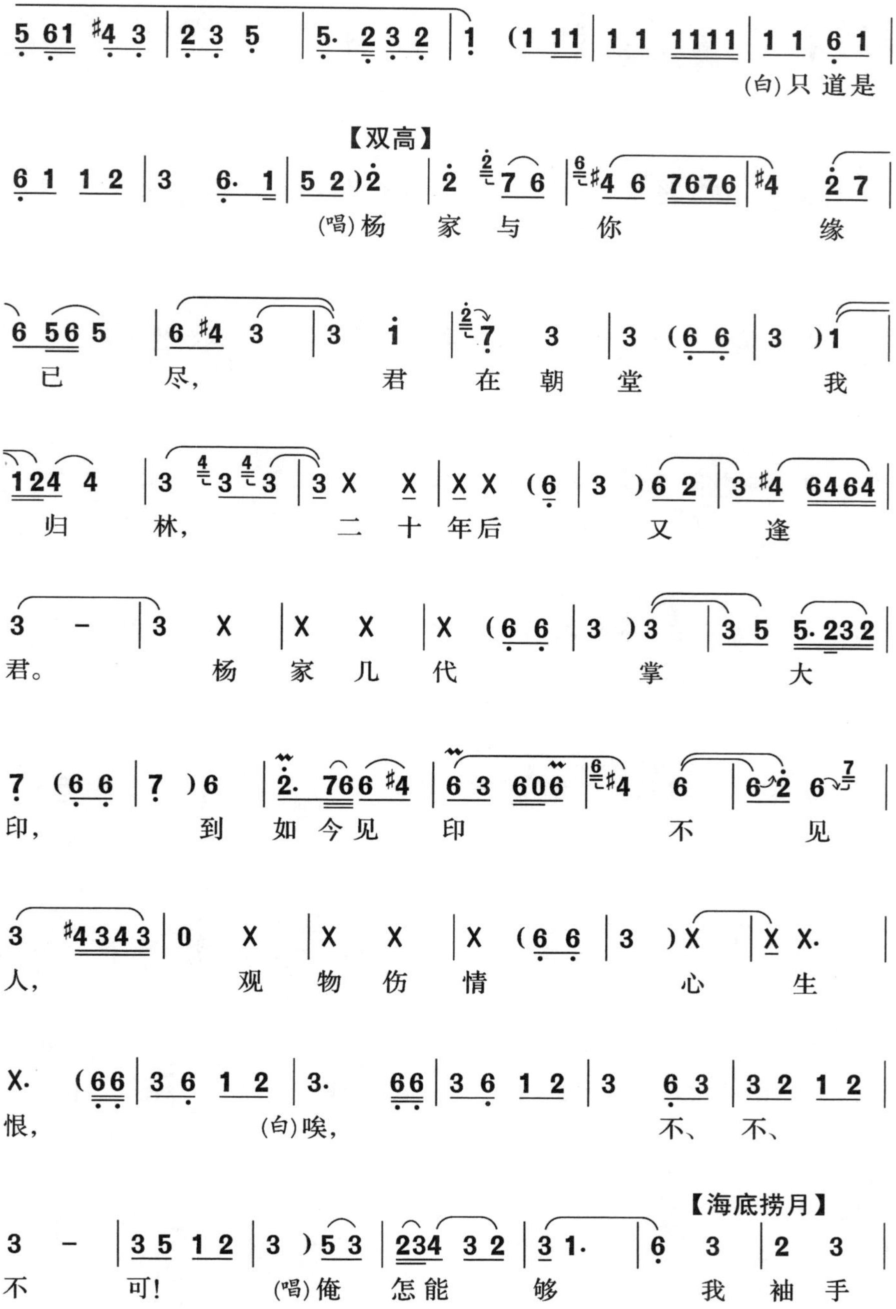
(白)只道是
【双高】
(唱)杨 家 与 你 缘
已 尽， 君 在 朝 堂 我
归 林， 二 十 年后 又 逢
君。 杨 家 几 代 掌 大
印， 到 如 今 见 印 不 见
人， 观 物 伤 情 心 生
恨， (白)唉， 不、不、
【海底捞月】
不 可! (唱)俺 怎 能 够 我 袖 手

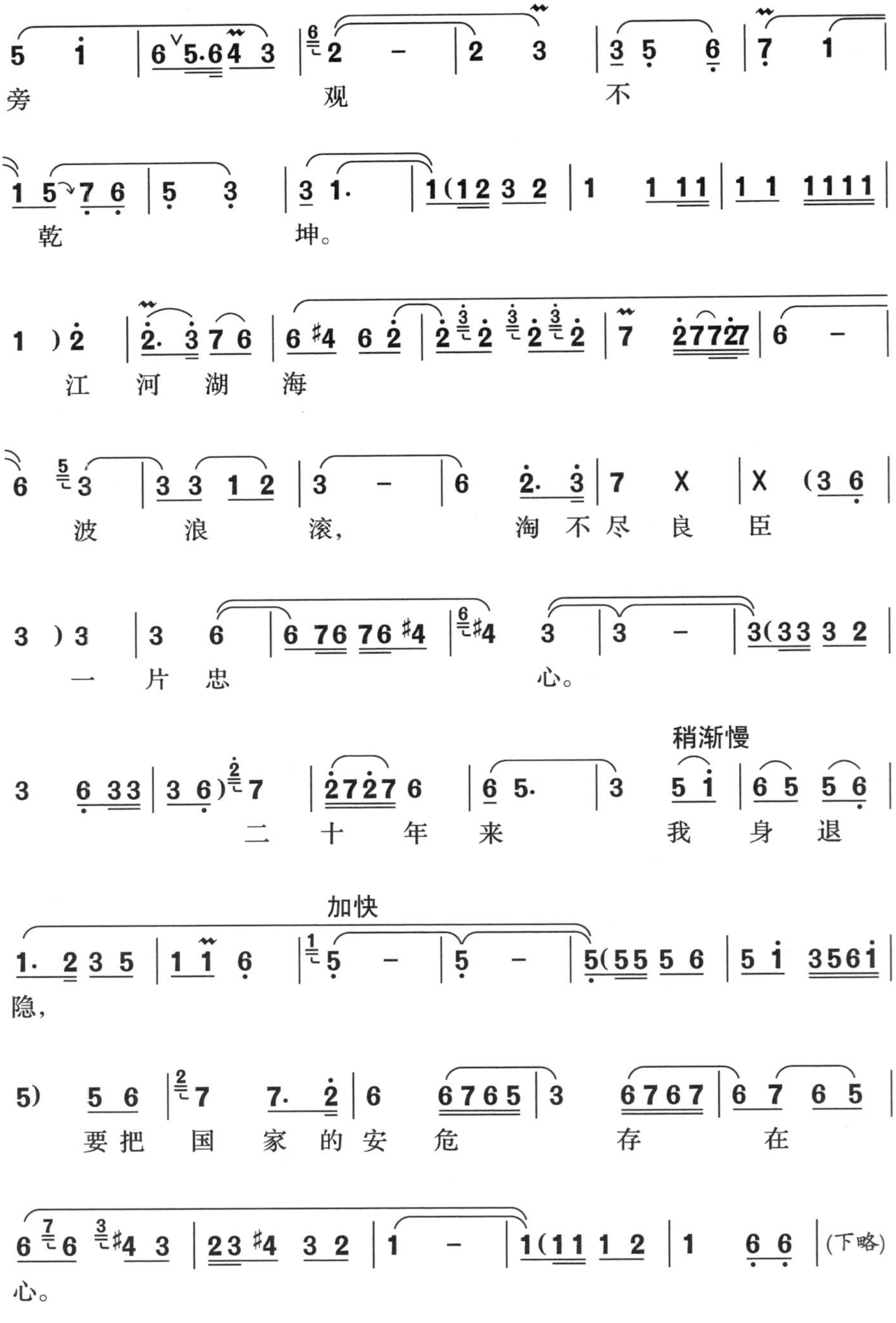
旁 观 不
乾 坤。
江 河 湖 海
波 浪 滚， 淘 不 尽 良 臣
一 片 忠 心。
稍渐慢
二 十 年 来 我 身 退
加快
隐，
要 把 国 家 的 安 危 存 在
心。
(下略)

3. 唱功丰富独特，奏功细致多样

深厚的艺术传统，使西河大鼓的演唱方式与方法，包括吐字发声、气息运用和润腔抒情等，都形成了一整套的程式性内容即“唱功”。有些属于曲唱音乐的共通性技巧，此不赘述。有些为西河大鼓所特有或者较为突出的，主要包括如下方面。

一是唱腔的宽音域对唱法的要求高。西河大鼓唱腔的定调，通常女腔多为 1=G、♭D、D、♭E 之间，男腔多在 1=G、♭A、A、♭B 之间，男女腔正好相差四度。而西河大鼓唱腔的音域，最宽可达近三个八度。嗓音条件好的演员，能在这么宽广的音域中上下驰骋，任意发挥，高音不炸，低音不哑（但音量较小），显示其高超的演唱技巧。比如田荫亭的唱腔在 1=G 调中，可为 E–d2；艳桂荣的唱腔在 1=G 调中，可为 A–g2。

二是板速差异大考验演员的驾驭力。西河大鼓的唱腔板速，从每分钟 60 拍到 240 拍都有，这就要求演员有深厚的板槽把控功底。慢唱时满腔满调，心板要稳。【流水板】是使用最多的，俗称“蔓子活”，最吃功夫，演唱时间又长，且多为平唱，要求演员拿出看家的本事，把平唱的唱腔唱得平而不淡、平中见奇。快唱时字多腔短，要求演员有极强的吐字发声和气息运用的嘴皮子功夫，如《玲珑塔》《绕口令》《一百单八州》等传统名段演唱的“绕口”和“贯口”技巧，更使演员的功力和艺术的精彩互为表里、两相激扬。

三是特色唱法十分独特。既有唱词要用闭口字来写、演唱运用鼻腔共鸣来润腔的“闷口唱”，往往具有特殊的表现力，如谱例 61（“*”字记号处即是）。

谱例 61

《借东风》唱段①

王书祥 演唱

1=♭A

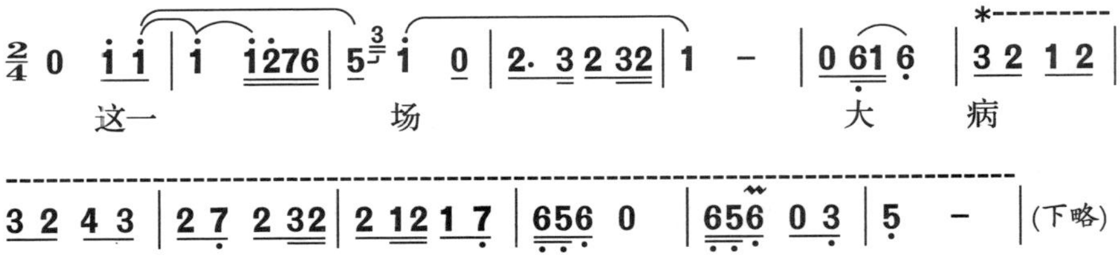

又有利用节奏化的垫字把唱腔唱得更巧、更俏、更为流畅、更有生气的“垫字唱”，如谱例 62。

谱例 62

《樊梨花下山》②

王艳芬 演唱

1=♭E

还有采用舌尖颤动打嘟噜，使曲调清新活泼的“嘟噜音”，如谱例 63。

---

① 《中国曲艺音乐集成·河北卷》(上册)，中国 ISBN 中心 2005 年版，第 222 页。
② 《中国曲艺音乐集成·河北卷》(上册)，中国 ISBN 中心 2005 年版，第 471 页。

谱例 63

《大西厢》唱段[①]

郝艳霞 演唱

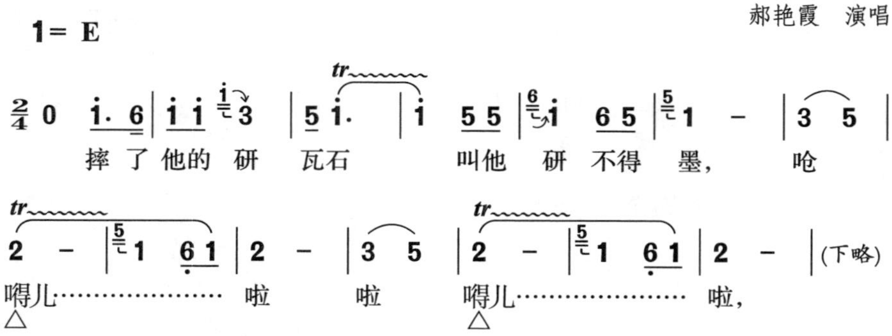

更有类似京剧中的嘎调唱法，即突然将腔翻至高音区而用背宫音演唱的“嘎调腔”，如谱例 64。

谱例 64

《杨门女将·校场比武》[②]

艳桂荣 演唱

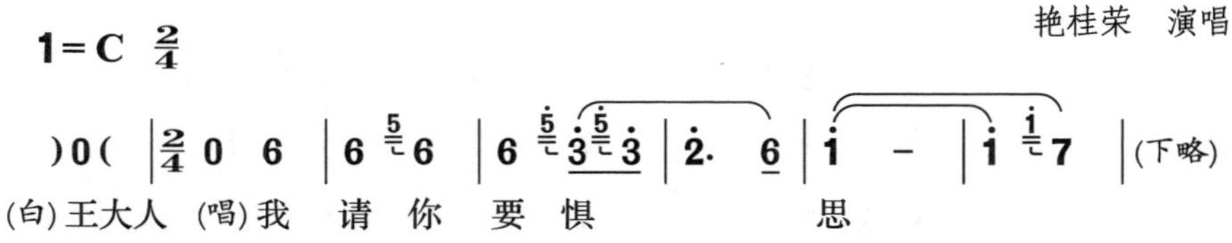

当然，西河大鼓的音乐，不只是由唱腔音乐构成的，同时还有伴奏音乐。伴奏传承被一般人所忽视甚至忽略。但就像俗话说的“红花绿叶两相扶”，离开了精彩默契的伴奏，西河大鼓的演唱要想真正成功，是不可思议的。

除了主演即说唱表演者手持鼓板击节掌板，大三弦是同样重要的专门伴奏乐器。偶有加用四胡伴奏的情形，但是非典范的伴奏配置。

通常西河大鼓的伴奏方式，有如下几种。

一是随腔伴奏，如谱例 65。

---

① 《中国曲艺音乐集成·河北卷》(上册)，中国 ISBN 中心 2005 年版，第 57 页。

② 《中国曲艺音乐集成·河北卷》(上册)，中国 ISBN 中心 2005 年版，第 57 页。

谱例 65

《大闹天宫》唱段①

郑瑞田 演唱

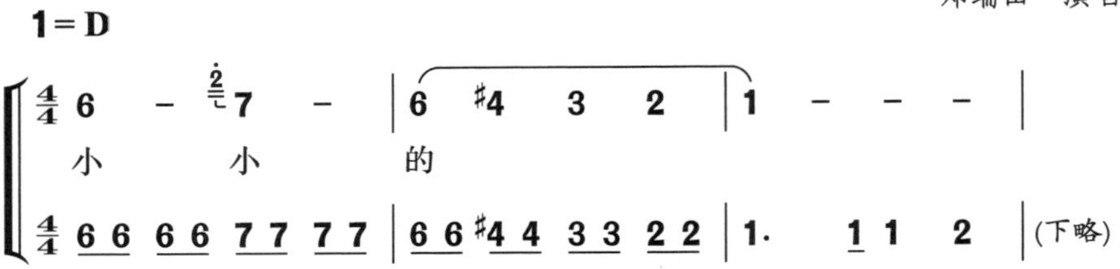

二是音型化的伴奏。音型化伴奏多为不同“把位唱”的基本节奏和旋律。中把唱和下把唱的伴奏节奏和旋律已见前述，下面是上把唱的基本节奏和旋律，如谱例 66。

谱例 66

《九里山》唱段②

田荫亭 演唱

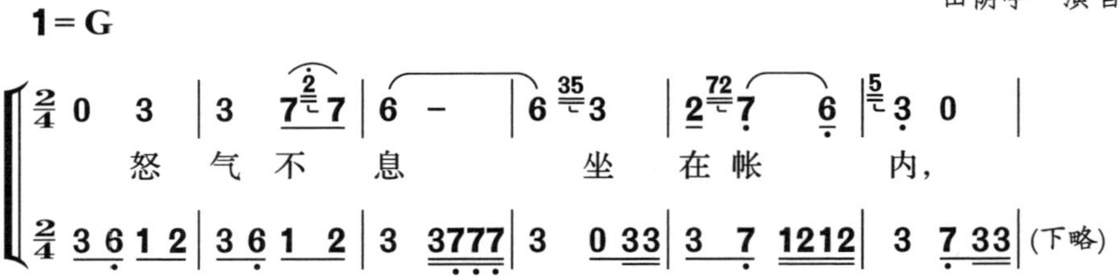

三是“随腔”与“音型化”结合的伴奏，如谱例 67。

① 《中国曲艺音乐集成 · 河北卷》(上册)，中国 ISBN 中心 2005 年版，第 58 页。

② 《中国曲艺音乐集成 · 河北卷》(上册)，中国 ISBN 中心 2005 年版，第 59 页。

谱例 67

《甘露寺》唱段[1]

田起山 演唱

1=♭E

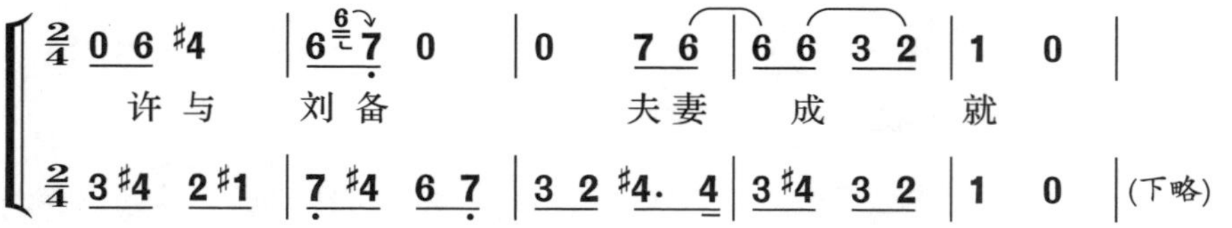

四是支声复调式伴奏。常用在【海底捞月】的末句收腔处，如谱例 68。

谱例 68

《借东风》唱段[2]

王书祥 演唱

1=♭A

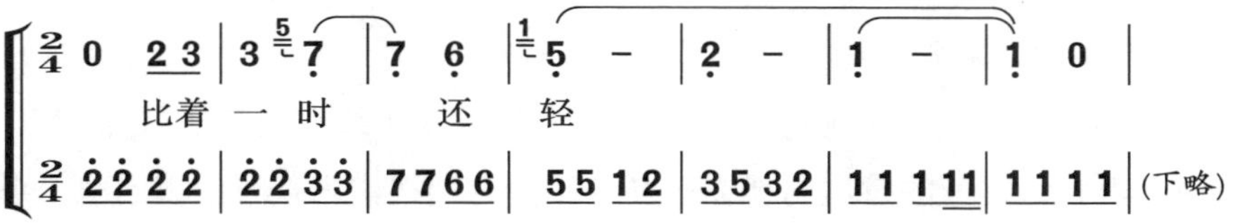

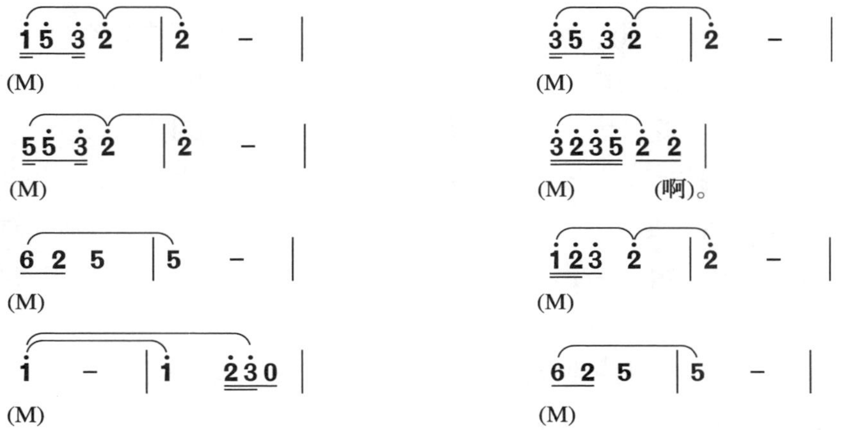

---

① 《中国曲艺音乐集成·河北卷》(上册)，中国 ISBN 中心 2005 年版，第 59 页。

② 《中国曲艺音乐集成·河北卷》(上册)，中国 ISBN 中心 2005 年版，第 59 页。

此外，西河大鼓的伴奏音乐还包括小过门、大过门及鼓套（牌子曲）。其中的小过门多为继腔间奏，少则一二小节，多则五六小节；大过门常可达数十小节。鼓套则是相对独立的鼓板和三弦的合奏曲，多用在开场之前，起渲染气氛、招徕听众及安定场所秩序的作用。

四、西河大鼓的广泛传播及其影响

西河大鼓是一个“不安分”的曲种，它一经面世即以其躁动的性情四处流溢开来。它虽然是受木板大鼓的孕育而诞生，但一经问世，即以惊人的速度，盖过了木板大鼓曾经有过的历史光环。而木板大鼓则日渐式微。虽然它在北京以凤凰涅槃的方式，蜕变出一个京韵大鼓，但自身却慢慢消沉了。

（一）勃兴河北

1. 名家辈出，流派纷呈

自马瑞河（马三疯子）等人首创西河大鼓以来（约在清道、咸年间），这一曲种便得到了迅速的发展与传播，并在民国时期很快出现了众多名家，形成了诸多流派。其中代表性的有：

（1）朱派。掌门人朱化麟（1866—1941），雅号朱大官，河北省文安县小齐观村人。天资聪颖，勤奋好学，11 岁拜马瑞河为师，又得同气相投的文人韩云甫和韩云亭帮助，艺业大进，成为西河大鼓一代名家。他对西河大鼓的发展起到过举足轻重的作用。业界艺人普遍认为，马瑞河创立了西河大鼓的基本格局，但朱大官丰富发展了西河大鼓。因此，宗法者甚众，并形成了西河大鼓最有影响力的一派。当中较有影响力的后辈艺人，有刘跃山、卢莣臣、王书祥、李成林、王艳芬等。

（2）王派。奠基人是王振元，艺名“老毛贲”，也是马瑞河的弟子。传人有王魁武（王振元之子）和郑瑞田等。

（3）李派。领门人为李德全。演唱真嗓大口，尤以表现悲愤凄凉的情绪见长。臧庆岚、刘庆瑞等为其传人。这一派的全盛时期，影响遍布天津、东北甚至西北的一些城市。

（4）南口派。上面的三派即朱、王、李各派，皆属河北西部的口音。在高阳、博野、蠡县、束鹿一带活跃的马瑞河师弟袁宗凯及其门人王殿邦等的风格则有所差异，史称“南口”。较之朱、王、李各派即又被笼统称为“北派”的泼辣奔放，“南口”更多刚劲火炽的成分，代表人物还有路英贵和郝英吉等。王殿邦本人虽在艺术上建树不多，却培养出多达六七十人的“英”字辈艺人，其中的路英贵、郝英吉、张英勋等，皆为该派之佼佼者。而郝英吉一家即有西河大鼓从艺子弟数十人，像郝艳霞和郝艳芳等，均名冠一方，世称“西河世家”。

（5）赵派。以赵玉峰为领军人物，是西河大鼓影响较大的一个流派。赵玉峰艺术修养全面，说、唱、奏、做俱佳。他塑造的书中人物形象鲜明生动，其传人在北京、天津、东北、河北等重要城镇均有影响，尤以田荫亭成就最高。

（6）马派。以马连登和马增芬父女为代表，擅唱小段。其腔华丽秀美，表现细腻，颇富感染力。

2. 艺人众多，班社林立

西河大鼓的勃兴，首先是在河北，尤其是发祥地保定至河间、沧州一线的冀中地区。至民国初期，已经风靡冀中乃至全省。此时的行艺方式，多是唱庙会、乡档子、灯棚等。如每年为期一个月的鄚州庙会上，说书棚毗连，各名家齐聚，竞艺对垒者不下数十档；徐水灯棚中的说书演出，曾多至百余档，其中绝大部分是西河大鼓；艺人之众更是空前，仅雄县一县，说唱西河大鼓的职业班社就达数十档，人数计达数百人。

艺业的兴旺，使艺人队伍扩充迅速，授徒学艺之风大兴。当年仅蠡县的刘德欣、王彦顺、刘德三和李宝光，即授徒累达二百多人，被喻为西河大鼓在蠡县的“四大家族”。整个民国时期，女艺人也大量涌现，声名较著者，有王凤咏、左田凤、焦秀兰、王春亭、马增芬、郝艳霞、王艳芬等。

（二）进入京津

马瑞河（马三疯子）是已知最早进入北京和天津等大城市演出的西河大鼓

艺人。相传他是清末同治年间进入京、津演出的。当时，马瑞河在天津的“三不管”和北京西城书茶馆及天桥等地演出，所说节目为《呼家将》《前后七国》和《响马传》等。

马瑞河之后，又有张双来、焦永泉、焦永顺、张士德、白文生、白文明等人进入京、津等大城市。再其后，则有黄福才、郝英吉、马连登、王书祥、刘庆瑞、程福田等。而后的艺人就多不胜数了。

赵玉峰自幼随母至天津谋生，并从其兄赵双印习学西河大鼓，十一岁即开始演出。几经拼闯，终于使西河大鼓在城市的娱乐演出阵地占据了重要位置。

除马瑞河外，清末民初在北京演出西河大鼓的艺人，尚有田玉福（本为木板大鼓艺人）及王起云父子等。赵玉峰也是在北京具有重要影响的西河大鼓艺人。再其后，则有焦秀兰、焦秀玉、王艳芬、王艳茹、蔡世俊和蔡连贵等。中华人民共和国成立后，北京的西河大鼓艺人，则以刘田利、刘田丰、孙雅君、马增芬等影响为大，其中马增芬声名最著。

在天津，除马瑞河曾有过演出记载，赵玉峰亦是在那里演出的重要艺人并在天津形成了“赵派”。

其后，如“李派”传人臧庆岚，“赵派”传人田荫亭、田起山、郝英吉的长女郝艳霞，名震天津的艳桂荣等，均在其艺业中大有建树。

（三）风行山东

山东著名的曲艺学者张军先生在其《西河大鼓在山东》① 一文中，曾对西河大鼓在山东的流行情况有过详细介绍。

西河大鼓兴起并传入山东后，山东说书界受到巨大的冲击：“西河大鼓自北向南发展，先是‘吃掉’了流行冀南、鲁北的山东大鼓老北口（老牛大捽缰调），进而‘吃掉’了山东大鼓南口梨花调，再向东发展，则‘吃掉’了原来流行渤海湾南的东路大鼓。”还说：“甚至连《老残游记》所述白妞黑妞说书轰动济南，进而几乎统治济宁、徐州、开封等较大城市书坊的梨花大鼓女艺人，也

① 参见钟声编《西河大鼓史话》，花山文艺出版社 1991 年版，第 180—182 页。

都纷纷改唱西河大鼓和河南坠子。”

西河大鼓在山东的传播和影响，由此可见实在迅猛。而已知最早到达山东济南演出西河大鼓的艺人，就是赵玉峰，之后就是崔玉臣、张福禄、张笑轩等。而在山东扎下根的，是傅泰臣和刘泰清。他们是叔伯师兄弟，原来都说唱山东大鼓，后几乎同时改成了西河大鼓。

傅泰臣（1890—1983）是河北省景县人。幼时拜师山东大鼓艺人王增豪，1928 年到济南，改说西河大鼓书，后改说评书，在济南市新市场内建了泰臣书场。曾任中国曲艺工作者协会山东分会主席。门下桃李甚众，艺术上最突出的是张立武。

刘泰清（1904—1977）是河北省南皮县人。十四岁拜周增柯为师，习山东大鼓，后改西河大鼓，1928 年到济南演出，擅长说唱《呼家将》《杨家将》《响马传》等节目，红极一时，号称“盖山东”。后定居青岛，其子刘济祥为著名弦师，次女刘书琴也是西河大鼓名演员。

可以看出，素有“书山曲海”之称的济南，是当年传播西河大鼓的重要据点，已知济南其他较有影响的西河大鼓男艺人，有李文成、阎春生、李积玉、马兴旺、吉祥祯等，女艺人则有王大玉、傅大玲、黄翠兰、张莲霞、张立云等。济南以外，烟台已知还有曲容霞等。而西河大鼓在山东西北部的乡村一度也很流行，较有影响的艺人，有武城坡、宋彩云（女）和赵官江等。

当然，西河大鼓在山东的传播，必然地受到山东本地文化特别是语言口音的影响。比如流向渤海湾以南的一支，虽仍称作“西河大鼓”，但其语言口风和唱腔韵味等，已然发生了较大的变化。

（四）演红关外

辽宁曲艺学者宫钦科在其《西河大鼓下关东》[①] 一文中，曾对西河大鼓在东北地区的流行情况做了较为全面和生动的描述。

1920 年左右，久占天津的著名西河大鼓演员张英勋第一个“下关东”到

① 参见钟声编《西河大鼓史话》，花山文艺出版社 1991 年版，第 184—191 页。

了沈阳。张英勋绰号“张魔怔”，艺术造诣颇深。他不仅能弹会唱，还擅长书法和国画，多才多艺。张英勋到沈阳后很快就火了，在小河沿凝香榭等茶社演出，场场爆满，名震一时。

之后陆续到东北的西河大鼓艺人逐渐增多。其中知名的有：王香桂（艺名“白丫头”，评书演员单田芳之母）、赵玉峰、李春琴、张香亭（艺名“黑丫头”）等。其中，尤以“黑丫头”的张氏四姐妹和“白丫头”王香桂最为著名。

张氏四姐妹于20世纪20年代到了沈阳，她们是二姐张香亭、三姐张香君、四妹张香兰、五妹张香玉。她们虽同跟父亲张殿山学艺，但风格各不相同。张殿山是河北霸州人，自幼酷爱西河大鼓，参加过义和团，因跟族人打官司，一气之下“下关东”，落脚大连。为了养家，带领儿女们在大连工人区的“红房子”说唱西河大鼓，很受工人们的欢迎。

张家四姐妹数“黑丫头”张香亭影响最大，当时与号称“白丫头”的王香桂齐名。她天生好嗓，基本功扎实，很有实力，可惜36岁时英年早逝。

“白丫头”就是王香桂。王香桂的父亲王福义是竹板书艺人。她自幼随父学艺，后来又拜西河大鼓艺人刘福轩为师。20年代末，随父亲到沈阳行艺，开始在前场唱小段子，后自己顶地在茶社说唱长篇书，很快就蹿红。40年代初影响最盛，当时人称“挑帘红”。王香桂嗓门高，音域宽，白口硬，唱功巧，尤长于说白，抑扬苍劲，稳重有力，还能于平常的话语中找出风趣来。擅长《明英烈》《大隋唐》《薛刚反唐》等长篇书，最拿手的则是《明英烈》。在沈阳成名后，她曾应邀到长春、哈尔滨、牡丹江、佳木斯、齐齐哈尔、大连、营口、抚顺、鞍山等地演出，所到之处，无不火爆。只要把王香桂的海报往出一贴，茶社立刻座无虚席。一些同行因此踊跃同她往来，除了学习书艺，探听她的去向也很留心，为的是避免跟她演对台。她跟“黑丫头”张香亭也常相往来，她们的父亲张殿山和王福义也因此成了莫逆之交。王香桂是西河世家，三个哥哥一个妹妹都从事西河大鼓。大哥王来银，说唱西河大鼓并擅弹三弦；二哥王来欣，专工三弦；三哥王来君和妹妹王香琴都说唱西河大鼓。王香琴艺术上颇有才华，虽然没有王香桂名气大，但也很出色，可惜在三十多岁就病故在沈阳了。

到东北后走红的西河大鼓艺人，还有曾应邀在张作霖“大帅府”演出过的王艳荣，以及郝艳芳、郝艳霞、郝艳卿姐妹等。

除此之外，20 世纪上半叶，西河大鼓艺人还曾在山西的太原、大同和内蒙古的呼和浩特及包头等地留下行艺的足迹，这也从一个侧面说明了它的艺术影响力。

然而，西河大鼓在当今的传承与发展既面临着巨大的困难，也受到国家层面作为非物质文化遗产的特别保护。这是不幸，也属幸运。一种艺术，只有自身焕发出本来的生命力，才会健康持续发展；一旦要被“保护”，肯定是自身及其行业的发展出现了问题。本文的题旨，虽在着重梳理西河大鼓的艺术传统与传播历史，但对激活其传统即在新的时代如何继承和发展西河大鼓艺术，当会有所启迪和助益。

（江玉亭　河北省文化和旅游研究院研究员）

文化探究

吴文科

曲艺研究在敦煌学中的地位 *

【内容提要】一直以来主要被作为文学进行研究的变文、话本、词文、故事赋、曲子词等“敦煌遗书”中所包含的相关写本，事实上或者说原本就是作为隋唐五代以至宋代曲艺的转变、说话、俗赋、曲子等曲种的表演脚本或者说曲本。这使变文、话本、词文、故事赋、曲子词之类的文学性文献，同时又属于这些曲种的艺术构成材料即曲艺学的研究对象与范畴。但是，由于种种原因，作为艺术学重要组成部分的曲艺学与敦煌学以及其中的文学研究虽然在这方面具有高度的叠合性，却彼此较少交流和互鉴，实现打通乃至融通。为此，提醒并呼吁这种关切和打通，对于曲艺学和敦煌学研究，无疑是一种双赢。

【关 键 词】曲艺研究　敦煌学　叠合　打通

众所周知，敦煌学是一门以地名学命名的学问或者说综合性的学科集群。自 1900 年 6 月 22 日（清光绪二十六年农历五月二十六日。一说为 1899 年）莫高窟第 16 窟的藏经洞（今编号为第 17 窟）被偶然打开以来的百余年间，围绕“敦煌遗书”所展开的各种学术研究，包括延展至莫高窟建筑及其壁画艺术等的种种研究，已使这个由考古学和文献学所支撑，并涉及历史学、地理学、社会学、艺术学、文学等相关内容而兴起的具有较强广泛性和交叉性的学科集

* 本文系作者在 2017 年“一带一路”文化艺术交流合作国际学术研讨会上的演讲。

群，成为一种长盛不衰的国际性“显学”。从而在为古丝绸之路上的文化交流重镇敦煌赋予更为丰富和厚重的历史文化内涵的同时，也为古今中外文化交流的学术研究，提供了十分广阔而又细密的持续探索空间。其间，曲艺研究或者说曲艺学及其在敦煌学中的价值与地位，同样值得特别予以关切和瞩目。

这是由于，一直以来被主要是作为文学进行研究的变文、话本、词文、故事赋、曲子词等“敦煌遗书”中所包含的相关写本，事实上或者说原本就是作为隋唐五代以至宋代曲艺的转变、说话、俗赋、曲子等曲种的表演脚本或者说曲本。换句话说，变文、话本、词文、故事赋、曲子词之类的文学性文献，同时又属于这些曲种的艺术构成材料即曲艺学的研究对象与范畴。进而言之，作为艺术学重要组成部分的曲艺学，与敦煌学以及其中的文学研究，具有高度的叠合性。

然而，由于变文、话本、词文、故事赋、曲子词等被发现时，是以脚本写本或者说不同曲本的文学形态存在的。所以，对于它们的研究，便首先和主要集中并体现在文学方面，包括对各类写本的整理研究、题材内容的观照分析、语言运用的特点梳理、创作技巧的不同探究，等等。如果简要地加以回顾，应当说成就还是不小的：既有《敦煌曲子词集》（王重民辑，商务印书馆 1950 年初版，1956 年修订）、《敦煌变文集》（王重民、王庆菽、向达、周一良、启功、曾毅公等编，人民文学出版社 1957 年出版）、《敦煌变文集补编》（周绍良、白化文、李鼎霞编，北京大学出版社 1989 年出版）、《敦煌曲校录》（任二北校，上海文艺联合出版社 1955 年出版）和《敦煌歌辞总编》（任半塘编著，上海古籍出版社 1987 年出版）等的文献整理；又有《敦煌曲初探》（任二北著，上海文艺联合出版社 1954 年出版）、《敦煌变文论文录》（周绍良、白化文编，上海古籍出版社 1982 年出版）、《敦煌说唱文学概论》（张鸿勋著，台湾新文丰出版公司 1993 年出版）和《敦煌俗文学研究》（张鸿勋著，甘肃教育出版社 2002 年出版）等的文学探究；也有《敦煌话本词文俗赋导论》（张鸿勋著，台湾新文丰出版公司 1993 年出版）、《隋唐五代燕乐杂言歌辞研究》（王昆吾著，中华书局 1996 年出版）和《敦煌变文研究》（陆永峰著，巴蜀书社 2000 年出版）等的专题考察。

但毋庸讳言，由于缺少交流和疏于参照，这些对于变文、话本、词文、故事赋、曲子词等的文学性研究，较少与转变、说话、俗赋、曲子等作为表演艺术的曲艺曲种之研究有机地结合起来，致使考察的视角和阐释的观点不免单一乃至片面。而此类艺术文化事象的形态特征，恰恰是"横看成岭侧成峰，远近高低各不同"，非得运用多维视角进行观察，方能窥得全貌、把握关联。从这个意义上说，同时引入曲艺学的概念，站在曲艺学的角度，借助曲艺学的方法，吸收曲艺学的成果，以之进行更为综合立体的观照，使之打通乃至融通，无疑会更好地丰富敦煌学研究的内涵，也推进其文学性研究的深入。

这是因为，变文、话本、词文、故事赋、曲子词等的文学样式，作为转变、说话、俗赋、曲子等曲艺曲种的表演脚本，对其进行学术性的探究，不只是文学（曲本）、文献学、语言学等的任务，同时还应有表演（"说唱"）、音乐（唱腔、伴奏）、舞美（化妆、道具等）等更为丰富多样的内容考察。否则，即无法研究清楚其作为文学写本、文献遗存和语言材料的构成机理、功能价值与来龙去脉，从而达致"知其然"又"知其所以然"的学理追求。

可问题的症结也恰恰就出在这里。尽管文学研究界也有对"敦煌说唱伎艺的搬演"之讨论（张鸿勋《敦煌说唱文学概论》中的一章）以及《敦煌讲唱文学的体制及类型初探——兼谈几部文学史的有关提法》（张鸿勋撰，刊《文学遗产》1982 年第 2 期）和《敦煌文学：雅俗文化交织中的仪式呈现》（伏俊琏撰，刊 2010 年 3 月 30 日《中国社会科学报》）等事实上涉及曲艺学范畴的少量成果，但长期以来，由于种种原因，敦煌学的相关研究，总体上由于较少引入曲艺学的视角和范畴，缺乏曲艺学的方法与范式，存在着就事论事的局限乃至"知其然而不知其所以然"的困惑。而这种未能在曲艺学意义上将此等文学类遗书作为曲艺表演的不同脚本进行观照的结果，就是使得相关的考察缺乏相应全面的生态性考量和多维立体的关联性把握，从而令研究的视野比较狭窄，方法和手段趋于简单。

而之所以出现并存在此等缺陷，究其原因，既有曲艺学研究相对薄弱，特别是曲艺的研究成果由于缺少专业性的传播阵地而极大地影响交流绩效并较难加入敦煌学研究“大合唱”的因素[①]；也与敦煌学及其文学的相关研究，较少关注曲艺学的研究成果而未能做到积极借鉴或及时吸纳有关。

为了更好地说明这些问题，有必要简单地介绍一下曲艺及曲艺学，及其与文学的关联和区别。

“曲艺”作为一个语词及概念，早在东汉成书的《礼记》中就已出现，指的是“小技能”；作为一个文化类属概念，至迟在20世纪上半叶已被使用，指的是“说、唱、变、练”等诸般的营生与技艺，涵括了今之曲艺、杂技、体育、游戏等不同的艺术文化门类。至今海峡对岸的台湾学术界，仍然沿用这个概念[②]；而“曲艺”被作为一个表演艺术的门类进行指称，则是1953年9月之后的事情。即随着中国曲艺家协会的前身“中国曲艺研究会”的成立，曲艺遂直接约定俗成而为一个独立的艺术门类和演艺行业。

而对“曲艺”作为一个艺术门类的定义，在过去的近半个世纪以来，也经历了由“各种说唱艺术的总称”[③]到“通过说说唱唱来讲故事的艺术”[④]“用口语‘说唱’叙事的表演艺术”[⑤]，再到演员以本色身份“以口头语言‘说唱’叙述的表演艺术”[⑥]之演进。

“曲艺学”作为一门专门研究曲艺的学问，其形成自然不会比曲艺的形成早。但现代意义上真正较为自觉的涉及曲艺的学术性研究，尚不足百年，应从20世纪20年代鲁迅出版《中国小说史略》并论述宋元话本对章回体白话小说

---

① 曲艺学术成果的刊发和交流，一直以来面临困境。中国大陆迄今没有一种专门刊载曲艺研究成果的专门性学术刊物。仅有的一份公开出版的《曲艺》月刊，为中国曲艺家协会的机关刊，刊发内容包括曲艺活动的综合报道和比较短小的新创曲本，兼及一些问题探讨、人物述评和创演评论，无法承担专业性的学术交流任务。20世纪80年代曾由中国曲艺出版社编辑出版过一本名为《曲艺艺术论丛》的辑刊，但随着该出版社1989年后的被合并，仅仅印行10辑的该刊也宣告消亡。地方性的曲艺交流刊物，曾有断续公开出版过的《评弹艺术》，后因种种困难而改为不定期的内部交流资料。香港出版有一种《粤剧曲艺月刊》，刊发一些曲艺报道和评论，也非专门的学术性刊物。

② 比如台湾一本名为《民俗曲艺》的学术刊物，所刊文章就涵括了诸多的民俗表演和民间游艺。大陆所谓“曲艺”的研究内容，在其中占据的比重极小。

③ 《辞海》编辑委员会：《辞海》(缩印本)，上海辞书出版社1979年版，第1381页。

④ 中国艺术研究院曲艺研究所编：《说唱艺术简史》，文化艺术出版社1988年版，第1页。

⑤ 姜昆、戴宏森主编：《中国曲艺概论》，人民文学出版社2005年版，第12页。

⑥ 参见吴文科《曲艺综论》，北京时代华文书局2015年版，第6页。

的形成之影响算起。[①]

古今中外、世界各地都有各自时代和地域的曲艺形式。从古希腊“荷马史诗”的游吟，到作为“中国三大少数民族英雄史诗”即《格萨尔》《江格尔》和《玛纳斯》表演载体的“岭仲”“陶力”和“柯尔克孜达斯坦”，从当今日本的浪曲、漫才，到土耳其的“麦达赫”、菲律宾的“达兰根”和韩国的“盘索里”，再到中国成百上千的各种说书、唱曲与谐趣形式，曲艺的艺术传统千百年来在世界范围从未间断。但唯有中国的曲艺，数量最为众多，传统最为深厚。

中国的曲艺学研究虽然相对薄弱，但却自成体系、卓然自立，在世界范围内独一无二、首屈一指！国外仅见有对具体曲艺形式的单独研究，却尚未见有对于曲艺门类的整体建构及融通研究。所以，迄今尚未见到有与中国的“曲艺”及“曲艺学”相对应的外语词汇。“曲艺”作为艺术门类概念的对外翻译，因而应以汉语拼音式即“QUYI”来译为宜。

正因为“曲艺是演员以本色身份采用口头语言‘说唱’叙述的表演艺术”，所以，其所综合运用的语言、文学、表演、音乐、舞美、特技等诸般构成要素，均属曲艺进行本体研究的基本范畴或者说分支学科。换言之，作为内容基础即表演脚本的文学曲本，仅是曲艺的主要艺术构成要素之一，不是曲艺艺术的全部。

所以，对于作为转变、说话、俗赋、曲子等曲艺曲种表演脚本的变文、话本、故事赋、曲子词等的文学写本进行研究，便不单纯地属于文学研究的范畴，同时应当置于曲艺研究的框范。

也正因为曲艺学与文学既有关联又有区别，所以，按照曲艺学的视角去观察，则既往有关变文、话本、词文、故事赋、曲子词等的“文学性研究”，就会存在这样那样的问题与局限。

---

① 鲁迅不仅在大学讲坛和学术著作中关切并研究曲艺，而且在理念和实践上注重并扶持曲艺。他在20世纪30年代与“第三种人”的论战中，曾不无豪迈地宣称“而且我相信，从唱本说书里是可以产生托尔斯泰、弗罗培尔的”（鲁迅《南腔北调集·论“第三种人”》）。80年后，莫言领取诺贝尔文学奖时的演讲《讲故事的人》中，述及他的文学启蒙，即是“从说书人那里听来的故事”开始的。这可谓鲁迅“预言”的一个实证。

比如，由于没和曲艺学实现关联与对接，故在概念使用、术语厘定和话语表达方面，存在着理解与认知上的某种隔阂，客观上影响了学科融通与知识流通。诸如“敦煌说唱”，由于语义含混，不能替代“敦煌曲艺”的概念；“伎艺搬演”，因为表达泛泛，也无法直指“曲艺表演”的现象；这些文学样式由于是属表演艺术的脚本，故而与一般纯案头书面化的文学创作，在事实上存在着立体与平面、口头与书面、重语言而忽文字等的不同。不从作为表演艺术的曲艺立场和角度进行阐释与解析，是较难抓住这些特点与解答相关难点的。

再如，文学主要是供阅读的，曲艺则是用来观演的。作为曲艺演出脚本的变文、话本、词文、故事赋、曲子词等曲本，即在体裁样式上，具有自身独特的结构特征及话语体系。单从文学角度去审视，可能是属“败笔”的诸多程式性结构与重复性套语，若从曲艺学的角度去衡量，恰恰是形态鲜明且适宜观演的特色与优长。好比衡量男女性别的气质，阳刚与阴柔各有所属，但如不加区分，难免就会失当。也就是说，对同一研究对象所进行的相关价值判断，会因为学科立场的不同而存在或出现某些偏差。

又如，变文、话本、词文、故事赋、曲子词等文学写本，由于是属演出的脚本，故而在功能上，便不只是提供文学性的内容，同时还有表演性的提示，以及音乐性的标注。就像变文中存在的“从此一铺，便是变初”①“上卷立铺毕。此入下卷”②（按：为以图画辅助说唱叙述的表演提示）和“悲喜交集处，若为陈（说）”③（按：为由说转唱的过阶语式表演提示），等等，如果没有曲艺学的相关知识和对之作为表演艺术的相应认知，势必会带来困惑，出现误读与误解。而若引入曲艺学的视角，融汇曲艺学的范畴，则散见于这些脚本之中的关乎叙述与表演、文学与音乐、唱词与唱腔、演唱与伴奏、仪式与道具等的表达与标示，即可触类旁通、迎刃而解。否则，许多仅从文学角度观察而感觉有些怪异的问题，便无法于此得以正确的理解。

好在如前所述，张鸿勋和伏俊琏等先生对于变文、话本、词文、故事赋、

---

① 参见伯 3627 卷《汉将王陵变》写本。

② 参见伯 2533 卷拟名《王昭君变文》的写本。

③ 参见伯 4524 卷《降魔变文》写本。

曲子词等文学写本的相关研究，已然引入了曲艺学的视角，并取得了独步一时的成果。相信他们的方法和理念，会为其他更多的学者所采用。

这就告诉我们：曲艺研究或者说曲艺学在敦煌学及其变文、话本、词文、故事赋、曲子词等的研究中，具有十分重要的价值、地位和作用。敦煌学研究虽然已经取得了举世瞩目的辉煌成就，但若再能注重并强化曲艺学意义的关切和引入，则其研究的视野无疑会更加开阔，角度会更加精准，方法会更加切实，效果也会更加显著。

同时也启示我们：进一步加强不同学科之间的学术交流，注重并强化曲艺研究在敦煌学中的运用和地位，是使敦煌学的内涵更趋丰富和坚实、研究更加深入和融通、成果更为丰硕和盛大（亦即“敦煌”的本意）的必要前提，也是通过相关不同学科之间的学术互鉴和成果共享，实现敦煌学及其文学研究和曲艺学研究共同发展的重要保证。

（吴文科　中国艺术研究院曲艺研究所研究员）

周　琪

清康熙本《敕封平天仙姑宝卷》综考

【内容提要】康熙本《敕封平天仙姑宝卷》是现存反映甘肃历史文化最早的一部宝卷。本文通过对该宝卷及所表现的仙姑信仰、版本和与明代历史的关联考证，认为该宝卷属于甘肃清代宝卷中民间宗教经卷向娱乐俗卷（曲本）的过渡作品，并以念卷的讲唱表演形式活态传承至今。曲本内容涉及的人物和事件多为历史上的真人真事，折射出明代甘肃河西地区最主要的一些政治和军事内容，反映了明代的边镇生活及文化，具有重要的艺术及历史价值。

【关 键 词】宝卷　平天仙姑　信仰　念卷　史实　考辨

从人类诞生的那一天起，世界各地各民族都开始不同程度地出现了关于女性神灵的崇拜。中国古代先民关于女性神灵的崇拜源于女娲造人的上古传说。此后，洛水宓妃、姮娥、妈祖、西王母、风婆婆、电母、观音、麻姑等一系列极具有神母之爱又充满救世主精神的中国女神层出不穷，影响深远，其民俗信仰绵延至今。中国原始宗教的诸神谱系中则出现了《山海经》和《穆天子传》中的西王母。中国本土宗教道教对女性神灵的崇拜从最原初的老子的《道德经》里就有体现，蕴含着崇阴尊母的因素。《道德经》第二十五章讲："有物混成，先天地生。寂兮寥兮，独立而不改，周行而不殆，可以为天下母。吾不知其名，强字之曰道。"即阐明了道既为万物之母，万物都携带着"道母"的"遗传基因"。仅在《墉城集仙录》《历世真仙体道通鉴后集》两部古籍，就记录了上百个女仙。道教的无极圣母、碧霞元君、骊山圣母、魏夫人、麻姑、何仙姑、孙不二、鲍姑等，都是根据古代传说和历史人物，结合道教哲学思想在不同时代创作出的女性神仙。今天，不管是具有全国影响力的观音和妈祖信仰，还是浙江东阳的东白山七仙女、福建南平的马氏仙姑、辽宁本溪的王大仙姑、山西文水的麻衣仙姑等民间信仰依然具有勃勃的生机和重要的文化存在价值。

根据甘肃古代地方历史文献记载统计分析，除了全国性的观音崇拜外，在甘肃民间流传的仙姑信仰主要有三：一为流布于甘肃河西走廊的平天仙姑崇拜，一为流布于甘肃中部兰州、临夏一带的金花仙姑崇拜，一为流布于甘肃东部（主要是陇东地区）庆阳、平凉一带的何仙姑崇拜。三种仙姑信仰中，平天仙姑和金花仙姑属于甘肃本土女性神灵信仰，何仙姑则是非本土女性神灵信仰。平天仙姑信仰兴盛于明代（其信仰源头最早可追溯到汉代），金花仙姑信仰则形成于清代中叶。非常有趣的是，流布于甘肃的三种女性神灵信仰，在甘肃曲艺曲种念卷的脚本中均有体现，如《敕封平天仙姑宝卷》和《金花宝卷》都是由古代当地人创作的宝卷，主要流行区域与信仰范围相同。《何仙姑宝卷》是外来传入宝卷，在甘肃东部、西部都有文本和活态念卷表演存在。本文即以北京大学图书馆所藏善本古籍《敕封平天仙姑宝卷》这部珍贵的甘肃曲艺文献为主，对河西宝卷这一最重要的曲艺文献进行深入探讨。

一、关于《仙姑宝卷》整理和研究的学术现状

当代学术界最早注意到平天仙姑的是学者王尧，他在《西夏黑水桥碑考补》[①]一文中首次引用了《（乾隆）甘州府志》关于仙姑的记载，用以考证西夏黑水桥碑的渊源。最早对平天仙姑及《仙姑宝卷》加以整理和学术研究的是张掖师专（今河西学院）的教授方步和。他在其所编著的《河西宝卷真本校注研究》一书中，首次对这部本土创作的宝卷加以学术整理和研究。方步和整理的

① 王尧：《西夏黑水桥碑考补》，《中央民族学院学报》（哲学社会科学版）1978 年第 1 期。

底本系“戴金寿、徐万和搜集自张掖市花寨乡，王斌银、赵广军誊抄”[①]，同书还发表了《张掖仙姑的历史意义》[②]一文，这是有关《仙姑宝卷》研究的第一篇学术论文，为今后相关研究的学术方向和思路打下了基础。这篇论文的主要学术价值体现在以下几个方面：一是指出《仙姑宝卷》是张掖人民反映当时当地现实生活的创作；二是通过有限的古代文献解读宝卷内容与当地历史的关系；三是指出这部宝卷是河西复杂的民族历史关系的体现；四是宗教文化与河西宝卷的密切关系，指出平天仙姑身上集中体现的儒释道精神。但是由于方步和当时无从知晓《仙姑宝卷》的原刻本清康熙本《敕封平天仙姑宝卷》存世，加上他所整理的底本又是缺失三分之一内容的残抄本，导致研究《仙姑宝卷》时出现学术误判，其中最主要的误判是该卷的创作时间。如方步和依据卷本中的“天苍卫”和对虏称呼“鞑子”“小鞑子”等称谓，而判断“《仙姑宝卷》是明代万历间（1573—1620）的作品”[③]等论断都是不准确的。

最早揭示清康熙本《敕封平天仙姑宝卷》信息的是中国当代宝卷研究名家车锡伦先生，他通过三篇学术论文向世人介绍了这部珍贵曲艺文献的基本情况。车锡伦先后在《清代民间宗教的两种宝卷》[④]《明清民间宗教的几种宝卷》[⑤]《明清民间宗教与甘肃的念卷和宝卷》[⑥]三文中，对这部宝卷进行了开创性的研究。其一，发现了《敕封平天仙姑宝卷》的初刻本，而且是完整无缺的清康熙木刻本；其二，完整著录了该宝卷编辑出版的版本文献信息；其三，指出该宝卷为民间宗教虚皇道的教派宝卷，同内地宝卷有同源同流的关系，不是敦煌俗文学的活化石；其四，该宝卷由清初一代名将、甘肃总兵孙思克施刊，有明显的政治意义。在车锡伦当时花费数年之功编著《中国宝卷总目》[⑦]进行全国普

---

① 方步和编著：《河西宝卷真本校注研究》，兰州大学出版社 1992 年版，第 51 页。

② 方步和编著：《河西宝卷真本校注研究》，兰州大学出版社 1992 年版，第 341—353 页。

③ 方步和编著：《河西宝卷真本校注研究》，兰州大学出版社 1992 年版，第 348 页。

④ 车锡伦：《清代民间宗教的两种宝卷》，《兰州学刊》1995 年第 4 期。

⑤ 车锡伦：《明清民间宗教的几种宝卷》，载《中国宝卷研究论集》，台湾学海出版社 1997 年版，第 69—114 页。

⑥ 车锡伦：《明清民间宗教与甘肃的念卷和宝卷》，《敦煌研究》1999 年第 4 期。

⑦ 车锡伦编著：《中国宝卷总目》，1998 年台湾“中央研究院”中国文史哲研究所筹备处初版，北京燕山出版社 2000 年修订本。

查的过程中，才使得《敕封平天仙姑宝卷》重见天日。[①]也正是由于作者忙于《中国宝卷总目》的编纂和修订，因此上述三文都未能深入展开，且内容较多重复。

2005年，黄山书社出版周燮藩主编的大型文献丛刊《中国宗教历史文献集成》，其中的20册《民间宝卷》分卷由天津社会科学院濮文起主持编辑，共收录明初至民国的民间宝卷357种，是目前国内外收录最多的民间宗教与民间俗文学历史文献集编。而康熙本《敕封平天仙姑宝卷》（影印）被完整收录于该分卷中，从此学术界才得以完全一睹真容。[②]

此后，崔云胜相继发表《张掖平天仙姑信仰考》[③]《西夏黑河桥碑与黑河流域的平天仙姑信仰》[④]《〈平天仙姑宝卷〉中的河西历史》[⑤]《〈仙姑宝卷〉的版本及其相关问题研究》[⑥]四篇论文，这是目前关于张掖仙姑信仰和康熙本《敕封平天仙姑宝卷》最为详尽的系列研究。崔云胜研究的最大亮点是在车锡伦研究基础上挖掘了当地的地方文献对宝卷加以考证，做出重要的学术贡献。但同时也存在史料发掘不深入，论文相互重复较多等问题。

综上所述，随着康熙本《敕封平天仙姑宝卷》初刻本的发现和影印出版，对明清河西宝卷和甘肃曲种念卷的历史演变提供了最重要的历史依据。车锡伦、崔云胜等学者的初步研究为该卷本的深入探讨奠定了坚实基础，但亦存在考证失误及对卷本本身研究不深入等问题。

二、古代历史文献中关于平天仙姑的记载

古代地方志中关于平天仙姑的记载现存史料最早见于清顺治十四年（1657）的《重刊甘镇志》，该志在《兵防志》载："仙姑庙墩，城东北一百

---

① 车锡伦：《中国宝卷研究论集》，台湾学海出版社1997年版，第276页。
② 《敕封平天仙姑宝卷》（影印），载濮文起主编《民间宝卷》（20册），黄山书社2005年版。
③ 崔云胜：《张掖平天仙姑信仰考》，《河西学院学报》2003年第1期。
④ 崔云胜：《西夏黑河桥碑与黑河流域的平天仙姑信仰》，《宁夏社会科学》2006年第4期。
⑤ 崔云胜、秦弋然：《〈平天仙姑宝卷〉中的河西历史》，《河西学院学报》2012年第3期。
⑥ 崔云胜：《〈仙姑宝卷〉的版本及其相关问题研究》，《河西学院学报》2015年第3期。

里。”[①] 说明早在清代初期，张掖仙姑信仰早已盛行，仙姑庙已成为标志性的地名。那么仙姑信仰在明代已经产生，并密切融入当地人民的生活之中。继而清代钟赓起修《(乾隆)甘州府志》对仙姑的记载最为详尽。该志《人物》载："仙姑，未详姓氏，张掖河北人。修道合黎山，见黑河横溢，誓愿建桥一座，以济居民。言曰‘桥成，即我道成日也’。未几，身投水中，起坐片木，至今庙处泊焉。经数日，鸢鸟不侵，香闻数里，土人埋之，得铁片‘平天仙姑’字，共为立庙。霍嫖姚西征，迫于虏，抵黑水，遇浮桥径渡，追至者俱陷，见仙姑空中。后夷人焚庙，穹庐瘟疫，畜牧多灾，乃为重修以忏，迄今祈祷灵验，户皆尸祝。西夏主尊称‘贤觉圣光菩萨’。乾祐七年，李仁孝敕云：‘哀愍此河年年暴涨，漂荡人畜，故以大慈悲兴建此桥。’即指仙姑灵迹也。”[②] 同书《杂纂》则详细地记载了平天仙姑的传说故事。“平天仙姑，仙姑系孝女得道。近村有媳逆其姑，经仙姑显灵惩殛，闻者无不感化。明万历丁丑，巡抚大司马侯东莱修庙，《碑记》可摩录者半篇。内开甘镇北堡，名曰板桥，境外庙曰‘仙姑’。究所从来，自汉大将军霍去病和戎之继，百姓始得耕耨。见一女身体轩昂，穹然有不凡之像，因黑河源水泛溢，非舟可渡，设板以济人，斯民不患于病涉。而河之西北，亦且便耕，行称便利，姑之功不在禹下。但时远水发，桥崩，姑亦随水而逝，其英灵不昧，或显身于昼夜，或行施以风雨，民感其灵，寻尸而葬，立庙以祀。而庙之设，由此始焉。民间风波旱潦，祈福禳灾者随祷即应，不啻影响。然时则钟鼓自鸣，空中恒有管龠之音。一日风雨大作，折木扬沙，庙前现一铁牌，上书‘平天仙姑’，而仙姑之名由此称焉。是以万古灵威，千载感应。时有番虏犯边，见其像毁之，其人即毙，虏怒以火焚之，其九人自死于火中。自此番虏至庙下不敢正视，但举手加额，敬畏不暇而已。”[③] 通过对这两条历史文献的解读可知，平天仙姑是地地道道的张掖本土女性神灵。关于这位女神的最初基本记载来源于一块古人发现的“平天仙姑铁牌”。

张掖仙姑的基本信息为，女性，姓名不详，传说为西汉时期人物，时以

① （清）杨春茂修纂：《重刊甘镇志》不分卷《兵防志》，清顺治十四年重刊本。
② （清）钟赓起纂修：《（乾隆）甘州府志》卷十一《人物》，清乾隆四十四年刊本。
③ （清）钟赓起纂修：《（乾隆）甘州府志》卷十六《杂纂》，清乾隆四十四年刊本。

贤孝著称。张掖河北人，在合黎山修学道法。合黎山，在城北甘州四十里，至镇夷所石硖口三百里。[1] 张掖河，原名黑河；源出摆通河，经祁连山，积雪消融，其流溢洪，傍合黎山，出羌谷口，北入亦集乃、哈班塔哈巴儿、塔喇失三海子（即今内蒙古额济纳旗，古代居延海）。[2] 因仙姑见黑河横溢，遂誓愿建桥一座，造福百姓。板桥建成之日，仙姑成道。后来，大水冲毁桥梁，仙姑肉体随水而逝，羽化登仙。此后不断显灵，或行施风雨，或劝化民众，或祈福禳灾，或抵御外敌。

仙姑当年所造之桥几经冲毁，不断复建。其中最著名的一次重建发生在西夏乾祐七年即南宋孝宗淳熙三年（1176），由西夏仁宗李仁孝责成修建。桥梁建好之后，李仁孝亲自撰写了《黑河建桥敕》碑文：

黑河建桥敕

夏主李仁孝

敕镇夷郡境内黑水河上下，所有隐显一切水土之主，山神、水神、龙神、树神、土地诸神等，咸听朕命：昔贤觉圣光菩萨哀愍此河年年暴涨，漂荡人畜，故以大慈悲兴建此桥。普令一切往返有情，咸免徒涉之患，皆霑安济之福，斯诚利国便民之大端也。

朕昔已曾亲临，嘉美贤觉兴造之功，仍罄虔恳，躬祭汝诸神等，自是之后，水患顿息。固知诸神冥歆朕意，阴加拥佑之所致也。今朕载启精虔，幸冀汝等诸多灵神，廓慈悲之心，恢济渡之德，重加神力，密运威灵，庶几水患永息，桥道久长。令此诸方有情俱蒙利益，佑我邦家，则岂惟上契十方诸圣之心，抑亦可副朕之宏愿也。诸神鉴之，勿替朕命。[3]

《（乾隆）甘州府志》记载这座桥被称为板桥，位于“城东北四十里，即

① 参见（清）杨春茂重刊：《甘镇志》不分卷《地理志》，清顺治十四年重刊本。
② 参见（清）杨春茂重刊：《甘镇志》不分卷《地理志》，清顺治十四年重刊本。
③ （清）钟赓起纂修：《（乾隆）甘州府志》卷十三《艺文上》，清乾隆四十四年刊本。

仙姑建桥处”[①]。清人乔彦《仙姑板桥》诗云：“月色波光照眼穿，桥名依旧说升仙。何年乌鹊重填岸，引得人登大愿船。”[②]《黑河建桥敕》石碑现存于张掖市博物馆（即张掖大佛寺），碑正面刻汉文，阴面刻藏文。石碑末尾题：“大夏乾祐七年岁次丙申九月二十五日立石，主案郭那正成、司吏骆永安、笔手张世恭书，泻作吏安善惠刊，小监王延庆、都大勾当镇夷郡正兼郡学教授王德昌。”文中指出修建黑河桥的倡导者是贤觉圣光菩萨。《（乾隆）甘州府志》认为，这位在西夏活跃的菩萨即是平天仙姑。著名西夏学者史金波根据俄藏黑水文献的解读，考证认为“贤觉圣光菩萨应是贤觉菩萨，也就是贤觉帝师。可能贤觉菩萨曾在藏族人较多的甘州黑水河上建桥，做功德善事，后与贤觉帝师关系密切的仁宗亲临此桥，嘉美贤觉兴造之功，仁宗又于乾祐七年立碑撰文”[③]。西夏仁宗、仁孝时期有一位贤觉帝师，名为波罗显胜，他在西夏的宗教地位极高，官位也很高。在俄藏黑水城文献中发现有贤觉帝师较多的佛事活动，在其所传经典的署名中，有的作“贤觉帝师传”，有的作“贤觉菩萨作”。据俄藏黑水文献可知，贤觉帝师名波罗显胜，不是汉人，也不是党项人；其传著经过别的高僧译成西夏文，如德慧为法师时曾译《佛说阿弥陀经》，为国师时曾译《忏罪千种供养奉顺中已集当许文》《奉敕修行者现在及转身利缘佛顶尊胜佛母依千种供养奉顺中共依略忏悔文》等，因此贤觉帝师极有可能是一位吐蕃高僧。在俄藏西夏文文献中曾多次出现，如《佛说阿弥陀经》（第 109 号，西夏特藏第 147 号，馆册 6761 号）题记载“贤觉帝师波罗显胜”[④]。此外，由此基本可以判断，《甘州府志》将贤觉圣光菩萨与汉平天仙姑认为一人显然系主观臆断。但是又从另一方面客观反映出一个问题，即张掖汉族的平天仙姑在信仰流传过程中，被人为有意识地与历史上的其他神仙和历史圣贤混同，并进一步神话，甚至突破了民族界限。

---

① （清）钟赓起纂修：《（乾隆）甘州府志》卷四《地理》，清乾隆四十四年刊本。

② （清）钟赓起纂修：《（乾隆）甘州府志》卷十五《艺文下》，清乾隆四十四年刊本。

③ 史金波：《西夏佛教新探》，《宁夏社会科学》2001 年第 5 期。

④ 俄罗斯科学院东方研究所圣彼得堡分所、中国社会科学院民族研究所、上海古籍出版社编：《俄藏黑水城文献》第 3 册，上海古籍出版社 1996—2003 年版，第 16—22 页。

另据民国《创修临泽县志》记载，最早的平天仙姑的庙宇据说建于汉代，至今已无可考。创修县志时，当地有三处仙姑庙，其中两座位于县城所属柳树堡。年代较早的一座位于临泽县东北三十里边城（即长城）以外，传说仙姑的遗骸就在庙内安葬；有人曾在庙的背面，挖掘出敕封平天仙姑铁牌一面。[①]后来为便于当地百姓膜拜祈福，在边城（即长城）之内另建仙姑庙一座。另外，在临泽县城东关上有一座仙姑庙，始建于明朝，清同治初为驻扎军队拆毁；光绪初年，邑人魏延成等募化重修；中华民国十年（1921），由邑人管生瑞等重修[②]；庙内有观音、仙姑铜像，何时铸造无考。[③]柳树堡内的仙姑庙立有仙姑庙碑，碑文主要收录了被发现的平天仙姑铁牌上的文字，原铁牌则不知去向。《仙姑庙碑记》文字如下：

汉武帝元狩二年春，骠骑将军霍去病破匈奴，过焉支山，收休屠王祭天金人，虏其太子。秋，匈奴浑邪王杀休屠王，并其众以降霍去病。以骠姚校尉从大将军卫青伐匈奴屡冠军封侯。元狩二年，为骠骑将军，将万骑出陇西，过焉支山千余里，执浑邪王子及相国都尉，首虏八千余级，收休屠王祭天金人。复出陇西、北地二千里，过居延，攻祁连山，得首虏三万余，裨将小王以下七十余人。去病益封。校尉赵破奴、高不识、仆多并封侯。其秋，匈奴单于怒浑邪、休屠居西方，为汉所杀虏数万人，欲召诛之。浑邪、休屠恐，谋降汉。先遣使邀遮汉人，令报天子，要边大行李息以闻。天子恐诈，乃令骠骑将军将兵往迎之。时休屠王等悔，欲遁去。去病驰入，得与浑邪王相见，浑邪王杀休屠王并将其众降汉，凡四万人，号十万，分徙边五郡故塞外，因其俗为五属国，《通鉴》。先是，浑邪王部落盘居边外，武帝命骠姚霍将军征讨。师回，为黑河所阻，浑邪王率精兵万

① 参见高季良总纂，张志纯等校点《创修临泽县志》卷一《舆地志》，甘肃文化出版社 2001 年版，第 48 页。

② 参见高季良总纂，张志纯等校点《创修临泽县志》卷二《建置志》，甘肃文化出版社 2001 年版，第 100 页。

③ 参见高季良总纂，张志纯等校点《创修临泽县志》卷十三《金石志》，甘肃文化出版社 2001 年版，第 362 页。

骑，欲图掩袭，方惶迫间，见绯衣妇人指挥前导，由桥过河。及浑邪王至，桥与妇人皆不见。霍将军方知仙姑菩萨灵佑，遂奏武帝，大其庙。[1]

从碑文中提及《通鉴》一书判断，这块铁牌当为北宋以后的器物。文中记载仙姑庙始建于西汉武帝时期，创建者为西汉骠骑大将军霍去病。建立庙宇的原因主要是霍去病西征河西回师，在张掖为黑河所阻，浑邪王欲阴谋袭之。情势危急之际，仙姑显圣，幻化桥梁，让汉军安全渡河，反而令敌军受阻。此事当为民间传说，但故事在古代流传千年而不衰，而且广受官方和当地民众的信仰，被民间艺术广为流传，足见其对河西历史文化影响之深远。

《（乾隆）甘州府志》卷十六《杂纂》记录“平天仙姑”条目时，指出明万历丁丑，巡抚大司马侯东莱倡导修复仙姑庙，并撰写碑记。关于这篇碑记《甘州府志》并没有收录原文，只是根据碑文内容取材撰写。因此明万历侯东莱的碑记成为研究张掖仙姑信仰最重要和最直接的史料。所幸民国时期，张掖临泽县在编修《临泽县采访录》时将碑文完整收录，其原碑今天不知下落。碑文全文仅存于地方文献之中，全文见下：

重修仙姑庙记

夫鬼神之在天地，则极其众。有设庙以敬祀者，盖由生而有功于人，殁而显灵于世，御灾捍患，报国救民而已。甘镇北堡名曰板桥，境外庙曰仙姑。究所从来，自汉大将军霍去病和戎之继，百姓始得耕耨。见一女身体轩昂，窕然有不凡之像，因黑河之源水溢，非舟可渡，于是设桥以济人。斯民不患徒涉，而河西北亦且便耕，行称便利，而姑之功不在禹下。但时远水发，而桥崩废，姑亦随水而逝，踪迹则不昧。或显身于昼夜，或行施以风雨。民感其灵，寻尸而葬，故立庙以祀，而庙之设由此以始焉。是以民间风波旱潦，祈福禳灾者，随祷即应，不啻影向。然时则钟鼓自鸣，空

① 高季良总纂，张志纯等校点：《创修临泽县志》卷一《舆地志》，甘肃文化出版社2001年版，第48—49页。

中恒有管籥之音。一日风雨大作，折木扬沙，斯庙前现一铁牌，上书“平天仙姑”，而仙姑之名，由此称焉。是以万古灵威，千载感应，时有北虏犯边，见其像，毁之，其人即毙。虏怒，以火焚之，其九人自死于火中。自此北虏至庙者，不敢正视，但手加额，敬畏不暇。万历丁丑，恭逢抚台大司马侯公下车巡行郊野，谒见是庙，悚然起敬。但规模卑狭，未足以满我公敬神之心，遂择委平川守备王经，命匠宏厂，添筑墙垣，续盖享堂三间，厢房四间，大门一座，彩绘侍卫，栽植树木，森然弱水合黎之胜境。自此香火日繁，人益敬信。民感公德，尽善尽美，纪录始末功业，勒诸金石，以垂不朽云尔。

万历六年，岁次戊寅三月上吉日。

钦差、巡抚甘肃等处地方赞理军务、兵部右侍郎兼都察院右佥都御史侯

钦差、平羌将军、镇守甘肃等处地方总兵官、前军都督府佥事陈

钦差、督理马政、总督河西屯田、甘肃行太仆侍卿兼陕西按察使佥事马

钦差、督理甘肃粮储屯种水利、陕西按察使分巡西宁道副使殷

钦差、甘肃巡抚□□游击将军杨

——《临泽县采访录·金石类》[①]

从《重修仙姑庙记》碑文可知，明万历五年丁丑（1577），时任甘肃巡抚的侯东莱巡视郊野，进入仙姑庙祭拜，深感规模卑狭，其间势必听闻有关仙姑的灵异故事。作为镇守边关的封疆大吏，侯东莱马上意识到仙姑重要的政治价值，因此命令平川守备王经予以修复扩建。修庙的倡导者是侯东莱，经办人是王经。

碑记领衔撰写的侯东莱是明代著名经略边疆的能臣。侯东莱，字儒宗，山东莱州府掖县人。明世宗嘉靖二十五年（1546）丙午科举人[②]，嘉靖二十九年

① 临泽县县志局：《临泽县采访录》，附录高季良总纂，张志纯等校点《创修临泽县志》，甘肃文化出版社 2001 年版，第 461—463 页。

② （清）严有禧、张桐续纂修：《（乾隆）莱州府志》卷七《举人》，清乾隆二年刊本。

（1550）庚戌科进士[①]。嘉靖三十二年（1553）十月，任吏部行人。[②]嘉靖三十三年（1554）四月丙寅，选授南京浙江道监察御史[③]，嘉靖三十八年（1559）[④]升嘉兴知府[⑤]，“问民疾苦，重学校。每试先期召各令入闱。试毕，分校高下，躬自裁夺，所取十不失一。又倭寇甫平，沿城增建敌楼，以备不虞”[⑥]。嘉靖四十一年（1562）[⑦]任兵井陉兵备道[⑧]。明穆宗隆庆三年（1569），升陕西按察司副使整饬西宁等处兵备道[⑨]，“修边隘，恤士卒……思俄思哥番狡狯，恃力出掠行旅。东莱督参将陈恺掩击，获其首恶。使十二族落各以其职来服。又尝招抚红帽儿之番，欲以降致海夷。当时人皆难之”。侯东莱长期在甘州做官，在处理令大明王朝头痛不已的边患问题时，他主张采取剿抚并行的方式。其人颇有文韬武略，熟于边事，在处理民政，协调军备，发兵讨敌等方面，智慧坚毅，举措得当。侯东莱“以恩扶善良，表节行，抚孤寒。在郡暮月，政通人和。去之日，民为立祠”[⑩]。九月，升陕西苑马寺卿。[⑪]后升陕西布政司右参政。隆庆五年（1571）十一月己未朔，升陕西按察司按察使。[⑫]后转河南按察司按察使。[⑬]隆庆六年（1572）六月，转陕西布政司右布政使。[⑭]明神宗万历元年（1573）正

① 参见（明）龙文明修，赵耀纂：《（万历）莱州府志》卷四《选举》，明万历三十二年刊本。

② 参见《明世宗肃皇帝实录》卷四〇三，影印台湾“中央研究院”历史语言研究所校勘本，上海书店 1984 年版。

③ 参见《明世宗肃皇帝实录》卷四〇九，影印台湾“中央研究院”历史语言研究所校勘本，上海书店 1984 年版。

④ 参见（明）徐必达领修《南京都察院志》卷五《职官三》，明天启刊本。

⑤ 参见（明）刘应钶修、沈尧中纂：《（万历）嘉兴府志》卷九《郡职》，明万历二十八年刊本。

⑥ 参见（明）刘应钶修、沈尧中纂：《（万历）嘉兴府志》卷十三《名宦》，明万历二十八年刊本。

⑦ 参见（清）周棨纂修《（乾隆）获鹿县志》卷七《职官志》，清乾隆四十六年稿本。

⑧ 参见（清）于成龙修、郭棻纂《（康熙）畿辅通志》卷十六《职官》，清康熙二十二年刊本。

⑨ 参见（清）苏铣纂《（顺治）重刊西宁志》不分卷，清顺治十四年刊本。

⑩ （清）杨应琚纂修：《（乾隆）西宁府新志》卷二十五《官师志》，清乾隆十二年刊本。

⑪ 参见《明穆宗庄皇帝实录》卷三七，影印台湾“中央研究院”历史语言研究所校勘本，上海书店 1984 年版。

⑫ 参见《明穆宗庄皇帝实录》卷六三，影印台湾“中央研究院”历史语言研究所校勘本，上海书店 1984 年版。

⑬ 参见（清）顾汧修，张沐纂《（康熙）河南通志》卷十四《职官》，清康熙三十四年刊本。

⑭ 参见《明神宗显皇帝实录》卷二，影印台湾“中央研究院”历史语言研究所校勘本，上海书店 1984 年版。

月丙戌，升陕西左布政使。[①] 万历二年（1574）六月庚午，升应天府府尹。[②] 八月癸卯，升都察院右副都御史巡抚甘肃。[③] 万历五年（1577）十二月癸未，以三年考满升兵部右侍郎兼都察院右佥都御史巡抚如故，荫其子世恩为国子生。[④] 万历六年（1578）二月庚戌，已经在甘肃任职长达十三年的侯东莱“自陈不职”[⑤]，请求解除自己封疆大吏的职务，致仕回家，安度晚年；首辅张居正以万历皇帝的名义不许，令其继续履职。从侯东莱的履历可知，他从明穆宗隆庆三年（1569）起，十多年一直在甘肃任职，久历边患，所以深知仙姑信仰可以很好地发挥激励士气、防御外族侵扰的作用。因此率领甘肃主要文武官员在仙姑庙扩建后，集体隆重领衔题名撰写碑记，以示敬畏之心和祈求保护国家之意。到了万历七年（1579）三月戊申，因为侯东莱之子侯世恩僭用勘合轿伞旗吹等项违法，其子被弹劾革去封荫。侯东莱借此再次具疏引咎乞休。朝廷认为侯东莱远在千里之外的甘肃镇勤劳王室，对老家儿子所犯的错误“远不知情，罚俸供职”[⑥]。侯东莱一生为官“清正廉威，事井井有条，军民爱之”[⑦]。万历十一年（1583）七月，赐已故巡抚甘肃兵部右侍郎兼佥都御史侯东莱祭葬如例。[⑧]

碑记中的甘肃镇总兵官陈锐，陕西绥德卫人，曾任延绥威武堡指挥佥事。明穆宗隆庆元年（1567）十月，为置都指挥佥事充延绥清平堡游击将军。[⑨] 隆

---

① 参见《明神宗显皇帝实录》卷九，影印台湾“中央研究院”历史语言研究所校勘本，上海书店 1984 年版。

② 参见《明神宗显皇帝实录》卷二六，影印台湾“中央研究院”历史语言研究所校勘本，上海书店 1984 年版。

③ 参见《明神宗显皇帝实录》卷二八，影印台湾“中央研究院”历史语言研究所校勘本，上海书店 1984 年版。

④ 参见《明神宗显皇帝实录》卷七〇，影印台湾“中央研究院”历史语言研究所校勘本，上海书店 1984 年版。

⑤ 《明神宗显皇帝实录》卷七二，影印台湾“中央研究院”历史语言研究所校勘本，上海书店 1984 年版。

⑥ 《明神宗显皇帝实录》卷八五，影印台湾“中央研究院”历史语言研究所校勘本，上海书店 1984 年版。

⑦ （清）张思勉修，于始瞻纂：《（乾隆）掖县志》卷四《政治》，清乾隆二十三年刊本。

⑧ 《明神宗显皇帝实录》卷一三九，影印台湾“中央研究院”历史语言研究所校勘本，上海书店 1984 年版。

⑨ 《明穆宗庄皇帝实录》卷一三，影印台湾“中央研究院”历史语言研究所校勘本，上海书店 1984 年版。

庆四年（1570）六月，转固原游击将军。[①]隆庆六年（1572），充分守宁夏东路右参将。[②]明神宗万历三年（1575）三月，充协守甘州左副总兵。[③]万历六年（1578）二月，升署都督佥事充挂印总兵官镇守甘肃地方[④]，挂平羌将军印[⑤]。

碑记中的甘肃行太仆寺卿马邦良，字君遂、汝萃，号象湖，浙江富阳临湖人。[⑥]明神宗万历十年（1582）壬午科举人[⑦]，万历十四年（1586）丙戌进士[⑧]。同年，授丹徒县知县，清节惠政并著。万历二十年（1592）擢礼科给事中[⑨]，转户科给事中[⑩]。万历二十一年（1593）三月，升刑科左给事中[⑪]。万历二十二年（1594）二月升福建布政司参议[⑫]。万历二十四年（1596）五月[⑬]，转福建按察司副使福宁分巡道[⑭]，“浑厚精明，平恕而下情达，军民德之”[⑮]。万历二十八年

① 参见《明穆宗庄皇帝实录》卷四六，影印台湾“中央研究院”历史语言研究所校勘本，上海书店1984年版。

② 参见《明穆宗庄皇帝实录》卷六九，影印台湾“中央研究院”历史语言研究所校勘本，上海书店1984年版。

③ 参见《明神宗显皇帝实录》卷三六，影印台湾“中央研究院”历史语言研究所校勘本，上海书店1984年版。

④ 参见《明神宗显皇帝实录》卷七二，影印台湾“中央研究院”历史语言研究所校勘本，上海书店1984年版。

⑤ 参见（清）王元士、郝鸿图纂修《（顺治）绥德州志》卷八《选举》。

⑥ 参见（清）牛奂纂修《（康熙）富阳县志》卷八《选举》，康熙二十二年刊本。

⑦ （清）李卫、嵇曾筠等修，沈翼机、傅王露等纂：《（雍正）浙江通志》卷一三九《选举》，清文渊阁《四库全书》本。

⑧ （清）李卫、嵇曾筠等修，沈翼机、傅王露等纂：《（雍正）浙江通志》卷一三三《选举》，清文渊阁《四库全书》本。

⑨ 《明神宗显皇帝实录》卷二五二，影印台湾“中央研究院”历史语言研究所校勘本，上海书店1984年版。

⑩ （清）高龙光修、朱霖等纂：《（乾隆）镇江府志》卷三四《名宦下》，清乾隆十五年增刻本。

⑪ 《明神宗显皇帝实录》卷二五八，影印台湾“中央研究院”历史语言研究所校勘本，上海书店1984年版。

⑫ 《明神宗显皇帝实录》卷二七十，影印台湾“中央研究院”历史语言研究所校勘本，上海书店1984年版。

⑬ 《明神宗显皇帝实录》卷二九七，影印台湾“中央研究院”历史语言研究所校勘本，上海书店1984年版。

⑭ （明）殷之辂修、朱梅等纂：《（万历）福宁州志》卷八《历官》，明万历四十四年刊本。

⑮ （明）殷之辂修、朱梅等纂：《（万历）福宁州志》卷八《名宦》，明万历四十四年刊本。

（1600）九月，擢甘肃行太仆寺卿兼陕西按察司佥事。[①]

碑记中的甘肃分巡西宁道殷仁，北直隶顺天怀柔人。明世宗嘉靖三十二年（1553）癸丑科进士[②]。明神宗万历三年（1575）四月，陕西按察司副使[③]，分巡西宁道[④]。万历六年（1578）七月，升陕西行太仆寺卿兼按察司佥事专理马政。[⑤]同年八月，以新衔致仕。[⑥]

碑记中的游击将军杨继芳，甘肃镇番人。明神宗万历元年（1573）任洮州卫操守。[⑦]万历四年（1576）五月，以陕西都司佥书任甘肃巡抚标下领兵游击将军。[⑧]万历六年（1578）八月，升参将，守西宁。[⑨]

从碑记的题名可知，这次对仙姑庙的扩建和整修，官方极为重视，规格很高，时任甘肃最主要的文武主管都予以参与，祭拜也是省级最高级别，可谓显赫一时。关于仙姑庙的再次整修的时间是在万历六年（1578），45年之后的明熹宗天启三年（1623）。关于这次修葺的记载碑记有幸也被流传下来。全文如下：

重修平天仙姑庙记

盖闻明禋肖像，崇祀报功，亘古今、率土滨之所不废。然未有如平天

① 参见《明神宗显皇帝实录》卷三五十一，影印台湾“中央研究院”历史语言研究所校勘本，上海书店1984年版。

② 参见（明）沈应文、张元芳纂修《（万历）顺天府志》卷五《选举》，明万历刊本。

③ 参见《明神宗显皇帝实录》卷三十七，影印台湾“中央研究院”历史语言研究所校勘本，上海书店1984年版。

④ 参见（清）杨春茂修纂《重刊甘镇志》不分卷《官师》，清顺治十四年刊本。

⑤ 参见《明神宗显皇帝实录》卷七十七，影印台湾“中央研究院”历史语言研究所校勘本，上海书店1984年版。

⑥ 参见《明神宗显皇帝实录》卷七十八，影印台湾“中央研究院”历史语言研究所校勘本，上海书店1984年版。

⑦ 参见（清）升允、长庚修，安维峻纂《（光绪）甘肃新通志》卷五十一《职官志》，清宣统元年刊本。

⑧ 参见《明神宗显皇帝实录》卷五十，影印台湾“中央研究院”历史语言研究所校勘本，上海书店1984年版。

⑨ 参见《明神宗显皇帝实录》卷七十八，影印台湾“中央研究院”历史语言研究所校勘本，上海书店1984年版。

仙姑，河北一线殊方，无贵无贱，无遐无迩，肩尔往，肩尔来，咸竭诚奉祀，朝夕顶礼若弗遑者。盖谓仙姑，自汉以来明禋惟谨，呵护屡彰，军民以安，封疆巩固，保釐嗣息，无地无处无不沐其感格。第庙貌寝至颓圮，规模卑隘者多矣。兹惟徐公讳承业者，守戎于此，莅事而展谒宇下，讦之曰："奉祀不虔，神不之格，神之不格，何以奠要荒而保士庶?"父老佥谓香资已竭，募化惟艰，公遂捐俸金，举功德，主张来吾募化，王柏饰材鸠工，创建正殿抱厦三间，重建土地山神二祠，碑坊、石碣之类，悉命兵卒而土木工紧，遂不月告成焉。轮奂既饬，而俎豆时张，赫赫洋洋，英灵如在，足称一方之胜境矣。徐公之意，若曰袜韐之士，日周旋于戎马之场，保疆御虏，惟乃之职，非忠非勇，何以报国?而香火供奉，独隆于斯神，必有作其勇敢之气于居常者矣，必有奋其捐躯之心于敌忾者矣。爰磨贞珉，丐生记。何足以文，稔知徐公忠义士也，其心不能一日忘报主，亦不能一日不忧民。是以仰契神明，而眷切于众庶之奉祀也如此。以故知徐公所见者明且远，而所望者宽且大焉。因叙其由，并岁月记之。天启三年，岁次癸亥，七月吉旦，天城庠廪盛思温沐手谨志。

钦差甘肃游击将军陈洪范、陕西行都司儒学生员陈昌言、戴振先等同立石。

——《临泽县采访录·金石类》[1]

《重修平天仙姑庙记》的作者名叫盛思温，甘州庠生。没有在古代文献中发现关于他的更多记载。碑文撰写时间为明熹宗天启三年（1623）七月。重修平天仙姑庙的资助者为徐承业。依据上下文意可知，徐承业"守戎于此"时，在参谒仙姑庙时感慨"奉祀不虔，神不之格，神之不格，何以奠要荒而保士庶?"当得知"香资已竭，募化惟艰"的窘境后，遂捐出俸银，加以修葺。整修的规模较大，除了"创建正殿抱厦三间，重建土地山神二祠"外，还树立

① 临泽县县志局:《临泽县采访录》，附录高季良总纂，张志纯等校点《创修临泽县志》，甘肃文化出版社2001年版，第463—464页。

“碑坊、石碣”。整个重修工程历时仅仅一个月，即天启三年七月完工。如此神速取决于徐承业动用了大量士兵参与修建，于是工期大为缩短。关于徐承业的有关信息现存甘肃古代方志中缺失。检索其他文献所得甚少。笔者在《明实录》中找到一条记载“明熹宗天启三年（1623）五月，升甘肃平川堡守备徐承业为固原游击”①。平川营，据《临泽县志》载于明嘉靖二十八年（1549）设置守备指挥使。②

庙记立碑人有：甘肃游击将军陈洪范、陕西行都司儒学生员陈昌言、戴振先等。陈昌言、戴振先史籍无考。史载陈洪范，明熹宗天启三年（1623）六月，由甘肃高台堡游击转为陕西洪水游击。③陕西洪水即明嘉靖间在甘州境内设立的洪水营，设兵八百名，马五百匹。④同年，又转高台游击；十月，升参将仍管游击将军事。⑤天启六年（1626）六月，升甘州西路副总兵。⑥天启七年（1627）正月，套虏土巴台吉进犯威胜堡等处，总兵徐永寿率镇番副总兵官惟贤、西协副总兵陈洪范、凉州副总兵王永先等分兵御之，共斩获强壮首级一百六十三颗。⑦同年，伊勒宾兔矮木速班记、剌合马、土卖火力赤等由黑水河入犯。陈洪范与官惟贤大破之。⑧

根据现存的古代地方志和文献，平天仙姑信仰在明代以前主要集中于张掖临泽地区。明代开始向周边传播，在清代嘉庆以前达到高峰。如清代肃州（今

---

① 《明熹宗悊皇帝实录卷》卷三十四，影印台湾“中央研究院”历史语言研究所校勘本，上海书店1984年版。

② 参见高季良总纂，张志纯等校点《创修临泽县志》卷九《职官志》，甘肃文化出版社2001年版，第249页。

③ 参见《明熹宗悊皇帝实录卷》卷三十五，影印台湾“中央研究院”历史语言研究所校勘本，上海书店1984年版。

④ 参见（清）钟赓起纂修《乾隆甘州府志》卷八《戎兵》，清乾隆四十四年刊本。

⑤ 参见《明熹宗悊皇帝实录卷》卷三十九，影印台湾“中央研究院”历史语言研究所校勘本，上海书店1984年版。

⑥ 参见《明熹宗悊皇帝实录卷》卷七十二，影印台湾“中央研究院”历史语言研究所校勘本，上海书店1984年版。

⑦ 参见《明熹宗悊皇帝实录卷》卷八十，影印台湾“中央研究院”历史语言研究所校勘本，上海书店1984年版。

⑧ 参见（清）升允、长庚修，安维峻纂《（光绪）甘肃新通志》卷四十六《兵防志》，清宣统元年刊本。

酒泉市）高台仙姑庙在城西北半里梧桐泉[①]，有建于清康熙五十年（1711）仙姑庙一座。[②]肃州城内建有仙姑庙两处，一处位于城南五里许，一处在肃州北门外半里的镇夷香山[③]，为清雍正元年（1723）监屯通判毛凤仪以求嗣建。[④]在肃州金塔寺堡内，清雍正四年（1726）也建仙姑庙一座。[⑤]张掖民乐县仙姑庙位于“县城西门外。府仅三楹，而瞻拜之士庶，络绎不绝，亦斯地敬神之所也”[⑥]。历代文人对仙姑庙也颇多赞颂，如清人杨楷题《仙姑庙》四首云：“黑水波翻恨未填，梁成恰值道成年。娲皇也是人间女，炼石还闻手补天。此身岂等掷鸿毛，入水才回万顷涛。漫道昭君青冢异，祇今遗骨镇空壕。河边竞渡霍骠姚，幻起云中挂鹊桥。纵祷金人成底事，昆邪无计诩天骄。艳说西方彼美多，合黎山畔伏妖魔。汉封夏册非崇诞，海有灵妃江有娥。”[⑦]

河西各地除了为平天仙姑广修庙宇之外，还在甘州城镇远楼西修建了仙姑楼。[⑧]清人陈宏德曾赋诗《题仙姑楼》：“香阁连云际，登临帝座通。彩霞飞槛外，新月渗帘中。瑞绕千层雪，烟斜八面风。寄言学道者，此处是仙宫。”[⑨]农历四月初八，本为佛教的佛诞日纪念，可是由于平天仙姑的地方影响力，这天也成为河西人民祭祀仙姑的主要节日，如《民国新纂高台县志》载：“四月初八日，士女咸赴佛寺、仙姑庙焚香礼拜。”[⑩]《民国创修民乐县志》亦记载：“四月初八，敬平天仙姑，黄泥沟集社赛会。按四月八日，本为浴佛节，民乐按道家习俗，敬平天仙姑。”[⑪]其中民乐县洪海乡村的仙姑社庙会在黄泥沟沿举办，“规模宏壮，楼阁连绵。每年四月八日，集会演戏，夙称千羊会”[⑫]。

---

① 参见徐家瑞修纂《民国新纂高台县志》卷三《祀事》，民国十年刊本。
② 参见（清）黄文炜修、沈青崖纂《（乾隆）重修肃州新志》之《高台叁册》，清乾隆二年刊本。
③ 徐家瑞修纂:《民国新纂高台县志》卷三《祀事》，民国十年刊本。
④ （清）阙名:《（乾隆）玉门县志》不分卷《坛庙》，清道光六年赵麟趾抄本。
⑤ （清）黄文炜修、沈青崖纂:《（乾隆）重修肃州新志》之《肃州伍册》，清乾隆二年刊本。
⑥ 樊得春修纂《民国创修民乐县志》卷八《建置志》，民国抄本。
⑦ （清）钟赓起纂修:《（乾隆）甘州府志》卷十五《艺文下》，清乾隆四十四年刊本。
⑧ （清）钟赓起纂修:《（乾隆）甘州府志》卷五《营建》，清乾隆四十四年刊本。
⑨ （清）钟赓起纂修:《（乾隆）甘州府志》卷十五《艺文下》，清乾隆四十四年刊本。
⑩ 徐家瑞修纂:《民国新纂高台县志》卷二《风俗》，民国十年刊本。
⑪ 樊得春修纂:《民国创修民乐县志》卷三《民族志》，民国抄本。
⑫ 樊得春修纂:《民国创修民乐县志》卷八《建置志》，民国抄本。

三、《仙姑宝卷》版本考

《敕封平天仙姑宝卷》自清初刊印以来，一直以刻本和抄本两种传播手段在河西民间艺人之中流传。民间抄本多简称为《仙姑宝卷》。据不完全统计，目前现存刻本约 4 种，抄本可以确定的有 3 种。

北京大学图书馆藏《敕封平天仙姑宝卷》，清康熙三十七年（1698）写刻本，1 册 1 函。原为著名学者马廉（偶卿）旧藏，1937 年入藏北京大学图书馆，典藏号：MX/814.8/0471。版框高 25 厘米，宽 15.5 厘米，双栏，黑鱼尾，细黑口，版心题“仙姑卷”。正文 70 页 140 面，每页 9 行，行 24 字。扉页题“平天仙姑宝卷”，原卷无序跋，首有绣像一幅。卷末题识标明本卷刻印年代、施刊者、编辑、书写和刻字工的姓名。其卷末刊记题：“康熙三十七年五月吉旦，板桥仙姑庙住持持经卷板。太子少保振武将军孙施刊，吏部候铨州同知金城谢麈编辑，将军府掾书张掖陈清书写。刻字：凉州罗有义、王璋，福建颇顺贵，甘州韩文。”

车锡伦指出：“署名的‘编辑’者谢麈，甘肃兰州人，是一位‘候铨同知’，即候补府、州政府副职官。看来是通过捐纳买来的做官资格，又花钱在甘肃候补。他是这个刻本的编辑（定）者，本卷最后一‘分’（第十九分）是他编订时加上去的……本卷原编的时间，可能在明代末年，原编者不详。”[①]笔者也持此观点，认为这部宝卷的创作时间应该在明代中后期，作者不详。清人谢麈不过是刊刻本的修订者，可以仿效历史文献的说法，康熙本《敕封平天仙姑宝卷》版本的著录应为清康熙递修本更为准确。关于编辑者的名字，北京大学藏本作“吏部候铨州同知金城谢麈”，今人整理的《临泽宝卷》本作“吏部候铨州同知金城谢璧”[②]，名字有所不同。研究者崔云胜对此未知孰是。

笔者在修纂《中国曲艺志·甘肃卷》时，通过对文献的钩稽，解开了这一

① 车锡伦：《中国宝卷研究》，广西师范大学出版社 2009 年版，第 276 页。

② 中共政协临泽县委编纂：《临泽宝卷》（内部印刷），临泽县华光印刷包装有限责任公司 2006 年版。

疑问，并对版本上的信息加以考证。康熙本“谢龎”的“龎”字是“历”的异体字。因此北京大学藏本编辑者的名字应作“吏部候铨州同知金城谢历”。谢历，生卒年不详，甘肃清代宝卷改编者，兰州人。岁贡生；约生活在康熙、雍正年间；精通洪范、五行之学。康熙时，为振武将军、甘肃提督孙思克幕僚。雍正初年，佐大将军岳钟琪戎幕。“占贼事，多奇中”，议叙吏部候铨同知，未仕而卒[①]。

车锡伦在论著中将“将军府掾书张掖陈清书写”中的“掾书”错误作“椽书”；崔云胜等不加辨析，因循沿用错误。经笔者细查木刻本尾题，刻本原作“掾书”，无误。陈清，生卒年不详，清代甘肃宝卷抄写者。张掖秦双胡门人。约生活在康熙、雍正年间。幼年工书法，小有声名。后游历山东，受业于邢退庵门下，卖卜为生。肆业三年后归乡。曾入振武将军、甘肃提督孙思克府任将军府椽书。[②]清康熙三十七年（1698），孙思克出资刊刻《敕封平天仙姑宝卷》，由他抄写宝卷全文作为书版底本。

这部宝卷刊印的施主和倡导刊刻人孙思克为清初一代名将。孙思克，字荩臣，汉军正白旗人，先世居奉天广宁（今辽宁省锦州市北镇市）。其父孙得功，原系明朝游击将军，后降清太祖努尔哈赤；因功，授三等男爵。孙思克为孙得功次子，初授王府二等护卫。清世祖顺治八年（1651）七月，授刑部理事官[③]。十一年（1654）六月，授甲喇章京[④]。十三年（1656），随大军由湖南进征贵州、云南，屡立战功。清圣祖康熙二年（1663）正月，升陕西甘肃总兵官，驻凉州[⑤]。康熙五年（1666）三月，与提督张勇奉旨修筑边墙、固御险隘，以防厄鲁特蒙古。康熙十三年（1674）六月，加右都督衔；是年冬，平凉提督王辅臣叛应吴三桂，兰州失守；孙思克率兵至索桥，结筏渡河，连克靖远及附近城堡；又率师还凉州、赴甘州，驱赶墨尔根台吉及寇将黄番。十四年（1675）二

① 参见（清）张国常纂修《（光绪）重修皋兰县志》卷二十三《人物中》，民国六年刊本。
② 参见（清）钟赓起纂修《（乾隆）甘州府志》卷十一《人物》，清乾隆四十四年刊本。
③ 参见《清世祖实录》卷五八，中华书局影印本2008年版。
④ 参见《清世祖实录》卷八四，中华书局影印本2008年版。
⑤ 参见《清圣祖实录》卷八，中华书局影印本2008年版。

月，加授左都督[①]；同年五月，会同提督张勇围巩昌，克秦州、礼县、清水、伏羌（今甘肃省甘谷县）等地。受降巩昌等十七县，河东悉定；八月，会剿平凉，与敌交战，八战八捷。十五年（1676）五月，随抚远大将军图海破敌于虎山墩；七月，升为一等阿达哈哈番、授一等轻车都尉世职、凉州提督。[②]十六年（1677）三月，因平凉护山墩杀贼功授三等阿思哈尼哈番世职[③]，四月叙功晋三等男；二十二年（1683）四月，清廷追论缓兵进军罪，革三等男爵及提督，仍留总兵任；二十三年（1684）四月，任甘肃提督[④]；三十一年（1692）三月，因久历边地、劳绩素著，加太子、少保，拜他喇布勒哈番[⑤]；同年十一月，寻授振武将军[⑥]；三十五年（1696）二月，康熙帝亲征噶尔丹；五月，孙思克与抚远大将军费扬古于昭莫多地方并力迎战，斩级俘获无算。三十七年（1698）七月，叙功，加云骑尉；三十九年（1700）二月十六日，病卒于任所；诏赠太子太保，赐祭葬，谥襄武；七月壬子，孙思克灵柩归葬京师，康熙帝命皇长子胤禔往奠茶酒，赐鞍马二匹、银一千两。[⑦]

北京五塔寺石刻博物馆现存《一等男甘肃提督孙思克墓碑》，为清康熙四十年（1701）立。诰封碑龟趺早失，碑身额首以上部分无存，仅剩多半截碑身，宽 1.14 米，厚 0.24 米，系人为裁截凿磨所致。该碑于清末民初即被改成匾额，碑阳文刻字未动，碑阴刻有清末溥仪老师陈宝琛横书“兴记”两个大字。碑文满汉合璧，多处漫漶，满文 11 行，汉文 7 行，每行上部脱落 3 字。关于碑文记录可参见《雪屐寻碑录》。[⑧]

一代名将孙思克戎马一生的四十年都奉献给了甘肃河西，其功业恩威所被，兵民感颂。由他出面刊刻《敕封平天仙姑宝卷》的动机可以讲与明万历初重修仙姑庙的甘肃巡抚侯东莱的出发点一致，即树立防御边虏的斗争之精神，

---

① 《清圣祖实录》卷五三，中华书局影印本 2008 年版。
② 《清圣祖实录》卷六一，中华书局影印本 2008 年版。
③ 《清圣祖实录》卷六六，中华书局影印本 2008 年版。
④ 《清圣祖实录》卷一一五，中华书局影印本 2008 年版。
⑤ 《清圣祖实录》卷一五四，中华书局影印本 2008 年版。
⑥ 《清圣祖实录》卷一五七，中华书局影印本 2008 年版。
⑦ 《清圣祖实录》卷二〇〇，中华书局影印本 2008 年版。
⑧ 杨海山：《京郊清代墓碑》，学苑出版社 2014 年版，第 218 页。

祈求神灵护佑国家人民之安全。

据河西学院崔云胜调查，甘肃本地曾藏有清刻本3种。一是20世80年代，张掖临泽县香古寺方丈释理的父亲藏的一部刻本，后被人借去；由于邻里的恩怨，借卷人被告发，该宝卷遂被公安局抄去，据说后来落入一位名叫马虎成的律师手中，现下落不明。[①]二是原张掖市甘州区平山湖乡武装部部长单浩强藏清木刻本[②]；此本首尾皆残；与北大藏本最大不同的是卷首多出“贤觉圣光菩萨赞”一篇，首页残缺失15字；赞文3页，每页6行，每行10字；尾题“从九品职许墨林谨赞”；《临泽宝卷》收录该卷时据此本整理；张掖市图书馆据此本复印件影印内部刊印，刻本尾部缺失12页，由北大藏本补入。三是临泽县博物馆收藏的一件木刻本，该本系临泽县文化馆从临泽县板桥镇东柳村征集到的一部残本；卷首尾已残，仅存“仙姑设桥渡汉兵第七分”至“八洞神仙庆仙姑分第十八”十二分。以上三种《仙姑宝卷》都属于清康熙三十七年（1698）木刻本系统。

除木刻本外，甘肃河西民间尚有许多抄本流传。这些抄本的祖本都是木刻本。目前流传有全本和节改本（即删节修改）两个体系。全本与清康熙刊本内容基本一致，文字有出入，整理本已经收入徐永成主编的《金张掖民间宝卷》。[③]节改本与清康熙刊本差异较大，以张掖市民乐县花寨乡戴登科民国三十年（1941）抄本为代表。

《仙姑宝卷》全本抄本见徐永成主编的《金张掖民间宝卷》和2006年内部刊印的《临泽宝卷》，它们共同的特征是保留了清刻本的十九个篇章，且内容基本相同，文字改动不多。经过仔细比对，《临泽宝卷》本抄本最接近清刊本，篇章分为十九分，与原刊本相同，文字只有个别不同。《金张掖民间宝卷》本抄本也分十九，但不以“分”划分，而以“品”划分，内容有部分删改。但这两种整理本编著者均未讲明所据版本来源。

---

① 参见崔云胜《〈仙姑宝卷〉的版本及其相关问题研究》，《河西学院学报》2015年第3期。

② 唐国增、宋进林：《甘州宝卷今与昔》，载中共张掖市甘州区委、张掖市甘州区人民政府编《阅读甘州》，甘肃人民出版社2010年版，第166—167页。

③ 徐永成主编：《金张掖民间宝卷》，甘肃文化出版社2007年版。

节改本以方步和整理的《仙姑宝卷》最具代表性。他依据的版本为“戴金寿、徐万和搜集自张掖市花寨乡，王斌银、赵广军誊抄”本。卷本全卷用毛笔抄写，字迹工整、清秀，抄卷人署名戴登科，抄卷的时间是民国三十年（1941）二月二十四日。经笔者走访戴登科的孙子、国家级非物质文化遗产项目“河西宝卷”传承人戴兴位，基本掌握了张掖花寨乡戴氏宝卷的传承脉络。

第一代传人戴登科（1883—1941），念卷艺人，字天恩，张掖花寨人；清光绪九年（1883）生，光绪二十九年（1903）秀才；幼年聪颖过人，好文学，通经史，笃信佛教，青年时即为居士。清末开始抄写宝卷，从事念卷活动，多在张掖、民乐、山丹等地进行念卷活动。戴登科讲唱宝卷，书卷气重。语言生动，经常旁征博引，引古喻今，褒善抑恶。最为擅长的节目为《仙姑宝卷》《黑骡子告状宝卷》《张四姐大闹东京宝卷》。现存由戴登科抄写的宝卷有抄写于清光绪三十三年（1907）二月十日的《熊子贵寻亲宝卷》，中华民国五年（1916）的《马乾隆游国宝卷》，中华民国十二年（1923）的《丹凤宝卷》《康熙宝卷》，中华民国二十一年（1932）的《丁郎寻父宝卷》《乾隆宝卷》，中华民国二十二年（1933）的《黑骡子告状宝卷》，中华民国二十七年（1938）的《苦节宝卷》，中华民国二十八年（1939）的《汗衫宝卷》，中华民国三十年（1941）的《仙姑宝卷》（首微残）。另外，《绣红灯宝卷》《张四姐大闹东京宝卷》抄本没有时间题记。部分抄本末还有手绘图画以为装饰，如《黑骡子告状宝卷》。这批抄本构成了戴氏家族念卷传承的基础。戴登科注重对后辈弟子的培养。除了将全部念卷曲目传授给儿子戴进寿外，还培养了大量弟子，如张掖拓家庄人拓朝元、拓奉元，花寨人杨重福、拓索德、马世友。

第二代传人戴进寿（1912—1982），念卷艺人，张掖花寨乡花寨村人。青年时开始信奉道教，后曾做过当地明堂堂主。戴进寿 8 岁时随父亲戴登科学习念卷，15 岁时开始独立游艺。多在张掖、民乐、山丹、高台、临泽等地进行念卷活动。他嗓音洪亮，善于演唱，感染力较强。代表节目为《乾隆宝卷》《绣红灯宝卷》《汗衫宝卷》《熊子贵寻亲宝卷》等。戴进寿的传艺受到时代局限，念卷节目只传给其子戴兴位一人。

第三代传人戴兴位，自幼跟随父亲走乡串村念唱宝卷，又从各种途径中学习宝卷讲唱，演唱技艺日渐成熟，能够念卷 40 余种，卷卷精熟。擅长讲唱《丁郎寻父》《鹦哥宝卷》《仙姑宝卷》等“孝义”故事和跟河西走廊有关的历史故事节目。他的讲唱韵白结合，节奏悠扬，能够熟练使用各种传统“调子”。2018 年 5 月，戴兴位入选第五批国家级非物质文化遗产代表性项目“河西宝卷”① 代表性传承人名单。其子戴继生继承家族祖业，继续宝卷念唱，现为第四代传人及甘肃省级非物质文化遗产传承人。至此张掖花寨乡戴氏家族讲唱宝卷的念卷活动已流传四代，《仙姑宝卷》残抄本也伴随戴氏一家度过了百年的历史沧桑。值得注意的是，从戴进寿以后起，戴氏宝卷的传人将自己的“戴”姓简化为“代”。

张旭先生主编《山丹宝卷》本《仙姑宝卷》与方步和整理本基本相同。这两个宝卷都分为十一品，其中都有两个第七品，极有可能整理时的底本都使用的是甘州区花寨乡戴登科的抄残本。

另外，《永昌宝卷》本《仙姑宝卷》由何登焕整理，底本来源不清。该卷为残本，残存十二品，与方步和整理本接近。

表 1　张掖《仙姑宝卷》抄本不同卷本结构对比

康熙本	临泽本	金张掖本	方步和本	山丹本	永昌本
举香赞、开经偈、开经赞、志心皈命礼	举香赞、开经偈、开经赞、志心皈命礼	开经赞、志心皈命礼	—	—	—
仙姑修心分第一	仙姑修心分第一	仙姑修心第一品	仙姑修板桥第一品	仙姑修板桥第一品	仙姑修板桥第一品
仙姑修板桥分第二	仙姑修板桥分第二	仙姑修板桥第二品	—	—	—
骊山老母度仙姑分第三	骊山老母度仙姑分第三	骊山老母度仙姑第三品	—	—	—
仙姑炼魔分第四	仙姑炼魔分第四	仙姑炼魔第四品	—	—	—

① 念卷的曲本即脚本被作为“民间文学”类的非物质文化遗产，以“河西宝卷”的名称申报为国家级保护项目。

续表

康熙本	临泽本	金张掖本	方步和本	山丹本	永昌本
仙姑得道升仙分第五	仙姑得道升仙分第五	仙姑得道升仙第五品	仙姑得道升仙第二品	仙姑得道升仙第二品	仙姑得道升仙第二品
仙姑显骨分第六	仙姑显骨分第六	仙姑显骨第六品	仙姑显骨第三品	仙姑显骨第三品	仙姑显骨第三品
仙姑设桥渡汉兵分第七	仙姑设桥渡汉兵分第七	仙姑设桥渡汉兵第七品	仙姑设桥渡汉兵第四品	仙姑设桥渡汉兵第四品	仙姑设桥渡汉兵第四品
夷人焚庙分第八	夷人焚庙分第八	夷人焚庙第八品	夷人焚庙第五品	夷人焚庙第五品	夷人焚庙第五品
仙姑一殃夷人分第九	仙姑一殃夷人分第九	仙姑一殃夷人第九品	—	—	—
仙姑二殃夷人分第十	仙姑二殃夷人分第十	仙姑二殃夷人第十品	仙姑二次殃夷人第六品	仙姑二次殃夷人第六品	仙姑二次殃夷人第六品
仙姑三殃夷人分第十一	仙姑三殃夷人分第十一	仙姑三殃夷人第十一品	仙姑三次殃夷人第七品	仙姑三次殃夷人第七品	仙姑三次殃夷人第七品
夷人修庙分第十二	夷人修庙分第十二	夷人修庙第十二品	夷人修庙第七品	夷人修庙第七品	夷人修庙第八品
仙姑救周秀才分第十三	仙姑救周秀才分第十三	仙姑救周秀才第十三品	仙姑救周秀才第八品	仙姑救周秀才第八品	仙姑救周秀才第九品
仙姑将逆妇变狗分第十四	仙姑将逆妇变狗分第十四	仙姑将逆妇变狗第十四品	仙姑娘娘将逆媳妇变狗第九品	仙姑娘娘将逆媳妇变狗第九品	仙姑娘娘将逆媳妇变狗第十品
仙姑救王志仁分第十五	仙姑救王志仁分第十五	仙姑救王志仁第十五品	仙姑救王志仁第十品	仙姑救王志仁第十品	仙姑救王志仁第十一品
仙姑救单氏母子分第十六	仙姑救单氏母子分第十六	仙姑救单氏母子第十六品	仙姑救单氏母子第十一品	仙姑救单氏母子第十一品	仙姑救单氏母子第十二品
玉帝降敕予仙姑分第十七	玉帝降敕予仙姑分第十七	玉帝降敕予仙姑第十七品	—	—	—
八洞神仙庆仙姑分第十八	八洞神仙庆仙姑分第十八	八洞神仙庆仙姑第十八品	—	—	—
仙姑近代显应分第十九	仙姑近代显应分第十九	仙姑近代显应第十九品	—	—	—

通过表 1 对比可知，《仙姑宝卷》在清代流传过程中出现了两个不同的传承文本。一为忠实于刻本的全抄本，一为将清初刻本的十九分压缩成十二品的节改本。从文本解读对比，笔者发现节改本的宗教色彩被进一步淡化，宝

卷语言的世俗性得到强化。首先，节改本删去了举香赞、开经偈、开经赞、志心皈命礼。其次，节改本"仙姑修板桥第一品"的内容即包含了清刻本第一到第四分的全部内容；"夷人焚庙第五品"则整合了清刻本第八分到第九分两部分的内容；最后，节改本在"仙姑救单氏母子第十一品"（清刻本为"仙姑救单氏母子分第十六"）没有将清刻本的第十七分至第十九分纳入，而是直接插入宝卷总结性的十字句作为结束：

仙姑娘显神威永镇北方，掌世间男共女大小安康。
又护国又保民天安地泰，镇边墙黑河岸修积功成。
玉敕封合黎山平天圣母，道号尊济中和洞妙元君。
救世间渡众生消灾灭罪，渡男女多敬香普济群生。
这一本仙姑卷功果圆满，送神灵归本位去上天官。
一炷香敬与了玉皇大帝，二炷香敬与了二郎神童。
三炷香敬与了二大财神，四炷香敬与了四海龙君。
五炷香敬与了五方土地，六炷香敬与了南斗六星。
七炷香敬与了北斗七星，八炷香敬与了金刚大神。
九炷香敬与了九天圣母，十炷香敬与了十帝阎君。

节本结尾部分十字句与刻本结尾部分文字完全不同，显然系民间艺人加工编写。

四、清康熙本《敕封平天仙姑宝卷》的结构形式与内容概要

（一）结构形式

《敕封平天仙姑宝卷》保持了明清民间宗教教派宝卷的基本结构特征，继承了明代佛教宝卷的形式并加以删繁趋简，同时出现了宗教宣传宝卷向民间俗卷过渡的走向。车锡伦从宝卷结尾"大哉虚皇道，开悟演真诠"一句判断，这部宝卷属于古代甘州地区一个名叫"虚皇道"的民间教派。笔者认为，这

一结论并不准确。

这里的“虚皇”，应是道教名词，指的是虚皇上帝，也就是人们所熟悉的道教尊神元始天尊。元始天尊全称“青玄祖炁玉清元始天尊妙无上帝”，又名“玉清紫虚高妙太上元皇大道君”，是道教最高神三清之一。早期《上清大洞真经》称之为“高上虚皇君”[①]。魏晋南北朝南梁时上清派宗师陶弘景所著的《洞玄灵宝真灵位业图》记载第一阶玉清境的中位即最高位：“上合虚皇道君，应号元始天尊。”由此正式确立了元始天尊在茅山上清派乃至整个道教体系中的独尊地位，使得早期上清派尊神高上虚皇道君等的地位得到保证。[②]元始天尊生于混沌之前，太无之先，元气之始，故名“元始”。《历代神仙通鉴》称他为“主持天界之祖”[③]，传众仙之祖，地位极高。由此可以断定，《敕封平天仙姑宝卷》是一部民间道教宝卷，平天仙姑也是一位道教女神。但不可否认的是作为道教在民间的传教作品，与其他民间宗教宝卷一样，这部宝卷也将儒释道杂糅为一体。

康熙本《敕封平天仙姑宝卷》开卷部分包括“举香赞”“敬礼三宝”“开经偈”“皈依颂”“开经赞”“仙姑宝诰”六部分，前五部分为韵文，“仙姑宝诰”为散文，开宗明义，相当于全卷的提纲，最后以四句韵文作为总结。如：

仙姑宝诰

志心皈命礼。

太华仙苑，青阳宫内，平天仙姑，至圣元君。秉玄黄一元之渊气，合先天坤顺之婉容。合黎峰岭，过太虚而发明五典。泓济水面，创金桥而普度群生。修真功满，随波化而超越仙风。隐圣显凡，指迷途而归正觉。清源发朗日之辉，慈爱合兑和之气。行驾七宝之金舆，座登五明之法席。天真侍卫，灵祇朝迎。威光遍于乾坤，慈泽普沾于法界。教流恺

① 参见《上清大洞真经》，载《中华道藏》（第1册），华夏出版社2014年版，第513—556页。

② 参见《洞玄灵宝真灵位业图》，载《中华道藏》（第3册），华夏出版社2014年版，第273—282页。

③ 《历代神仙通鉴》，上海江东书局1912年版。

悌，化洽冲和。蓬壶之上善人，剑泉之中慈母。无灾不祛，遇厄蠲消。济生民幽苦之途，保国祚安和之庆。应梦储祥，随心演化。皈依莫尽，称赞难忘。大悲大愿，大圣大慈。平天仙姑，冲和洞妙元君。

仙姑原是汉时人，合黎山上苦修行。

功行圆满升天界，威灵感应度群生。

宝卷正文分为十九分，每分有分名，每分内的结构基本由“小曲”“散说”“诗赞”“唱段”“格律严整的长短句歌赞”“诗赞”六部分组成。

宝卷结卷包括宣唱“宝卷圆满”“回向文”“结经发愿文”，以及偈文：“大哉虚皇道，开悟演真诠。救济众生苦，化现玉女言。合黎参山顶，青阳应灵源。泓济桥边显，普渡保国安。志心皈命礼，随愿得飞仙。”

（二）内容概要

康熙本《敕封平天仙姑宝卷》正文内容提要及所用曲牌依次见下。

“仙姑修心分第一”，讲述仙姑娘娘为汉朝人，她观见世人多行“不敬天地，不礼三光。奸盗邪淫，不忠不孝”之事，于是一心发愿，立志修行。不恋世上之繁华，不贪眼前之浮尘，志心向善，苦志修行。本分所用曲牌为【上小楼】。

“仙姑修板桥分第二”，讲述仙姑见黑河水势汹涌，人不能渡，而河对岸良田广布却不得耕种。冒险渡河者，竟皆漂没而死。仙姑发愿，在黑河之上修桥梁一座。往来之人，着实利便。从此黑河北岸之田地，百姓都得耕种。本分所用曲牌为【浪淘沙】。

“骊山老母度仙姑分第三”，讲述仙姑善行感动骊山老母。老母化作白发老婆婆指点仙姑修炼内丹之法。本分所用曲牌为【金字经】。

“仙姑炼魔分第四”，讲述为了试验仙姑的道行是否坚定，骊山老母分三次派遣老虎、蟒蛇、恶魔前来考验；仙姑道力坚定，功成圆满。本分所用曲牌为【黄莺儿】。

“仙姑得道升仙分第五”，讲述黑河水冲毁了仙姑所建桥梁后，骊山老母接引仙姑接受玉帝封赐的“平天仙姑”称号，永镇合黎山。本分所用曲牌为【驻云飞】。

“仙姑显骨分第六”，讲述板桥堡百姓发现仙姑遗骸，加以埋葬，就地建立仙姑庙，供奉善人。本分所用曲牌为【浪淘沙】。

“仙姑设桥渡汉兵分第七”，讲述汉骠骑大将军霍去病大军西征匈奴，得胜回军途中为黑河所阻；浑邪王阴谋奇袭；仙姑显化桥梁，安全渡汉军过河。本分所用曲牌为【傍妆台】【哭五更】。

“夷人焚庙分第八”，讲述霍去病班师回朝，将此事奏知朝廷，重修庙宇，正破土动工之时，忽然大雨一阵，显出石碑一座，上写“平天仙姑”，众黎民才知道她是仙姑；浑邪王部下绰什噶得知仙姑显化神桥救渡汉兵之事，勃然大怒，来到庙里辱骂仙姑，亵渎神像，后突然死去；其子丹进台吉，次子卜什兔等火焚仙姑庙。本分所用曲牌为【清江引】。

“仙姑一殃夷人分第九”，讲述仙姑显灵，派遣各路瘟神向烧毁庙宇的丹进台吉部众释放瘟疫；丹进台吉遂许诺重修仙姑庙。本分所用曲牌为【罗江怨】。

“仙姑二殃夷人分第十”，讲述丹进台吉未能践行修庙的诺言，仙姑施放蛇蝎为害部众。本分所用曲牌为【皂罗袍】。

“仙姑三殃夷人分第十一”，讲述丹进台吉的母亲阻挠修庙，仙姑施法显灵加以震慑，并杀死其母。本分所用曲牌为【耍孩儿】。

“夷人修庙分第十二”，讲述丹进台吉改恶向善、幡然悔悟，赠送汉人牛羊请他们重修仙姑庙。本分所用曲牌为【一剪梅】。

“仙姑救周秀才分第十三”，讲述天仓卫周秀才与妻子吴氏安贫守道，苦心攻读；岳父吴义刻薄残忍，不但不加以援手，反而嫌弃女婿贫困；周秀才进京赶考，吴义买通强盗出身的项善半路上杀害周秀才，以便自己的姑娘再嫁他人；半途中正当项善行凶之时，仙姑显灵，钢刀断作三截，周秀才获救；项善感念仙姑灵验，改恶从善。本分所用曲牌为【锁南枝】。

“仙姑将逆妇变狗分第十四”，讲述黑河北岸板桥堡温善中年人亡故，留下年已八旬、双目失明的母亲和妻子；妇人图谋改嫁，亲族以婆婆无人照管为由，加以阻拦；妇人遂谋用毒药毒死婆婆；仙姑显灵相救，并给婆婆一件青布衫；妇人因喜爱青布衫，穿在身上，结果变成了一只狗。本分所用曲牌为【绵答絮】。

“仙姑救王志仁分第十五”，南方丹阳郡客商王志仁年已五十二岁，尚无子嗣，只身前来酒泉郡贸易。一日在黑河边救起投水自尽的母子二人，并资助银钱；当晚王志仁投宿在仙姑庙西厢房，落水妇人同其丈夫来到，让他证明妇人的银子是他所赠，并非来路不明；王志仁刚出房门，大墙倒塌，睡铺处被压得无有踪影，原来是仙姑显灵救了王志仁，三人一同拜谢仙姑；此后，王志仁出钱重修厢房；后来王志仁连生三子，均登科甲。本分所用曲牌为【画眉序】。

“仙姑救单氏母子分第十六”，讲仙姑庙附近村堡之内姓陈的兄弟两人，兄长陈王道，兄弟陈王治；不幸父母双亡，兄弟不和，分家另过；陈王治礼敬仙姑，娘娘感应，其妻单氏到二十五岁生下男孩取名叫仙姑保；不幸仙姑保年方四岁时陈王治病死；单氏立志守节。陈王道谋夺其家产，先勾结单氏惯于偷盗的小厮招财偷盗单氏钗环、首饰、衣物以及买田产的文契、兄弟二人分家时的分单等，又借机哄骗了单氏母子三十两银子，随后又说单氏母子居住的三间楼房有他的一半，他要将木料拆去盖房，逼得单氏母子无处安身；仙姑显灵惩罚了作恶之人陈王道及招财，救了单氏母子。本分所用曲牌为【驻马听】【哭五更】。

“玉帝降敕予仙姑分第十七”，讲东华教主向玉帝表奏仙姑护国佑民，功德无量；玉帝大喜，敕谕仙姑“永镇合黎。保生度厄，护国安边”。本分所用曲牌为【谒金门】。

“八洞神仙庆仙姑分第十八”，讲述八洞神仙从西瑶池赴了王母娘娘蟠桃盛宴回来，途经合黎山前，向仙姑庆贺玉帝敕书封赏。本分所用曲牌为【一江风】【清江引】。

“仙姑近代显应分第十九”，讲述在明朝发生的五件真人真事。本分没有使用曲牌。

五、清康熙本《敕封平天仙姑宝卷》明代本事详考

从故事宝卷结构和内容分析，《敕封平天仙姑宝卷》创作于明代末期，从“仙姑设桥渡汉兵分第七”开始，到“仙姑救单氏母子分第十六”的创作背景都是明代的甘州地区。清初谢历在修订时可能受到孙思克的授意，加入反映明代后期历史人物和故事的“仙姑近代显应分第十九”。该宝卷是一部具有鲜明历史人文背景和边塞特色的宝卷，以下就宝卷与明代甘州历史人物与边事的关联加以考证。

宝卷“夷人焚庙分第八”将西汉匈奴浑邪王与明代蒙古部族首领直接跨时代挂钩。宝卷中明代蒙古部族首领绰什噶及其子丹进台吉、次子卜什兔等明代历史人物都成为西汉匈奴浑邪王属下。绰什噶有待考证。从“仙姑一殃夷人分第九”“仙姑二殃夷人分第十”“仙姑三殃夷人分第十一”到“夷人修庙分第十二”，宝卷故事以蒙古王子丹进台吉为核心开展。

台吉，古时蒙古贵族的称号，源出汉语“太子”。成吉思汗时只用于皇子，后来渐成为成吉思汗后裔的通称。明代时，蒙古人将成吉思汗的黄金家族成员统称为台吉。丹进台吉有待考证。作为宝卷中绰什噶次子、丹进台吉之弟的卜什兔则史料颇为丰富。根据对宝卷的研读，笔者猜测谢历编辑时将卜什兔的史实嫁接到丹进台吉身上。卜什兔，撦力克长孙，明代蒙古右翼土默特部领主。驻牧于青海。1613 年，卜什兔正式即位，明朝册封他为第四代“顺义王”。因与素囊等长期对抗，势衰，部属多不听命。崇祯元年（1628），察哈尔部林丹汗西进，攻击右翼，土默特部土崩瓦解，遂西遁河套。后卒于该地，顺义王位告寝。[①]《（乾隆）甘州府志》“张臣破卜什兔”条载：“万历十八年，张臣镇甘州。火落赤犯洮河，卜什兔将往助之，其母泣阻，不从，遂携妻女行，由永昌宋家庄穴墙入。臣逆战水泉三道沟，手格杀数人，夺其坐纛。卜什兔及其党炒胡儿并中流矢，臣亦被创。将士斩级以百数，生获其爱

① 参见高文德主编《中国少数民族史大辞典》，吉林教育出版社 1995 年版，第 19 页。

女，及牛马羊万八百有奇。卜什兔仰天大恸曰：'伤哉吾女，悔不用吾母言，以至此也！'自后不敢归巢，与宰僧匿西海。已，属宰僧谢罪，其母及顺义王亦代为言，乃还其女，而使归套。臣以功进秩。"对于这次大胜[1]，明神宗万历十九年（1591）正月，经略郑雒上疏曰："……惟卜失兔屡次住牧甘肃，大肆抢掠，仍率众西行，应援火酋。当被捕剿，共斩获虏首九十五颗，头目首级三颗，夺其坐纛及原授敕书。卜酋被伤奔窜，所获骆驼马驼牛羊则一万八百有奇，戎器鞑衣帐房行李则三千六百有奇。是役也，西镇之捷未之前闻。其镇巡等官张臣、余之桢等主事兵备等官，梁云龙、万世德等参将等官，何崇德、李国用等各宜分别升赏，以励边臣。此酋既被大创，应行捣穴。但念伊母太虎罕同素称恭顺，且在套住牧，与群酋保塞如常。臣先将本酋市贡停革，以示杜绝。仍行各镇抚谕沿边住牧群夷，使知闯边者必诛，无自作歹。倘卜失兔悔过认罪，另行酌议章。"[2]

"仙姑近代显应分第十九"包括五个故事，第一个为杨博修仙姑庙：

明朝弘治年间，有北边鞑子竟预谋犯我内地，从娘娘的庙前经过，忽听庙内有许多的刀枪剑戟人马盔甲格斗之声，那鞑子不知道是娘娘的灵感，只当有兵马在内埋伏，内心慌惧，遂把娘娘庙用火点起，一齐惊忙逃窜而去了，并没动我内地一草一木。因为娘娘救了一方人民，有附近的居民，大家齐心合力，予娘娘从新修盖庙宇，但不像原日的规模，未免狭窄。到后来，即嘉靖十七年间，有巡抚杨博巡边，从庙前经过，忽听声音嘹亮，半空中有笙箫笛管细吹细唱。抬头观看，只见云端里站着一位娘娘，头戴缨络凤冠，身穿五色霞帔，渐渐向高空去，遂不见了。这杨爷仔细思想，回到营盘方知此地有一仙姑庙，庙中娘娘甚是灵应，遂到庙里跪拜神像，与空中所见的一般无二。杨巡抚心中着实惊异，因

① （清）钟赓起纂修：《（乾隆）甘州府志》卷十六《杂纂》，清乾隆四十四年刊本。

② 《明神宗显皇帝实录》卷二三一，影印台湾"中央研究院"历史语言研究所校勘本，上海书店1984年版。

见庙宇矮小，遂发愿心捐金银，将娘娘庙宇重新修盖了一番。[①]

故事中的杨博确有其人，《明史》有传。杨博，字惟约，山西蒲州人。明世宗嘉靖八年（1529）己丑进士。嘉靖九年（1530）任陕西盩厔县知县，“宽慈和易，不事钩距，吏民爱之。公廉，不避权贵，狡为无从；盗贼作奸，皆应手获，无得逸者”。[②]后调长安。征为兵部武库主事，历职方郎中。“大学士翟銮巡九边，以博自随。所过山川形势，土俗好恶，士卒多寡强弱，皆疏记之。至肃州，属番数百遮道邀赏。銮虑来者益众，不能给。博请銮盛仪卫，集诸番辕门外，数以天子宰相至，不悉众远迎，将缚以属吏。诸番罗拜请罪，乃稍赉其先至者，余皆惧不复来。銮还，荐博可属大事。吉囊、俺答岁盗边，尚书张瓒一切倚办博。帝或中夜降手诏，博随事条答，悉称旨。”[③]迁山东提学副使，转督粮参政。嘉靖二十四年（1545）四月乙未，升山东布政使司左参政。[④]嘉靖二十五年（1546）三月丙子，升都察院右佥都御史巡抚甘肃。[⑤]杨博巡抚甘肃期间，政绩卓著，“大兴屯利，请募民垦田，永不征租。又以暇修筑肃州榆树泉及甘州平川境外大芦泉诸处墩台，凿龙首诸渠。初，罕东属番避土鲁番乱，迁肃州境上，时与居民戕杀。监生李时旸以为言，事下守臣。博为筑金塔、白城七堡，召其长，令率属徙居之。诸番徙七百余帐，州境为之肃清。总兵官王继祖却寇永昌，镇羌参将蔡勋等战镇番、山丹，三告捷，斩首百四十余级”[⑥]。嘉靖三十一年（1552）十月戊午，改任兵部侍郎都察院右副都御史[⑦]。嘉靖三十二年（1553）三月壬午，命兵部右侍郎杨博兼都察院右

---

① 参见濮文起主编《民间宝卷》（第20册），载《中国宗教历史文献集成》（第5辑），黄山书社2005年版。

② （清）邹儒修、王璋纂：《（乾隆）重修盩厔县志》卷六《职官》清抄本。

③ （清）张廷玉：《明史·列传》卷一百二，中华书局1974年版。

④ 参见《明世宗肃皇帝实录》卷二九八，影印台湾“中央研究院”历史语言研究所校勘本，上海书店1984年版。

⑤ 参见《明世宗肃皇帝实录》卷三百九，影印台湾“中央研究院”历史语言研究所校勘本，上海书店1984年版。

⑥ （清）张廷玉：《明史·列传》卷一百二，中华书局1974年版。

⑦ 参见《明世宗肃皇帝实录》卷三九〇，影印台湾“中央研究院”历史语言研究所校勘本，上海书店1984年版。

佥都御史巡边；壬寅，升兵部左侍郎。[①] 同年十二月庚寅，总督蓟辽保定等处军务。[②] 嘉靖三十四年（1555）三月丙申，升兵部尚书。[③] 嘉靖四十一年（1562）三月乙酉，加太子太保兵部尚书支正一品俸。[④] 明穆宗隆庆三年（1569）十二月乙卯，少傅兼太子太傅吏部尚书杨博致仕。[⑤] 隆庆五年（1571）三月，诏起理兵部事。[⑥] 明神宗万历二年（1574）十月，杨博卒[⑦]，赠太傅，谥襄毅[⑧]。

明孝宗弘治年间入侵甘肃境内的主要是蒙古小王子，即鞑靼可汗子麻儿可儿。史载明宪宗成化“二十二年（1486）秋七月，小王子犯甘州，指挥姚英等战死”。[⑨] 明孝宗弘治元年（1488），小王子犯山丹。[⑩] 弘治六年（1493）九月，小王子前后又二次入境抢掠头畜约十万有余，人口不知其数，有全家虏去者，官军阵亡者亦多。弘治七年（1494），小王子人马潜住贺兰山后，节入甘（州）凉（州）、永昌、庄浪等处抢掠，于六七月间抢去头畜十万之上。[⑪] 弘治十一年（1498）五月，甘州参将杨翥败小王子于黑山。[⑫] 弘治十四年（1501）八月二十，“陕西奏报虏酋小王子等七八万骑从宁夏花马池深入固

---

① 《明世宗肃皇帝实录》卷三九五，影印台湾“中央研究院”历史语言研究所校勘本，上海书店 1984 年版。

② 《明世宗肃皇帝实录》卷四百五，影印台湾“中央研究院”历史语言研究所校勘本，上海书店 1984 年版。

③ 《明世宗肃皇帝实录》卷四二十，影印台湾“中央研究院”历史语言研究所校勘本，上海书店 1984 年版。

④ 《明世宗肃皇帝实录》卷五〇六，影印台湾“中央研究院”历史语言研究所校勘本，上海书店 1984 年版。

⑤ 参见《明穆宗庄皇帝实录》卷四〇，影印台湾“中央研究院”历史语言研究所校勘本，上海书店 1984 年版。

⑥ 参见《明穆宗庄皇帝实录》卷五五，影印台湾“中央研究院”历史语言研究所校勘本，上海书店 1984 年版。

⑦ 参见《明神宗显皇帝实录》卷二〇，影印台湾“中央研究院”历史语言研究所校勘本，上海书店 1984 年版。

⑧ 参见《明史 · 列传》卷一百二，中华书局 1974 年版。

⑨ （清）钟赓起纂修：《（乾隆）甘州府志》卷二《世纪下》，清乾隆四十四年刊本。

⑩ 参见（清）黄璟等纂修《（道光）山丹县续志》卷一《世纪》，清道光十五年抄本。

⑪ 参见《明孝宗敬皇帝实录》卷九五，影印台湾“中央研究院”历史语言研究所校勘本，上海书店 1984 年版。

⑫ 参见（清）钟赓起纂修《（乾隆）甘州府志》卷二《世纪下》，清乾隆四十四年刊本。

原迄南，分路抢掠，火光营盘数十余里。又且埋伏阻路，势甚猖獗”。[①]弘治十八年（1505）十月，小王子犯甘肃。[②]明武宗正德六年（1511）十月，甘州副总兵白琮败小王子于柴沟。[③]正德六年（1511）十一月，“蒙古亦卜剌阿尔秃厮与小王子仇杀，率众散处庄凉境外，屡入寇盗；分守凉州右副总兵苏泰领兵与战于大河滩，先后斩获首级一百一十三颗，夺获马匹器械”。[④]正德十六年（1521）七月，“小王子二千余骑由庄浪马场沟入边，指挥刘爵与战却之”。[⑤]明世宗嘉靖六年（1527）春，小王子大入甘肃。总兵姜奭以不能御寇。[⑥]由此可见，仅据有限史料记载，蒙古小王子所部从明宪宗成化二十二年（1486）至明世宗嘉靖六年（1527）共计41年间，共有11次大规模入侵甘肃境内，而明孝宗弘治年间就有7次。

第二个为蒙古犯边，仙姑于庙内诛杀敌人的故事：

> 嘉靖四十三年，有鞑子又来犯边，走到娘娘庙前说："这庙我们前边已烧了，怎么还照旧在哩？这个庙仍是汉人埋藏兵马之所，我们趁着这大天白日进去，细搜一番。"于是，到了庙中各处搜寻，并无一人一马。说："想是汉人不知我们来，还不曾埋伏。这庙留下终须不好，还是烧了才好。"于是将殿中所挂的宝幡点起火，眼看着中梁烧着了，然后到了前面扎下营盘，将至半夜，只见天昏地暗，阴云四合，乌洞洞对面不见手指，忽闻得营盘外面呐喊，恰像是汉人的兵马杀进来了，吓得那鞑子各个不及甲，马不及鞍，提起刀枪就乱砍乱戳，见个戳一个，见两个戳一双，整整闹了一夜，到天明仔细一看，那些鞑子叫声好苦也。原来，黑

① 参见《明孝宗敬皇帝实录》卷一七九，影印台湾“中央研究院”历史语言研究所校勘本，上海书店1984年版。

② 参见（清）钟赓起纂修《（乾隆）甘州府志》卷二《世纪下》，清乾隆四十四年刊本。

③ 参见（清）钟赓起纂修《（乾隆）甘州府志》卷二《世纪下》，清乾隆四十四年刊本。

④ 参见《明武宗毅皇帝实录》卷八一，影印台湾“中央研究院”历史语言研究所校勘本，上海书店1984年版。

⑤ 参见《明世宗肃皇帝实录》卷四，影印台湾“中央研究院”历史语言研究所校勘本，上海书店1984年版。

⑥ 参见（清）钟赓起纂修《（乾隆）甘州府志》卷二《世纪下》，清乾隆四十四年刊本。

夜里不辨你我，都是鞑子各自杀鞑子，何曾有半个汉人来到他营盘中去来。那营盘中的尸骸斜倒横卧，不计其数，多一半都是自家杀了。那鞑子才知道是仙姑娘娘的感应，遂不敢进犯边界，连忙奔回去了。到后来万历年间，巡抚侯都爷经过谒庙，见殿上只烧了一根梁，问起原因，着实深感娘娘的威灵，于是发心捐俸，把娘娘的庙又从新修了一番。①

有关明世宗嘉靖四十三年（1564）蒙古入侵河西之事，史料较少。仅从《（乾隆）甘肃通志》可以略知一二。该志《忠节》载："赵思义，永昌县人，袭千户。嘉靖四十三年，海夷大举入寇，官军失利。思义身先士卒，出入血战，陷阵而亡。其仆赵忠亦冲阵死，诏恤赠。"② 至于甘肃侯东莱重修仙姑庙及《重修仙姑庙碑》前文已考证，此不赘述。海虏即亦卜剌，系蒙古小王子部落。"明正德四年，背主逃来海上住牧，抢虏番夷，以致强盛，遂破安定四卫。初都御史彭泽集剿，贼渡河奔松潘，遁乌思藏。兵归，贼亦潜回。按自河州境外，直至今四川之松茂抵藏，遥遥数千里，何无一兵堵截，任其往来，此明时之失计也。嘉靖间，虏王俺答、永邵卜西犯，而邵卜遂潜住不归。万历年许俺答款贡，迎佛假道，而甘凉河湟遂成戎马奔驰之所。请建仰华寺，倚作巢穴，呼类来居。真相兄弟遂渡河而南，牧于莽剌川，潜逼河洮。又有火落赤南渡归德，驻牧于捏工川，与永、真相为雄长。十八年，扯力艮送佛西来，火落赤曰：'虏首且至。'诸番又附，会兵入犯，连败内兵于洮州朱家山、王沟儿硖，谋夺河西五郡，锋不可当矣。特遣大司马郑洛经略首严假道之禁，自南而归者听，自北而入者诛。时卜失兔为火酋所纠，闯边入海，屡谕不从，密令总兵张臣歼之甘凉间，合七镇兵进剿，扯力艮等归咎火酋。火落赤、真相乘夜拔帐北遁，扯力艮及卜失兔等分路出塞。郑公领兵五路并进，由西石峡出海上，纵火焚仰华寺，扫穴而归。"③

① 参见濮文起主编《民间宝卷》（第20册），载《中国宗教历史文献集成》（第5辑），黄山书社2005年版。

② （清）许容修、李迪纂：《（乾隆）甘肃通志》卷三十七《忠节》，《清文渊阁四库全书》本。

③ （清）钟赓起纂修：《（乾隆）甘州府志》卷十六《杂纂》，清乾隆四十四年刊本。

第三个是郭巡道求子得报，还愿修庙的故事：

天启四年，甘州有一位巡道郭总兵，听见仙姑娘娘甚是灵威，求儿祈女者甚是灵应。因想到，我已年过半辈，尚无子嗣，何不往仙姑娘娘前祈讨一番。因借名巡边来到庙中，一步拜，诚心祈祷。回到甘州城，未到月，夫人李氏，年已四十五岁，是从幼未曾生育的，今忽然竟而有孕。到了次年四月二十一日，果然生了子。郭总兵喜从天降，感戴娘娘的灵感，铭心刻骨地亲身来到娘娘的庙里，叩谢已毕，遂于这夜梦见一位绯衣的娘娘端坐堂前，对他说："我这里不太避静，人来聒噪的甚多，你予我盖个前殿，叫童儿在那边伺候，有甚事情，找他传禀进来。但你又要往宁夏，如之奈何?"说罢，郭总兵忽然惊醒，乃是南柯一梦，心中甚是惊异，随即大发愿心，情愿修盖前殿，但只是要往宁夏去的这话不知何解。到了天明观看地方形势，见庙宇前面逼近边墙，修盖不下殿宇了，来到边内见前面的一块地方甚是宽敞，遂发心舍施，在此修盖正殿三间，两廊六间也塑了一位金像在殿内，这就是如今前殿的根由。这话不提，却说郭总兵选了六月十五日良辰吉日，在庙内庆贺完工，交还愿心。忽然三骑马来报说："侯爷升了宁夏的巡抚了。"郭总兵听罢，大惊失色，方知他升到宁夏去的这事，娘娘早已预先于他知了。①

宝卷的编辑者谢历可能由于疏忽的缘故，将明代文职官员分巡道与武职官员总兵官混为一谈，于是有了"甘州有一位巡道郭总兵"的错误。故事中的郭巡道历史上确有其人其事。郭之琮，字国珍②，山西蒲州人。明神宗万历癸卯中举，万历丁未进士。③初授刑部主事。"万历三十八年六月，命官各省

① 参见濮文起主编《民间宝卷》（第20册），载《中国宗教历史文献集成》（第5辑），黄山书社2005年版。

② 参见（民国）周树清纂《（民国）永登县志》卷二《官师志》，民国抄本。

③ 参见（清）周景柱纂《（乾隆）蒲州府志》卷八《选举上》，清乾隆十九年刻本。

恤刑。刑部主事郭之琮往江北。”[①]“万历四十年（1612）八月，升直隶扬州府知府。”[②]后历任平阳府知府[③]、四川按察司副使[④]。万历四十六年（1618）八月，转按察司陕西副使庄浪兵备道。[⑤]明熹宗天启元年（1621）四月，升陕西布政使司右参政驻宁夏。[⑥]天启二年（1622）任分巡西宁道右参政、带管肃州兵备道。[⑦]天启五年（1625）升佥都御史巡抚宁夏[⑧]，十一月罢职[⑨]。崇祯二年（1629）庚戌，以右佥都御史巡抚宣府赞理军务。[⑩]

第四个是仙姑率领张总兵阴魂战胜蒙古入侵的故事：

> 崇祯七年，有擦秀家鞑子无边无岸地出来，要往南山，意欲吞并西海。张总兵扎了兵营，被蒙古兵火烧了，不能抵挡，以至张总兵阵殒于军中。鞑子兵直到甘州城外，在驼黄湖扎了营盘，随后在四多庄村堡寨，分行抢掠。有附近的庄民拖儿带女都来进城避躲。那鞑子兵见百姓都进入城中，不能掠夺，遂一直来到城下扎营，把甘州城围了。百姓都上城守垛女墙传箭，自不必说了。忽然是夜阴风飕飕，黑云腾腾，雷声震地，冰雹如斗，端向鞑子营中直打下来，那擦秀家鞑子兵见一位穿红衣的娘娘在前头领着张总兵，带无数的人马杀将前来。那些鞑子兵因多日在内

① 《明神宗显皇帝实录》卷四七二，影印台湾“中央研究院”历史语言研究所校勘本，上海书店1984年版。

② 《明神宗显皇帝实录》卷四九八，影印台湾“中央研究院”历史语言研究所校勘本，上海书店1984年版。

③ （清）刘棨修、孔尚任纂：《（康熙）平阳府志》卷二十三《人物中》，清康熙四十七年刻本。

④ 《明神宗显皇帝实录》卷五七三，影印台湾“中央研究院”历史语言研究所校勘本，上海书店1984年版。

⑤ 参见（清）张玿美修、曾钧纂《（乾隆）平番县志》，《五凉考治六德集全志》本《官师志》，清乾隆十四年刻本。

⑥ 参见《明熹宗悊皇帝实录》卷九，影印台湾“中央研究院”历史语言研究所校勘本，上海书店1984年版。

⑦ 参见（明）郭之琮《新饷苦累难支疏》，载清官修《明臣奏议》卷三十六，清武英殿聚珍版丛书本。

⑧ 参见（明）杨应聘纂修《（万历）朔方新志》卷二《宦绩》，清康熙十五年增补本。

⑨ 参见《明熹宗悊皇帝实录》卷六五，影印台湾“中央研究院”历史语言研究所校勘本，上海书店1984年版。

⑩ 参见（清）谈迁《国榷》卷九十，清钞本。

地不服水土，也是神明的感应，一齐都出瘟疮，死了多半，活的都带病，见张总兵领兵杀来。说张总兵已死，又如何领兵来？心中甚是害怕，又加上雷鸣电闪，冰雹如斗，无数的狼牙石块从半空中打将下来，那些鞑子兵怎能对付，被打了个披头散发，杀了个鸡飞狗跳墙。将抢去百姓的牛羊马匹，衣服等项，未得拿去一件。也有着刀伤的，也有打死在营盘的，也有杀死在半路的，残剩无多，四零五散地都乱行逃窜了。于是甘州之围方解，百姓才得安然了。内有打伤在地逃不了的鞑子兵说起，才知道是张总兵的阴魂杀来。后仙姑庙的庙主说："这一晚，庙的钟鼓不敲不撞自然鸣了半夜。"所以才知道是仙姑娘娘督率张总兵的阴魂，追逐鞑子兵来。这擦秀家鞑子兵之事，隔不多年，老年人有亲身经见的，其仍略记其大概，以表扬我仙姑娘娘的感应。[①]

故事中的张总兵历史上确有其人。张显谟，庄浪人，甘州总兵。崇祯七年（1634）春，察罕进犯甘州、凉州。史载张显谟督军进剿，扎营三岔堡。用火车、火器布为五层，链接铁索。当时忽然黄沙蔽天，"敌乘风放火，困官兵于烈焰之中，遂大溃。左右冲杀，射死酋虏无算。矢尽尤步战十余合而殁。事闻，赐祭葬，世袭锦衣千户。敕建忠孝元戎坊"[②]。宝卷中张显谟为国尽忠后，在甘州被围的危急存亡之际，在仙姑的帮助之下，率领阴兵战胜敌人，解军民之威。另外，《（乾隆）甘州府志》卷十六《察罕犯甘州》亦载："河套自明正德、嘉靖年间被毛里孩、吉囊等所占，久为边患。崇祯六年，北夷人察罕（一作插汉）入套，驱并诸夷，其酋火落赤及古鲁太皆率族内附以避之。察罕遂从高家堡入据其地。至十年，察罕西犯甘州，病死于祁连山，六畜亦不蕃息，后纵牧于大草滩。"[③]"擦罕"即"插汉"，古籍中多写为"察罕"。《（乾隆）镇番县志》"八力漫插汉"条记载："八力漫插汉一部，环居本县东

① 参见濮文起主编《民间宝卷》（第20册），载《中国宗教历史文献集成》（第5辑），黄山书社2005年版。

② （清）许容修、李迪纂：《（乾隆）甘肃通志》卷三十七《忠节》，《清文渊阁四库全书》本。

③ （清）钟赓起纂修：《（乾隆）甘州府志》卷十六《杂纂》清乾隆四十四年刊本。

北境外，接连宁夏边界，总隶贺兰山驸马荣庆公部落之下。族类亦繁，捍卫内地，与汉人一体交易。本营兵丁中，择能翻译者，谓之通士，说合市，评之。夷人亦有能通汉语者。其俗质直，不谙中华礼教，然粗知忠孝大义，性嗜酒肉，交易至内地，汉人饲以饮食则喜，否则色艴。汉人至其巢，亦加款接。无房屋、床榻，结毡帐聚族而居。无定所，逐水草为住牧地，故岁常数迁。以繁育牲畜，征禽角兽为务。冬夏冠裳皆皮毛之属。所得谷只以伴茶，不鲜作饼、粥。韦鞲毳模，羶肉酪浆而已。”①

第五个是仙姑救治白巡抚女儿的病，白巡抚发愿修庙的故事：

> 崇祯九年，巡抚白某因他女儿有病，命在旦夕。闻知仙姑娘娘甚是神灵，千祈千应、万祈万应，遂诚心祝祷，求娘娘保佑。祷告已结，来到后堂，因为女儿病重，心中忧虑，独坐无聊，神思昏倦，只见一个青衣女童手捧仙盒一具，往后宅直走。白巡抚问道：“是哪里来的？”那女童道：“我是差来于小姐送药的。”白巡抚正要问是谁差来的这话，忽然那女童不见了。白巡抚吃了一惊，走到房内只觉得异香满室，其味非常，白巡抚也不说破，只叫妇人好好看守女孩儿，再不可给她什么药饵吃。到了次日，这女孩儿眉开眼笑，渐渐把病减了，不到五日，全然康复，毫无病态了。白巡抚把娘娘感激不尽，先差人于娘娘挂了长幡，悬了金匾，又发愿捐俸予娘娘增修配殿三间，以及道房香厨类，都是白巡抚捐修的。②

故事中的白巡抚历史上确有其人。白贻清，字希贤，武进人（今江苏常州市武进区）。明万历四十七年（1619）己未进士。初授户部主事，督饷山海关；人方视为危地，贻清慷慨受事，叱驭而前。崇祯三年（1630）六月癸丑，

---

① （清）张玿美修，曾钧纂：《（乾隆）镇番县志》，《五凉考治六德集全志》本，清乾隆十四年刻本。

② 参见濮文起主编《民间宝卷》（第20册），载《中国宗教历史文献集成》（第5辑），黄山书社2005年版。

白贻清在榆林道内屡立战功，后以疾归。① 崇祯四年（1631）二月戊辰，为右佥都御史巡抚甘肃。② 崇祯七年（1634）二月，“乙丑，巡抚白贻清、蔡侃俱冒滥，京堂劾免”。③ 崇祯十三年（1640）二月戊辰，“叙甘镇功……进白贻清兵部右侍郎，赐金同飞鱼服，并荫锦衣卫指挥佥事”。④ 崇祯十三年八月丁卯，寻起户部右侍郎，督理宣大粮饷。⑤ 崇祯十五年（1642）九月庚寅，“晋户部尚书，总督仓场”。⑥ 崇祯十六年（1643）十二月己巳，罢总督仓场、户部尚书职。⑦ 崇祯十七年（1644）十二月乙卯朔，进太子太保。⑧

除了宝卷中所记载的边患之外，明代经常侵扰甘肃的还有很多蒙古部众，他们也成为《敕封平天仙姑宝卷》中不可或缺的历史背景。例如朵儿只伯，史载明宣宗宣德九年（1434）“九月十九日，朵儿只伯等窃入凉州，至城东及杂木口堡等处杀人掠财；指挥杨斌率兵御敌，擒寇一人卜鲁罕虎里，余寇遁走。总兵官都督佥事刘广闻之，发兵追击不及而还”。⑨ 宣德十年（1435）十二月，甘肃总兵官太保宁阳侯陈懋连败阿台、朵儿只伯贼众于黑山等处，生擒斩首二百六十余人，获马驼牛羊驴骡三万五千有余，追回被掠男妇悉还其家。⑩ 明英宗正统二年（1437），兵部尚书王骥经理甘肃，平虏将军蒋贵大破朵儿只伯于兀鲁乃。正统三年（1438），平羌将军任礼大破阿台、朵儿只伯于石城。⑪

孛来，史载明代宗景泰七年（1456）十一月，酋孛来等率众渡黑河，欲

---

① 参见（清）于琨纂《（康熙）常州府志》卷二十四《人物》，清康熙三十四年刻本。
② 参见（清）谈迁《国榷》卷九十一，张宗祥校点，中华书局 1958 年版，第 5557 页。
③ 参见（清）谈迁《国榷》卷九十三，张宗祥校点，中华书局 1958 年版，第 5628 页。
④ 参见（清）谈迁《国榷》卷九十七，张宗祥校点，中华书局 1958 年版，第 5857 页。
⑤ 参见（清）谈迁《国榷》卷九十七，张宗祥校点，中华书局 1958 年版，第 5874 页。
⑥ 参见（清）谈迁《国榷》卷九十八，张宗祥校点，中华书局 1958 年版，第 5943 页。
⑦ 参见（清）谈迁《国榷》卷九十九，张宗祥校点，中华书局 1958 年版，第 6007 页。
⑧ 参见（清）谈迁《国榷》卷一百三，张宗祥校点，中华书局 1958 年版，第 6166 页。
⑨ 参见《明宣宗章皇帝实录》卷一一三，影印台湾“中央研究院”历史语言研究所校勘本，上海书店 1984 年版。
⑩ 参见《明英宗睿皇帝实录》卷一二，影印台湾“中央研究院”历史语言研究所校勘本，上海书店 1984 年版。
⑪ 参见（清）钟赓起纂修《（乾隆）甘州府志》卷二《世纪下》，清乾隆四十四年刊本。

寇宁夏。[①] 明英宗天顺二年（1458）“秋七月，孛来等四散犯边，命安远侯柳溥等统兵征进”。[②] 同年七月十三日，“虏酋孛来犯镇番城，游击将军武干伯陈友等与之接战，杀退贼众；至二十七日复来，相持至八月初六日。又与大战，前后屡捷，生擒三人，斩首三十八级。及左参将都督刘震等亦于洪水等处生擒六人，斩首十级”。[③] 天顺五年（1461）“春正月，孛来拥众万余于庄浪驻扎，攻围城堡，阻截道路”。[④] 同年十二月，“孛来纠集，住牧分寇庄浪、西宁、甘凉等处；杀官军五百五十人，掠去三百五十人，马骡牛羊五万余匹”。[⑤]

俺答，史载明嘉靖三十六年（1557）俺答围甘州。“俺答，鞑靼部长小王子叔父。时强盛，用中国叛人赵全、邱富计，益习兵，东至京东，西尽甘肃，成受其毒。时，围甘州十有四日，不克，乃去。”[⑥]

吉囊，明嘉靖十五年（1536）四月，“吉囊犯甘凉，总兵官姜奭击败之”。[⑦] 嘉靖二十七年（1548），“套寇犯山丹，游击蔡勋、马宗援击败之；套寇自西海还，掠永昌、镇羌。甘肃总兵王继祖御却之。已复来山丹。勋等三战皆捷，斩首一百四十余级”。[⑧] 嘉靖三十七年（1558），“秋八月，吉能围甘州。吉能，鞑靼部长吉囊子也，称西部袭击，尽拔其巢，攘地五百里。云历四镇，功名为边将冠”。[⑨]

青把都儿，史载明神宗万历二十一年（1593），青把都儿犯甘肃，总兵杨浚击败之。青把都儿，海部切尽台吉从子也。《秦边纪略》称：“青把都儿驻

① 参见《明英宗睿皇帝实录》卷二七二，影印台湾“中央研究院”历史语言研究所校勘本，上海书店 1984 年版。

② 参见《明英宗睿皇帝实录》卷二九三，影印台湾“中央研究院”历史语言研究所校勘本，上海书店 1984 年版。

③ 参见《明英宗睿皇帝实录》卷二九五，影印台湾“中央研究院”历史语言研究所校勘本，上海书店 1984 年版。

④ 参见《明英宗睿皇帝实录》卷三二四，影印台湾“中央研究院”历史语言研究所校勘本，上海书店 1984 年版。

⑤ 参见《明英宗睿皇帝实录》卷三三五，影印台湾“中央研究院”历史语言研究所校勘本，上海书店 1984 年版。

⑥ 参见（清）钟赓起纂修《（乾隆）甘州府志》卷二《世纪下》，清乾隆四十四年刊本。

⑦ 参见（清）钟赓起纂修《（乾隆）甘州府志》卷二《世纪下》，清乾隆四十四年刊本。

⑧ 参见（清）钟赓起纂修《（乾隆）甘州府志》卷二《世纪下》，清乾隆四十四年刊本。

⑨ 参见（清）钟赓起纂修《（乾隆）甘州府志》卷二《世纪下》，清乾隆四十四年刊本。

牧昌宁湖，新据龙首山，大为边患。”杨浚出击之，斩首六百余级，青把都儿单骑通，时称甘山之捷，与史合。杨浚，庄浪人，父真，先以都督佥事镇甘肃，浚继之，大有威望。①

永邵卜，史载明神宗万历二十三年（1595）九月，青海部长永邵卜犯甘肃，参将达云败之。②

长期困扰明朝的军事问题是边患。《明史》讲：“元人北归，屡谋兴复。永乐迁都北平，三面近塞。正统以后，敌患日多。故终明之世，边防甚重。东起鸭绿，西抵嘉峪，绵亘万里，分地守御。初设辽东、宣府、大同、延绥四镇，继设宁夏、甘肃、蓟州三镇，而太原总兵治偏头，三边制府驻固原，亦称二镇，是为九边。”③九边是明朝防御北方蒙古诸部，以及东北、西北各少数民族侵扰而设立的边防区域概念。九边之中“全陕实当其三。而甘肃又为关陇重地，东有金城之固，西有玉关之严，南有祁连之屏翰，北有合黎之拱护。辖甘、凉、山、永、肃镇、西宁、庄浪十五卫所之官军。抚赤斤蒙古、罕东、哈密、安定、曲先、苦峪诸部落之番族。近而藩垣四镇，远而纲领九边。通玉帛于天方，列毡庐于疆埸。黄河黑水，昆仑崆峒，际天极地，巍然一大镇也”④。明代陕西四镇范围内的战争活动，从洪武初年至明朝灭亡，整整276年几乎贯穿始终。“远者涉及明朝的存亡，近者则直接影响当地居民的生产、生活，而对于边疆防御来说，又直接影响着防卫布局、人力配备和边疆建设等诸多方面。”⑤

据刘景纯统计，明代陕西四镇防区及近地发生的战争活动约有833次之多，其中延绥镇248次，宁夏镇170次，固原镇131次，甘肃镇284次。甘肃镇是陕西四镇中战争活动最多的一镇。“甘肃一镇，最为孤悬，而防范机宜，尤当严密，所以然者何也？盖各边防秋，而甘肃四时皆防。各边只知防

① 参见（清）钟赓起纂修《（乾隆）甘州府志》卷二《世纪下》，清乾隆四十四年刊本。

② 参见（清）钟赓起纂修《（乾隆）甘州府志》卷二《世纪下》，清乾隆四十四年刊本。

③ （清）张廷玉《明史》卷九一《兵三》，中华书局1974年版。

④ （明）赵锦：《陕西行都司题名记》，载（清）钟赓起纂修《（乾隆）甘州府志》卷十三《艺文上》，清乾隆四十四年刊本。

⑤ 刘景纯：《明代九边史地研究》，中华书局2014年版，第152页。

虏，甘肃则又防番、防回，兵马奔驰，殆无序虚日。”[①]“甘肃镇战争分布数量最多，与甘肃镇防卫的边防线最长有关，自东到西这里的边防线长达 2000 余里，是所有诸镇中防线最长的一个镇。本区域设置 15 个卫所，也是陕西四镇中卫所设置最多的，甚至是其他几个镇卫所的数倍。从外部因素看，其北面是蒙古瓦剌、鞑鞑纵横驰骋的疆场，西面、南面环绕的是西番和诸羌各部。”[②]

边患、战争、杀戮、劫掠成为明代甘肃河西地区最主要的政治和军事内容，为此也形成了以军事为核心的特有边镇文化。这种文化基因既有自强不息的奋斗精神，又有保卫家园的人文情怀。既有通过神灵祈求和平的主旋律，又有鞭笞世俗生活中的假恶丑。《敕封平天仙姑宝卷》真实记录和反映了那个刀光剑影时代甘州军民的生活，成为社会生活史中不可多得的宝贵记录。这正是该宝卷不同于其他古代宝卷的重要历史文化价值之所在。

（周 琪 甘肃省文化艺术研究院研究员）

① （清）张玿美修，曾钧等纂：《五凉全志》，清乾隆十四年刊本。

② 刘景纯：《明代九边史地研究》，中华书局 2014 年版，第 152 页。

口述访谈

姚　琴　采访并整理

武陵春曲艺社与湖南丝弦在常德的传承

——常德丝弦传人胡楠访谈录

【内容提要】常德丝弦是湖南丝弦的重要分支。武陵春曲艺社及其几代艺人和学员，是湖南丝弦在当代常德得以传承和发展的主要班社及核心成员。通过对中华人民共和国成立之初进入武陵春曲艺社的第一批学员代表暨当今常德丝弦的主要传人胡楠先生的访谈，即可窥见并了解武陵春曲艺社及其几代核心艺人徐梅清、匡鹤龄、戴望本以及新文艺工作者黄挥等为传扬常德丝弦做出的特殊贡献，进而在对相关历史的梳理总结和丝弦艺术的创演反思中，探寻常德丝弦的发展启迪。

【关 键 词】武陵春曲艺社　常德丝弦　传承发展

胡楠，1948年出生，1961年进入武陵春曲艺社学习常德丝弦表演，师从匡鹤龄和戴望本两位德高望重的常德丝弦前贤。擅演的代表性丝弦节目有《昭君出塞》《宝玉哭灵》和《描容上路》《关公挑袍》《双下山》等。现从事丝弦节目的演唱、创作和教学工作，为常德丝弦的当代传承发挥了巨大作用，是当今常德乃至整个湖南资历最为深厚的丝弦传人。

姚琴（以下简称“姚”）：胡老师好！您是当今常德丝弦传承体系中资历最深的艺术家，也是中华人民共和国成立以来湖南丝弦在常德发展的同行者和见证人。但您本人却出生于湖北武汉，请问您是怎样踏上了传扬常德丝弦的艺术道路的？

胡楠（以下简称“胡”）：我是出生在湖北省武汉市，但我的祖籍是湖南省的永顺县。所以，1953 年，也就是 5 岁时，我随外婆回到了湖南，在常德生活。1961 年我 13 岁，当时正在常德四中读初中，学校和家中间隔着沅江。有一天，在买过江的船票时，在售票亭无意中看到了一则常德市武陵春曲艺社的招生简章。其中有一句话是，如果学员成绩优异，将会送到武汉市曲艺团进修。那一瞬间，我很兴奋，丝毫没有犹豫，也来不及和远在武汉的父母亲商量，就自己做了决定：从学校退学，参加武陵春曲艺社的招生考试。我当时很冲动，都没想过能不能考得上，反正就想先把学退了。开始学校还不同意退学，我就反复去争取。做这些事情都是自己一个人，没有人帮忙。学校同意后，我就去参加考试，考试地点是在天声剧院，主考官就是当时常德的丝弦名家戴望本①和黄挥②两位老师。进入考场后，老师要求我清唱了两首歌曲，记得还没唱完，老师就打断了我，说“可以了，可以了”。然后，就看到两位老师低头商量着什么，我也听不清楚。几分钟后，他们写了个字条交给我，我一看，上面是一个地址，就在小西门的茶馆旁。老师们告诉我，国庆节过后，照此地址去那里看录取结果。国庆节刚过，我就去看成绩，得知自己被武陵春曲艺社录取了。就这样，我本着能回武汉见父母的朴素心理驱动，糊里糊涂地踏上了学习丝弦的道路。

姚：原来您是在并不十分了解常德丝弦的情况下，走上这条道路的啊！湖南丝弦在常德的当代发展，正是由于有了您和您的同行特别是前辈艺人的艰苦努力，才在湖南乃至全国有了重大影响，并以“常德丝弦”的名称或者说分支形式，为业界内外所熟悉。而武陵春曲艺社又是常德在中华人民共和国成立不久建立的第一个专业性质的丝弦班社。作为武陵春曲艺社当年招收的第一批年

---

① 戴望本（1931—1995），丝弦艺人，1953 年师从徐梅清，一生从事丝弦演唱与传艺，其拿手节目有《宝玉哭灵》和《旅客之家》等。

② 黄挥（1933—2014），原名黄显斌，吉林人，一生致力于常德丝弦的挖掘、整理与研究，发表了《常德丝弦沿革及发展的轨迹》《常德丝弦的结构形式》等二十余篇论文，2008 年在中国大百科全书出版社出版了所著《常德丝弦》一书，被誉为当代“常德丝弦第一人”。

轻学员，您能不能先说说武陵春曲艺社的基本情况？

胡：从湖南丝弦在常德的当代发展看，到目前为止，武陵春曲艺社是已知第一个也是最后一个以演出“常德丝弦”为主的专业曲艺班社。要说清楚武陵春曲艺社，就要先说说它的前身，即“常德市老丝弦组”和“常德市民间艺术演唱组”。

湖南丝弦遍布全省许多地方。长沙、浏阳、武冈等地都有丝弦的流传和演唱活动。过去，有些地方的艺人是把演唱丝弦作为一种谋生手段。但在常德，丝弦的发展形式主要是爱好者的自娱自乐。到中华人民共和国成立之初，省内很多地方的丝弦演唱活动逐渐趋于消亡。常德由于丝弦的爱好者并不靠此赚钱谋生，但能唱的人大都年近七十，在一起聚唱的机会也不是很多。

1952年，湖南省文化局音乐工作组来常德采录地方曲艺节目。经多方寻访，年过古稀的师爷徐梅清①被请了出来，录制了《描容》和《扫松》等优秀传统节目，在场的文化专员一听，拍案叫绝，认为这是不可多得的民间艺术瑰宝，意识到丝弦具有重要的艺术文化价值，值得挖掘和传扬。

那时的徐梅清已有七十多岁，常德市即现在的武陵区政府文教科领导也认为必须进行抢救性继承。但由谁来继承？当时想到的便捷办法，就是让以戴望本和匡鹤龄②为代表的曲艺盲艺人们来学丝弦。但这些盲艺人并非丝弦演唱者，他们是在茶馆以演出渔鼓、说评书、唱地花鼓③为生。他们年轻好学，追求进步，积极响应文教科的号召，愿意向徐梅清师爷学习，将常德丝弦继承下来。然后等待时机将所学传给下一代年轻人，再由青年一代将常德丝弦传承下去。

为此，这些盲艺人平常在茶馆演出渔鼓、说评书，其他时间则跟随徐梅

---

① 徐梅清（1880—1954），丝弦艺人，1900年拜贺小昆为师学习常德丝弦。他对丝弦音乐的继承和创新起到了至为关键的先锋作用，大大丰富了丝弦音乐的内涵，独树一帜。其与徒弟所唱丝弦，人称“徐派”。对常德的丝弦传承贡献卓越。

② 匡鹤龄（1930—1968），又作“匡鹤林”，丝弦艺人，1953年师从徐梅清，曾任中国曲艺家协会湖南分会第二届理事会理事，常德市武陵春曲艺社社长。他擅长演唱的曲目甚多，其中以《昭君出塞》《黛玉葬花》和《拷红》等最见功力。

③ 此处的地花鼓，是指花鼓戏的一种坐唱演出形式。也有作为曲艺曲种的地花鼓，又叫“打对子”“对子调”“花灯”等，流行于湖南各地及临近的湖北一带，是伴有舞蹈表演的唱曲形式，通常由一人自击花鼓唱叙，或二人彩扮为一丑一旦对口表演。

清学习丝弦。后来，于长生、徐梅清，还有盲艺人们共同成立了“老丝弦组”。这里需要介绍一下于长生，他的年龄比戴望本老师他们大很多，是前辈，我应该叫师伯。于长生当时在小西门茶馆旁有一栋私房，虽是木板房，但有两层楼，旁边就是他平时演出的茶馆。很多人来这里跟他学习说唱渔鼓，对他也比较尊重，他在同行艺人中有一定威望。于是“老丝弦组”就以于长生的房子为据点，集中茶馆里的盲艺人们，来此跟徐梅清师爷学习丝弦。盲艺人们用自己在茶馆演出渔鼓所得的收入，来供养他们的师父徐梅清。

到了 1954 年，老丝弦组扩建为民间艺术演唱组，但仍是一种临时性的组织，就像那时的互助合作社一样。但“民间艺术演唱组”实行集中管理，收入来源仍然是盲艺人在各个茶馆演出渔鼓和说评书所得。这些渔鼓艺人除了演出渔鼓，偶尔也会唱一下地花鼓。所有的收入都是集中后再统一分配。

姚：如此说来，在 20 世纪 50 年代，盲艺人们只跟随徐梅清学习丝弦，但并没有以此为生，没有以演出丝弦来赚取费用，是这样吗？

胡：是的。这一时期，盲艺人们只是一门心思地想学好丝弦，并没有把它当成一种谋生手段。他们学习丝弦很辛苦，因每天晚上要演出渔鼓赚钱，就只能白天跟着徐师爷学习。生活上也很艰苦，许多盲艺人都是上有老下有小，要养家糊口，但由于演出经营是统一管理、统一分配，每个人每月领到的生活费才 12 元。一直到 1959 年以后，他们每月的生活费才从 12 元涨到 18 元，1961 年涨至 24 元。那些年月里，除了领取微薄的基本生活费，他们所有演出渔鼓赚的钱都统一集中存了下来。所以到 1960 年时，民间艺术演唱组已经有了近 30000 元的存款积蓄。可以想象，那是怎样辛苦才攒下来的血汗钱。

姚：关于这些盲艺人当时从艺的日常生活，您能不能再说具体一些？

胡：民间艺术演唱组共有十一位艺人，其中十人全盲，只有一个说评书的师伯有一只眼睛可以看见。这位师伯姓陈，会识字，可能是浙江人。为了观众能听懂他的表演，他基本是用带有自身口音的常德话说评书。盲艺人们每天上午集中跟徐师父学唱丝弦，下午则由陈师伯把《七侠五义》《封神榜》《说唐》等书本念给大家听，再由艺人自己编成唱本，晚上在茶馆演唱。通常是晚饭过后，陈师伯将没有家眷的艺人逐个送到各自的演出点去演出。第二天，盲艺人们将各茶馆演出的收入老老实实交给民间艺术演唱组，由于长生师伯收存和掌管。武陵春曲艺社成立后，交由匡鹤龄师父管理。

我的印象中，那时常德东门、大河街、小西门、大西门、南站这些地方的茶馆都有他们演出的身影。

姚：这就又说到了武陵春曲艺社。既然已经有了这个民间艺术演唱组，那当时是出于怎样的考虑，要在此基础上再成立个新的组织？

胡：在此之前，丝弦在常德仅在一些爱好者，包括文人雅士和小康士绅中自娱传唱，未见以此娱人并赚钱谋生的情形。且是口口相传，既无专门的演出队伍，也没人对其曲本和唱腔等进行系统的搜集和整理。为此，这些跟随徐梅清师爷学习丝弦的艺人们，感到需要建立一支专业队伍来弥补这些缺憾。而到1960年时，经过多年的积攒，民间艺术演唱组有了一些存款，这为武陵春曲艺社的成立提供了物质基础。也正是在这一年，武陵春曲艺社就成立了。

另一方面，那时的政府文教科深谋远虑，从老丝弦组到民间艺术演唱组，再到后来成立的武陵春曲艺社，他们都有积极的帮助和引导。黄挥老师被分配到常德工作后，文教科的彭启斌副科长就把常德的丝弦传承和盲艺人的管理工作，交给了黄老师。

“武陵春曲艺社”这一名称的来由也是有讲究的。主要是考虑常德古称“武陵”，这样可以彰显地方特色；“春”则是表达对丝弦事业蓬勃发展的美好祝愿。严格说起来，先后成立的老丝弦组、民间艺术演唱组和武陵春曲艺社，这三个曲艺班社在组织机制上说，都属于自给自足的集体经济性质，没有政府的财政拨款。包括后来招收了我们这一批小学员，盲艺人们晚上演出的所得收入，就是我们的主要经济来源。而在规模上，除了之前民间艺术演唱组的十多位盲艺人，加上师娘们在茶馆充当服务员，后来又招收了我们这批小学员，加起来就有三十多人了。

姚：您是武陵春曲艺社的第一批学员，能不能说说你们进入武陵春曲艺社后的学习情况？

胡：我是武陵春曲艺社的第一批学员，也是最后一批学员。因为后来就没有再招生了。我们这批学员的培养模式，如今来看是非常科学的，我到现在都认为不过时。

首先，我们被招收进来时，不像那时其他的艺术团体，只招几岁的小演员。我们这批人从十二三岁到二十岁之间都有，因此老师们也不是简单地教我们演唱，而是注重整体提升我们的文艺修养，如要教我们对唐诗宋词的赏析，等等。为此，“武陵春曲艺社”为学员专门请了国学教员。我记得当时那位教我们国学的老师，很有些老学究的感觉，还经常要求我们默写古诗词。他在新中国成立前就是专门教国文的老师，尤其对古典文学颇有研究。同时，由黄挥老师教我们乐理知识。黄挥老师是 1948 年参加中国人民解放军的，后随军南下；1950 年，赴朝鲜参加抗美援朝；1952 年回国后，被保送到中南军区艺术学校学习作曲两年；1954 年 5 月，转业到常德市（现武陵区）人民政府文教科任科员，所以就由他教授我们包括工尺谱、五音谱、简谱、五线谱等的音乐知识。匡鹤龄和戴望本两位师父则教我们常德丝弦的曲牌和曲目的演唱。

总之，武陵春曲艺社对我们的培养，还是比较系统和全面的。我们的整体素养提升也很快，学得比较扎实。我一直认为，一个丝弦演员既要会看曲本，也要能设计唱腔，不能只懂演唱。我到现在之所以还能搞一些创作，包括唱词创作和唱腔设计，也是得益于这一时期的学习。

另外，我记得有整整两年的时间，我们是跟随戴望本老师专门学习和掌握丝弦的曲牌。匡鹤龄老师实在是太忙了，身兼数职。他是社长，还兼任会计和出纳，整个行政事务基本都是他包揽。他为人忠厚诚实，办事公道，深受师伯、师叔们的信赖。同时，晚上他也还要在茶馆演出。那时，他们依然是在茶馆演出渔鼓和说评书，有时也会把所有人集中起来，反串唱一唱花鼓戏，其目的类似于现在的造势和宣传。偶尔才会演唱丝弦，主要也是为了加深大家对所学丝弦唱腔包括各种节目的记忆。因为，只要是在台上演出过的内容，都会深深镌刻在头脑之中。常德丝弦的唱腔及曲牌很丰富。我清楚地记得，到 1963 年年底，当时老师宣布：“87 个曲牌全学完了，明天开始要教大家唱丝弦了。”这说明，那时在师父们的知识视野和心目中，他们所知道并掌握的常德丝弦唱腔曲牌，共有 87 个[①]。

常德丝弦的唱腔音乐十分丰富，既有采用不同曲牌连缀演唱的所谓“牌子丝弦”节目，也有采用板腔进行变化演唱的所谓“板子丝弦”节目。而 1953 年由徐梅清和龚顺泰等创编的《黛玉葬花》，更是板、牌混合编曲的节目类型。[②] 这个节目的创新尝试，同时也使丝弦的【老路】和【川路】唱腔实现了交融和汇通。

回到武陵春曲艺社的教学。师父们在主要教我们演唱的同时，还曾请过汉剧团的老师，专门过来教我们这些年轻学员形体和身段。可以看出，虽然我们主要是来学习常德丝弦演唱的，但师父们对我们这些明目小演员的培养是全方位的。为此，我很感激这段经历。

姚：真的不容易！一个集体所有制性质的曲艺班社，招收培养年轻学员，不仅不收学费，还有工资收入。而且这些收入，是师父们辛苦演出赚来的！前辈艺人对于艺术和学生的诚挚奉献，非常令人感动！但即便如此，听说还是有学员没有坚持下去，陆续离开了。这是为什么呢？武陵春曲艺社的学习生活，到底是怎样的呢？

胡：说来也很复杂。当初考录进去的第一批学员，总共是十个人，第二天就只有九个了，第三天来了两个，第四天又走了一个。为什么会出现这样的情况呢？是因为世俗的偏见！

有些人来后，听说要拜盲人为师，就感觉低人一等，不愿意再学。有的同学，甚至是被家人强制带走的，不允许再学。至 1962 年，也陆续招过几位新学员，中途也有人离开。总之，就是陆续有人进来，陆续有人出去。所以，严格说起来，从第一天进入武陵春曲艺社，坚持到 1968 年，由于“文化大革命”

---

① 据《中国曲艺志 · 湖南卷》，丝弦“现有常用曲牌二百五十余首”，当不只是指“常德丝弦”的曲牌拥有数。参见《中国曲艺志》全国编辑委员会、《中国曲艺志 · 湖南卷》编辑委员会《中国曲艺志 · 湖南卷》，新华出版社 1992 年版，第 245 页。

② 黄挥则称，常德丝弦第一次板、牌混用的编曲实践，是其 1958 年为《望夫云》设计唱腔时才有的情形。参见中国大百科全书出版社 2008 年出版的黄挥所著《常德丝弦》一书第 232 页。

班社被迫解散，再到重回几年后新组建的宣传队[①]，真正全程跟到最后的年轻丝弦学员，只有我一个人。

关于武陵春曲艺社日常的学习生活，其实也很充实和快乐。

最初，我们就在小西门那所师伯于长生提供的房子的堂屋里学习。1962 年搬到东门的一个茶馆。那个茶馆较大，上下两层的砖木结构，有 200 多平方米。那里就相当于武陵春曲艺社的总部，楼上就是学员们生活学习的地方，黄挥老师和匡鹤龄老师的办公室也在那里。生活上，老艺人们把我们当成自己的孩子，非常爱护和照顾。现在回想起来，脑海中依然有深刻印象的是每周六打牙祭改善伙食。当时有一道我们这群小学员特别爱吃的菜，是肉炒米豆腐。米豆腐煎熟后，再和肉一起炒，而且里面肉放得比较多，大家都很喜欢吃，也特别期待星期六。在当时的条件下，普通家庭的孩子能吃饱饭就算不错了，而我们在武陵春曲艺社，不仅能学专业知识，还有吃有住，能发工资。我记得黄挥老师在进社第一天就告诉我们：学徒期是七年。三年拿学徒工资，每月是 18 元；三年以后增加 6 元，每月 24 元；完全出师以后，每月 32.5 元。而他们自己的工资，每月只有 24 元。我们拿到 24 元时，师父们才拿到 32 元。老一辈艺术家的人格和情怀，由此可见一斑！

姚：既要养活大家，还要为班社攒积蓄。当时盲艺人在茶馆演出渔鼓的收入，应该很不错吧？

胡：1964 年以前还是不错的，1964 年以后，当时提倡演现代节目，但盲艺人们擅长传统节目。这样一来，茶馆演出的生意也慢慢冷清了许多，此前的积蓄也所剩不多了，但老先生们传承丝弦的决心从未动摇过。亲身经历了那段历史，亲眼见证过老先生们的担当与责任，我从心底里更加敬佩他们为丝弦的传承所做出的奉献和牺牲，深感再不努力学习、悉心坚守，就对不起他们的精心教导，甚至是养育之恩！

也就是在 1964 年，为了让我们所学的丝弦节目能到各个区县及乡镇演出，

---

① 宣传队，全名为“常德市毛泽东思想文艺宣传队”，成立于 1971 年，后改称“常德市文艺工作队”，1979 年解散。该队对于承续常德丝弦有一定的推动作用。

常德市武陵春曲艺社改名为“常德市曲艺队”，我们这批小学员被从武陵春曲艺社剥离出来，组成了“常德市曲艺队青年演出队”。从此，青年演出队主要是在舞台上演出丝弦，老艺人们依然在茶馆主要演出渔鼓和说评书。

姚： 刚才您提到，青年演出队演出丝弦主要是在舞台上。而关于常德丝弦早期的主要演出场所，曾一度出现许多争议，有人认为是以在茶馆演出为主。真实的情况到底是怎样的呢？

胡： 常德丝弦最初主要是以自娱自乐的形式存在，不在茶馆作营业演出。丝弦在常德的营业性演出，严格讲，也是从武陵春曲艺社招收年轻学员后逐渐开始的。

当初，在我们学习掌握了一些丝弦曲牌和节目后，1963 年年底，师父想让我们公开演唱试一试。于是，在当时常德最大的茶馆，也就是东门附近我们武陵春曲艺社自己买下的那个大茶馆里，六张八仙桌拼成一个小高台，作为我们试唱丝弦的舞台。

那时候，附近的居民也一直很关注我们。市民们只知道有一批青年男女在楼上学习，至于具体的情形，他们也不是特别清楚，所以很好奇，好多人都来看。再加上丝弦唱起来确实很好听，小演员们又青春活泼，结果那次演出一下子就爆棚了。我记得现场人挤人，没地方落脚，实在坐不下那么多人，只好又把茶馆的门板拆了。还好，那时的门板只有半截，下面是固定的，上面的木门板可以取下来。但是到了第二天的演出，来的人更多了，拆了门板也装不下观众。没得办法，师父们提出，干脆把舞台搭到外面去。于是，就把舞台搭在东门的城门口。结果，在城门口的演出更是人山人海，连远处的河堤上都站满了人。丝弦的优美曲调，惹得人们都爱听、都爱看。那一波试演，大概持续了三四天，演出的节目都是传统的，有《双下山》《王婆骂鸡》《拾玉镯》《三击掌》《关公挑袍》《皮晋顶灯》《宝玉哭灵》《描容》等。

姚： 我曾看到一些材料，称那次公演，使整个常德城“万人空巷”。那么，在这次演出之前，也就是 1963 年年底之前，常德本地区的观众是不是并没有完整看到过丝弦正式的公开性演出？

胡： 是的，过去只是一些爱好者自娱自乐，或老艺人们偶尔在演出渔鼓等之余，自己消遣唱一唱。正儿八经面向观众的丝弦专场演出，此前没有。

所以我们的那次演出，某种程度上是一种展示性的演出，让观众晓得了常德丝弦的真正面貌。我们也没想到，演出会有这样的盛况，大家自然都很高兴。

当然，这只是一个开头。后来，1963年年底，中央民族歌舞团主要演员朱崇禧和郑家祥，中央广播民族乐团的作曲家和指挥曾寻，从北京专门来到常德，找匡鹤龄和戴望本两位老师学习常德丝弦。临别时，原常德地委的领导得知北京来的专家即将离开，想为他们办一个欢送会。而北京的客人自己也认为，来常德一段时间多有打扰，又学习了丝弦，想表达感谢。就这样，我们武陵春曲艺社的学员们和北京的老师们，一起演出了两台丝弦节目。那时，常德的很多领导都是从北方过来的，他们也很喜欢听常德丝弦。这是我们第一次向市里的领导展示丝弦的艺术魅力，从而让他们有机会看到了这样一个组织和这样一班人及所从事的丝弦传承活动。

从此以后，但凡有上级领导或团体来常德从事考察交流等活动，常德地委都会安排我们演出丝弦节目。这样一来，常德丝弦的影响力就逐渐扩大了。那个时期也是常德丝弦比较兴旺的时期。

姚：这一时期表演丝弦，采用的方式是怎样的？因为一直以来，关于丝弦的表演形式众说纷纭，甚至有“坐唱”“站唱”“表演唱”“歌舞群唱”等不同说法。真实的样态究竟如何？

胡：“歌舞群唱”和“表演唱”等演出方式，都是近些年才出现的演出样式和叫法，以前没有。

而从前师父和师爷们演唱丝弦，由于是自娱性质，都是围着一张八仙桌，各自手持乐器，自行伴奏，围桌而唱。到20世纪50年代，因为常德丝弦节目在整个湖南省较有影响力，也经常参加有关方面组织的高台曲艺汇演、比赛等活动，并获得了很多奖项和荣誉。后来，湖南省民族歌舞团曾专门派人来常德学习丝弦。1958年，由湖南省民族歌舞团演出的常德丝弦《扫盲运动到了乡》赴北京参加了第一届全国曲艺会演。因为是在大舞台演出，这个节目是演员站着演唱，并配有小乐队伴奏。1959年，他们又创演了常德丝弦新节目《“大跃进”中喜事多》并赴京演出，这也就是现在最为全国人民熟悉的丝弦节目《新事多》的最初版本。由于当时一经演出，广受好评，唱响全国，好多人都会哼唱几句里面的“依儿哟，呀儿伊哟”。以至于现在很多人说起常德丝弦，就会想到这两句唱腔和衬词。殊不知，这只是众多丝弦曲牌中的一支曲牌，名为【剪剪花】。当时这个节目，湖南省民族歌舞团采用的演出方式是坐唱，只不过不再是围桌而坐，而是前面坐几个演员，手拿伴奏乐器，后面站一排演员，面向观众演唱，

20 世纪 60 年代，到我们这一批武陵春曲艺社的演员演出丝弦时，由于那时是抢救性传承，我们是先学了丝弦唱腔，器乐伴奏技巧相对较弱，所以有时主要演员手中没有乐器，但仍然是坐唱，演员面对观众，分坐在桌子的左右和后面三方，即空出正对观众的前面那一面。也就是说，丝弦作为曲艺“唱曲”形式，传统的自娱性演唱活动，是三五个爱好者分持三弦、琵琶、板胡、二胡、扬琴等乐器，围拢一处，自行伴奏演唱。登上高台面向观众娱人演出后，即围桌三面而坐，面向观众。再后来出现了演唱者一人或二人站立演唱，另有三五人坐在演唱者左侧，专司伴奏并伴唱的演出方式。但坐唱仍然是常德丝弦典范的表演形式。

后来，我们也陆续排过几个丝弦小戏，例如《婆媳比武》和《姑嫂渡》等，还借用了一些汉剧中的“武场”表演。但那是丝弦往戏曲方向的发展，不是自身作为曲艺“唱曲”类型的本体表演；并且效果也不理想，之后再无尝试。

姚：如此说来，20 世纪常德丝弦第一次参加全国性的曲艺演出，进入全国同行的视野，是由湖南省民族歌舞团演出，并不是我们常德本地的团队演出。那他们当时为何在曲种名称上采用的是“常德丝弦”而非“湖南丝弦”呢?

胡：湖南省民族歌舞团在 20 世纪 50 年代就派人来常德向匡鹤龄、戴望本二位师父学习丝弦演唱，后来他们创编的《扫盲运动到了乡》和《“大跃进”中喜事多》等节目，其名称均是用的“常德丝弦”，这可能是他们是跟常德的老师学会丝弦演唱的原因吧。后来，湖南省曲艺团 20 世纪 60 年代初也来常德学习丝弦，他们创编的《风雪探亲人》《开箱教女》和《热心人》等节目，都是

用的“常德丝弦”这一称谓。

姚：除了常德，湖南的武冈、辰溪、浏阳等地，均有丝弦流布。那您认为，是哪些原因使得常德的丝弦发展相对较好，并最终成为湖南丝弦中最有影响力的一支？

胡：“常德丝弦”的名称可能在全国更为人知，或者说影响较大。但湖南丝弦的发展，各地都曾很红火。只不过不同地区的发展情形各有不同而已。

如据《湖南丝弦音乐》①一书记载，过去长沙等地的丝弦就是在茶馆、酒楼演唱，艺人们以此为生。但是在常德，人们主要是把丝弦当作一种艺术兴趣和个人爱好，自娱自乐，陶冶情操。另从发展的角度看，我认为当代常德丝弦的影响之所以较大，徐梅清是一个关键人物。他对常德丝弦唱腔及伴奏音乐的完善，起到了巨大的推动作用。我们知道，湖南丝弦的唱腔音乐非常丰富，板腔和曲牌都有。徐梅清不仅丰富了常德丝弦的板腔体唱腔【老路】，而且还改良完善了【川路】。

回到丝弦发展问题的本身。丝弦的早期唱腔，主要是曲牌，唱小曲，抒短情；后来为了表现情节性的内容，就有了板腔体的唱腔，可以唱叙篇幅较长的故事，艺术的表现功能逐步扩大和提升，但长于抒情，依然是其主要的特征。

而常德丝弦之所以在中华人民共和国成立以后影响较大，一个直接而又主要的原因，现在看来，就是我们武陵春曲艺社的前辈盲艺人对于丝弦的无私奉献和传承。如果没有他们，没有他们的出色表现所引起的广泛关注，没有他们培养出的一批能够专门表演丝弦的青年演员，也就不会有后来丝弦在省级层面及全国范围的影响。换句话说，如果没有他们及其所组织起来的武陵春曲艺社，丝弦在常德的发展，也许会和其他许多地方一样，早早式微以至销声匿迹。

姚：除了湖南省其他的地州市，距离常德核心城区较近的桃源县和津市等今属常德市管辖的一些地区，也有丝弦流传。请问这些地方的丝弦和常德丝弦有区别吗？

---

① 湖南省文化局音乐工作组整理：《湖南丝弦音乐》，湖南人民出版社1955年版。

胡：曲艺都是方言土语的艺术。不同的曲种之所以名称不同，或者说有地名标示，主要是因为表演使用的方言语音不同，同时是基于这些语音的唱腔曲调不同。常德流行的丝弦之所以可以称作“常德丝弦”，是因为它是用常德地方语音演唱的。师父们曾教我们标准的常德话，应该是东起东门城门口，西到大西门内，南以沅江为界，北至北正街为界。桃源方音和津市方音跟以武陵区为核心的主城区所讲的常德话有差别。常德方音属于西南官话，接近北方语系。其他地方的湖南丝弦，因都采用各自的地方方言，因而存在一定差异，形成不同分支。而丝弦等的“唱曲”表演，唱法上属于语言性表达为主的“说着唱”，特别讲究“按字行腔”，因此，发音不同，音乐的走向及韵味也就不同。虽然从行政划分上，桃源、津市都属于今天常德市的辖区，但是过去在习惯上，那些地方的丝弦，也有称为“桃源丝弦”和“津市丝弦”的情形。

姚：是的。桃源县的李玉成[①]先生，当初也是享有盛誉的丝弦名家，他和“武陵春曲艺社”有没有联系和交往？

胡：有的。桃源丝弦一度也很红火，擅唱桃源丝弦的李玉成师爷和我们武陵春曲艺社联系非常多。李玉成师爷一直活跃在常德、桃源之间，也能讲常德话。因他也是向贺小昆学的唱丝弦，所以常与徐梅清师爷搭档演唱。大概是在1962年，黄挥老师曾把李玉成师爷接到武陵春曲艺社来，专门请他教我们唱丝弦。李玉成师爷传授的节目，有他最拿手的《皮晋顶灯》和《关公挑袍》及《描容》等。李玉成师爷那次曾在武陵春曲艺社待了大半年之久。

姚：《中国曲艺志·湖南卷》有载，“20世纪50年代以前，常德的丝弦爱好者中文人较多，有不成文的规定：不吸收非文人参加，不以谋生为宗旨，不收费，演出必须有‘雅乐赐奏’的请柬，有时还轿接轿送，非常讲究礼仪”。

胡：是这样的。丝弦比较雅致，过去丝弦的本子很多也追求文学上的欣赏价值，用词典雅，讲究文采，深受文人墨客喜欢。20世纪20年代前，湖南丝弦比较红火，其他地方的情况我不是太清楚，但是在常德地区，我听师父讲

① 李玉成（1903—1979），桃源人，丝弦艺人，善于演唱风趣幽默的丝弦曲目，如《双下山》《皮晋顶灯》和《王婆骂鸡》等。

过，丝弦过去是"只传长衫，不传短褂"。"长衫"指的就是经济条件和学识修养都比较好、有一定身份的人。丝弦演唱还有一个不成文的规定，就是"不办丧"。我的通俗理解，就是"唱红不唱白"，即只在有喜庆的事情时才演唱。

姚：现在我们创演的丝弦节目基本都是短篇，很多比赛和展演活动也要求时长一般控制在 12 分钟左右。据您了解，除了短篇节目，过去丝弦有无中长篇的节目？

胡：较之"说书"类的曲艺节目，作为"唱曲"类型的丝弦，节目篇幅相对较短。但也有中长篇，我记得《秦香莲》就是长篇。但长篇节目的排演不多，一般是以半小时以上的中篇居多。像现在 12 分钟左右的短篇节目，过去很少，除非是演唱某个特定的曲牌或者小调的像《卖花词》和《四季相思》等。

姚：丝弦作为曲艺"唱曲"类的曲种，伴奏是非常重要的。目前很多曲种在伴奏乐器中会增加大提琴等西洋乐器，有些节目创作时还会进行配器，胡乱加进的一些低音乐器，事实上会"模糊"演唱的"口齿"。对此您怎么看？过去丝弦的常用伴奏乐器都是哪些呢？

胡：先说说过去丝弦的常用伴奏乐器，主要有三弦、琵琶、扬琴、板胡、二胡或者中胡，就这几样乐器，没有加过大提琴。作为曲艺中的演唱伴奏，讲究的是"托、裹、衬"，它和那种大型交响乐不同。我们过去演唱丝弦，没有配器处理。

姚：从前面的回顾我们了解到，整个 20 世纪五六十年代，常德的丝弦创演非常红火。为何在正红火的时候，武陵春曲艺社却突然解散？后面变换名称几经沉浮，但终未振兴。您能否介绍一下具体的原因？

胡：武陵春曲艺社是 1968 年解散的，原因是"文化大革命"爆发后被迫解散。当时没有任何理由，丝弦也被当作"四旧"[①]，需要破除。一夜之间，所有人的命运，被凝结成一纸通知，贴在了墙上。记得那天我们被通知各自在纸

① 所谓"四旧"，指的是旧思想、旧文化、旧风俗、旧习惯，属于"文化大革命"初期的被革命对象。

上找自己的名字：一部分人下农村，一部分人留在市里。当时我和另一位同事被分到汉剧团，还有两个同事分到棉纺厂，其他同事都下放到农村。因为我唱丝弦是用本嗓，而唱汉剧要用小嗓，加之我又有强烈的丝弦情结，不想毁了我的本嗓，于是坚决要求离开汉剧团下放至工厂。

直到 1971 年，常德市成立"毛泽东思想文艺宣传队"，戴望本老师、黄挥老师、我和另外两位同事被召回到这个宣传队。可惜的是，匡鹤龄老师那时已经去世。宣传队的宣传演出形式多样，既演歌舞，也排小戏，同时还唱丝弦。因为宣传的需要，那时丝弦在表面上又红火了一段时间，创演了很多新节目，但都是宣传性很强的内容，无法传留下来。更为遗憾的是，八年之后的 1979 年，由于种种原因，宣传队被解散，可以演出丝弦的文艺团体也就从此消失。

姚：真是历史变幻，风云沉浮。刚才您提到匡鹤龄老师 20 世纪 70 年代已经作古，但他和戴望本等既是武陵春曲艺社的核心成员，又是教授您和首批年轻学员的丝弦老师，作为这两位丝弦名家的亲传弟子，您能不能谈谈这些老艺人，尤其是您所师承的匡鹤龄和戴望本两位师父对您的具体帮助与培养。他们在丝弦艺术与人生道路上，对您都有哪些影响？

胡：别看师父们是盲人，但他们懂盲文、有文化，更有思想、有担当。所以，当初他们愿意倾其所有，教我们丝弦。那时我们年纪小，有时师父教的内容不能理解和消化，但他们很少对我们发脾气，就是一遍又一遍地耐心教我们。有些男学员比较调皮，以为老师眼睛看不见，就在下面做些小动作，老师知道后，也不会大声呵斥。我记得戴望本师父最生气的时候，就会咬自己的嘴唇。看到老师这样，我们就知道他生气了，也没人敢再作声。老师们从来没有严厉呵斥或者情绪失控的时候，那种修养和气度，我从心底里佩服。

在武陵春曲艺社学艺期间，住在市区的学员一般下午放学后就各自归家了。我那时候年纪小，才十几岁，父母也没在身边，吃、住、学都在曲艺社，师娘们也喜欢我，平时接触就比较多，她们会把师爷、师父们过去的事情讲给我听，所以很多过去的事情和老师们的情况，我都比较了解。有一天放学后，戴望本和黄挥两个老师把我留下来说："以后放学了，匡鹤龄老师还要单独教你，你有两个师父。"前面我提到过，因为匡老师身兼数职，没有时间统一给学员们上很多课，丝弦这部分的教学主要是戴老师完成的。但忙碌的匡老师愿意单独给我上课，这让我倍感荣幸。匡鹤龄是徐梅清师爷的得意门生，深得“徐（梅清）派”唱腔的真传，行腔比较优雅细腻，长于以声见情。我记得很清楚，匡老师单独教我的第一个节目，就是他自己最拿手的《昭君出塞》。生活上，匡老师也是非常讲究，一丝不苟。我记得每次师父来上课，穿的白衬衫都是干干净净，鞋子一尘不染，从来都不会随随便便做事情。现在一想起师父，我心里就很难过。1968年，因为“文化大革命”，武陵春曲艺社解散。匡老师为了生计，只能到各个乡镇去“打黑书”[①]。匡老师又是盲人，眼睛看不见。一天他在演出回来的路上，被拖拉机撞成重伤后不幸身亡，只活到38岁。我当时被集中到学习班封闭学习，没能见上师父的最后一面，成了终身的遗憾。

姚：说起恩师，您总是热泪盈眶，感慨万千。您也曾在多个场合说，常德丝弦是您“心底的痛”。关于这句话，具体应该怎么理解？是否与师父们的经历有关？

胡：我从13岁进入武陵春曲艺社当学徒，跟随师父学习丝弦，至今已经过去半个多世纪了。从情感上说，我很敬佩和感恩我的两位师父，也就是匡鹤龄老师和戴望本老师，还有其他的师叔、师伯。最初他们从徐梅清师爷那里学习丝弦，其目的并不是在茶馆演出时多一个曲艺品种。他们也清楚，在常德唱丝弦，从来不是赚钱谋生的手段。但他们之所以还愿意学，实际上是一种“自我牺牲”，是为了让丝弦发扬光大，起一种承前启后的作用。换句话说，他们就是想学下来，传给后人，并不是据为己有，为己所用。在那个年代，他们又是盲人，有这样的思想境界，真是很不简单。一切都是为了让丝弦这个曲种能够传承下来。

这么多年来，从过去看着师父们对丝弦传承的无私付出，到今天回想他们当年对丝弦传承的担当情怀，我对师父们的怀念愈加深沉！我对他们的感恩之情，也是我对丝弦的敬畏之情。试想一下，如果没有这些盲艺人当年的无私奉

---

① “文化大革命”期间提倡演新节目，偷偷演出像《七侠五义》等传统的鼓书节目，俗称“打黑书”。

献，后面我们也不可能再会听到常德丝弦。这么好的曲艺品种，真的不能在我们这一辈手中弄丢了。我们有责任、有义务，像我们的师父辈一样，把常德丝弦传承好、弘扬好。

姚：为了传承常德丝弦，这些年，您一直坚持在常德丝弦传习所给青年演员授课，您主要教授的内容都有哪些？我们知道，现存有黄挥老师所著的《常德丝弦》[①] 一书。有人认为，按照书中的词谱，就能唱好丝弦，对此您怎么看？过去曲艺传承主要依靠的是“口传心授”，您认为它依然还能适应现代教学吗？

胡：当初师父是怎样教我的，我现在也是怎样来教丝弦传习所的这些青年演员。

首先是介绍传承谱系，让他们知道常德丝弦从何而来，我们又将向何处去。这里面就包含了继承、传承、传播、发展等很多方面的问题。然后就是唱腔/曲牌及一些传统节目的演唱教学，包括伴奏技巧的训练。

我认为，只有全面掌握了常德丝弦的历史发展和艺术特征，学会了唱腔音乐及伴奏技巧，同时具备准确理解和深刻表现曲本内容的思想心智，才能得心应手地创作和表演好丝弦节目。照着书本不能真正学懂和弄通丝弦艺术及其表演，只有通过精心的“口传心授”和反复的演出锻炼，才能掌握常德丝弦的特点和真味，最精髓、最高妙的“艺术”，也就在这其中。

姚：胡老师，您是这批青年学员的老师，也是为数不多的真正“科班”出身学习继承丝弦的亲历者和老前辈，您能不能为我们梳理一下，您进入武陵春曲艺社之前，常德丝弦的发展脉络和传承谱系具体是怎样的？

胡：常德丝弦现存的主要历史及艺术资料，得益于黄挥恩师奉献一生的收集整理，并保存在其《常德丝弦》一书之中。音乐方面尤其比较完整，曲牌体和板腔体的唱腔都有记录和保存。但现存的传统曲本不是很多。我个人认为，这与丝弦过去不作为艺人养家糊口的手段有关。因为，以此谋生的话，表演班社必然要不断地创演新节目，以此来增加供给，吸引观众。但是，丝弦早期在常德的流行，都不是以谋生挣钱为目的，而是以自娱自乐来消遣。像徐梅清师

---

① 黄挥：《常德丝弦》，中国大百科全书出版社 2008 年版。

爷，他就是米行里的一个账房先生，只是由于喜欢丝弦，学习、研究常德丝弦，自娱自乐。黄挥老师来到常德以后，跟随“老丝弦组”搜集整理了很多丝弦资料，也就是我们现在看到的黄老师所著的这本《常德丝弦》。如果没有这本书，后人就无法认识和了解“常德丝弦”的历史及艺术。虽然黄老师是东北人，所记谱例极个别地方也有出入，但作为我们跟随老先生学过丝弦的人，基本都能直接看出来哪些地方需要微调。

关于我进入武陵春曲艺社之前的常德地区的丝弦传承谱系，由于流布地域较为广泛，资料文献十分稀缺，几乎无人可以理清。仅从我们武陵春曲艺社的师承渊源上推，已知最早或者说一般认定，只能是从贺小昆开始，即徐梅清师爷是 1900 年跟随贺小昆学习的丝弦；再后来就是“老丝弦组”期间，即匡鹤龄和戴望本两位师父跟随徐梅清师爷学习丝弦；接下来就是我们武陵春曲艺社的这一批学徒。也就是说，我们武陵春曲艺社的这批学员，是已知丝弦在常德有据可查的一个传承脉系中的第四代传人。

姚：传承和创新，一直是各种艺术的发展都绕不开的一对关系或者说永恒的话题，对其也有很多的理解争论甚至阐释杂音。请问您怎么看待常德丝弦发展过程中继承与创新的关系？

胡：事实上，每种艺术、每个曲种都有自己本体的特色。现在很多人喜欢谈创新，而以我的理解，首先是守住“根”，如果连根都没有了，还谈什么继承和发展呢？

事实上，我们的丝弦也是在继承中发展，在一代一代的接力传承中，必然会有一些符合时代要求并符合艺术本身规律的发展。但有一点，就是不能伤到“根”。所谓根深才能叶茂，戏曲剧种也好，曲艺曲种也好，守住“根”才可能开枝散叶。不然，拿什么去“传”？就像“击鼓传花”一样，手中没有“花”，如何往下传？没有根本，一切都会成为空谈。就像我们这批人一样，只有师父把丝弦传给了我们，我们才有东西传给下一代。所以我认为先要深刻继承，在此基础之上再去谈发展创新。

姚：20 世纪 60 年代，您演唱的常德丝弦《滨湖颂》和《昭君出塞》等节目，被中央人民广播电台录播并在福建前线广播电台面向台湾同胞播放，影响很大。您一生学习和演唱了不少的丝弦节目，如果让您选择最能代表您丝弦艺术水准和成就的代表性节目，您认为都有哪些?

胡：传统节目当中，我最喜欢的是《昭君出塞》。前面也介绍过，这是匡鹤龄老师最拿手的节目，也是他亲自教我演唱的。《昭君出塞》也是徐梅清师爷最拿手的节目，徐师爷亲自教授给的匡鹤龄老师。所以，我对《昭君出塞》有很深的感情。

另外，【老路】唱腔的代表性节目《描容》即《描容上路》等，我都比较喜欢演唱。你刚才提到的新创节目《滨湖颂》，词作者是诸扬荣。那要追溯到1964年，当时常德丝弦很红火，后来湖南人民广播电台就派了一个录制小组来录制，由于那时的录音设备和条件不及现代，我们前后录了一个月左右的时间。那次还录了很多其他的丝弦节目和唱腔曲牌，然后就在全省播放。1965年，省里把这些节目统一选送到中央人民广播电台。中央人民广播电台就选了我和师妹张炜演唱的《滨湖颂》，对全国听众包括台湾同胞广播。

在那个特殊的年代，广播电台每天都有对台湾广播的节目，为的是唤起台湾同胞的思乡之情。我演唱的常德丝弦《昭君出塞》，就是被选中的节目之一。我记得1964年和1965年，这个节目在福建前线广播电台多次对台播放。

姚：胡老师，我们知道，您不仅全面掌握丝弦的唱腔音乐，还不顾年事已高，亲自给丝弦传习所的学员教唱丝弦，近年来武陵区新创演的丝弦节目，基本都是由您来担任编曲和导演。您能否从创作的角度，谈谈这方面的体会?

胡：关于常德丝弦的创作，首先我认为要坚持曲种特色，坚持本真，不能盲目跟风。丝弦是唱给真正喜欢它的人听的。作为创作者，我们要守住丝弦的“根”。像我编排的丝弦节目，在演出形式上，我们就不能“歌舞化”。音乐方面也是一样。当然，我并不是墨守成规，也会吸收和加入一些符合情节内容表达需要的其他元素，但我不会离开常德丝弦特别是音乐唱腔的特质与根本。

例如我俩[①]合作的丝弦《今天再唱新事多》，唱词中有一段：“夫妻俩你看看我，我看看你，你看我，我看你，你看我看，我看你看，你看我看，我看你

---

① 指胡楠与姚琴，下同。

看——嘴巴都笑到了后颈窝。”像这种唱词结构，传统的丝弦节目里没有出现过，最多有两三个来回重复。如果直接按照唱词顺序唱过来，很难掀起高潮或者说有艺术感染力。所以在最后一句，“我看你看”之后，我加上了“打哈哈”，然后再连接“嘴巴都笑到了后颈窝”，这样就比较连贯和顺畅。而这种处理的灵感，是来自于我们常德籍的女高音歌唱家、中国音乐学院声乐教授吴碧霞老师在谈到什么是花腔时所介绍的内容。所以，有时候一些细节的处理，我们在创作时，也需要一些借鉴和创新，但我并没有因此颠覆丝弦音乐的根本。

还有像我俩合作的丝弦节目《不屈的吼声》。你写的第一段唱词是“轰隆隆雷鸣电闪响不停，哗啦啦瓢泼大雨如倾盆。黑压压一队宪兵似魔影，恶狠狠撞开大门要抓人”。内容一开头就营造了一种很紧张的危险氛围，如果开头我直接按照常规采用【二流】唱腔，那音乐就会比较平淡。所以我让前面拟声词的唱腔进行重复，这样，第一句唱词就变成了“轰隆隆，轰隆隆雷鸣电闪响不停”。这就改变了唱词的原有结构，开头增加的“轰隆隆”，实际上是一种对原有唱腔的丰富，而乐队此刻的伴奏处理，就是要用“托”的方式与方法，烘托出“雷鸣电闪”的紧张效果。这些重复处理的目的，就是要通过对于唱腔的设计来体现唱词所要营造出的紧张气氛，然后再开始从头接唱词。如果第一句是“轰隆隆雷鸣电闪响不停”，完全按【二流】的正腔开始唱，就没有推进性的表现效果。

姚：刚才您提到了曲本创作，我也特别有感慨。这些年，非常有幸在您的指导下写了多个常德丝弦曲本。戏剧影视界如今都喊“剧本荒”，即缺少好的剧本。其实我们曲艺界也存在着“曲本荒”。请问您怎么看常德丝弦目前的曲本创作现状？青年作者如想学习丝弦创作，首先应该从哪些方面下功夫？

胡：“曲本荒”确实是大家都面临的一个非常头疼的问题。这方面的专业人才太少。我认为搞创作，尤其是曲本创作，首先要能静下心来，能耐得住寂寞和守得住清贫。曲本也是“一曲之本”，尤其要打好基础。内容不感人，排演没意义。文学创作不像其他工作，能迅速变现，“一夜暴富”。青年作者必须把创作当成毕生追求的理想和事业。然后还要能“沉”到生活中去，体验生活，不断思考，从中发现好的素材。只有先感动自己，才有可能去感动别人。

当然，丝弦和其他曲艺形式一样，综合性很强。一个节目的完成，除了曲本创作的环节，还有唱腔设计，包括伴奏处理，以及服饰化妆、灯光背景、排练指导和演员表演等诸多创作环节。这就要求整个主创团队分工合作，相互配合，在协同配合和排练打磨中多度递进，提升完成。总之，打造好的丝弦作品就像动车运行，每个环节及每一节车厢都要充分发挥各自的动能，每个环节的努力都不能少。

姚： 胡老师，从十三岁学习丝弦一直到现在，丝弦伴随您已近七十年的时光，最后想问问您，关于常德丝弦，您还有什么心愿？

胡： 随着年龄的增长，我对丝弦的情感也愈加浓重。对武陵春曲艺社及其前辈老师的感念和理解也更加深彻。这些年特别是近十年来，常德市委和市政府，武陵区委和区政府，特别是武陵区文化馆的主要领导，为了保护传承常德丝弦，做了大量的工作，下了很大力气。我非常感佩！我真诚地希望，一定要让常德丝弦真正地传承下去，成为常德市的一张文化名片。

丝弦当代传承与发展的历史表明，要想切实传扬丝弦，既需要一批像我的师父匡鹤龄、戴望本那样为丝弦艺术献身的传承人，也需要“武陵春曲艺社”那样真真正正切实传承丝弦艺术的机构。

在具体的丝弦节目创演实践中，不管是曲本作者、乐队伴奏，抑或表演人员等，每个环节都不能缺少。如果大家不能沉下心去做事业，没有把常德丝弦的艺术本领学到手、掌握好，不以常德丝弦的艺术传承为目的，常德丝弦就很难繁荣和发展。

这就是我简单而又朴素的心愿，也是我们大家的责任与担当，更是我们对武陵春曲艺社及其前辈艺人当年心血和付出的告慰与还愿。

（姚琴　中国艺术研究院研究生院曲艺学方向2020级硕士研究生）

甘咏梅　采访并整理

吴川木鱼及在当代的传承与发展*

——吴川木鱼当代传人康华生访谈录

【内容提要】吴川木鱼是主要流传在享有“中国民间艺术之乡”的粤西吴川梅菉镇一带，采用吴川梅菉方言演唱和三弦（或蝴蝶琴）伴奏的曲艺唱曲形式。康华生是当代吴川木鱼最具代表性的艺人。他出道较早，盛名吴川五十多年，亲见亲历了吴川木鱼的当代兴衰历程。他也是已知吴川地区最后一位有着正规传承谱系的木鱼传人。本访谈内容涉及吴川木鱼的历史源流、表演形态、唱腔特色、伴奏特点、曲本体裁、节目类型，以及代表艺人的演艺生涯，包括传习情况、社会境遇和心理感想等。部分内容与《中国曲艺志·广东卷》中的相关记述有所不同，可供进一步研究和参考；对处于重度濒危状态下的粤西传统曲种吴川木鱼的抢救性保护及其传承工作，也有重要的借鉴作用。

【关 键 词】吴川木鱼　康华生　访谈录

康华生是当今已知粤西吴川木鱼（当地人俗称为“木鱼歌”）在广东省湛江市所属吴川市梅菉镇的唯一传人。他在1953年即8岁时师承粤西吴川盲人院木鱼歌盲女艺人杨少芳（人称“五嫂”）学习吴川木鱼，至今（2021年）已

---

* 本文系教育部人文社会科学研究一般项目“粤西濒危非遗曲种固本拓新研究”（20YJA760013）岭南师范学院科研一般平台“岭南曲艺研究所”（2020PT09）研究成果之一。

68年，亲见亲历了吴川木鱼在当代的兴衰历程。此次访谈于2021年11月4日上午在广东省湛江市的吴川市吴川万和假日酒店进行。康华生先生虽已年近七旬，但思维清晰，精神矍铄。三个多小时的访谈，内容涉及吴川木鱼的历史源流、表演形态、唱腔特色、伴奏特点、曲本体裁、节目类型，以及代表艺人的演艺生涯，包括传习情况、社会境遇和心理感想等。本文根据现场录音整理，为让读者清晰地了解相关内容，行文尽可能真实客观地转述康华生的原话。

一、学艺经历及日常生活

甘咏梅（以下简称“甘”）：康先生好！非常感谢您能接受此次访谈！听说您从8岁起就开始学唱吴川木鱼了。请先说说当时学艺的缘由及师父，有正规的拜师规程吗？

康华生（以下简称“康”）：那时还小，就是喜欢和爱好！觉得好听，就想学学。是跟吴川盲人院的“五嫂”（本名杨少芳）学习的。没有什么拜师仪式，也没有交固定学费，就是和她说，想学木鱼歌，过年时送点肉给她就行了。她们盲人院的艺人都是很穷的，偶尔给点贴补生活的财物或小钱，她们就非常高兴了。

甘：您是怎样学艺的？习艺途径有哪些？如何向师父回课的？

康：就是师父教一句，我学唱一句，一首一首模仿学唱的。师父不但在盲人院里教唱，还经常带着我走街串巷挨门演唱，让我跟着模仿演唱，慢慢就学会了。我学习没有固定的时间，想去学唱随时都可以过去找师父学习的。

甘：您的师父就您一个徒弟吗？平时出外演出有没有搭档？一般酬劳是多少？

康：还有一个师兄，叫李亚太，（现在）已经去世了。平时有人请去唱木鱼歌就去唱，都是独自一人去的，没有搭档。师父那时演出的收入很少，每首5元。现在若有人请我唱木鱼歌，我是没有收什么费用的，因为主要出于爱好。

甘：您是以唱木鱼歌为谋生的手段及职业吗？您有几个孩子？他们有没有和您学习木鱼歌？社会上有没有人跟您学唱木鱼歌？如果有人跟您学唱，您对学生都有什么要求？

康：唱木鱼歌是我的业余爱好，不是我的职业，我的职业是吴川中医院的药师，已经退休多年了。我有三个孩子，一仔两女，他们都不学木鱼歌。前几年，在社会上收了一个学生，叫符亚珠，可惜他后来上广州做生意去了，也就不再唱木鱼歌了。我收学生没有什么要求，喜欢唱，想学，我就教呗。

甘：您在学唱木鱼歌的时候，有没有进行一些嗓音方面的训练？

康：有时会在公园里发几声长音“O”，舒展一下喉咙而已，没有刻意训练什么嗓音的。我们唱木鱼歌，主要是注重唱腔中词句的内涵与韵味，把字吐清，旋律唱动听，内容吸引人就可以了。

二、表演形式与唱奏特点

甘：关于吴川木鱼的历史，您都知道多少？能说说吗？

康：听师父说过：清朝的时候，由于吴川人大多是从商的，从珠江三角洲过来，在吴川做生意的人，也特别多。他们把珠三角流行的木鱼歌也带到了我们这里，然后结合我们本地吴川梅菉一带的民歌“水歌”与吟诵的“衣诗”曲调，发展形成了用吴川梅菉话演唱的吴川木鱼。由于吴川木鱼曲调优美，平和流畅，听起来委婉舒心，在当时是很受本地群众喜爱的。

甘：吴川木鱼作为一种曲艺品种，表演形式是怎样的？演出时的着装有没有特定的讲究？

康：吴川木鱼的表演，主要就是唱。唱的时候用一个绳子把三弦绑住两端，然后挂在脖子上，就可以站着弹唱了，而且站着唱，气息也会比较顺一些。而且，乞讨时祝颂类的短段曲子，通常我们都是站着唱的；长篇的有些故事情节的曲子，一般就坐着唱。因为那些曲子的演唱时间比较长，不能一直站着唱，太累了呢。当然，演唱时还要看邀请者的具体要求，随时进行演唱内容的灵活增减。

过去演唱，我们一般就穿日常便装。前几年吴川市文化馆为了参加比赛，特意定做了一些有本地特色的服装，保存在吴川市文化馆里。有官方安排演出或比赛时，会让我们穿一下。但平时一般场合的演出，我都是穿便装表演的。

甘：吴川木鱼的表演既然以唱为主，请问它的唱腔是怎样的？都有什么特点？

康：吴川木鱼的唱腔结构及其节目类型，主要有两种：一种是短小的单支曲；另一种是可以唱叙有一定故事情节的节目即单曲反复结构的曲子。单支曲演唱的短段节目，主要是唱恭贺新禧、节日祝福的吉利歌。在过去，师父她们就逢年过节，走街串巷，挨门挨户弹唱木鱼歌，以此乞讨，用来谋生；较长的曲子，也叫长篇曲子（按即长篇节目），主要是唱一些历史故事和爱情故事，有一定的教化作用，其唱腔不分节，就是一个单曲反复演唱。主要是在春节、元宵、年例、庙会、神诞、喜庆的节日期间，被各村街坊邻居筹钱请去，在巷尾、庙宇、家里或临时搭好的舞台上演唱。

甘：流传至今，吴川木鱼的唱腔有没有什么变化？传统代表性节目与现代新创作的节目都有哪些？

康：吴川木鱼的唱腔音乐传到今天，没有什么变化。我的演唱与师父相比，要说有什么不同，那也仅在个别字音的润腔上会有些不同。师父唱的字音比较简单和生硬一些，我唱的时候，会增加一些委婉的装饰音，使旋律听起来更优美，更具感染力。并且，我会突出吴川木鱼唱腔的"鼻音拖腔"特色。所谓"鼻音拖腔"，就是咬完字音后，立即把嘴闭上，像哼鸣一样发出独特的有鼻音色彩的延长音。这一特色拖腔，使得吴川木鱼听起来具有吴川梅菉方言的独特韵味。其间，也有官方人士为了参加省市级比赛或展演，创作了一些名为"新木鱼歌"的节目，也获得了一些奖项，但在我们听来，已经不是吴川木鱼的腔调了，当地群众也都不太认可那些节目唱的是吴川木鱼的腔调。

甘：据您所知，吴川木鱼的传统节目都有哪些？存留状况如何？

康：我们常唱的吴川木鱼传统短段节目，有《正月年新岁又新》《五福临门万事兴》等；有关长篇的传统曲子，我与师兄李亚太还有师父"五嫂"在10年前曾一起录制过一份"梅菉盲人木鱼"的U盘音响，现在分别收藏于我和一些爱好者手中。共录制了25首，其中《丫鬟教姐》分两次录制，分别是《梁山伯与祝英台之十八相送》《乾隆宝扇》《锦绣吃斋》《丁郎访琴》《姬房教子》

《卖芥兰》《懒姑娘》《丁文玉操琴》《夜送寒衣》《浓茶记》《青兰互荐》《十教才郎》《周氏教女》《绣姬祝寿》《二十送情》《关兰卖妹·秋红送药·雪妹卖水》《贺新年》《姐妹偷琴》《三娘教子》《十八相送》《丫鬟教姐1》《丫鬟教姐2》《朱笼记碧蓉拜月》《朱买臣：出示·娶妻·中状·回家》《曹安杀子》《曹安杀子·救母·贤妻戒赌》。这些节目当中，《姬房教子》与《关兰卖妹·秋红送药·雪妹卖水》两首是师父唱的，其他节目是我和师兄李亚太唱的。里面录的最长篇幅的一首，是《锦绣吃斋》，共有54分57秒；最短的一首，是《丁郎访琴》，录了6分04秒。师父唱的那两首，分别是10分16秒与41分45秒。要是我们平时演出，演唱速度不会那么快，真实演唱的时间，都比录制音响的时间要长。除此之外，还有几首常演唱的长篇节目，如《老女思夫》《赵化龙祭奠》《高文举》等。新中国成立以来，在政府的帮助与扶持下，我们也编演了一些新的节目，如《人口普查》《计划生育》《县委书记焦裕禄》《春满吴川》《竹乡人民跟党走》《一盘火》《吴川三绝醉游人》《木鱼弹唱新农村》《文明村庄文明人》《歌颂中国共产党建党一百周年》《最后的木鱼》等，这些都是很受当地群众欢迎的。不过，由于现在较少人请我们演唱长篇木鱼，所以很多节目都已记不得了。

甘：吴川木鱼的唱词体裁与句式结构是怎样的？您觉得吴川木鱼唱腔最有特色的地方是什么？您可以唱一段并解释一下润腔规律吗？

康：吴川木鱼是用吴川市梅菉镇的吴川梅菉话演唱的，旋律优美、平和流畅。它的唱词是韵文，讲究平仄押韵。句式结构与民间歌谣及律诗相似，通常七言四句为一节，循环往复。也有根据内容的需要，在句头或句中加入一些衬词的情形，或者结尾句多加一句反复句，用来加强情感等，但不影响整体句式的结构。吴川木鱼的唱词虽然有平仄搭配使用的严格要求，但唱起来比较口语化，节奏也比较灵活自由，抒情的时候可以拖长点，情绪激动的时候也可以紧凑点。它的唱词格律，是讲究上仄下平的搭配规律的，因为这样高低交错唱腔会优美动听、婉转流畅。当然，我说的平仄押韵是指根据吴川梅菉方言的声调调值来搭配的。

我觉得吴川木鱼唱腔最有特色的地方，是它有几个很特别的长拖腔，而

且是用鼻音唱出来的，就是在平声字上所采用的“润腔”即“鼻音拖腔”，很有韵味。我常使用“鼻音拖腔”规律是这样的：通常第一句的尾字，为上平声或仄声，一般“鼻音拖腔”唱成 1̇5̇ 3̇ 2̇ | 2̇ - |(M) 或 3̇5̇ 3̇ 2̇ | 2̇ - |(M) 或 55̇ 3̇ 2̇ | 2̇ - |(M)，若第一句中的第二个或第四个字是上平音韵，也可唱一个润腔，如 3̇2̇3̇5̇(M) 2̇ 2̇(啊) |。若第一句句尾押的是仄声韵，第二句可押平声韵，“鼻音拖腔”为 6 2(M) 5 | 5 - | 或 1̇2̇3̇(M) 2̇ | 2̇ - |。第三句尾字一般为仄声字，有的不拖腔，有的唱个“鼻音拖腔”，如 1̇(M) - | 1̇ 2̇3̇0 |。第四句尾字是押平声韵。若是押上平声韵的话，一般“鼻音拖腔”的旋律为 3̇5̇ 3̇ 2̇ | 2̇ - |(M) 或 1̇2̇3̇ 2̇ | 2̇ - |(M) 或 55̇ 3̇ 2̇ | 2̇ - |(M)；若是押下平声韵的话，就唱成另一种“鼻音拖腔”即 6 2(M) 5 | 5 - |。此外，整首木鱼歌的最后一句，也就是结束句的尾字，常押下平声韵，而且会放慢速度，或再重复一遍最后一句，最后一句尾字的“鼻音拖腔”，和刚刚说到的第四句尾字后的“鼻音拖腔”一样，而且要求在句中第二个字或第四个平声字韵后加个润腔，也就是 3̇2̇3̇5̇(M) 2̇ 2̇(啊) |。

下面我唱首今年（2021 年）新创作的吴川木鱼《歌颂中国共产党建党一百周年》①，你听一下，就知道韵味在哪了。（下面的谱例，为笔者根据当时所唱记录整理）

① 由于《中国曲艺志·广东卷》与《中国曲艺音乐集成·广东卷》上不仅把吴川木鱼所采用的吴川梅菉方言记成廉江客家方言，而且所提供的谱例也不很准确，没有把吴川木鱼唱腔的真正特点与特色呈现出来，故，笔者此处根据康华生的现场演唱，对其中的两段唱腔，进行了全曲重新记谱，以供研究与传唱参用。

歌颂中国共产党建党一百周年

（吴川木鱼歌唱腔）

康华生　演唱
甘咏梅　记谱

1=♭B $\frac{2}{4}\frac{1}{4}$

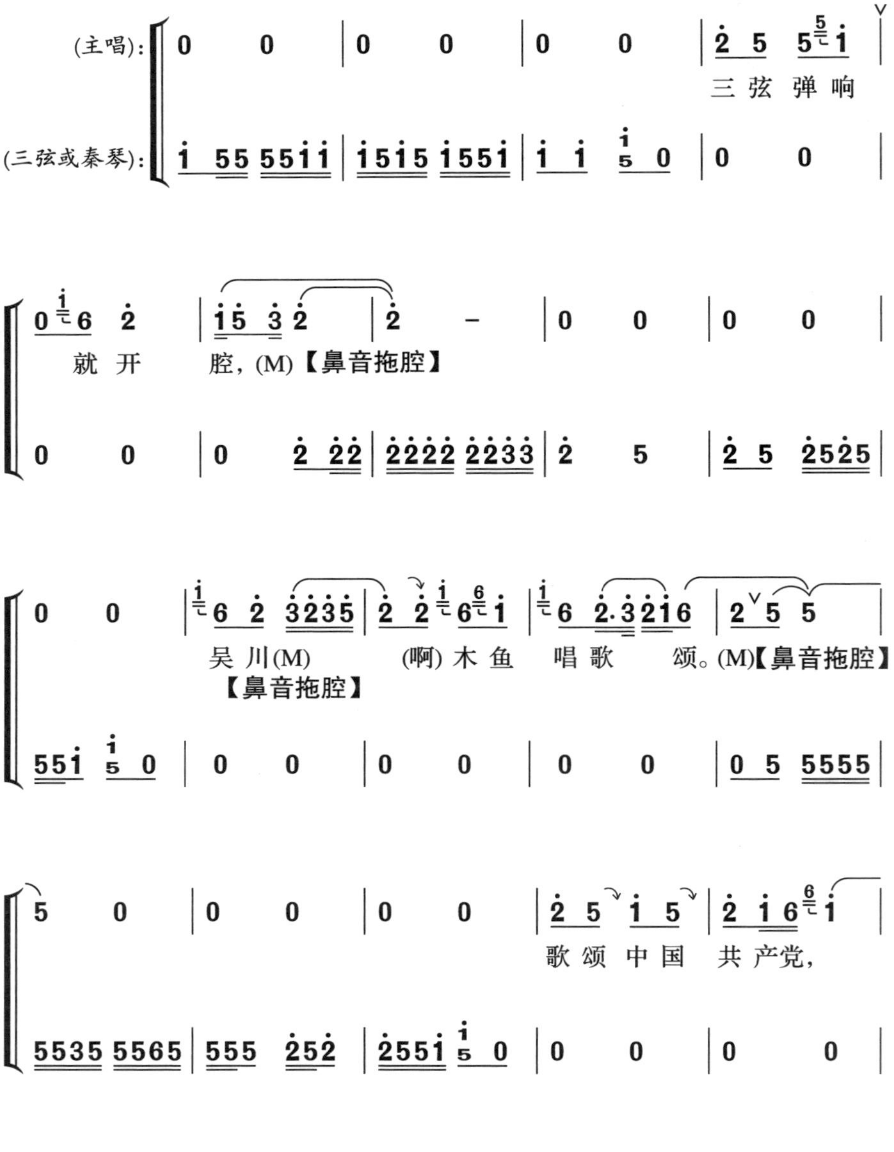

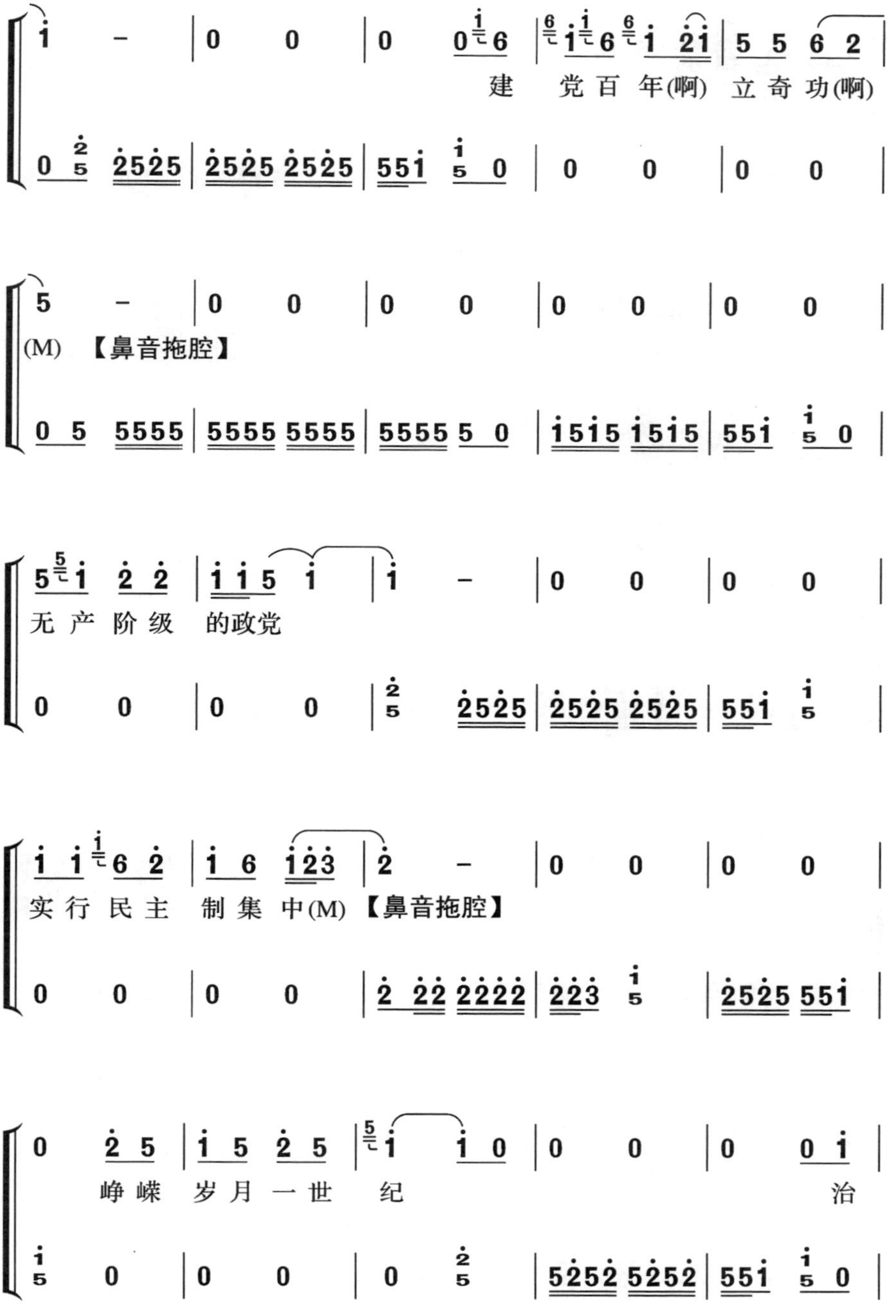
建 党百 年(啊) 立 奇 功(啊)
(M) 【鼻音拖腔】
无 产 阶 级 的政党
实 行 民 主 制 集 中(M) 【鼻音拖腔】
峥 嵘 岁 月 一 世 纪
治

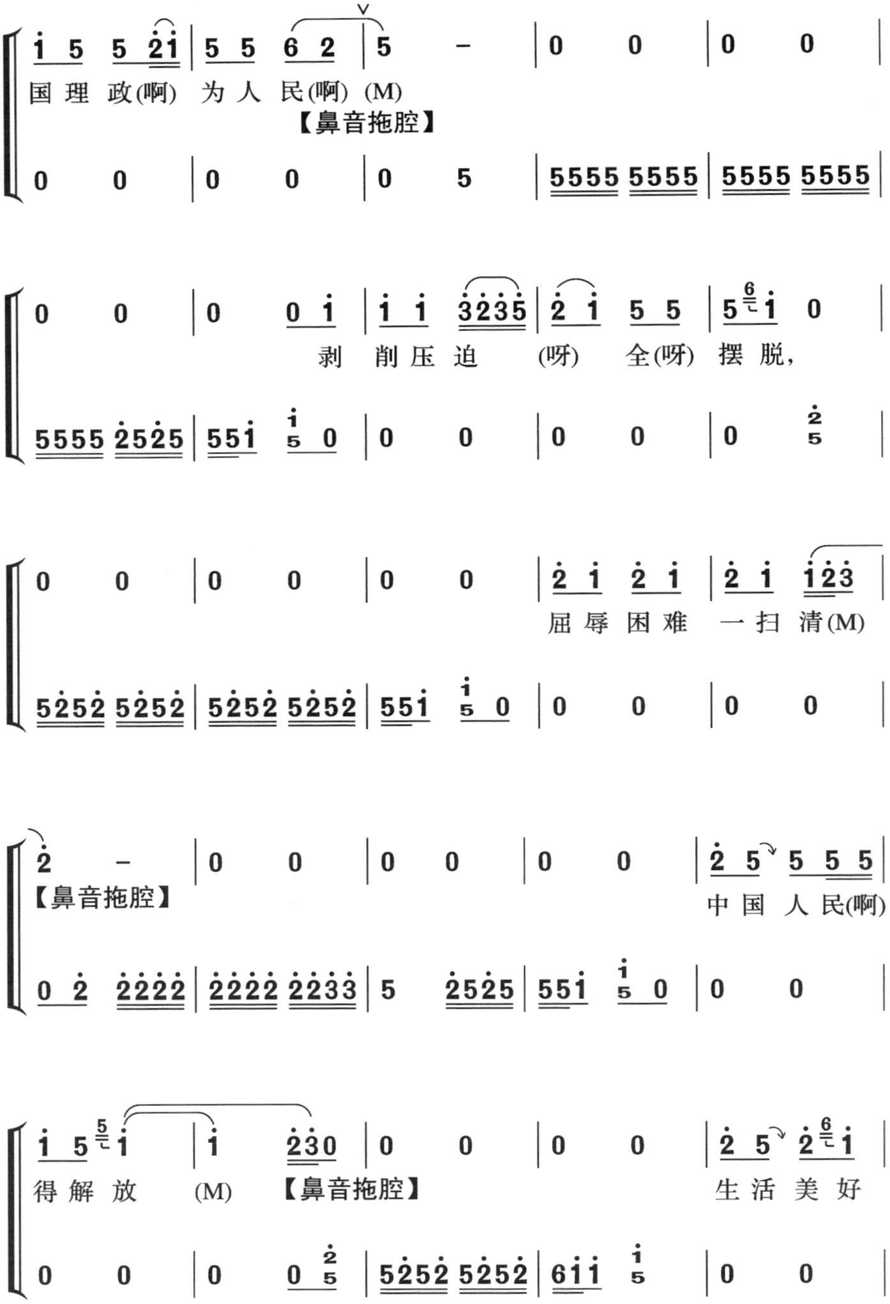
国理政(啊) 为人民(啊) (M)
【鼻音拖腔】
剥削压迫 (呀) 全(呀) 摆脱，
屈辱困难 一扫清(M)
【鼻音拖腔】
中国人民(啊)
得解放 (M)
【鼻音拖腔】
生活美好

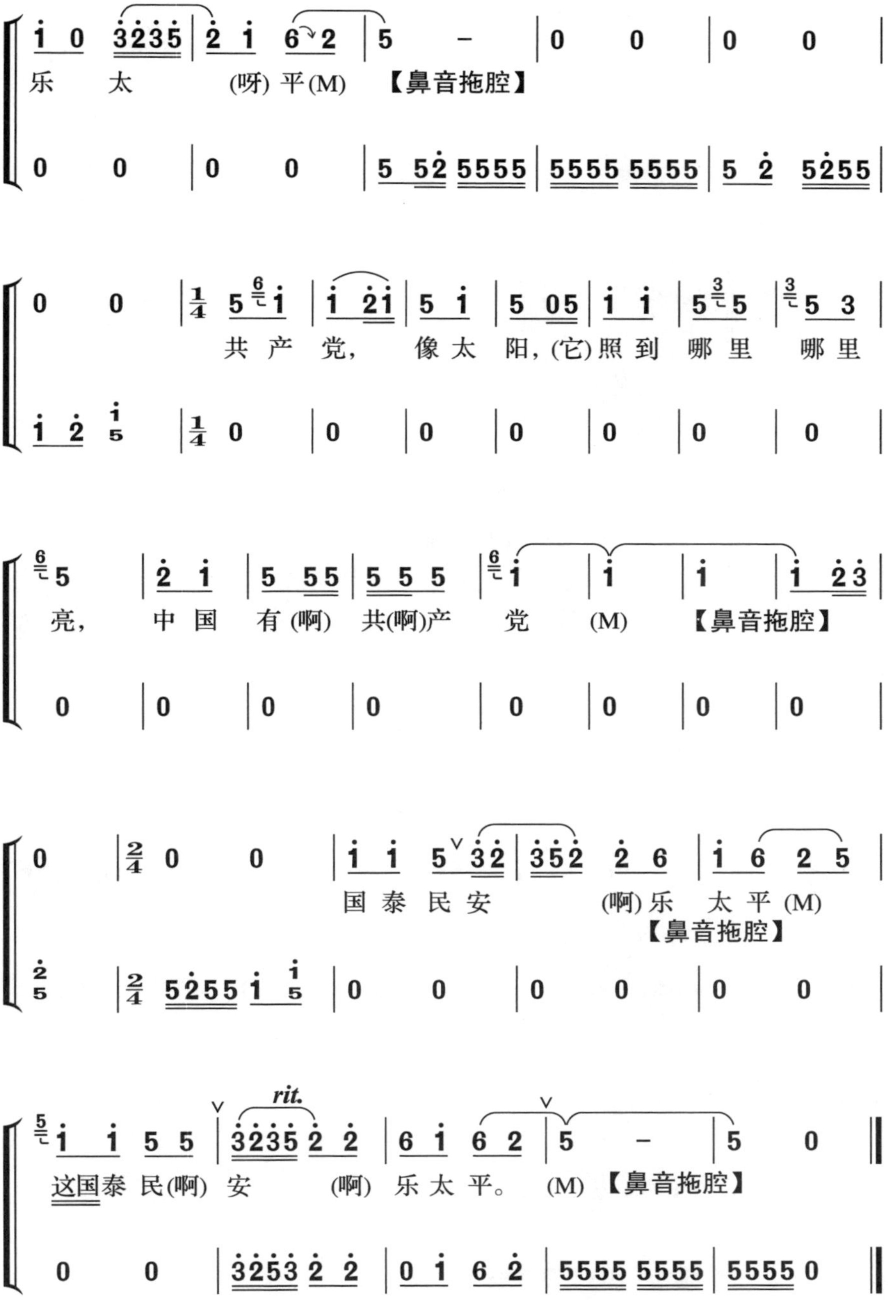

下面，我再演唱一下《吴川三绝醉游人》，即可看出其音乐形态与调性特

点。（谱例为笔者根据当时所唱记录整理）

吴川三绝醉游人

康华生 演唱
甘咏梅 记谱

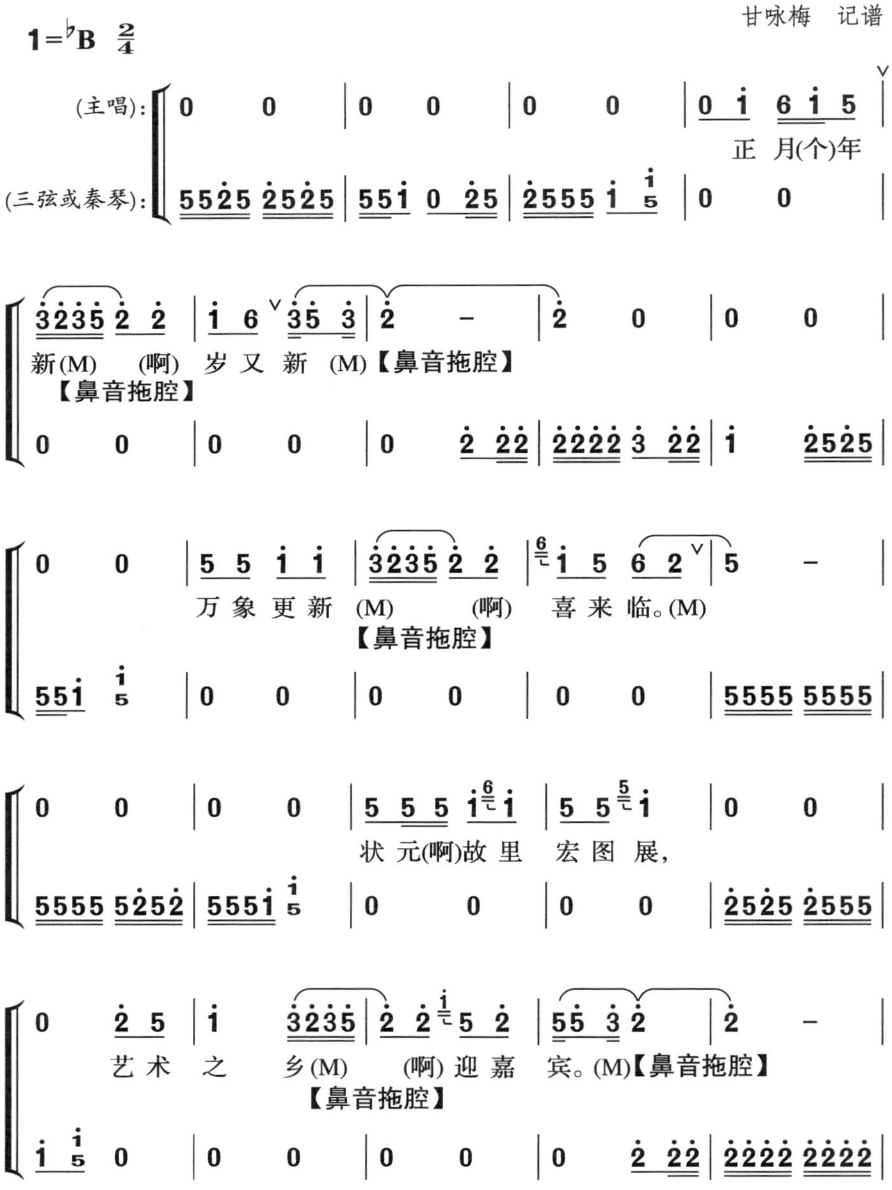

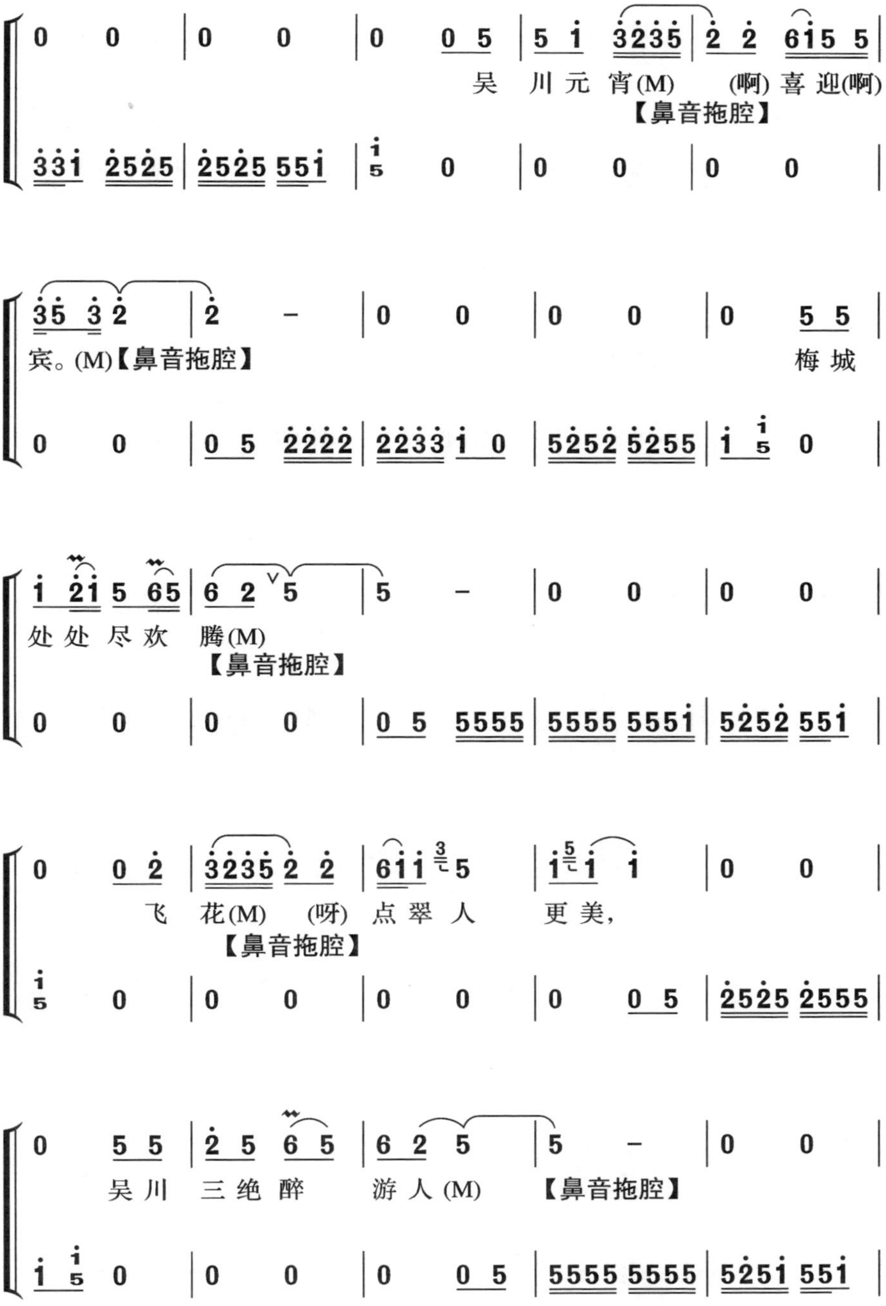

吴 川 元 宵(M) (啊) 喜 迎(啊)
【鼻音拖腔】
宾。(M)【鼻音拖腔】
梅 城
处 处 尽 欢 腾(M)
【鼻音拖腔】
飞 花(M) (呀) 点 翠 人 更 美,
【鼻音拖腔】
吴 川 三 绝 醉 游 人 (M) 【鼻音拖腔】

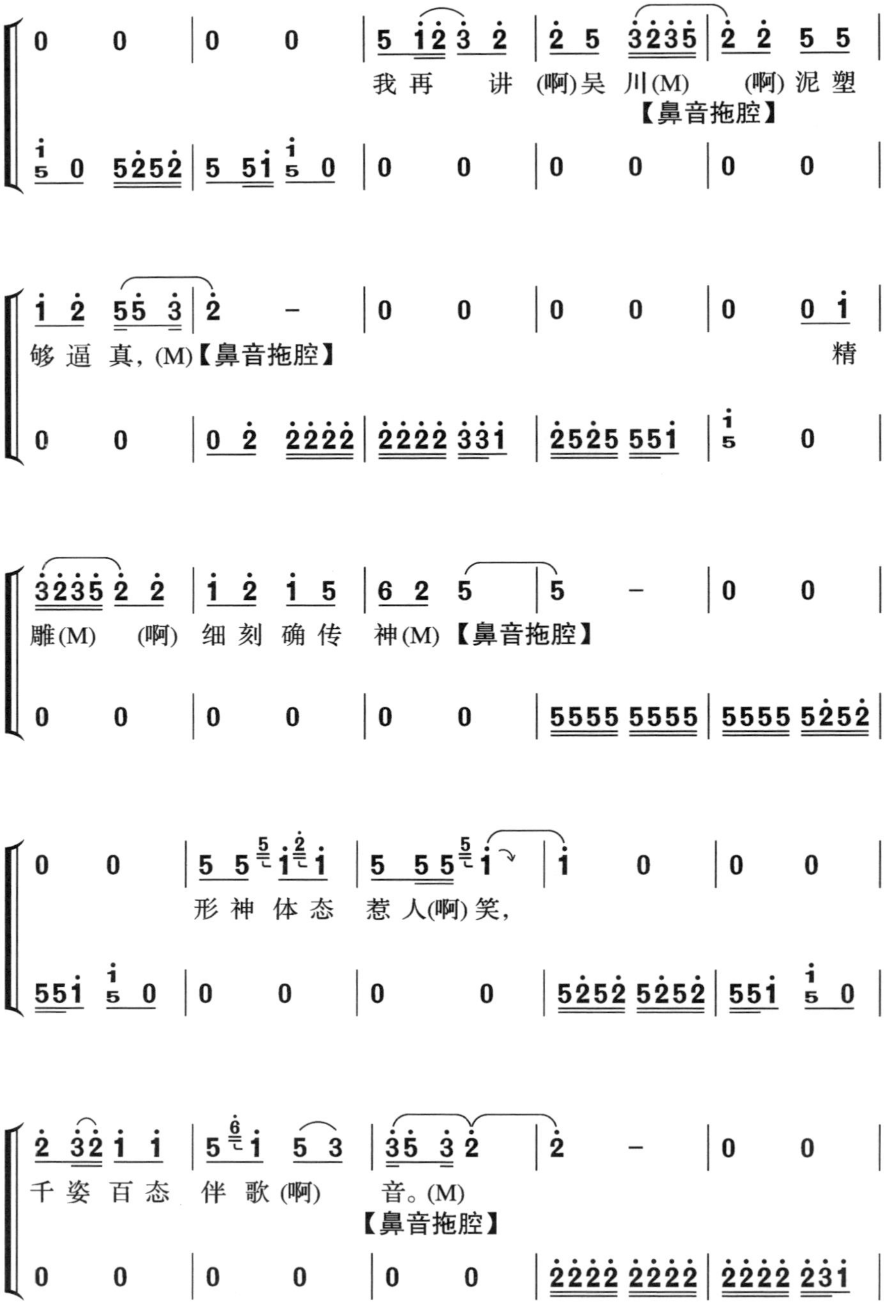
我再 讲 (啊)吴 川(M) (啊)泥塑
【鼻音拖腔】
够逼真，(M)【鼻音拖腔】 精
雕(M) (啊) 细刻确传 神(M)【鼻音拖腔】
形神体态 惹人(啊)笑，
千姿百态 伴歌(啊) 音。(M)
【鼻音拖腔】

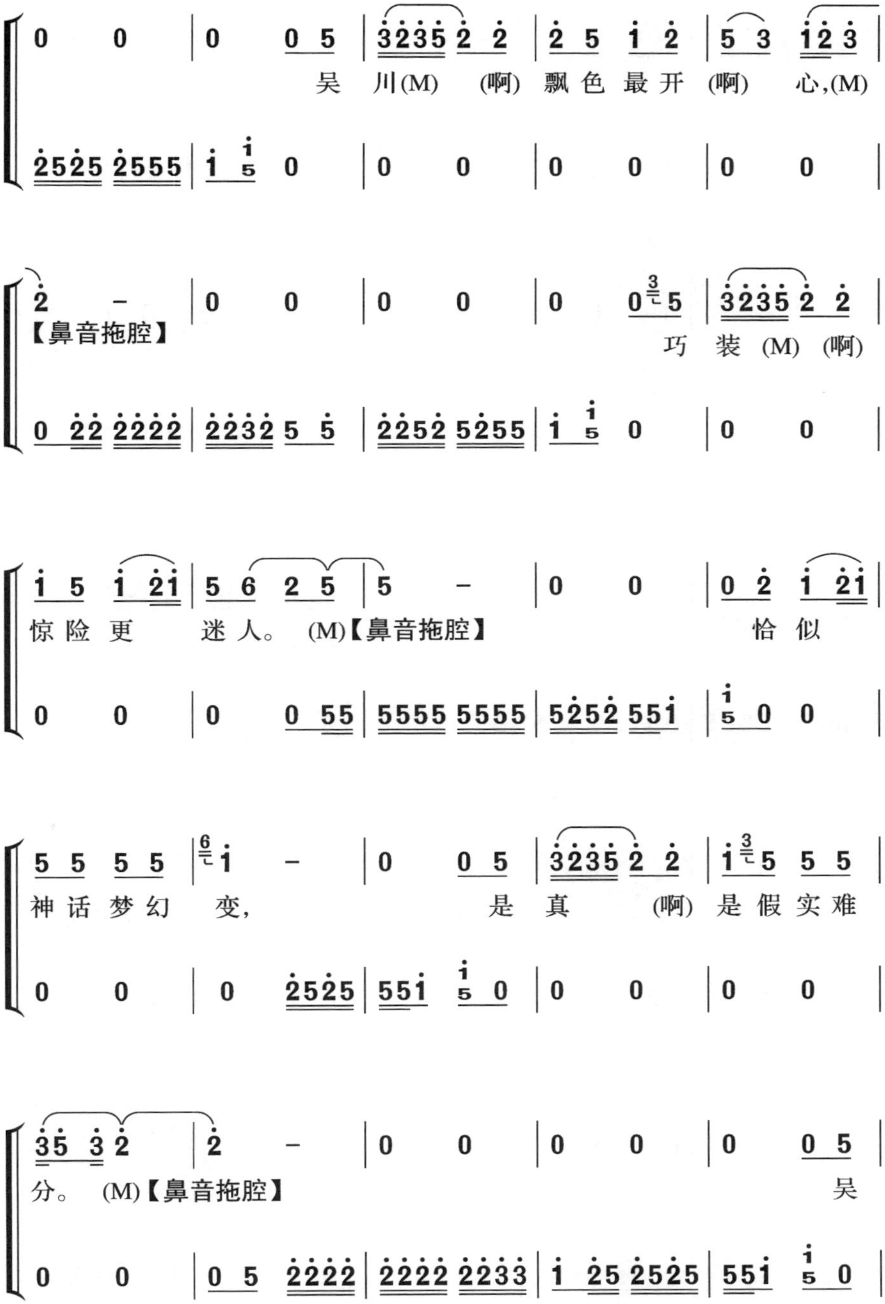
吴 川(M) (啊) 飘 色 最 开 (啊) 心,(M)
【鼻音拖腔】
巧 装 (M) (啊)
惊 险 更 迷 人。 (M)【鼻音拖腔】
恰 似
神 话 梦 幻 变,
是 真 (啊) 是 假 实 难
分。 (M)【鼻音拖腔】
吴

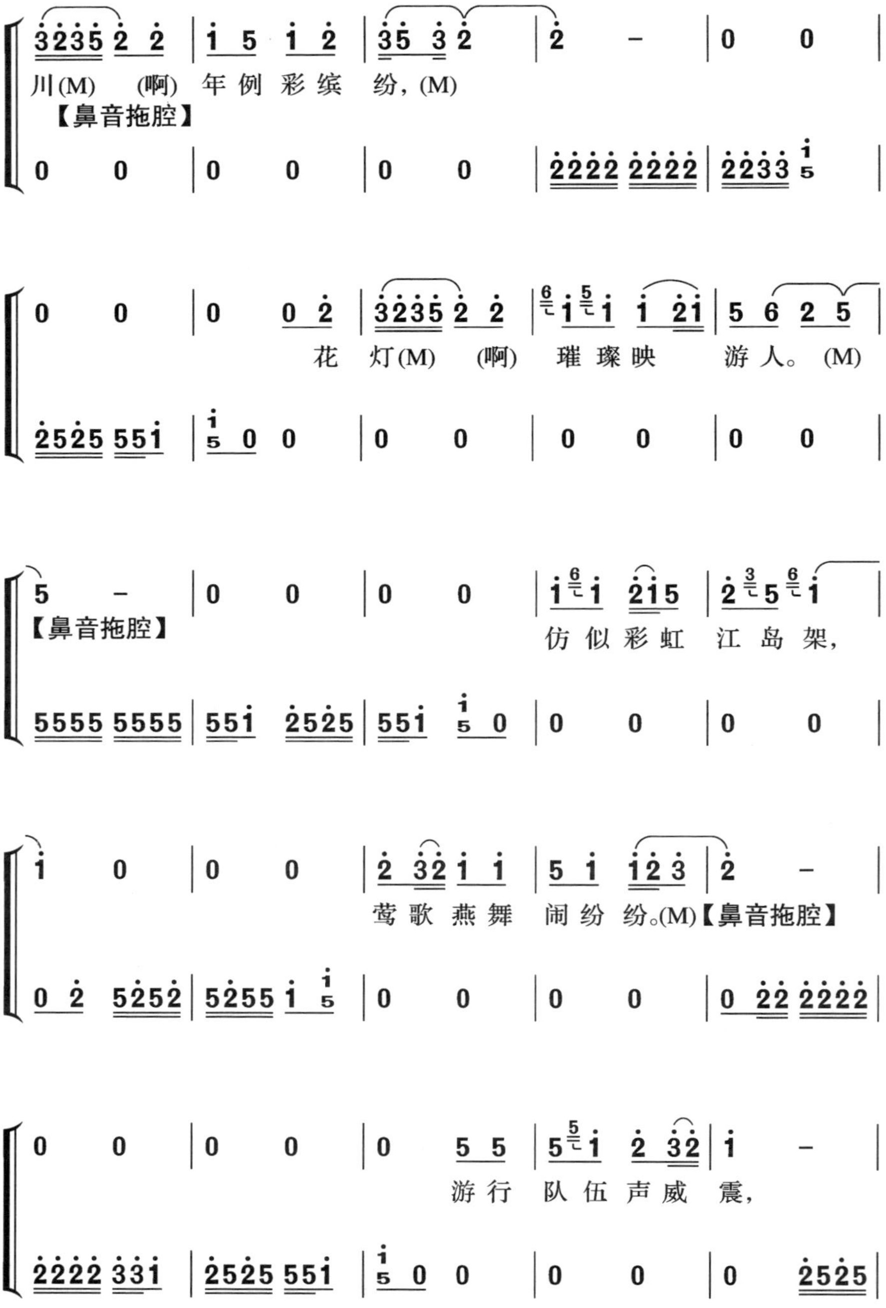
川(M) (啊) 年例彩缤 纷,(M)
【鼻音拖腔】
花 灯(M) (啊) 璀璨映 游人。(M)
【鼻音拖腔】
仿似彩虹 江岛架,
莺歌燕舞 闹纷 纷。(M)【鼻音拖腔】
游行 队伍声威 震,

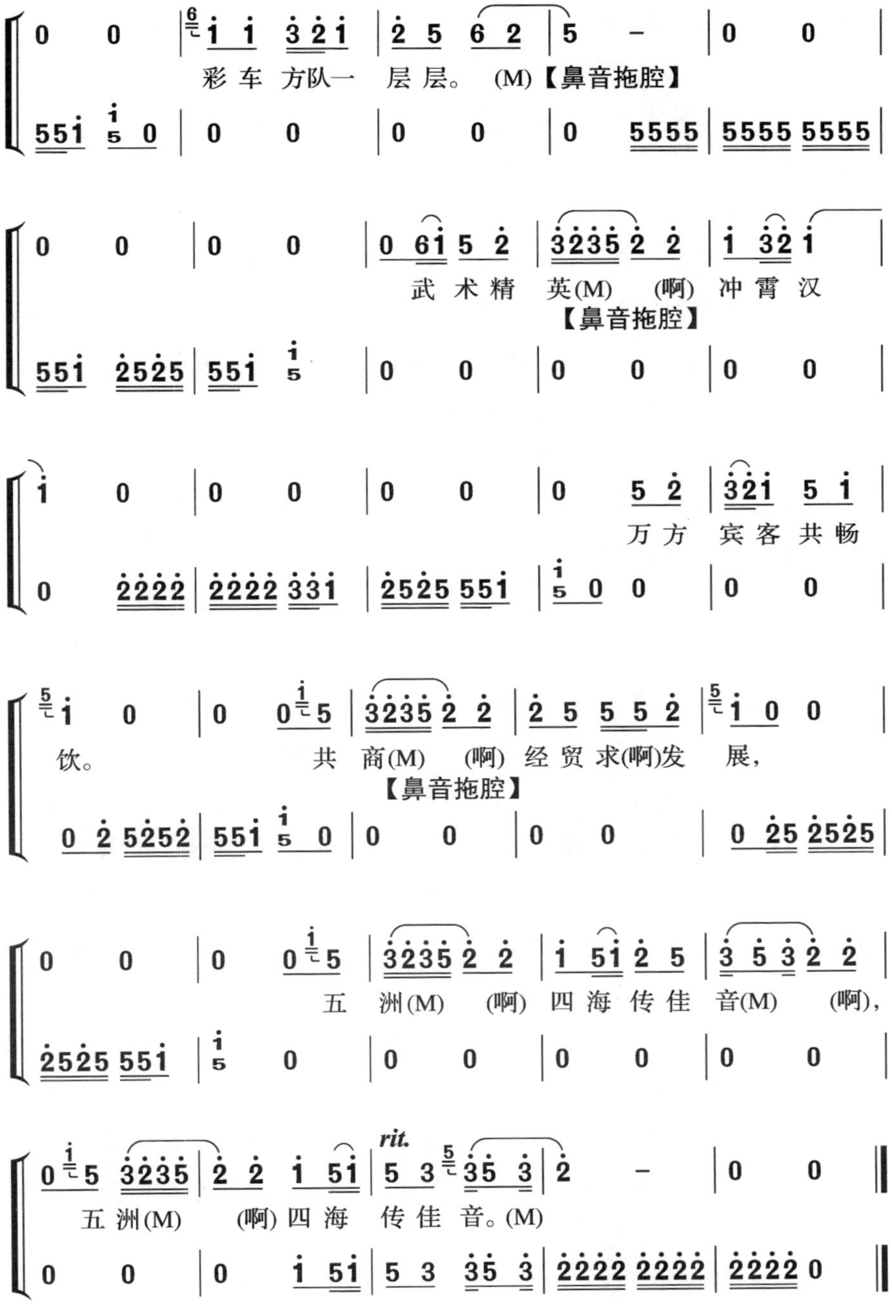
彩 车 方队一 层 层。(M)【鼻音拖腔】
武 术 精 英(M) (啊) 冲 霄 汉
【鼻音拖腔】
万 方 宾 客 共 畅
饮。 共 商(M) (啊) 经 贸 求(啊)发 展，
【鼻音拖腔】
五 洲(M) (啊) 四 海 传 佳 音(M) (啊)，
rit.
五 洲(M) (啊) 四 海 传 佳 音。(M)

甘： 刚才听您演唱，我直接感受到了吴川木鱼唱腔的独特韵味，非常舒心委婉。而且我还发现，其唱腔调性与句读句格两方面，都有独特之处。首先，在调性方面：第一首曲子整体体现为徵调式，但第二首就更有特点了，体现出双调性交替使用的特征。即上一节的结束句落音，尾音在“**2**”（商）音上；下一节的结束句落音，是在“**5**”（徵）音上，一商一徵，构成了吴川木鱼唱腔独特的调性色彩。其次，在句读分格方面：两个唱腔都体现出丰富的句读分格，既有二五分格或五二分格，也有四三分格和六一分格的，还有三三一与不分格的情形，等等。这使吴川木鱼唱腔既有调性色彩的变化，又有句读分格的灵活性，从而使唱腔听起来丰富生动，并具有不断发展的内在动力，这可说是充分体现了吴川木鱼艺人们高超的创腔智慧和灵动的演唱技巧！

我想请问，您刚才弹唱时用的伴奏乐器是什么琴呀？过去常用的伴奏乐器也是这个吗？您能介绍一下这个乐器的大致特点吗？

康： 这个乐器叫“边助”，也叫“四弦秦琴”或“蝴蝶琴”。琴身蒙的是蟒蛇皮。以前是用三弦伴奏，但是那个所谓的三弦，可也是四根弦的哦，是以“GCDG”定弦的。现在很难找到那种三弦了，这次就临时借用了别人的这个“边助”琴来进行弹唱。这个“边助”琴音色明亮柔和，是一种音域为 $g\text{-}e^3$ 的中音乐器，常用于广东音乐中，也可以给粤剧或者潮剧伴奏，与原来四根弦的三弦结构和弹拨方法差不多。“DADA”五度定弦，每两根弦是同度。琴长80多厘米，琴身25厘米左右，琴杆65厘米左右。因为琴身是由木板和铝圈蒙上蟒蛇皮做成的，所以音色优美轻柔，与吴川木鱼唱腔抒情委婉的风格很协调。演奏时，左手握住琴杆，右手用拨片弹弦。

甘： 传统的演唱中，通常是如何使用三弦或“边助”给吴川木鱼的演唱进行伴奏的呢？都有什么伴奏规律与技巧？

康： 吴川木鱼演唱的伴奏，一般来讲没有十分固定的音乐旋律和节奏，大多是根据每句尾音自由发挥。在演唱之前，有两小节的过门伴奏音乐；演唱时则是不伴奏的，也就是演唱是清唱，伴奏是间奏式的跟腔，而且演唱过程注重借字问腔。只有当唱到每句字尾“鼻音拖腔”时，才开始弹奏三弦或“边助”，此时的“鼻音拖腔”与伴奏旋律，会形成两个声部的和声效果。许多时候，开头过门的三弦或“边助”的伴奏音乐旋律会因演唱者自由发挥，如我常弹的旋律是：$\dot{1}\ 55\ \ 55\dot{1}\dot{1} \mid \dot{1}5\dot{1}5\ \ \dot{1}55\dot{1} \mid \dot{1}\ \ \dot{1} \mid$ 或 $55\dot{2}5\ \ \dot{2}5\dot{2}5 \mid 55\dot{1}\ \ \dot{2}5\dot{2}5 \mid \dot{2}555\ \ \dot{1}\ \overset{\dot{1}}{5} \mid$。而当第一句的句尾是上平声的韵字时，间奏的伴奏音乐一般会是：$\dot{2}\ \dot{2}\dot{2}\ \ \dot{2}\dot{2}\dot{2}\dot{2} \mid \dot{2}\dot{2}\dot{3}\dot{3}\ \ \dot{1} \mid \dot{2}\ 5\ \ \dot{2}5\dot{2}5 \mid 55\dot{1}\ \ \dot{1} \mid$；第二句句尾的间奏伴奏旋律，会是：$5555\ \ 5555 \mid 5555\ \ 5\dot{2}5\dot{2} \mid 555\dot{1}\ \ \overset{\dot{1}}{5} \mid$；第三句的句尾是仄声韵字时，间奏旋律为：$\dot{2}5\dot{2}5\ \ \dot{2}5\dot{2}5 \mid 55\dot{1}\ \ \overset{\dot{1}}{5} \mid$；第四句的句尾间奏旋律，一般为：$\dot{2}\ \dot{2}\dot{2}\ \ \dot{2}\dot{2}\dot{2}\dot{2} \mid \dot{2}\dot{2}\dot{3}\dot{3}\ \ \dot{1} \mid \dot{2}5\dot{2}5\ \ \dot{2}5\dot{2}5 \mid 55\dot{1}\ \ \overset{\dot{1}}{5} \mid$ $\dot{2}\ \dot{2}\dot{2}\ \ \dot{2}\dot{2}\dot{2}\dot{2} \mid \dot{2}\dot{2}\dot{3}\dot{3}\ \ \dot{1} \mid \dot{2}5\dot{2}5\ \ \dot{2}5\dot{2}5 \mid 55\dot{1}\ \ \overset{\dot{1}}{5} \mid$。

我说的这些间奏音乐，仅是基本的旋律。具体在弹到每节中的每句时，经常根据语气即内容情节表达的需要，会有增长或缩减，或变化个别音的处理。通常在唱长篇曲子时，会有慢、中、快、慢这几种速度的变化处理。当唱快腔时，常为一气呵成，中间就不弹间奏音乐了，只偶尔弹点节奏，衬托一下气氛。例如《歌颂中国共产党建党一百周年》中的最后一节，“共产党，像太阳，（它）照到哪里哪里亮，中国有了（啊）共（啊）产党”，此时为了把情绪推向高潮并结束唱段，就把第一句与第二句句尾的间奏省去了，仅在第三句的句尾加一个 1 小节的间奏。这样类似数板的唱腔节奏，会使旋律富有推动力。而此等具有韵诵风格的唱腔，也使整个演唱显得灵动活泼，具有吸引力。直到最后一句“国泰民安（啊）乐太平”的出现，并反复演唱一遍，才在放慢的速度中舒展地结束全曲。

甘：从您以上比较详细的解释看，吴川木鱼的唱腔体裁，事实上已经发展为比较成熟的板式变化体，而不是简单的单曲反复了。还想请问一下，您知道吴川木鱼与附近的廉江木鱼歌以及珠三角的木鱼歌之间的关系吗？

康：不知道，我只会唱吴川木鱼，不知道其他木鱼歌的情况。

三、传人贡献与传承现状

甘：现在吴川木鱼还有演出市场吗？发展传承的现状如何？

康：我现在年纪大了，很少有人约去演出了。偶尔会有湛江市非遗保护中心的专家叫去参加文艺表演，观众也大多是文化研究者和一些从事文化管理的人员，以及部分本地的艺术爱好者。有年轻人，也有年龄较大的人。

但是，现在基本没有人邀请参与本地传统的民俗演出了。当然也不会去挨门演唱了。就是爱好，高兴时就自个唱唱，或三五好友一起聚时唱唱。年轻时，我还当过这里的“大叔”，也就是婚礼的司仪。有时在敬酒说祝词时，会唱一下木鱼歌，让大家乐乐。

听师父说，吴川木鱼在过去广为吴川群众所喜爱。因为它唱词口语化，旋律也简单，容易学会，所以在群众中广泛流传。许多吴川人都会哼上两段。在20世纪七八十年代的时候，有不少像我一样喜欢木鱼歌的明眼男人，会主动到盲人院去拜师学艺。要知道，新中国成立前，学唱吴川木鱼的人，可都是盲人院的盲女们。明目男人的加入演唱，对吴川木鱼的发展，可说是一大突破与进步。

还有就是，近些年来，社会上有心人已经有了自觉搜集整理吴川木鱼的意识，他们整理了一些相关的文献资料，并录制了一些吴川木鱼的节目，制成磁带与光盘，这对吴川木鱼的有声保存与传播，无疑是功德事，具有重要意义。除此之外，已经去世的本地吴川市文化馆的原副馆长欧景钦，不辞劳苦地跑遍了整个吴川，录音收集相关资料，并积极热心地改编创作了很多具有时代气息的吴川木鱼，如《春满吴川》《文明村庄文明人》等，广东珠江经济电台、湛江电台都曾播放过。他让这种吴川本地的传统曲艺登上了广东省和湛江市相关艺术展演及比赛的舞台，并因此获过不少省市级的奖项，对吴川木鱼的当代传承和发展，起到了显著的推进作用。

但是，近些年，随着互联网等新媒体的兴起，各种时兴的文艺形式都兴盛起来了，吴川群众的娱乐方式和审美品位也都更加广泛了，尤其年轻人更喜欢听唱流行歌曲。同时，新中国成立以来，吴川盲人院里的盲女们，都得到了政府的相应关心与补贴，她们的谋生方式发生了根本性变化，不用再过上街唱木鱼乞讨为生的日子了。而且，在旧社会，唱木鱼的盲女是处在社会最底层的人，受尽屈辱，当她们可以不用被迫谋生的时候，她们也是不愿再走街串巷演唱木鱼的。所以，现在吴川的各个乡镇，已经基本上看不到那些瞽目女艺人背着三弦琴唱木鱼歌的情景了。而且，随着老艺人们的逐年辞世，吴川木鱼基本上已经后继无人咯。

甘：近几十年来，除您之外，吴川还有哪些唱木鱼的代表性传承人？能简单介绍一下他们的代表作品与演唱特点吗？

康：听师父说，在她的师父（人称“四姐”）也就是我的师祖之前，已知就有两代传人了，但名字及相关情况不太清楚。我师父教出了三个比较有名气的传人，一个是欧景钦副馆长，一个是我的师兄李亚太，然后就是我了。他们两位都已经去世了，目前就只剩下我一个正经学过吴川木鱼的传人了。

先说我师父吧，大家都叫她“五嫂”，本名叫杨少芳，是吴川盲人院失明女艺人，吴川梅菉人。她出生在一个贫苦家庭，自幼双目失明。10岁丧父，12岁进梅菉盲人院拜师“四姐”学唱木鱼。她非常勤奋，苦练唱技，还弹得一手好三弦。她的木鱼弹唱协调自如，演唱富有感染力，再加上声音洪亮、吐字清晰、润腔圆融，因而技艺超群，特别受当地群众的喜爱与欢迎。她一生以演唱吴川木鱼为业，也以此为乐，83岁高龄时，还坚持上台演唱，空余时间还教后人传艺。她经常演唱的节目，有《高文举》《梁祝十八相送》和《十教妇人》等。

接着说说吴川市文化馆的原副馆长欧景钦。他也是吴川梅菉人。欧馆长从小就酷爱民间艺术，对吴川木鱼有着深厚的感情。每逢有失明艺人到乡村演唱木鱼时，他就默默记唱。他曾在当地小学里当过10年的老师，在上课之外，他就经常学唱木鱼。后来，他为了自已唱得更专业，特意跑到盲人院拜师学艺，也师从杨少芳。学习之后，他的演唱技艺就得到了很大的提高。再后来，他就经常从事木鱼歌的舞台演唱了。在文化馆工作期间，他开展了对吴川木鱼传统文献资料的发掘和整理工作，并且创编了一批新的短篇吴川木鱼节目，如

《梅菉是个好地方》《春满吴川》《今歌昔泪唱鉴江》《文明村庄文明人》《最后的木鱼》等。大部分节目还都在县市会演中获了奖。可惜的是，前几年他不幸遭遇车祸去世了。而他所收集的吴川木鱼相关文献与音响资料，也未能保留下来，真是太可惜了！

最后谈谈我的师兄李亚太。他也是吴川梅菉人。他和我一样，自小喜欢吴川木鱼，也是经常尾随失明女艺人到各家各户听唱，随之默默跟唱，对一些木鱼歌已了如指掌。他同样师从盲女杨少芳。由于他学习专心，很快便熟练掌握了吴川木鱼的演唱技巧，也记熟了很多木鱼歌的长篇节目，三弦也弹得很好。由于嗓音洪亮、吐字清楚、演唱真切动人，他录制的吴川木鱼磁带当年十分畅销，在当时广受当地群众的欢迎。

现在梅菉一带能够演唱吴川木鱼的，就剩我一个在世的传人了。我的情况已经在开头讲过了，就不再多说了。

甘：您知道吴川木鱼至今没有申请列入非物质文化遗产名录的原因吗？眼看这个韵味独特的唱曲形式可能将成绝响，您一定非常焦心吧？

康：据我师父回忆，吴川木鱼在清中叶就已十分流行了，距今至少也有三百多年的历史了，有着珍贵的历史文化与艺术审美价值。但自欧景钦副馆长组织过一次吴川木鱼的非遗申请，没有成功后，就再没有人组织申报了。听吴川市文化馆里的负责人说，申请非物质文化遗产名录要搜集很多文献资料、表演照片、采访录像录音资料等，还得组织熟悉申报流程与写作的人员来写，做这些申报工作不但要花很多人力物力，还得花不少钱，文化馆里又没有相应的资金支持，所以，吴川木鱼申请非遗的事，就拖延搁下了。

想到这么有韵味的吴川木鱼，很可能将随着我的离开，随之而在号称“中国民间艺术之乡”的吴川梅菉这片土地上消失，我真是觉得很焦急也很痛心啊！但我又能做些什么呢?！没人管，没人学，没人传，我也没什么办法啊！

但我一直希望，政府有关方面能够积极组织策划一些保护吴川木鱼艺术的行动与措施，发动社会各界人士，一起来帮助吴川木鱼的传承与发展。比如，向吴川当地的企业老板呼吁，争取一些捐助的资金，来扶持家乡的此类艺术发展。我想，如果讲明白其中的意义，他们一定都会乐于倾囊相助的吧！同时，也要依托相关的文化部门，多改编和创作一些适宜当今人们审美情趣的新吴川木鱼节目，并通过各种途径，培养吴川木鱼的传人，这种独特的乡土艺术，定会传承下去。常言道：“办法总比困难多嘛！”

甘：您说得太对了！我与您的感受是一样的。当我亲眼看到与听到吴川木鱼是如此富有地方特色与韵味，内心真是非常激动与高兴啊。同时，也为我们“广东省民间艺术之乡”（1992 年被广东省文化厅评定）吴川与“中国民间艺术之乡”（2000 年被文化部评定）梅菉镇而感到文化自信与自豪。

但转念想到它目前所处的重度濒危状况，不由得让人陷入悲伤，想想这可都是我们国家优秀传统文化中的艺术珍宝啊！怎么办呢？如何复兴中国优秀传统文化艺术？如何留住我们民族文化艺术的“根”与“魂”？如何不让这些“民间妙响”成为“最后绝响”？我想：在当今盛世，我们每一位有着民族情感与家国情怀的人都应抱有文化自信和责任担当，为这些处于濒危状态的艺术文化形式的挖掘抢救、整理保护及传承传播，做出自己应有的贡献。这既是对先辈创造的一种感恩与礼敬，也是对传统文化的一种守护与担当，更是对人民需求的一种回应与满足。

最后，非常感谢您能接受我的访问，并详细认真而又真情投入地讲述与表演。衷心祝您健康长寿！也愿吴川木鱼的艺术生命得以承续！

（甘咏梅　岭南师范学院音乐与舞蹈学院教授）

调研报告

中国艺术研究院曲艺研究所

2019年度中国曲艺发展研究报告*

【内容提要】2019年度中国曲艺事业的发展，展演活动比较活跃但精品新秀十分鲜见，传承保护任务繁重但扶持力度逐步增大，学术研究相对平稳且知识建构有所推展，教育培训名目繁多但实施效果有待提升，网络传播前景可期但碎片化炫技化令人忧虑，创演问题事件频发而解决之道在于从根本上提高从业人员的综合素养，包括思想道德素质和曲艺专业水平。

【关 键 词】2019年度　中国曲艺　发展状况　研究报告

曲艺是十分重要的表演艺术门类之一，中华56个民族拥有至少500个以上“活着”的曲艺品种。但限于资讯采集的难以周全及在地域、曲种、层级、角度等方面信息来源的不很对称，致使对于2019年度中国曲艺的总体发展态势，实难做到真正全面的了解和深入系统的把握。但是，从既有条件出发，通过能够知晓并且看到的现象观察，仍然可以从中窥见一些发展的势头及存在的问题，也值得进行相应的思索与仔细的考量。

---

* 本文系中国艺术研究院年度指定科研项目“2019年度中国艺术发展研究报告”的子课题成果。主笔：吴文科；撰稿：蒋慧明、田莉、王晶。

一、展演活动热闹频繁，精品新秀依然鲜见

曲艺属于表演艺术，考察并判断曲艺的年度发展情况，首先要从最能直接体现其存在状态的演出活动入手。随着艺术展示手段及传播方式的多样化变化，当今时代诸多的曲艺演出或者说经营展示方式中，传统的坐地驻场表演即在书场和剧场里的曲艺演出日渐其少；主要依靠卖票维生的演出经营，在绝大多数的曲种及其表演团体那里，已经很难维持从业者的日常生活；乡村中的曲艺演出活动，更多地仍然依托于节日庆典和民俗礼仪；通过广播电视传播的曲艺节目，又大多属于从前录制的重复播放；而借助网络直播开展的曲艺演出，尚未形成基本稳定的专业化经营范式，更多属碎片化的猎奇展示、炫技性的即兴耍闹和工具性的商业噱头。但从官方组织的一些全国性展演活动及行业性交流演出去看，2019年度的中国曲艺创演，由于适逢中华人民共和国成立70周年的庆祝节点，以及部分全国及行业性重要活动的持续举办之年，从而提供了特别的观察窗口。

首先，2019年5月20日至6月2日由文化和旅游部与上海市人民政府在上海主办的每三年一届的我国规格最高、影响最大的国家级综合性文化艺术盛会即第十二届中国艺术节上的相关曲艺演出，包括天津市曲艺团参演的一台“曲艺剧”和此间举办的第十八届全国群星奖曲艺类节目决赛，是本年度国家层面由政府主导的重要曲艺展演活动。其中，前者即5月25日至26日由天津市曲艺团在上海视觉艺术学院剧场上演的“曲艺剧”《羽扇》，作为第十二届中国艺术节的正式参演节目，也是第十二届中国艺术节上唯一的一台由曲艺院团参演的节目。尽管这台节目在名目上标为“曲艺剧”，实际则是采用一些戏剧舞台的包装手法，串联了北京评书、京韵大鼓及一些鼓曲联唱等演出形式的节目样式，内容表现的是三国时期诸葛亮辅佐刘备追求霸业而在后半生鞠躬尽瘁的个人事迹。在具体的艺术呈现上，这台节目“以京韵大鼓为基调贯穿始终，并采用说书人旁白的手法，介绍剧情、突出主题，又加以现场古筝的伴奏，穿越时空、烘托气氛，用现代声光电技术，打造一台使人耳目一新、震撼心灵、

传统与现代相结合的经典力作，给观众带来听觉视觉的共同享受”[①]。后者则是按照中国艺术节组委会的统一安排及要求，经各地文化主管部门的遴选推荐和复赛评审的严格筛选，将全国范围进入本届“群星奖”决赛的21个曲艺节目，汇聚在举办第十二届中国艺术节的上海，进行第十八届“群星奖”曲艺类节目的决赛。从参加“群星奖”决赛的全部两台曲艺类节目看，属于“说书”类曲种的节目有12个，占了入围节目的一大半，包括北京的快板书《赤子归心》、上海的苏州评话《捍卫者》和浦东说书《养猪阿太》、江苏的苏州弹词《半条红军被》、浙江的绍兴滩簧《外婆坑》、江西的鄱阳大鼓《方母试儿》、山东的快板书《危机时刻》、湖北的湖北大鼓《诗仙搁笔》、广东的西河大鼓《大营救》、重庆的故事《一条“表扬信”》、陕西的陕北说书《山里回来年轻人》和部队系统的河南坠子《误会》；属于“唱曲”类曲种的节目有5个，包括天津的天津时调《海港春早》、辽宁的二人转《青山绿水》、河南的大调曲子《杨书记买羊》、湖南的常德丝弦《今天再唱新事多》和青海的青海下弦《老百姓笑了》；属于“谐趣”类曲种的节目有4个，包括河北的数来宝《塞罕情》、内蒙古的好来宝《那达慕》、江苏的数来宝《爱我你就抱抱我》和全国总工会的相声《共享在身边》。而从节目表现的题材内容去看，反映新时代世态百相及普通人生活的，占据了一半的比重；历史题材的节目虽然内容离现实较远，但都着眼于讴歌英雄人物、礼赞高尚品格，使得“用历史启迪当下，让现实昭示未来”成为本届“群星奖”曲艺决赛入围节目的整体风貌和审美品格；也使“关切身边事、抒发百姓情”“呼唤真善美、提振精气神”“赞美新时代、传递正能量”成为本届“群星奖”曲艺决赛入围节目的艺术追求和鲜明特色。而从最终获奖的5个节目即快板书《赤子归心》、苏州评话《捍卫者》、数来宝《爱我你就抱抱我》、湖北大鼓《诗仙搁笔》和西河大鼓《大营救》来看，之所以能够出类拔萃、不同凡响、最终胜出、摘得荣誉，根本原因，主要是由于这些节目的曲本创作即内容生产包括情节思想及主题立意，较之其他进入决赛的节目更

① 参见上海热线网2019年5月27日“娱乐频道”的“海上文娱新闻”，https://joy.online.sh.cn/content/2019-05/27/content_9294291.htm。

加吸引人、触动人、启迪人、鼓舞人。从而体现出国家平台和政府行为的导向追求与价值引领。①

其次，为庆祝中华人民共和国成立 70 周年，全国上下及一些行业组织，都举办了不同规模和程度的专题性曲艺创演及庆贺活动。其中，由中国文学艺术界联合会和中国曲艺家协会主办、中国铁路文工团协办的“向祖国和人民汇报”——庆祝中国曲协成立 70 周年优秀曲艺节目展演周，是层级较高且规模较大的活动。该活动 7 月 9 日至 14 日在北京二七剧场举办，为期 6 天的展演，共有来自全国各地的 400 多位老中青少四代曲艺人，分别上演了“流金岁月展芳华”曲艺名家经典作品专场、“说古论今中国梦”评书评话优秀节目专场、“牡丹绽放满园春”中青年曲艺优秀节目专场、“并蒂牡丹唱新声”苏州弹词专场、“花开时节映曲坛”少儿曲艺优秀节目专场和“民族说唱新时代”少数民族曲艺优秀节目专场共 6 场 63 个曲艺节目，一方面向首都观众展示了新中国成立以来曲艺创演的新成果和新业绩，另一方面也为庆祝中华人民共和国成立 70 周年营造了喜庆热烈的节日氛围。②

再次，继 2018 年 9 月于天津成功举办规模空前的“2018 全国非遗曲艺周”之后，本年度文化和旅游部非物质文化遗产司与文化和旅游部艺术司、山东省文化和旅游厅、济南市人民政府又于 2019 年 9 月 6 日至 10 日在山东济南联合举办了主题为“非遗曲艺，薪火相传”的“2019 全国非遗曲艺周”活动。本次活动虽然也有“非遗曲艺书场”挂牌仪式、非遗曲艺传承发展研讨座谈会、非遗传承人调研采风活动、“曲山艺海”合作联盟签约仪式、“泉水节”曲艺大联欢和旅游宣传推介等其他内容，但驻场演出包括曲艺进社区、进校园、进景区展演及讲座活动则是活动的主体。来自全国 29 个省份的 131 个参演曲种，包括列入国家级保护项目的 60 个曲种和列入省级保护项目的 34 个曲种，以及 492 位列入各级曲艺类非遗传承人的参演者共襄盛会。共有 8 个曲艺书场和文化场馆专门提供驻场演出，每天下午和晚上各演一场，且全部实行不售票的公

---

① 参见吴文科《思想内容是文艺创演的核心追求——从第十二届中国艺术节第十八届“群星奖”曲艺类节目说起》,《艺术评论》2019 年第 6 期。

② 参见赵志伟《系列活动庆祝中国曲协成立 70 周年》,《中国艺术报》2019 年 7 月 12 日。

益性惠民演出，观众可以随时排队入场观看，既为济南的民众提供了近距离欣赏全国范围各种曲艺演出的难得机会，也为中华人民共和国成立70周年的庆祝节点赋予了特色独具的曲艺内涵。

同时，其他各地各方面的相关曲艺演出活动，也纷纷举办且各具特色。比如，12月8日至13日在北京民族宫大剧院，由中国广播艺术团主办、中国广播说唱团承办的“非遗相声大会”，邀请了全国范围内30多个曲艺表演团体及相声班社的老中青三代近百位相声演员参与，每晚一场，连演六场，每场节目都不重样。该活动的举办，得到了国家非遗保护专项资金的支持，也是相声这个国家级非遗保护项目的责任保护单位中国广播艺术团及其说唱团为全国相声界同行创造的一次交流学习机会，同时还可看作是该项目保护单位面向社会各界的一次工作汇报演出，其活动开展的规模与持续的时间、参演人员的数量及节目的类型，在近年的同类曲种展演中都是空前的。再如，2月6日（大年初二）中国中央电视台在其综艺频道推出的“2019新春曲艺大联欢”展播、2月16日在河南省宝丰县举办的第十四届马街书会优秀曲艺节目展演、5月16日至17日在重庆举办的第三届中国西部优秀曲艺节目展演、6月14日至15日和11月5日至6日北京曲艺团先后在北京民族宫大剧院举办的两轮主题为“喜迎华诞，‘艺’往情深”的庆祝新中国成立七十周年曲艺专场演出、7月21日至23日在内蒙古呼和浩特举办的第七届全国少数民族曲艺展演、8月19日至22日在浙江台州举办的第二届中国东部优秀曲艺节目展演、9月8日至11日在黑龙江哈尔滨举办的第二届东北地区优秀曲艺节目展演、9月11日至13日在福建南安举办的第九届海峡两岸曲艺欢乐汇、9月17日至22日在天津举办的第十届天津相声节、9月24日至25日在湖北孝感举办的第九届中国中部六省曲艺展演、10月26日至27日山东教育电视台举办的第二届全国山东快书优秀节目展演、11月3日在天津举办的第二届“马季杯”全国大学生相声展演、11月2日至6日在北京举办的第十届北京青年相声节系列演出等节庆性和品牌性的曲艺演出，以及5月至9月持续举办的全国曲艺表演场所写作发展联盟交流展演、11月14日至15日在辽宁大连举办的第十届“西岗杯”全国相声新人新作推选活动、12月11日至13日在浙江金华举办的“浙江好腔调”曲艺优秀节目

（中篇）展演等等。这些行业、区域和专题性的各类曲艺展演，可谓琳琅满目、热闹非凡。

可是，如果冷静观察、平心而论，应当说，这些活动尽管对于推动曲艺创演和艺术交流，都不同程度地发挥了积极的作用。但从更为理想的标准去审视，必须承认，其成色参差不齐，多数活动的参演节目数量高于质量、形式大于内容，凑数的较多，出色的偏少。换句话说，采用举办活动的方式走过场完任务的较多，真正谋求通过举办活动着力推出精品力作和优秀新人的偏少。看似热闹的表象之下，依然缺少特别耀眼的新人和真正硬气的节目，“叫得响、传得开”的新秀与力作微乎其微。这种令人遗憾的尴尬状况，也非本年度独有的特殊情形，而是一个时期以来曲艺创演持续浮躁、缺乏精品意识和工匠精神，尤其缺少高水平曲本作家和高质量新创曲本的表现。值得业界花大力气从改善自身业态包括重视和培养曲本作家的基础工作做起，也值得全社会从营造适宜曲艺健康持续发展的文化生态，包括建立各类曲艺人才科学培养的正规传承机制做起。而从各种展演所暴露出的创演问题去看，诸如从业人员的专业素养不够全面和扎实，致使创演的节目曲种特色不够鲜明，包括语言提炼、唱腔设计、“说唱”运用和节奏把控无法更好地彰显各自曲种的自身特质等问题；许多节目由于参演者技艺不够全面，无法做到自行伴奏或拥有完整的乐队伴奏，从而普遍存在着采用伴奏带伴奏的尴尬与缺陷等问题；有些节目特别是一些少数民族的曲艺创演，由于主创人员基础知识不足或艺术观念模糊，甚或受到行政干预与外界误导，所存在的程度不同的歌舞化、戏剧化和杂耍化偏向等问题；更多节目的创演，所存在着的曲本创作基础薄弱、严重影响表演发挥等问题，都是亟待业界诚恳面对并解决的重大理论与实践问题。当然，“冰冻三尺，非一日之寒”，这一系列的创演偏颇与实际问题，也非曲艺界本身的努力所能克服，亟待在更大的范围和更高的层面，通过系统梳理和顶层设计，从体制和机制的改革与完善入手，逐步加以切实地扭转。

二、传承保护任务繁重，政策利好令人期待

维护人类文化的多样性并在全球范围开展对于非物质文化遗产的保护，成为进入21世纪以来，国际社会的一个重要共识。中国作为唯一没有中断文化传统的文明古国，在包括曲艺在内的非物质文化遗产保护方面，做出了重要成绩和突出贡献。截至2019年，全国范围有130余个曲艺品种列入了国家级的保护项目，受到了传承和发展的强力政策支持。

但是，由于绝大多数曲种的现代传承，普遍缺乏专业团体的切实依托，处于自生自灭的自然发展状态；加上传统的师徒收授机制趋于式微，而现代化的曲艺教育机制未能全面建立，致使传统曲艺的现代传承与健康发展，面临着巨大的困难与挑战。如何进一步做好曲艺的传承保护工作，依然是一个十分紧迫的大问题。

在此情况下，2019年度出现了一个令人振奋的利好消息！那就是，中华人民共和国文化和旅游部于7月12日印发了《曲艺传承发展计划》。目的是“深入贯彻习近平新时代中国特色社会主义思想以及党的十九大和十九届二中、三中全会精神，落实中共中央办公厅、国务院办公厅《关于实施中华优秀传统文化传承发展工程的意见》和中宣部、文化和旅游部、财政部《非物质文化遗产传承发展工程实施方案》有关要求，进一步推动曲艺传承发展工作”。[①]《曲艺传承发展计划》分“重要意义”“总体要求”“主要任务”和“保障措施”四个部分，其中的“总体要求”在“工作原则”项下，提出了传承发展曲艺必须坚持的四条基本原则，包括“坚持以融入现代生活、弘扬时代价值为导向，加强曲艺的赓续传承，不断赋予曲艺新的时代内涵，更好地满足人民群众对美好生活的需求；坚持以说唱表演作为基本实践形式，不断提高曲艺的表现力和感染力，有效保持曲种的独特性、多样性和丰富性；坚持以传承人群为核心，充分

---

① 参见文化和旅游部关于印发《曲艺传承发展计划》的通知，http://zwgk.mct.gov.cn/auto255/201907/t20190729_845372.html?keywords=。

尊重传承人群的主体地位，着力提高传承人群的传承能力，保障传承人群的合法权益；坚持整体性保护的理念，维护曲艺生态，培育曲艺受众，不断增强曲艺的生命力，促进曲艺的可持续发展”[①]，为传承和保护曲艺划定了“红线”，指明了方向，对于扭转并消除当前曲艺界普遍存在的创演和经营偏向，具有十分重要的引导作用。“主要任务”所规定的 9 个方面的工作面向，包括“开展调查评估，完善档案信息”“加强项目管理，夯实保护责任”“做好项目记录，加强成果利用”“扩大传承队伍，提高传承能力”“推出优秀作品，满足人民需求”“扶持曲艺演出，增加实践频次”“组织展演活动，繁荣曲艺市场”“开展曲艺普及，扩大曲艺受众”“支持学术研究，加强专业指导”[②]，更是全方位、多角度即全面而又系统地提出了在非物质文化遗产保护语境下传承发展曲艺的主要任务。

应当说，中央政府文化主管部门发布的这份专门文件，对于全国各个地方和相关单位做好今后一段时间亦即到 2025 年的曲艺传承和保护工作，提出了明确要求，提供了政策资源。接下来的关键问题，就是如何抓好落实。正如文件印发后不久，在《光明日报》和光明网于 8 月 15 日举办的“传承中华文脉　增强文化自信——专家解读《曲艺传承发展计划》”座谈会上，业界专家纷纷表示的那样：《曲艺传承发展计划》是“40 年来第一个针对曲艺分类保护、精准施策的文件，是这么多年来第一个针对曲艺的专项保护传承计划，也是对非遗法的有效补充”；文件中特别强调的“坚持以说唱表演作为基本实践形式，不断提高曲艺的表现力和感染力”的原则表述，有利于保护曲艺的本真和精髓；希望通过这份计划的实施，能营造全社会关心曲艺的良好生态；面对一个时期以来曲艺创演戏剧化、歌舞化、杂耍化的实践偏误，正确处理继承与创新的关系，是做好曲艺传承的重要保证。继承是基础，创新是关键，道理都明白，实践总走样，核心问题，就是继承很不够，“移步”就“换形”。如何避免

---

① 参见 2019 年 7 月 12 日《中国艺术报》头版《系列活动庆祝中国曲协成立 70 周年》（记者赵志伟）。

② 参见 2019 年 7 月 12 日《中国艺术报》头版《系列活动庆祝中国曲协成立 70 周年》（记者赵志伟）。

将“改革”弄成“改行”、“创新”弄成“创伤”、“革新”弄成“革命”，最根本的办法，就是深刻继承曲艺的艺术传统，坚定秉持曲艺的本体特征。[①]而让曲艺这种“演员以本色身份采用口头语言‘说唱’叙述的表演艺术”不再成为戏剧表演的角色化扮演、不再成为歌舞化表演的伴舞“歌唱”和杂技式表演的单纯炫技，首要的目标，就是要练好曲艺的基本功，扎深曲艺根须，不去随波逐流；狠抓落实，因而至关重要。因为“一沓子宣言比不上一次实践”，只有将《曲艺传承发展计划》的各项要求逐一落到实处，才能对曲艺的传承真正带来良性的影响，切实促进曲艺的可持续发展。[②]

应当说，这种反响与期望，是客观而又实在的。政策的利好值得赞许，工作的落实更值得期待。

三、学术研究平稳渐进，知识建构有所推展

相比其他的艺术门类，曲艺的学术研究，一直是一个较为冷僻的领域和比较薄弱的环节。由于曲艺文化现代传承的学校教育，在体制和机制上很不健全，致使曲艺的基本知识传播，长期存在着很不全面和缺乏系统的问题。即便是现有的曲艺从业人员，受到起码专业训练和知识普及的占比，也非常之低，导致现有的曲艺研究包括创演评论，存在着许多不够学理和缺乏规范的问题，“野狐禅”比比皆是，“乱弹琴”随处可见；这给曲艺的学术研究，带来了人才队伍的严重缺失；也给曲艺的知识建构，提出了更为紧迫的艰巨任务。

即便如此，2019年度有关曲艺的学术性研究，依然在困难中推进，在冷寂中延展。由于曲艺是一门综合性很强的舞台表演艺术，曲艺学研究也是一个面向较多的开放体系，除了历史、理论、评论和创作、表演、接受，分支性的曲本文学、曲唱音乐、唱曲舞蹈、舞台美术等研究，以及文献学、文化学、美学、社会学、民俗学等的关联性研究，共同构成了曲艺学研究的范畴与内涵。

---

① 参见《传统曲艺“昨夜雨”，如何浇开“今日花”》，《光明日报》2019年9月2日第8版。

② 参见《激活曲艺生态　唱响中国故事——专家解读〈曲艺传承发展计划〉》，《光明日报》2019年8月19日第9版。

对照本年度的曲艺学研究及其具体推展，主要体现在如下几个方面。

一是一些学术专著的出版，标志着有关曲艺的历史学、文献学和曲种学研究，在本年度有着各自的收获。代表性的著述，有上海师范大学人文学院唐力行教授主编、商务印书馆 2019 年 8 月出版的《光前裕后：一百个苏州评弹人的口述历史》(全二册)。该书是国家社科基金重大项目“评弹历史文献资料整理与研究”(批准立项号：14ZDB041)及上海市哲学社会科学规划重大课题“评弹资料整理与研究”(批准立项号：2012DLS001)的阶段性成果。全书分上下两卷，分别收录了有关苏州评弹（苏州评话和苏州弹词）的专家讲座稿即“苏州评弹人演讲录”和演员访谈稿即“苏州评弹人访谈录”各 50 篇，共 200 多万字，对于全方位、多角度了解苏州评话和苏州弹词的历史文化知识和艺术本体规律，包括现代的创演发展和艺术流变等都很有参考价值；有同属该项目研究的其他不同阶段性成果，即由唐力行主编并在商务印书馆出版的“评弹与江南社会研究丛书”之《金戈铁马：晚清以来苏州评话研究》(解军著，2019 年 3 月版)和《梅与竹：中国传统苏州评弹》(马克・本德尔著，2019 年 7 月版)等；还有扬州大学中国俗文学研究中心董国炎教授所著并由江苏凤凰文艺出版社于 2019 年 5 月出版的《扬州评话发展史》；以及北京曲艺家协会组织编写的《北京相声史话》(团结出版社 2019 年 10 月版)和北京市西城区文化和旅游局主持编纂的《中国北方曲艺老唱片有声大考》(北京联合出版公司 2019 年 10 月版)。后者属于资料文献的综合汇编，内容包括一本约百万字的资料图书和五十张光盘，涵盖从 1905 年到 1949 年间发行的中国北方曲艺老唱片的资料音频 936 面和唱片唱词约 54 万字，涉及京韵大鼓、“滑稽大鼓”、单弦、联珠快书、拆唱八角鼓、梅花大鼓、铁片大鼓、平谷调、奉天大鼓、辽宁大鼓、京东大鼓、梨花大鼓、西河大鼓、山东琴书、莲花落、拉洋片、什不闲、时调、河南坠子、竹板书、单琴大鼓（北京琴书)、荡调、口技、相声等北方流行及濒临失传的曲种及演出形式共 24 个；涉及的艺人包括京韵大鼓名家刘宝全、白凤鸣、骆玉笙，梅花大鼓名家金万昌，单弦牌子曲名家荣剑尘，西河大鼓名家马增芬，铁片大鼓名家王佩臣等，具有一定的资料价值。

二是学术活动较为活跃，研讨主题聚焦传承。包括 4 月 20 日至 22 日由中国艺术研究院曲艺研究所支持湖南省文化和旅游厅在湖南常德主办的 2019 年湖南渔鼓传承保护汇报展演及湖南渔鼓传承保护研讨会，5 月 7 日至 11 日由中国艺术研究院曲艺研究所、中国非物质文化遗产保护中心曲艺（保护）研究室、浙江省文化和旅游厅联合在浙江义乌主办的第三届“中国浙江·全国曲艺传承发展论坛及观摩交流展演”暨“中国浙江（义乌）·全国曲艺小书（鼓书琴书）传承发展论坛及观摩交流展演”，6 月 28 日至 30 日由中国曲艺家协会理论工作委员会在江苏张家港召开的 2019 年度学术研讨会，6 月 30 日由中国艺术研究院曲艺研究所联合中国说唱文艺学会、湖南省文化和旅游厅、中共常德市委和常德市人民政府在湖南省常德市主办的“第三届湖南常德·全国鼓书观摩交流座谈会暨全国鼓书优秀节目学术邀请展演”，10 月 9 日由北京周末相声俱乐部主办的“守正创新　服务人民”暨北京周末相声俱乐部成立十六周年相声艺术发展研讨会，10 月 10 日至 12 日由中国艺术研究院曲艺研究所、中国说唱文艺学会和江苏省盐城市盐都区人民政府在江苏盐城举办的第二届“中国盐都·全国乡村曲艺发展论坛暨全国乡村优秀曲艺节目交流展演”，10 月 15 日由中国曲艺家协会、浙江省文学艺术界联合会、浙江省绍兴市柯桥区人民政府主办的“第六届中国曲艺绍兴（柯桥）高峰论坛”，10 月 28 日由中国曲艺家协会和山东省文学艺术界联合会在济南主办的全国山东快书艺术理论研讨会，11 月 1 日至 3 日由中国艺术研究院曲艺研究所、河北省曲艺家协会、河北省非物质文化遗产保护中心和河北省河间市人民政府在河北省河间市主办的第六届“中国河间·西河大鼓发展论坛暨西河大鼓书会”，11 月 2 日至 3 日由中国艺术研究院曲艺研究所和江苏省曲艺家协会指导中共扬州市委宣传部在扬州举办的“纪念扬州评话艺术家康重华诞辰 100 周年学术研讨会”，等等。

不难看出，这些有关曲艺的学术性研讨和交流活动，绝大部分的主题都是聚焦或者说紧扣曲艺传承来开展的。一方面说明，曲艺的传承问题，是当今时代影响曲艺发展的主要方面，也是业界普遍关切的主要问题；另一方面表明，不从对于自身传统的深刻继承入手，要创新发展和切实繁荣曲艺，就会南辕北辙、事与愿违。当然，这些学术性的活动，在组织准备和研讨水平上存在着参差不齐的情形，但问题意识和文化情怀，无疑都比较强烈，也值得赞许。尤其值得肯定的是，许多学术研讨和交流活动，同时配套了观摩展演，并且多由学术单位和地方政府及其文化主管部门联合举办，从而使得研讨和交流具有理论联系实际的学风与学术服务社会的追求，葆有学术和艺术直接互动的品格。

三是有关曲艺的基础知识建构，在2019年度有了一定的推展。主要标志，就是由中国艺术研究院曲艺研究所吴文科研究员担任主编的《中国大百科全书》第三版“曲艺”学科条目稿的编纂工作，在本年度完成了第二版的全部条目修订，并开始进行第一版未列入第二版的条目修订，同时全面开启了作为《中国大百科全书》第三版“曲艺”学科条目配套项目的“中国社科词条库”之“曲艺”学科词条库新增条目的厘定与撰稿的工作。这项工作的开展意义十分重大，不只是对既往条目的修订完善，包括吸纳最新的研究成果；同时还要大大扩展新增条目及其内容，体现有关曲艺的最新研究成果，实现新时代对于曲艺知识积累建构的全面刷新。

四是围绕中华人民共和国成立七十周年的庆祝节点，推出了一些回顾梳理和总结检视性的论文，对于曲艺在未来的健康持续发展，具有一定的启示意义。其中，《中国艺术报》于9月30推出的“壮丽70年·奋斗新时代——庆祝中华人民共和国成立七十周年特刊”在第10版刊出的专版文章《曲艺70年：与新中国一同成长》，从不同角度提出和论述了“没有新中国，就没有曲艺作为一个艺术门类的文化身份及独立地位”“没有新中国，就没有中国曲艺人起码的社会地位和人格尊严”“没有新中国，就没有中国曲艺的抖擞精神与全面发展”三个具有历史感的重要观点与学术判断。文章指出：“新中国的成立，也是中国曲艺获得新生乃至再造的值得特别回味和隆重纪念的重要时间节点；而中国曲艺在新中国成立以来70年间的行业气象及发展成就，更是新中国有别于旧中国并卓然屹立于当今世界的重要文化表征。”之所以如此，乃是由于“中华人民共和国的成立，不仅在国家层面建立起了人民当家作主的新政权，而且在社会层面开启了各个行业全面发展的新生面。1949年10月以来在中国大地上逐步确立的社会主义新制度，不只是将之前积贫积弱的旧中国引向了繁荣发展的新时代，而且赋予包括传统曲艺在内的一切社会存在新生再造的新契机”。同时，作为中国曲艺界的全国性人民团体，中国曲艺家协会也是新中国成立后的产物。为此，《中国艺术报》在 7 月 15 日推出的“纪念中国文联成立 70 周年特刊”上，也于第 24 版刊出专版文章《中国曲艺家协会：倾情说唱伟大时代新传奇》，从一个组织机构的发展视角，总结了新中国成立 70 年来曲艺事业特别是艺术创演的发展成就。当然，这些回顾和梳理，由于立足庆祝和纪念，主要着眼于成就与经验，未及兼顾教训与反思，应当在今后有关当代中国曲艺史的研究中加以弥补和落实。

四、教育培训动作频频，实施效果有待提升

曲艺教育是培养曲艺人才、传承曲艺艺术、传播曲艺文化、普及曲艺知识的重要手段。遗憾的是，随着传统拜师收徒的曲艺传承方式在当今时代的趋于式微，现代集约化的学校曲艺教育机制，在中国尚未完全建立起来。特别是高等教育体系中曲艺本科教育环节的严重缺失，致使曲艺文化的现代传承和曲艺人才的专门培养，缺少相应的机制依托，严重掣肘曲艺事业的健康持续发展。在此情况下，开展相应的社会培训，也就成为迫不得已和必不可少的事情。

2019 年度有关曲艺的教育培训，类型及数量也都不少。比如，纳入国家非物质文化遗产保护工作“中国非遗传承人群研修研习培训计划”的培训项目，有在天津艺术职业学院先后承办的两期“2019 年曲艺（相声）培训班”。第一期于 6 月 3 日开班，有来自全国各地的近 50 名学员参加。第二期于 11 月 18 日开班，有来自全国各地的 47 名曲艺（相声）非遗传承人及相声表演从业者参加。每期培训均为 30 天，内容包括专题讲座、个别辅导和考察观摩。再如，受到国家艺术基金资助的曲艺人才培训项目，有天津师范大学承办的“相声表演与理论人才培养”班、沈阳音乐学院承办的“东北大鼓艺术人才培养”班和辽宁师范大学承办的“东北大鼓创作与表演人才培养”班。又如，由中国曲艺家协会及其各地方协会组织举办的各种培训，包括：4 月 8 日至 12 日在浙江杭州举办、来自全国 26 个省（自治区、直辖市）的 45 名学员参加的首期全国曲艺权益保护培训班，5 月 20 日在山西太原举办的山西省基层民间曲艺工作者综合素质提升培训班，6 月 29 日在江苏昆山开办的全国青年曲艺工作者联盟专业

素养提升班，8 月 19 日在山东济南开办的山东快书创作表演培训班，8 月 25 日至 29 日在辽宁丹东举办，有来自北京、广东、山东、青海、云南等 17 个省区市的 50 多名基层曲艺工作者代表参加的首期全国基层曲艺工作者培训班，11 月 17 日至 22 日在江苏扬州举办的第十一期全国曲艺创作高级研修班，12 月 4 日至 8 日在北京举办的首期全国相声从业人员培训班。还如，由政府有关部门主导、6 月上旬在辽宁沈阳举办的全国群众文艺创作（曲艺）培训班，等等。

毫无疑问，这些培训班的举办，对于提高从业人员的专业素质，促进各项曲艺工作，推动传统曲艺的现代传承都是非常重要的事情，值得欢迎和肯定。同时也要看到，各种类型的培训班虽然各有特色，但在培训科目及其课程的设计上还都不尽完善，许多甚至缺乏全面、系统、深入和专精的考量。其间的原因是多方面的。一方面，大多数的培训，时间太短，准备仓促；另一方面，也是由于培训的对象构成行当复杂，参加学习的人员水平参差不齐，难以集中设定对应的课程，也难以统一规划讲授内容的难易与深浅。许多培训，由于缺乏必要的资料准备包括辅助材料的支撑，任由临时邀请的授课教师随便讲讲，致使有些基本的常识性内容，甚至存在着因各人的讲解不同而使学员无所适从的问题；还有的培训，短短两三天时间，仅安排的两三次讲座，内容还与培训的名目距离较大。这就使得这类培训甚至存在着名实不符的遗憾，形式大于内容，过场代替目的；效果因而很不理想，有待总结和改进提升。

2019 年度举办的曲艺培训中，也有一些较有特色和值得特别关注的项目。比如，5 月 27 日由中国曲艺家协会在北京举办、历时 5 天、有来自全国各地的 68 位曲艺教育工作者参加的 2019 年全国曲艺教育工作者培训班，是对曲艺教育工作者的一次培训。其特色首先表现在，培训对象是属“曲艺教育工作者”。换句话说，是对培训者的一次培训。意义因此不言而喻，只有对曲艺教育工作者培训好了，曲艺的教育工作才能够做得更好。只是，培训的时间也较短促，培训的内容相对单薄。面对来自全国各地“包括高等院校、职业艺术学校、中小学、文化馆（站）、‘非遗’传承机构以及民办民营单位中从事曲艺艺术的教育工作者”这样庞杂的 68 位学员构成，仅有“漫谈评书教育与传承”“教育的本质探寻”“快板书的表演与演唱”等培训课程与培训内容的设计，显然很不足够，有待在往后的此类培训中组织得更加有机，使效果更加显著。再如，6月17日在天津师范大学启动的首批京津冀各高校“曲艺社团培养基地”的设立，标志着大学生曲艺社团的教育培训和人才孵化工作，拥有了自身新的机制。这项由天津广播电视台以曲艺为内容特色的电视栏目《鱼龙百戏》支持的“人才计划”，将京津冀地区的10个大学生曲艺社团联合起来，为他们搭建以电视栏目和高校阵地为依托的人才孵化与成长平台，目的是为大学生中的曲艺爱好者提供成长的实践阶梯。清华大学学生艺术团曲艺队、中国戏曲学院相声社、南开大学评书曲艺传习社、天津大学北洋相声社、天津理工大学“津今有乐”相声社、天津科技大学艺馨曲艺协会、天津师范大学马季相声艺术大学生研习会、天津师范大学津沽曲艺社、天津师范大学勤学演艺社、河北工业大学大学生曲艺话剧团，成为曲艺社团培养基地的10个首批成员。可以相信，京津冀高校曲艺社团培养基地的建立，将为大学校园里的曲艺社团发展注入新的动力，也为大学生中的优秀曲艺人才成长创造新的机会。

对于曲艺教育特别是曲艺高等教育的热切关注，是近年来曲艺业界的一个重要话题。特别是，针对国家有关方面及其教育主管部门在研究生培养“学科目录”制定和高等教育“专业目录”设置方面，对于“曲艺学”一级学科的缺失和“曲艺”专业独立地位的忽视，曲艺界及其学术界长期以来一直不断进行呼吁。中国曲艺家协会等相关组织为此开展持续努力，想方设法予以推动。其中一个重要的举措，就是组织一些有意愿开展曲艺教育的高等院校，以一年一度举办峰会的形式，进行有关曲艺专业教育的交流和探讨。2019年度举办的第五届全国高等院校曲艺教育峰会5月12日至13日在山东聊城举行。全国38所大中专院校和科研单位的曲艺教育负责人和从事曲艺创作、表演和研究的专家学者近80人与会，再次为曲艺的学科建设和高等教育呐喊助力。而据有关方面的不完全统计，截至2019年，全国范围自主开展曲艺本科专业教育的高校已有10所，开展曲艺大专教育的也有9所，开展曲艺中专教育的则有17所，开设曲艺通识课程并开展相关研究的学校有30余所。这应当说是一个好的势头。关键的问题是，要同时加强曲艺教育和曲艺研究的师资和人才队伍建设，强化曲艺教育的专业人才培养，用扎实稳健的实绩，构筑厚实切合的格局。

2019年度与曲艺教育有关的另一个值得特别关注的重大事件，就是12月15日在中国国家博物馆开幕的“中国艺术研究院教育成果展”。在这个集中展示我国艺术教育特别是艺术学门类各学科研究生教育成果的大型综合性展览中，有关曲艺的研究生教育成果展示，可谓一大亮色！这是由于，中国艺术研究院作为我国国家级的综合性艺术科学研究机构，不仅在建院近70年的曲折历程中，引领了我国艺术研究和研究生教育的全面发展，而且丰富了艺术研究中国特色、中国风格和中国气派的独有内涵。其中一个重要的特点及标志，就是不仅在1986年首先建立了国内唯一的国家级曲艺研究机构——中国艺术研究院曲艺研究所，而且在进入21世纪以来的近20年间，依托中国艺术研究院研究生院，相继招收和培养了一批“曲艺学”方向的硕士研究生和博士研究生，并使依托中国艺术研究院戏曲研究所、话剧研究所和曲艺研究所三个研究机构共同设立的“戏剧戏曲和曲艺学系”及其“戏剧戏曲学”二级学科目录下的“曲艺学”方向和“曲艺史论”专业，成为该院研究生教育的特色学科与特色专业，也是目前国内唯一招收和培养“曲艺学”方向博士研究生和硕士研究生的学科及专业。在社会上的许多人并不熟悉相关情况的背景下，这个展览的举办，作用和意义无疑更为特殊，不只是对中国艺术研究院包括曲艺学在内的整个研究生教育成果的集中总结和直观展示，也为社会各界全面系统地了解并关切我国“曲艺学”方向研究生教育的历史发展与现实状况，提供了窗口和条件。同时，更使本年度在国家最高博览殿堂举办的这个专题展览，成为中国曲艺教育史特别是研究生高端教育发展史上一个不应忘却的重要纪念节点。

五、网络传播方兴未艾，碎片模式难以释怀

2019年度，随着移动网络5G技术的投入使用，互联网络的移动服务已然进入了“第五代”。曲艺作为表演艺术，传播是实现其艺术价值的必然环节。借助网络进行曲艺艺术及文化传播，是曲艺在当今发展的必然趋势。特别是网络直播技术的成熟发展，以及大批手机直播软件的开发运用，使得酷狗、快手、抖音等的直播平台，也成为曲艺人尤其是个体艺人展示自身艺术及其价值

的重要通道。而曲艺表演的形式简便性和内容通俗性等特点，又非常适宜网络直播形式的传播。

但是，2019 年度曲艺表演的网络传播情况，与网络传播技术的进化并不同步。一是真正有实力的知名曲艺家，尚未踏入网络传播的全新领地，致使曲艺的网络传播缺少相应成熟的传播资源，未能形成自己的艺术品牌。二是大批年轻的曲艺艺人包括爱好者，尽管纷纷开通了个人的网络直播账号，但所传播的所谓节目，内容却不理想，绝大部分甚至存在着极为严重的碎片化倾向。其主要表现，要么尽是玄虚与搞笑的片段，缺乏完整连贯的演出；要么光迎合观众的猎奇心理，着眼于卖弄和炫技；要么大肆进行嵌入式宣传，使表演直播沦为变相的商业广告。这使曲艺表演的网络传播，更多地异化为博取眼球的手段和赚取利润的工具，缺少真正繁荣艺术的考量与担当。三是一些刚刚踏入网络传播虚拟空间的曲艺人，虽有借助网络一展身手的愿望，却未仔细研究和用心投入，更未实践摸索出适宜曲艺表演在网络传播并与观众良性互动的经营模式。凡此种种都直接影响当今曲艺表演网络传播的健康持续发展。而曲艺表演的网络化传播，其实与坐场演出在本质上并无两样，真正需要的是踏踏实实的创作和老老实实的演出，以真诚服务观众，用艺术赢得人心；更需要引人入胜的完整节目和持之以恒的传播服务，以此来树立品牌、争取观众。任何媚俗迎合的做派和哗众取宠的伎俩，都无法成就艺术，也无法致远行稳。

倒是借助互联网络的曲艺资讯融媒体传播，2019 年度出现了良好的势头，收到了显著的效果。比如，7 月 24 日至 26 日由北京曲艺家协会主办的 2019 北京少儿曲艺大赛因延续了网络直播的传播方式，使得短短三天的时间内，全国共有 400 多万网友，或在线观看，或收听了比赛直播的音频。再如，9 月 6 日至 10 日在山东济南举办的 2019 全国非遗曲艺周，由于引入了融媒体方式的立体综合宣传，不仅有《人民日报》和新华社等 184 家媒体发布了有关新闻，中央广播电视总台《新闻直播间》和《晚间新闻》等栏目播发了专题报道，开幕当天设计开展的“一起学曲艺”网络主话题甚至在微博上达到了近 3100 万次的阅读量，抖音等 15 家直播平台对开幕演出进行的直播累计共有 910 万人次观看，其中仅“酷狗直播”一家的观看人次，累计就有 21 万之多。如此数量的即时性受众关注，规模的确是空前的，在传统媒体上是很难实现的。

当然，融媒体的传播特别是网络媒体的崛起，尤其是移动互联网技术的迅猛发展，极大地刷新着曲艺的传播方式与接受效能。如何搭上这列时代快车，并且行稳致远，在给曲艺的现代传播带来机遇的同时，也向曲艺人发出了挑战。关键的问题是要必须明白：越是技术发达，越要内容为王。只有在优质的曲本创作和精湛的表演技艺的基础上，曲艺的网络传播，才能实现社会效益和经济效益的双丰收，仅仅满足于传播媒介因技术更迭而带来的轰动效应，是短视的和浅薄的。

六、创演失误时有所见，提高素质是关键

作为表演艺术，曲艺的发展，说到底，主要是看创作和表演，看看到底有无优秀的新人和新作持续不断地涌现。然而，如前所述，2019 年度的曲艺创演，除了表面的热闹，真正堪称“硬核”的成绩，实在乏善可陈。部分知名老艺术家的相继离世，以及一些年轻艺人的创演失误，特别是频频出现的口无遮拦的失德与低俗，频频引发着全社会对于曲艺传承后继乏人、曲艺的优良艺术传统缺乏扎实继承的深切忧虑。

如果说，2 月 14 日 90 岁的西河大鼓表演艺术家孙雅君在北京去世，7 月 9 日 85 岁的藏语相声表演艺术家土登在拉萨去世，8 月 12 日 92 岁的西河大鼓表演艺术家张香兰在沈阳去世，8 月 14 日 83 岁的天津时调表演艺术家二毓宝在天津去世，10 月 24 日 92 岁的苏州弹词表演艺术家陈希安在上海去世等，都给曲艺界及曲艺爱好者带来沉痛冲击的话，那么相声表演艺术家魏文亮 4 月 14 日在天津收徒，北京评书及东北大鼓表演艺术家刘兰芳 10 月 19 日在辽宁收徒等，又为曲艺的艺术传承和人才孵化增添着慰藉。而全国各地一系列纪念已故曲艺家的艺术展演及学术研讨活动，包括 1 月 14 日在上海举办的纪念苏州弹词艺术家徐丽仙诞辰九十周年演唱会，1 月 12 日至 5 月 7 日在苏州评弹博物馆举办的“玉树云志”——苏州弹词一代宗师徐云志先生逝世四十周年纪念特展，4 月 18 日在天津津湾大剧院举办的“常氏相声百年”暨常连安诞辰 120 周年纪

念专场演出，11 月 2 日在扬州举行的“百年华章——纪念康重华诞辰一百周年专场演出”及研讨会，12 月 15 日在北京民族宫大剧院举办的“德润曲坛，福泽后世——纪念曲艺曲剧音乐家、教育家、音乐革新家韩德福先生专场演出”等，又确乎是在为曲艺优秀传统的赓续与弘扬追踪和招魂。

曲艺创演和其他文艺创演一样，一个时期以来普遍存在着急功近利的浮躁现象，演出活动不少，精品力作不多。特别随着文化体制改革的进一步推进，曲艺的创演队伍，事实上存在着体制内和体制外两个大的区块或者说阵营。各自的经营状态也大有不同。大体说来，体制内的创演及其节目，题材内容多围绕主流价值观的宣示展开，虽想着力贡献正能量，但直奔主题多，宣传意味浓，形象塑造不够，艺术韵味欠足，演出的方式也多属公益性和庆典性，真正营业性的日常化演出比较稀少；体制外的创演及其节目，由于是属民营班社，依靠日常演出维持，加上直接面对观众，节目内容较接地气，但节目水平参差不齐，面对观众难免迎合，一些民营班社在创演经营中学会了契合媒体和利用网络，但为了“圈粉”又往往不择手段。同时，曲艺创演中存在的偏离本体、胡乱创新及其反映出来的艺术观念不明、实践迷茫错位等问题，在本年度几个带有热点特征的新闻舆论事件中得到了集中的暴露和体现，可谓痛切反思当下曲艺创演存在问题及发展状态的重要视点。

一个是年初的央视春晚相声节目《妙言趣语》中，年轻演员岳云鹏和孙越因将古典诗词格律中常见的平仄规律即“平平仄仄平平仄，仄仄平平仄仄平”，误说成楹联韵律的所谓“平仄平仄平平仄”和“仄平仄平仄仄平”，所引发的舆论质疑与广泛批评。虽然这个节目的题材内容并非表现古典诗词及其格律特点，仅是涉及汉语楹联的对仗修辞，但他们不加区分和交代地在节目中随意引用古典诗词的格律知识并且弄错，的确是一个文化上的“硬伤”，放在央视春晚这样一个国家平台举办的具有很强文化意涵的艺术舞台上，更加不能允许和容忍，也无法让人面对和接受。受到质疑和批评也是十分自然和必要的。而这个事件，看似只是一个节目的一次失误，但所折射和反映出来的问题却不应该被忽视。那就是，包括相声在内的曲艺创演，应当特别注重文化内涵。说相声固然是逗人一乐，但怎么逗，又怎么让人笑，则必须是艺术的、文化的、审美的、健康的，要有益于社会和人心。否则，就不是艺术，也不能被允许。作为精神食粮的相声等曲艺节目，与物质食粮一样，富有营养、能使人健康，才是基本的标准和起码的要求。这也提醒业界的从业人员特别是年轻的艺人，要把学习文化、精益求精、对社会和人群负责，作为基本的创演追求。

另一个是11月26日，中国京剧程派艺术研究会针对网上流行的一段德云社年轻演员张云雷和杨九郎在2018年5月19日全国巡演北京站专场中拿京剧前辈李世济和张火丁抖包袱且言语内容极不尊重的演出及其视频，发表了《关于张云雷用低俗语言亵渎程派艺术家的声明》，表示强烈愤慨并予严厉谴责，同时引爆了京剧界其他组织、中国曲协相声艺术委员会和众多主流媒体的一致批评。[①] 正如中国京剧程派艺术研究会的声明所指："艺术可以虚构故事情节，相声艺术更可以做夸张虚构，但是任何虚构和夸张都应遵循'意料之外、情理之中'的艺术原则，更不能与伦理与公德相悖。张云雷表演时对李世济先生的称谓、'为李世济说腔'等轻佻、狂妄用语，是对享誉海内外的京剧艺术家李世济先生的亵渎；'洗澡''搓背'等流氓语言，更触碰了伦常底线"；"对于艺术界人士，文化为根，艺德为本。相声艺术以幽默见长，幽默是一种高级语言艺术，有趣、可笑但意蕴深长，绝不是耍宝斗贫，更不能无底线调侃。张云雷是90后相声演员，积淀思想、锤炼艺术、涵养心性方为正统。否则，嘴皮子再利落，但艺德不堪，思想空虚，终将被舞台抛弃"，为此声明："我们不欢迎张云雷在今后的演出中学唱京剧程派唱段，因为他的道德水准与程派艺术经典倡导的君子风仪、家国情怀并不在一个层面上"，最后"强烈要求张云雷通过媒体公开向他亵渎的程派艺术家道歉，并保证不再发生类似事件"。如此集中和猛烈的批评与谴责，在近年来的曲艺批评中实属罕见，对于张云雷本人当然是当头棒喝，对相声乃至整个曲艺行业的发展无疑是一剂良药。一方面，一个时期以来，相声乃至整个曲艺的创演实践中，节目格调的低俗问题可谓沉疴难

① 参见乔燕冰《从艺者岂能缺德》，《中国艺术报》2019年11月27日头版。田闻之《沉渣泛起的脏相声得有人管》，《北京日报》2019年11月27日。心哲《"三俗"表演急需治理》，《中国文艺评论》杂志微信公众号2019年11月27日。杨卓远《艺人要学会"好好说话"》，《光明日报》2019年12月4日等。

去。张云雷的公德意识缺失，正如媒体所数说的，也非仅此一次。之前曾因拿汶川地震乱逗哏遭到过批评，后来又因在节目中用侮辱性语言暗示梅葆玖“潜规则”女弟子受到指责；这次又拿京剧名家李世济和张火丁胡乱调侃，说明并非孤例和个案。此前这类相声演员的艺德问题，就曾引发舆论的批评。比如8月24日在苏州市高新区举行的“2019‘相声有新人’苏州站相声专场”中，德云社的相声演员张番和刘铨淼因在表演的节目里出现了成人化的低俗内容被当场制止后，9月1日的《人民日报》客户端对此问题进行了批评和提醒，指出“相声有新人，新人当自重”，“相声不仅是一门艺术，更是面对所有年龄层公开表演的通俗艺术形式，所承担的社会责任应当比艺术本身更值得珍重”。而这种问题之所以一而再、再而三地出现，已非一时糊涂和个别失误所能解释，除了演员个人的思想修养欠缺之外，对自身艺术的基本规律缺少掌握，也是其中的重要根由。另一方面，必须承认，造成一些相声及曲艺的年轻从业者缺乏基本操守和起码常识，屡屡出现低级错误的深层原因，是我们的社会缺失培养和孵化优秀相声乃至整个曲艺行业专门人才的机制保障，致使入行从业没有门槛，节目创演缺乏格范。故对此类问题的解决，固然首先要通过批评和教育，引导年轻艺人改错误、走正道、健康成长，但更为根本性的保证，则是要提供曲艺人才的孵化和成长以基本的教育培训条件。否则，让他们空有对于相声及曲艺的爱好，任由他们在艺术的道路上走弯路撞墙，必然会鱼龙混杂和泥沙俱下。同时，对于演出市场的管理，也应更加规范和强化。否则，杂草丛生和蚊蝇乱舞，势必成为常态。在演出市场的规范方面，2019年度出现的一个可喜现象是文化和旅游部于12月6日在其门户网站上发布了《关于进一步加强演出市场管理的通知（征求意见稿）》。其中特别指出：“对小剧场演出活动，要重点加强脱口秀、相声以及先锋话剧、实验话剧等语言类节目的内容审核和现场监管。”但愿此类政策的出台，能为解决相关问题发挥积极作用，更加期待国家的教育主管部门也能在曲艺的高等教育和文化传承方面，尽早拿出切实的举措，为相声乃至整个曲艺的艺术教育、文化传承、知识普及和人才培养，提供坚实的制度保障。

12月9日由中国曲艺家协会于北京召开的“小品艺术属性学术研讨会”，

对20世纪80年代以来持续走红的“小品”表演样式之艺术类型即门类归属问题进行了学术研讨，透露出曲艺业界的某种思想纠结与理论尴尬。关于“小品”的艺术类属，本属常识范畴，其实无须研讨。其角色化代言扮演的基本表演特征，使其属于戏剧类型的表演形式无疑，又因节目的篇幅比较短小，所以才略称之为“小品”。故此，对其进行艺术门类的属性研讨属于“伪命题”，但却是实践中客观存在着的“真问题”——曲艺界的一些人长期以来将之作为曲艺进行认知、经营甚至评奖。此次会议的题旨是研讨“小品”的“艺术属性”，客观上即在承认：对于小品的艺术属性，在现实的实践中的确存在着模糊的或者说不同的认识。但正如研讨会上的与会专家所指出的“戏剧、戏曲和曲艺之间的界限是非常清晰的”，“从学理上讲，小品是戏剧不是曲艺”，“小品应该在艺术分类学上归于戏剧”，小品“是一种源于戏剧创作和表演小品基础上，融入曲艺和其他热点表演手段、具有喜剧效果和较广泛社会接受度的短小表演品种”；只不过“当代小品的兴盛主要是由曲艺界推动的，曲艺界对小品艺术发展作出的贡献居多”。[①] 应当说，这种研讨在回答现实问题的意义上确是很有必要的。因为，尽管也有专家试图用“跨界”来描述小品在现实创演中的经营依托是曲艺人居多的客观事实，但曲艺演员表演的小品也依然是小品，不会以表演者的“串演”身份而改变其节目类型的艺术门类属性，也不因诸多的小品节目借鉴或吸收了许多曲艺表演的语言技巧，就认为小品属于曲艺。而此前即12月5日由中国文联和中国曲协主办的第七届全国相声小品优秀节目展演活动也表明，实践中属于戏剧样式的小品节目被曲艺组织所经营，即是此类模糊认知及错位实践的具体表现。即使在节目的名称上将参演的小品标为“曲艺小品”[②]，也无法改变其本来的属性与面目。好在有关方面意识到了小品在艺术类型的归属上存在着模糊或不同认识，并公开组织研讨和厘定，这对推动业界矫正小品艺术属性的认知并且进一步深化对曲艺本质特征的认识，都是非常积极的事情。

---

① 参见赵志伟《“跨界”是小品的重要内涵和属性》，《中国艺术报》2019年12月13日。

② 参见赵志伟《第七届全国相声小品优秀节目展演举行》，《中国艺术报》2019年12月6日。

通过对以上个案的回溯不难看出，这三个与2019年度曲艺创演实践关系密切的新闻及舆论事件，看似属于年轻演员的艺德问题和业界存在的模糊认知问题，实际上或者说实质上反映的，都是从业人员的曲艺本体观念和综合素养问题。如果对曲艺到底“是什么”的问题弄清楚了，则曲艺“为什么”的问题和曲艺“怎么样”的问题，都会迎刃而解。道理很明显：曲艺是演员以本色身份采用口头语言“说唱”叙述的表演艺术或者说表演艺术门类。表演艺术的基本存在方式，是通过面向观众的舞台演出，去为他人服务。亦即通过愉悦人、感动人而化育人、提高人，不能教唆人、冒犯人和恶心人、伤害人。同时，曲艺之所以是曲艺，就应当以曲艺自身特有的样态和品质为大众服务，按照曲艺自身的特点创作和表演。即使是借鉴和创新，也属于吸收化用，而非“移步变形”。否则，就是脱离本体、改变种性，就是指鹿为马、制假贩假。对于曲艺自身的特色彰显、传统弘扬和健康发展，都是非常不利的。只有千方百计地提高从业者的综合素养特别是专业素质，包括端正创演态度、校准艺术观念、掌握本体技能、明确价值追求，才是繁荣曲艺创演的根本保证，也是发展曲艺艺术的切实路径。

蔡丰明　贾东窈

上海市曲艺类国家级非物质文化遗产存续状况调研报告

【内容提要】20 世纪末 21 世纪初掀起的非物质文化遗产保护热潮，为上海曲艺的生命延续吹来了一股和暖的春风，如今的上海曲艺已经走向了一个日益向好的新阶段，其主要表现是创作演出逐渐繁荣、生态环境逐渐好转、保护传承日益受到重视、宣传推广力度日益加大。当然，在总体生存发展状况向好的同时，也还面临一些困难与问题，如生存土壤日益消失，表现形式较为传统、人才断层较为严重，运作机制尚不完善，等等，亟须加以解决。

【关 键 词】上海　曲艺遗产　存续状况　调研报告

曲艺是人民群众喜闻乐见的文艺样式，具有短小精悍、灵活多样、轻松活泼、时代性强、演出成本相对较低等特点。

上海作为一个具有深厚历史文化渊源的现代城市，具有十分丰富的曲艺文化资源。自南宋设上海镇以后，上海人口繁衍，物产丰富，贸易繁荣，民生富庶。在长期的历史发展过程中，上海形成了如锣鼓书、宣卷、浦东说书等一些具有鲜明地方特色的曲艺形式。开埠以后，上海受到西方文化的浸润，城市化进程日益加快，经济贸易繁荣发展，各地人员大量涌入，教育、文艺事业兴旺发达，这些都为上海曲艺的发展提供了良好的土壤。19 世纪末 20 世纪初，是上海曲艺的辉煌时期。当时，一些原来处于乡村社会的民间小调、曲艺戏剧形式，都随着上海城市化、商业化的进程，开始逐渐走向上海城市，并在上海城市中找到了自身生存发展的场所。

中华人民共和国成立初期，上海的曲艺仍有一定发展，尤其是在政府提倡社会主义新文艺运动的指示与感召下，曲艺成为一种党和政府重要的宣传与教育手段，在上海市民中得到了很大的推广。但是到了“文革”时期，上海的曲艺受到了极大的打击。而改革开放初期，商品经济大潮又对具有浓厚乡土气息与传统艺术特色的曲艺形成了很大的冲击，致使一批优秀的曲艺形式处于濒危境地，如曾经深受上海民众喜爱的苏州评弹，在20世纪50年代时有五六百家书场，但到了21世纪初只剩下100家左右。“文革”的浩劫以及改革开放初期商品大潮的冲击，更使锣鼓书、钹子书、浦东说书等一些具有乡村色彩的曲艺形式逐渐走向了衰微消亡的边缘。

20世纪末21世纪初掀起的非物质文化遗产保护热潮，为上海曲艺艺术生命的延续吹来了一股和暖的春风，从此上海的各种曲艺形式又开始焕发出了新的生机与活力。自非遗保护工作开展以来，曲艺作为我国非遗保护的一个重要门类被列入保护项目名录的体系之中，受到了前所未有的重视。从此，曲艺工作的内容也开始由较为单一的创作演出扩大到公共文化服务以及非遗项目的保护、传承、宣传推广等领域。

经过了20年来的保护与发展历程，如今的上海曲艺已经走向了一个日益向好的新阶段，其主要表现是创作演出逐渐繁荣、生态环境逐渐好转、保护传承日益受到重视、宣传推广力度日益加大。当然，在总体生存发展状况日益向好的同时，我们也要看到上海的曲艺在其生存发展方面依然还面临一些困难与问题，亟须加以解决。

为了全面了解上海非遗项目在非遗保护工作开展以来的存续状况，进一步总结上海非遗项目在非遗保护工作中的经验，分析其存在的问题与困难，2021年4月至8月，上海市文旅局委托上海社科院民俗与非遗研究中心对上海市前4批国家级非遗项目（55个非遗项目，63个保护单位）的存续状况进行了较为全面深入的调研，并在此基础上写出了一批分类报告与个案报告。此项调研主要以非遗项目的生态环境状况、保护工作状况、技艺传承状况、推广传播状况、核心内涵保持状况，以及市场拓展状况等6个方面为设定指标，调研的对象包括项目保护单位、项目管理部门，以及相关领域的专家等三个方面。其中涉及曲艺类的国家级项目共有 5 项，它们分别为锣鼓书、浦东说书、浦东宣卷、苏州评弹、独脚戏。以下便对这些项目的整体情况做一具体介绍。

一、上海市曲艺类国家级非遗保护项目的总体存续状况

（一）生态环境状况

所谓非遗项目的生态环境状况，主要是指决定这些非遗项目生存发展的各种客观条件，就曲艺而言，主要包括其所依赖的场地、观众、队伍、生源、机制等方面的因素。自非遗保护工作开展以来，从总体上看上海曲艺类项目的生态环境要比以前有所改善，尤其是其中一部分艺术表现形式相对较为灵活，较能适应时代发展变化需求的曲艺形式，其生态环境与 90 年代相比有了一定的好转。例如苏州评弹目前在上海本地有书场几十家，另外还有许多公共文化服务点，如文化馆、文化中心等场所，每天基本上都会有苏州评弹演出活动，每场约 200 至 300 人。前来欣赏苏州评弹的，不但有老年听众，而且有一部分年轻听众，其中也有一部分家长会陪着自己的孩子来听书。这些家长大多自己较为喜爱江南文化，因此也希望带自己的孩子听苏州评弹，丰富孩子的文化知识，让孩子多了解一些江南文化。还有一些听众也会从外地赶来听书。

从目前的演出队伍及其所属体制情况来看，上海的几个国家级曲艺项目演出团队既有专业的，如上海评弹团、上海市人民滑稽剧团，也有业余的，如浦东新场镇、大团镇的锣鼓书队，浦东北蔡镇的浦东说书队，浦东周浦镇的浦东宣卷演出队等。其所属体制也较为多元。其中既有属于全额拨款的事业单位（如上海评弹团），也有属于差额拨款的事业单位（如上海市黄浦区人民滑稽剧团），也有依附在文化馆、文化中心等群众文化与公共文化单位的一些业余团队（如浦东新场镇、大团镇的锣鼓书队，浦东北蔡镇的浦东说书队，浦东周浦镇的浦东宣卷演出队）。由于不同的所属体制，决定了这些演出团队在人员配置、场地设施，以及经营能力等方面存在诸多差异，而这些方面的差异势必也会对曲艺项目生存发展的生态环境产生一定的影响。

其中生态环境与客观条件相对较好的是上海评弹团。该团目前属于上海戏曲艺术中心体制内，由政府全额拨款，不但可以得到较为稳定的人员工资保障，而且可以得到较为稳定的活动经费资助，因此其人员配置，以及经营能力都较为理想。目前上海评弹团共有 90 人，为历史上最多。其中青年演员 40 多人，基本上形成了较为良好的人员队伍结构。另外，上海评弹团在生源方面也能获得较好的保障。目前其生源主要来自对口学校苏州评弹学校和上海戏曲学校，一年招收 4 至 5 名；除此以外，还有一些学员是从其他地方引进的。

相比而言，独脚戏的情况就不够理想。作为独脚戏保护单位的人民滑稽剧团，属于差额拨款的事业单位，其中 80% 的绩效工资依靠演出市场获得。目前在编人员 30 多人，外聘人员 30 多人。团内 33 岁以下的演员一个没有。由于演出人员需要 5 至 8 年的培养与锻炼，因此不容易自己培养人才。而外聘的人员则大多缺乏稳定性，且责任心不强，难以在团内起到核心作用。更重要的是，目前独脚戏缺乏专门的对口生源学校，也很难在其他地方物色到专业人才。

至于浦东新场镇与大团镇的锣鼓书队，浦东北蔡镇的浦东说书队，浦东周浦镇的浦东宣卷演出队等几个业余团队，在生存环境方面当然要更加差一些，有关情况将在下文予以具体介绍。

（二）创作与演出状况

进入 21 世纪以后，随着党和政府对于非遗保护工作的日益重视，上海的曲艺创作与演出情况也出现了较为良好的发展势头。无论是在创作的数量、演出的场次方面，还是在作品的获奖及其社会的影响力方面，上海的曲艺在近 20 年来都有了极为明显的发展。因此在本次调研中，有关上海曲艺“开展活动”的这一项指标也处于较高的分值状态。例如上海评弹团在 10 多年来不但创作作品数量颇多，而且常规演出任务排满，除了常规演出以外，经常还有额外的节点演出任务。从这些演出的业态上看，主要分为全公益性演出、半公益性演出、商业性演出三种类型。全公益性演出主要服务于老年听众，主要在文化馆、文化中心等公共文化服务点进行，这类演出完全是免费的，比例大概为

1/3；半公益性演出收门票，每张约5元至10元，节假日打8折，这大概也有1/3；另外还有一种是商业性演出，门票80元至380元一张。如2021年5月22日晚，在国家大剧院举办的“午夜玫瑰”爵士音乐会上，举行了一场苏州评弹名家演唱会，演出了《情探·梨花落》《杜十娘》《珍珠塔·妆台报喜》《长生殿·剑阁闻铃》《红楼梦·宝玉夜探》《西厢·莺莺拜月》《白蛇·赏中秋》等著名苏州评弹唱段。虽然门票卖到380元一张，却还是一票难求。

除了常规演出以外，近年来上海评弹团在“进校园”“进社区”的普及推广方面也取得了较大成绩。目前上海评弹团经常在杨浦、嘉定等地的中小学开设常规性课程，并与惠民中学、齐齐哈尔中学、市东中学、嘉定小学等一些学校合作设立校内选修课；另外还在市立幼儿园、儿童剧院等一些地方开展了“宝贝来看戏”等活动。在“进社区”方面，目前苏州评弹进社区活动成为上海评弹团青年演员最主要的舞台，一年活动达几千场次；除此之外，上海评弹团在国外也有一定的演出活动。

除了苏州评弹团以外，其他一些曲艺团队同样也开展了大量的创作与演出活动。例如人民滑稽剧团多年来坚持独脚戏“进校园”“进农村”，他们与多所社区学校合作，通过“上海小天地”“艺术导赏”“沪语进校园”“沪语进课堂”“曲艺党课”等活动形式，在学校、社区中进行独脚戏演出，起到了较好的宣传与推广作用；同时他们还致力于吸引、拉动外来游客，为此专门开展了多期导赏活动，反响热烈。2020年以来，即使受到新冠肺炎疫情冲击，剧团也保持每年200场小戏、50场大戏的演出频次，最多时一年演出达到460余场。

浦东说书作为浦东新区北蔡镇的一项国家级非遗项目，从2008年起至今已先后创排了《看世博》《嫁女歌》等近百个作品，并曾受邀参加国家级、长三角、市级、区级展演达150余场次，获国家级奖项2个、长三角地区奖项19个、市级奖项12个、区级奖项10个。从2009年起，北蔡镇每两年举办一届“缤纷长三角·浦东北蔡杯”曲艺邀请赛，这一传统举措繁荣了地区曲艺文化，提升了浦东说书在长三角的影响力，夯实了浦东说书的传承保护基础。在每次举办长三角曲艺邀请赛的同时，北蔡镇还召集由业内专家和从事浦东说书保护一线工作的传承人、创作者、研究者共同参与非遗保护高端研讨会，对非遗发展提出前瞻性的建议和思路。

作为锣鼓书项目保护单位的新场镇，每年要举办20多场专场演出活动，尤其是近两年来，新场镇的锣鼓书新创节目较多，演出频繁；新场镇还建立了由上海市群艺馆命名的锣鼓书创作基地，定期举办培训班，培养创作新苗，由10名语文老师参加，近两年创作节目20多个；另如大团镇也每年创作1至2个新节目，两镇多个节目在市、长三角各类汇演获奖，同时也在“唯实杯”上海市青少年曲艺大赛、全国少儿曲艺大赛上获奖。

（三）保护与机制建设

自非遗保护工作开展以来，上海几个国家级曲艺项目在业务工作开展方面的另一个突出亮点，是项目资料的保护保存以及数字化建档工作。由于强化了政府责任，使非遗项目的保护保存工作开展极为活跃，具体表现为传统剧目的挖掘与保存，传统剧目的数字化建档、各种资料与图书的整理出版，以及多样化的传习场所的建置，等等。

在传统剧目的挖掘与资料保存方面，作为锣鼓书保护单位的新场镇现已整理了100多万字资料，并对锣鼓书曲艺艺术中的“说表唱做”技艺做了全面收集。另外还收集了长篇锣鼓书20多篇，开篇锣鼓书200多篇，并编制了《上海锣鼓书》《锣鼓书曲本》《锣鼓书音乐》《锣鼓书民俗》《锣鼓书入门》《传统文化十八讲》等11本专著。作为独脚戏保护单位的人民滑稽剧团，近年来也对270多个经典独脚戏剧目进行了系统的排摸，每年挖掘5至10段，现已挖掘整理30多段。

在数字化建档方面，如北蔡镇从2008年起，邀请身体状况尚可的6位浦东说书老艺人来镇文化中心表演他们的拿手绝活，并进行同步录像，现已制成7部大书的DVD，予以永久保存。他们还把老艺人们提供的一些很有研究价值又极其脆弱的手稿及照片予以电子扫描留存。10多位老艺人对浦东说书发展历史的回顾与研讨发言也经过整理，被制成音像资料保护下来。另如上海评弹团目前也已经把各种苏州评弹的流派唱腔盘带全部进行了数字化保存。

在场地建设方面，作为锣鼓书保护单位的新场镇很早就十分重视锣鼓书的阵地建设工作，从 2012 年起，先后在新场大街 145 号建有中国锣鼓书艺术馆、市级传承基地石笋中学锣鼓书展示馆、谈敬德锣鼓书工作室、谈敬德锣鼓书名师工作室等，在镇文化中心三个学校传承基地分别设有锣鼓书排练厅 5 个，演艺剧场、广场舞台、6 个村的多功能演艺场所计 4000 多平方米。

作为浦东说书的保护单位北蔡镇，也十分重视浦东说书的阵地建设工作。为了给社区居民提供一个观赏浦东说书表演艺术的场所，从 2009 年起北蔡镇专门开辟了一个公益性的书场，邀请身体健康的老艺人登台演出，每周 6 次，坚持至今。这个公益书场现已成为一个固定的非遗传播和观赏平台。至今公益书场举办总数 2000 余场，观众达数万人次。除此以外，北蔡镇还于 2009 年建成了第一座浦东说书陈列馆，2012 年又建成了规模更大、设施更齐全的第二处陈列馆，每周对外开放五天。

2020 年，北蔡镇又斥资新建了设备条件一流的浦东说书传习所，集文物展览、培训教学、实践排演、公众书场等功能于一体，实现了由静态保护向活态传承的过渡与融合。目前馆内陈列有服装、道具、老唱片、磁带、照片、光盘等文物数百件，老唱本 36 本，老艺人手稿 21 本，开篇唱词 232 篇，刊载浦东说书保护工作各种消息的报纸杂志 91 份，重要历史照片 70 帧……这些藏品都具有很重要的历史和学术研究价值（目前浦东说书书场、浦东说书陈列馆、非遗展示厅等已并入浦东说书传习所）。

资金投入是我国非遗保护法律与政策中明确规定的政府职责，因此，自从开展非遗保护工作以来，上海的各个曲艺项目都有了一定的资金保障。例如北蔡镇对浦东说书项目每年投入 100 万元，其中“缤纷长三角 · 浦东北蔡杯曲艺邀请赛”投入 50 万元，非遗展览展示投入 50 万元。另如锣鼓书项目，扶持保障资金共分为国家级补助、市级补助、区级补助，以及新场、大团两镇的财政拨款等不同类别。新场镇被授予创作基地后，市里创作资金 10 万元 / 年。近三年来锣鼓书获国家级补助 71 万元，市级补助 8 万元，区级补助 16 万元，传承人国家级补贴 2 万元 / 年，市级补贴 6000 元 / 年，另外，浦东新区也给予国家级传承人 6000 元 / 年，市级与区级传承人 3000 元 / 年的补助。

（四）技艺传承与人才培养

技艺传承与人才培养是非遗项目得以生存发展的重要因素，也是衡量曲艺项目是否具有良好存续条件的一项重要标准。根据本次调查显示，当前上海部分国家级曲艺项目相对情况较好，具体表现在代表性传承人数量较多，传承队伍较为稳定，后继力量较为充裕等方面，如上海评弹团在人才队伍上已经进入良性循环的状态。但是也有一部分国家级曲艺项目，在技艺传承与人才培养方面处于不够理想的状态，依然存在着传承人年龄老化，后继乏人，专业人才紧缺等问题。

从传承人的认定及其发挥作用方面来看，各个国家级曲艺类项目目前都已认定了一定数量的代表性传承人，其中苏州评弹现有国家级传承人 4 位，市级传承人 10 多位；独脚戏现有国家级传承人 2 位，市级传承人 7 位；锣鼓书现有国家级传承人 2 位，市级传承人 1 位；浦东说书现有市级传承人 2 位，区级传承人 1 位；浦东宣卷现有市级传承人 1 位，区级传承人 2 位。这些传承人在各个曲艺项目的保护与传承工作中都发挥了十分重要的作用，充当了各个曲艺项目保护、传承、推广工作的顶梁柱。

在拜师授徒、技艺传承的方面，上海的几项国家级曲艺项也都已经进行了较多的实践。例如上海评弹团中的一些老一辈传承人有着高度的使命感和责任感，他们秉承“积极带徒，认真传艺”的精神，在收徒和带学生过程中将自身掌握的一些核心技艺全数教授于中青年演员。近年来，上海评弹团还制订了“薪火传承计划”，积极推进拜师授艺活动，对一些较为重要的流派进行针对性传承，最大限度地帮助传承人在相应技艺、流派、书目的传承上保持较强的原真性，尤其对青年演员的传承要求极高，要求在学艺时要做到“分毫不差”。

独脚戏项目的国家级传承人也有“名师带高徒”的活动，并实现了较好的传承带徒效果。如作为独脚戏项目国家级传承人的王汝刚老师参加“名师带高徒”活动后，将多个传统独脚戏段子传授于学生陈靓、钱懿等人。

除了专门制订带徒计划以外，上海的各个国家级曲艺项目还努力通过“进校园”“进社区”的方式来培养潜在的曲艺爱好者人群队伍。目前，浦东新场镇已为 6 个村建立锣鼓书表演队，并在石笋中学、新场镇小学、石笋小学、新场幼儿园建立了传习基地。为了更好地在学校中传承锣鼓书，新场镇谈敬德老师还专门编写了分别适合成人、中学生、小学生等不同对象学习的三种锣鼓书基础教材。2015 年，为了丰富社区教育课程资源，他还积极参与了大团社区学校和新场社区学校共同制作的锣鼓书微课。

苏州评弹、浦东说书、独脚戏等其他一些曲艺形式在传承普及活动开展方面也各具自己的特色。如苏州评弹近年来不但十分注重进中学，还进了大学，大学加中学一年几千场。浦东说书项目在北蔡中学、北蔡小学、绿川学校都有传承基地，培养了上千名学生。这些学校现在已经把浦东说书教学纳入学校的课程体系，并由市级传承人陈建纬、康毅和资深群文工作者朱国桢承担教学工作，十年来培训了千余名中小学生。独脚戏在 2018 年一年中下社区演出近百场。2019 年至今为止下社区演出 35 场。剧团每年还有沪语进校园演出，为全市中小学生中普及、保护、传承上海话。

除此以外，上海的几个国家级曲艺项目还十分注重通过培训班的形式来进行技艺传承。如新场镇每年为村居、学校举办锣鼓书节目传授班 20 多期，收徒以集体培训的形式进行，现在全镇有近百人能上台表演锣鼓书的群唱节目。大团镇每年也都会举办锣鼓书培训活动，挖掘本镇内有潜力的锣鼓书表演者。锣鼓书的国家级传承人康文英老师也会从中选取优秀的学员，收徒培养。

二、上海市曲艺类国家级非遗保护项目存在的问题及原因分析

虽然从总体上看上海国家级曲艺项目的存续状况在近年来已经得到较大的优化与改善，尤其是在项目的保护、传承、宣传、推广等方面取得了较大成绩，但是依然存在一些问题与不足。下面，作者通过本次调查的上海市国家级非遗项目（前 4 批）存续状况综合排名情况（见表 1）以及调查中所获得的信息，对相关问题进行一些具体阐述。

表 1　上海市国家级非遗项目（前 4 批）存续状况综合排名表[①]

序号	项目名称	项目类型	总分
1	民族乐器制作技艺	传统技艺	10
2	周虎臣毛笔制作技艺	传统技艺	9.75
3	上海剪纸	传统美术	9.66
4	南翔小笼馒头制作技艺	传统技艺	9.66
5	上海道教音乐	传统音乐	9.41
6	曹素功墨锭制作技艺	传统技艺	9.33
7	功德林素食制作技艺	传统技艺	9.33
8	朱氏推拿疗法	传统医药	9.33
9	木版水印技艺	传统技艺	9.25
10	奉贤滚灯	传统舞蹈	9.25
11	豫园灯会	民俗	9.25
12	古本易筋经十二势导引法	传统医药	9.25
13	徐行草编	传统美术	9.16
14	罗店划龙船习俗	民俗	9.16
15	本帮菜肴传统烹饪	传统技艺	9.16
16	金银细工制作技艺	传统技艺	9
17	六神丸制作技艺	传统医药	8.91
18	嘉定竹刻	传统美术	8.83
19	顾氏外科疗法	传统医药	8.83
20	浦东绕龙灯	传统舞蹈	8.83
21	石氏伤科疗法（黄浦区）	传统医药	8.83
22	昆曲	传统戏剧	8.75
23	陆氏针灸疗法	传统医药	8.75
24	海派玉雕	传统美术	8.66
25	越剧	传统戏剧	8.5
26	古陶瓷修复技艺	传统技艺	8.5
27	马桥手狮舞	传统舞蹈	8.33
28	京剧	传统戏剧	8.33
29	海派木偶戏	传统戏剧	8.25
30	上海面人赵	传统美术	8.08

① 此表中的总分共由生态环境状况、保护工作状况、传承授徒状况、推广传播状况、核心内涵保持状况，以及市场拓展状况等 6 个方面的指标分相加而成。

续表

序号	项目名称	项目类型	总分
31	江南丝竹	传统音乐	7.91
32	瀛洲古调派琵琶	传统音乐	7.83
33	顾绣	传统美术	7.83
34	龙凤旗袍手工制作技艺	传统技艺	7.83
35	石氏伤科疗法（曙光医院）	传统医药	7.83
36	上海灯彩	传统美术	7.83
37	精武武术	传统体育	7.75
38	培罗蒙奉帮裁缝技艺	传统技艺	7.75
39	浦东派琵琶	传统音乐	7.66
40	上海绒绣	传统美术	7.5
41	沪剧	传统戏剧	7.41
42	上海鲁庵印泥	传统技艺	7.41
43	独脚戏	曲艺	7.33
44	苏州评弹	曲艺	7.16
45	亨生奉帮裁缝技艺	传统技艺	7.16
46	淮剧	传统戏剧	7.08
47	绵拳	传统体育	7
48	紫檀雕刻	传统美术	6.75
49	滑稽戏	传统戏剧	6.66
50	黄杨木雕	传统美术	6.25
51	浦东说书	曲艺	6.25
52	锣鼓书	曲艺	5.91
53	浦东宣卷	曲艺	5.91
54	谚语（沪谚）	民间文学	5.66
55	石库门里弄建筑营造技艺	传统技艺	5.25
56	舞草龙	传统舞蹈	5.08
57	泗泾十锦细锣鼓	传统音乐	4.66
58	钱万隆酱油酿造技艺	传统技艺	4.08
59	乌泥泾手工棉纺织技艺	传统技艺	3.41
60	上海港码头号子	传统音乐	3
61	上海港码头号子	传统音乐	2.75
62	吴歌	民间文学	2.16
63	上海龙华庙会	民俗	1.75

通过上表可以看出，在上海市前 4 批国家级非遗项目中，存续状况排名靠前与分值较高的，大都是传统技艺与传统医药类的项目，说明这两类项目目前的存续发展状况较为良好，接下来的是传统美术、传统音乐、传统舞蹈，以及传统体育类的项目，说明这些类别的非遗项目在当前社会中也有一定的生存发展空间，而曲艺类的项目则相对处于存续状况并不十分理想的状态。其中在曲艺类项目中排名最高的独脚戏，只占全部项目中的第 43 位，为 7.33 分，苏州评弹紧挨其次，占全部项目中的第 44 位，为 7.16 分，其他如浦东说书、锣鼓书、浦东宣卷等项目，更是排到了第 51、52、53 的位置，说明存续状况较不理想。

造成曲艺项目总体存续状况不够理想的具体表现以及原因，主要有以下几个方面。

（一）表现形式受局限，生存土壤逐渐丧失

曲艺是方言的艺术，方言对于曲艺表演效果的表达具有极为重要的作用。但是随着社会的发展、城市化进程的加快，以及城市人口异质度的日益提高，造成了十分严重的地方文化解构和本土语言流失现象，也使以地域性口头文学艺术为特点的曲艺形式陷入了生存状况不理想的状态。

尤其是在上海这样的大城市中，由于经济发展，文化更新速度快，以及外地人口的大量涌入，造成其地方语言环境不断弱化，同时也致使锣鼓书、浦东说书等一些本乡本土的曲艺形式逐渐失去了群众基础，成为一种日益小众的“传统艺术碎片”。目前，在上海这样的城市中“新上海”人已占 70%，他们大部分听不懂上海话，因此也就不会对以上海方言为载体的曲艺感兴趣。加之长期以来“推广普通话”的号召，使得越来越多的上海本地人也开始抛弃自己的家乡话，操起了一口普通话。尤其是如今十多岁以下的上海本地儿童，基本上都已经不会说上海话了，这势必会成为阻碍当下上海曲艺类非遗项目传承发展的一个重要原因。

另一方面，在当今社会中，脱胎于传统乡村文艺基础上的曲艺艺术也受到了其他艺术形式的强烈冲击与挑战。如今的上海城市中，诸如脱口秀以及网络

视频等各种新型的艺术形式大量涌现，它们很大程度上占领了当今年轻人的审美空间，从而使得曲艺类的传统艺术表现形式日益相形见绌。尤其是自 20 世纪末至今，随着数字网络技术应用的日益广泛，社会生产生活的总体生态环境发生了极大的改变，与数字网络技术深度融合几乎成为包括艺术生产在内的社会各部类与时俱进、繁衍存续和创新发展的重要条件。数字网络技术及与之伴生的新的生活方式的契合，不仅体现在传播方式上，更体现在表演内容的深度和广度上。因此，那些单纯以传统的创作、表演、传播、传承等生产方式为特征的传统曲艺生态链环节，已经在很大程度上无法适应新时代和新一代消费者的需求。

总之，由于受到自身艺术表现形式的局限以及文艺样式日益多元趋势的影响，当前曲艺这种传统的文艺形式在生态环境上具有相当多的不利因素，受到了较为严峻的生存条件上的挑战。

正如浦东说书的保护工作者所描述的：

> 现代媒体的强势打压、流行艺术铺天盖地，改变了人们艺术欣赏的方式，极大挤占了浦东说书的生存空间；普通话一统天下，纯粹独特的浦东方言逐渐难以寻觅，浦东说书中常常采用的世代流传的乡俗俚语几近消失；原先艺人栖身献艺的水乡集镇茶馆百不存一，艺人难以自活被迫改业；随着浦东开发开放，大规模城市化的推进，乡村变身城市，大量“新上海人”定居浦东，五方杂处使浦东说书受众的基本盘彻底改变……
>
> “皮之不存，毛将焉附”——从 20 世纪 80 年代前期起，浦东说书出现了二十多年的断层：在社会转型大潮冲击下，浦东之大找不到一处像样的演出场地，演员或垂老退休或转投他业而后继无人，浦东说书传统的生存环境迅速消失，说书声几成绝响。[①]

---

① 赵宏财等：《国家级非遗项目浦东说书保护情况汇报》，2021 年 10 月。

（二）专业队伍数量少，人才断层现象严重

虽然当前上海的几个国家级曲艺项目都有了较为稳定的演出队伍，但是相对曲艺项目的经营演出、保护传承，以及推广传播等整体工作需要而言，在数量上还是显得远远不足。而且就目前上海仅有的几支曲艺演出队伍来说，还存在着人员数量少，专业性不强等问题。在上海 5 个国家级曲艺项目中，目前专业团队只有 2 支，其中市级团队 1 支（上海评弹团），区级团队 1 支（上海市黄浦区人民滑稽剧团），除此以外，上海没有其他的市级与区级的曲艺专业院团。业余团队大多为街镇级，并且也只有 4—5 支，其中浦东宣卷团队 1 支（周浦镇）、锣鼓书团队 2 支（新场镇、大团镇）；浦东说书 1 支（北蔡镇）。这对于整个上海这样一个庞大的文化消费城市来说显然是十分有限的。

再从这些队伍的内部成员结构来看，除了苏州评弹这一项目的情况较好以外，其他几个团队都存在着人员数量不足、演员年龄老化等情况。例如作为独脚戏保护单位的人民滑稽剧团，目前团内正式编制的只有 30 多人，队伍较为单薄（养不起人）。至于浦东宣卷、锣鼓书、浦东说书等几个业余团队，更是存在较为严重的人员数量少，以及年龄老化的问题。例如浦东宣卷的团队现仅有十来个人，年龄都在六七十岁以上；浦东说书团队年龄老化现象也十分严重，目前只有两位高龄市级传承人康毅（62 岁）、陈建纬（62 岁）承担实际传承工作；而锣鼓书的传承人谈敬德老师也是已经八十多岁了。

与团队成员年龄老化相对应的另一个突出问题是缺少后继人才。现在曲艺团队中缺少年轻演员的现象已经成为一个普遍事实。例如作为独脚戏保护单位的人民滑稽剧团，目前 33 岁以下的演员一个没有，浦东宣卷、锣鼓书、浦东说书等几个团队中，也几乎没有 40 岁以下的年轻演员。

造成这种现象的原因主要有以下几个方面。

一是由于曲艺表演的技艺要求比较高，一招一式都要经过长期训练，由此造成大部分的曲艺演出团队都存在后继人才少，收徒带徒困难的情况。例如独脚戏技艺要求形神兼备，其传承对师生双方均有较高要求，一般来说都要经过 5—8 年的学习，因此要想选拔优秀人才十分不易。

二是由于对口学校少，难以形成较为良好的生源保障。以前曲艺的后继人员培养具有不少对口的学校，他们主要来源于上海及周边地区的各个戏曲学校。以前上海还有一些专门培养基层文艺工作者的文艺工厂，曾经辅导培养了许多曲艺类的创作与演出人员。但是目前这类戏曲学校不但数量很少，而且开设的曲艺类专门班级更是凤毛麟角，由此而使曲艺的生源受到很大的瓶颈制约。

三是由于录用人员的机制有所局限，致使部分曲艺团队在后继人才培养上受到较大制约。现在上海的几个国家级曲艺项目都被列入了公共文化服务体系之中，由于事业单位及政府公共文化服务单位的人员录用需要经过事业单位统一考试，这便成为许多青年演员拜师学艺的门槛。例如锣鼓书的表演者大多以当地乡民为主，他们往往只是将唱锣鼓书作为休闲娱乐方式和个人兴趣，先天条件和艺术水平大多有限，因此难以加入现有公共文化体制下的锣鼓书传承人队伍之中。另一方面，那些能够通过事业单位统一考试进来的人员，却又并不与曲艺艺术真正对口，因此往往难以真正在实际工作中承担起曲艺创作与演出的任务。总之，由于事业单位人员招聘与录用机制上的限制，致使当前上海的几项国家级曲艺项目普遍存在“有用的人进不来，进来的人没有用”的现象，严重影响了后继人才的引入。

四是由于现有非遗传承人培训班的形式很难真正达到传承人队伍培养目的，往往只是流于形式，难有真正的成效。例如浦东宣卷从2019年开始，相继开办了几期培训班，包括成人的和小朋友的，但是成效不是很理想。除了参加的人数不是很多以外，更重要的是一些学员通常毕业后便不再继续浦东说书的学习，因此也就无法真正转化为项目传承的后继力量。一些在学校开设的培训班也有类似情况。当某些曲艺课程在学校开班时，往往会受到很多小朋友的喜爱，报名也较为踊跃。但是学了一段时间就不学了。即使有些人能够坚持学下去，但是随着这些学生毕业，却没有多少人能够真正去从事曲艺表演这一职业。

（三）缺少精品创作，作品没有持久影响力

当前上海的几项国家级曲艺项目虽然每年都有许多作品问世，但是从质量上看，还缺少具有持久影响力的精品。一部分作品没有自身特色，只是东拼西凑敷衍而成；也有一部分作品或多或少地存在不接地气，没有生活性特色，与现实生活脱节等不足，不能真正引起观众心理上的共鸣。正因如此，导致一些作品演过以后便被束之高阁，默默无闻；也有一些作品虽然评上了奖，但是也不能够长期流传。

究其原因，一是由于曲艺编创队伍人员少，创作能力弱。如锣鼓书项目目前在剧本编创上主要还是依靠了谈敬德等少数几个老同志，其他能够真正从事锣鼓书创作的人员几乎没有。另如浦东宣卷、浦东说书的情况也相类似。编创人员的弱化，使当前上海曲艺的创作水平整体上受到较大的影响。

二是由于当前部分的上海曲艺作品缺乏创新能力。国家级的曲艺项目虽然被列入非遗保护的名录，但是这并不等于说这些项目在实际的演出中就不能有所创新和发展。与其他文艺形式一样，曲艺艺术在做好保护传承的同时，也同样应该讲究与时俱进，有所拓展与创新。尤其是对新一代的青年演员来说，在追求作品核心内涵留存的基础上，应该大胆探索新的表演形式与表演思路，让曲艺形式变得更加生活化、特色化，使其更加具有美感和艺术魅力，也就是像有些老艺人所说的，要让曲艺艺术能够“自身发光”，只有如此，才能更好地吸引广大听众。

（四）传承内容形式不完整，部分项目核心内涵有所失落

判断非遗项目存续状况优劣好差的关键点之一就是看这些项目是否能够较好地进行传承。当前上海的一些国家级曲艺项目虽然在技艺传承方面都已经取得了一定成绩，但是在传承内容与形式的完整性，以及核心内涵的保持方面，却仍有一定程度的欠缺。如上海的苏州评弹项目虽然已经制订了对各个流派进行传承教学的工作计划，并由一些老一辈的传承人对年轻演员进行一对一的传授，但是从整体上看，却依然有所不足。例如像《隋唐》《长生殿》《顾鼎成》

《大红袍》《说岳》《七侠五义》等一些传统的长篇评话书目，每部书往往有几十回乃至上百回，可连续演出数月，这些书目至今依然无人学。

在技艺方面，目前上海的部分曲艺项目也同样缺少对它们的完整性继承。如以前传统的浦东说书主要以说为主，以唱为辅，唱的分量比说要少得多。然而，在目前的浦东说书舞台上以说为主的作品反而数量不多。近年来颇受好评的《养猪阿太》《说因果》《最后的雕塑》《分段承包》等作品，都是仅供表演一二十分钟的小书，大书则销声匿迹。相反，以唱为主、亦歌亦舞、场面热烈欢快的表演唱却占据了大半壁江山。

更为重要的是，当前部分年轻曲艺演员在学习老一辈传承人的技艺时，往往也会发生某些核心内涵与精髓之处有所失落的情况。例如只是注重了对于传统老艺人一般表演形式的学习，而缺少对于他们在演出中最为精彩的一些绝技绝活的传承，表演技艺刻板，缺少变化，缺乏创造性，缺少精神表现力，只有“形似”而没有“神似”，这势必会使表演的效果受到影响。

（五）运作机制不完善，缺乏健康发展的有利条件

虽然当前上海的曲艺项目已经被纳入到了非遗保护的工作体系之中，并且在保护经费投入、保护名录建立、保护工作机制建设等方面都有了一定的保障，但是从运作机制上看，依然存在一些不足。这主要体现在如下几个方面。

一是缺乏对保护主体的整合机制，造成各个保护主体力量分散，各自为政。如苏州评弹项目，上海现有两家保护单位，一家是作为国家级项目保护单位的上海书场协会，另一家是作为上海市级项目保护单位的上海评弹团。但是上海书场协会实际上并不是一个真正的苏州评弹演艺运作主体，力量较为薄弱，在资金、人员、机制等方面都处于较为困难的状态；而作为真正苏州评弹演艺运作主体的上海评弹团，至今未被认定为国家级苏州评弹保护单位，因此在保护工作实际操作中存在一定局限，也未能与书场协会形成良好的协同关系，由此造成了上海的苏州评弹项目“一个非遗两条线”的尴尬局面。

二是缺乏相应的保障机制，造成部分保护单位在演出场所、工作经费等方面资源匮乏，难以维系生存发展。如独脚戏是江南地区深受观众欢迎的曲艺剧

种，观众基础好，形式喜闻乐见，但目前缺乏专门的剧场，也没有专门的学校培养人才。浦东宣卷项目自2006年至今，仍然没有专门的演出场所，目前主要在社区中心、村委会和学校中进行演出。锣鼓书虽然至今已获国家级补助71万元、市级补助8万元，但是资金紧缺的现象依然较为严重。另外，目前锣鼓书国家项目保护单位共有新场镇与大团镇两个，它们之间的经费使用如何更加合理、规范配置，也需要从机制上进行妥善解决。

三是缺乏合理的激励机制与人才引进机制，造成部分曲艺项目难以引进外地演员，也难以对先进人物进行奖励表彰。限于目前的条件与机制，现在上海要从外地引进曲艺人才很不容易，会遇到户口、工资、住房、子女就学等一系列的困难。有时甚至要给予前来上海参加汇演的外地人员一些参赛补贴都难以落实。另一方面，在对曲艺项目工作推进中做出重要贡献的人员是否能够进行表彰奖励的方面，目前上海也没有明确的政策与机制，造成部分单位与人员保护工作积极性不高，存在着“多做不如少做，少做不如不做”的思想。

四是缺乏对口的生源培养机制，造成上海部分曲艺项目人才紧缺，队伍不齐，创作与演出能力弱化。由于现在上海本地以及周边地区与曲艺相对口的学校数量少，尤其是培养传统说唱类的学校与专业班很少，因此造成目前上海曲艺界普遍存在青黄不接、后继乏人现象。

（六）市场拓展较困难，缺乏自我造血功能

曲艺项目纳入政府公共文化服务体系以后，致使曲艺项目在经费、人员、场地等方面都获得了较为稳固的保障，但是另外一方面，也强化了这些项目对于政府扶持的依赖感。由于大多数曲艺演出主体都是公益性的，因此，对于如何能够进一步体现经营+服务+保护（传承）三者合一功能尚需探索。

目前上海曲艺类非遗项目的演出活动大多依赖于艺术“进学校”“进社区”“进商圈”等公益性活动行为，这种完全非市场化的“政府托底”行为虽然在很大程度上保证了这些项目的活动空间和演出频次，但也同样消解了各个项目在市场上的竞争能力和主动性，使其无力进一步开拓受众市场，形成有机竞争格局和常态化发展生态。

以苏州评弹为例。目前上海苏州评弹营业性书场约十几家，但现在几乎所有的演出全部都是由政府财政拨款，配送制度产生了配送单位“社区书场”，配送制度对卖票影响极大，社区文化中心将卖票收入完全收归财政，这种收支两条线的机制，很大程度上削弱了演员的演出积极性。

至于像锣鼓书、浦东说书、浦东宣卷等几个主要在郊区和农村传习的项目，则更是基本上没有市场，完全依赖各层级政府经费扶持。

另外，由于曲艺类非遗项目大多存在着受众群体以老年观众为主，消费能力低；传播渠道有限，新媒体平台运作和对接滞后于市场等问题，因此，如何能够促进曲艺类项目提高市场竞争力和拓展力，更是成为摆在人们面前的一道难题。

三、促进上海市曲艺类国家级非遗保护项目发展的对策与建议

（一）优化生存环境，重建沪语生态

曲艺生成于乡野民间、风俗市侩之间。现代上海作为中外多重历史层级文化积淀杂糅、传统和现代城市文化混同驻留的现代化大都市，既有工业文化的开放性，也有传统民族文化的传承性。与此同时，上海正经历着时代条件下从世界城市向全球城市的升格和转型，建设全球城市的都市文化，很大程度上体现为文化生活方式和艺术消费选择的多元化、个性化。这就要求国家有关部门和社会协同配合，为上海曲艺类非遗保护项目的驻留和发展营造特定的经济和文化环境，同时曲艺本身以及从业者应以积极的姿态融入都市环境变迁，达成文化模式的转型更新和曲艺发展现实方向之间的平衡。

语言的流变是城市文化变迁的重要表现方面。沪语流失是当下沪语文化圈面临的严峻困境，这在上海城市居民，尤其是青少年一代身上体现得尤为明显。因此，重建沪语生态环境，对于曲艺的生存发展来说显得尤为重要。当前，一方面可以在推广普通话的同时，注重保护包括上海话在内的各种方言，在全社会形成普通话与乡音土语并行不悖的语言环境；另一方面，则应通过各类沪语节目展演、互动活动等形式，为未来一代种下热爱乡音乡剧的种子，注

重“从娃娃抓起”，逐渐扭转沪上曲艺逐渐式微的趋势。

（二）完善人才梯队建设，保障核心内涵传承

完整有序的传承人队伍建设是保证技艺核心内涵代代传承的最重要条件。随着经济社会发展和各曲艺项目在新的历史条件下的传承流变，技艺传承方式也相应出现变化。在这样的背景下，各个曲艺项目应该根据自身条件和需要，灵活调整自身的传承方式，尽可能地探索与创建适应自身特点的传承机制。如苏州评弹目前已在尝试改革拜师和带徒方式。新的计划要求学生首先要在苏州评弹专门学校完成 5 年学制，再经考核筛选进入“薪火传承计划”，实行集体拜师，另特设大型书目传承体系，以制度保证传承。在此基础上，需保证各位代表性传承人以及各个流派均有相应弟子传承，尽可能减少因老一辈传承人逝世、保护抢救工作不及时等各类原因造成的技艺散轶。

另外，要进一步细化针对性措施，尤其是进一步细化相关的规章制度与工作机制，着力健全队伍准入、常态化管理和激励制度。例如可以通过建立“一团一册”制度，对团队非正式成员进行定期考评，积分考核通过进团内编制。还可以定期开展青年演员培训活动，总结对项目传承的贡献和不足，并对表现优异的项目或从业者进行表彰；尤其要注重对原真性核心技艺的传承，并将其作为考核的重要方面。

（三）坚持传承与创新并重，鼓励有序有效创新

守正与创新是新时代对各类非遗项目的共同要求。一方面，要在核心内涵一脉相承的基础上，根据时代的要求进行更多的创新和拓展。另一方面，又必须注意在提倡创新的同时保持曲艺形式的相对稳定性，杜绝创新的随意性与盲目性。应当以科学审慎的态度挖掘技艺承载的历史信息与艺术价值，鼓励有序有效创新，而不能简单地为追求奖项或为求“新”而“新”，为迎合流行美学趣味去评判乃至改造传统艺术形式。

应当要在守正与创新的基础上强化艺术精品的创作，鼓励曲艺团队与创作人员在艺术创作道路上积极探索，精心打磨，耐得住寂寞，受得起劳苦，不断

推出精品力作，打造具有新的时代特点与生动活泼、形式多样，为人民群众所喜闻乐见的品牌性曲艺作品，让曲艺作品在当代社会中发出更加绚丽的光彩。

（四）激发曲艺项目的市场活力，促进曲艺项目积极融入市场

曲艺项目自身是有一定市场活力的，它完全可以运用自我造血的功能，逐渐摆脱单一依靠政府扶持的局面，在广阔的市场中更好地找到自己的定位。当前的上海曲艺项目应该积极探索融入现代市场体系的路径与方法，逐渐摆脱对于政府财政的过度依赖，从而更好地调动从业人员的积极性，并形成良性循环；应该使曲艺产品更好地走进千家万户，成为人民大众日常生活中的一部分，让曲艺产品深深地扎根于民间土壤与日常生活之中。

另外，还应积极顺应当下新媒体条件下文化产业转型升级的时代潮流，推动曲艺与文旅融合发展、乡村振兴、区域一体化等国家和地区战略的深度融合，与城市地方特色文化建设的深度融合，与数字化内容生产及其传播手段的深度融合，统筹规划、精心布局，同时运用市场机制配置各种优质资源，开展中国曲艺产业生态建构试点，扎实推进“曲艺 +”产业生态建构和业态创新。要进一步重视曲艺项目的品牌化运营，增强用户黏性，引领文化消费新国潮。通过与电视台、文化公司等各方合作，搭建 FM、APP 等付费机制，邀请线上观众进入线下参与活动，成立公众号、会员俱乐部作为服务组织等形式，不断推送曲艺项目活动信息，拓展观众群体，尤其是年轻观众群体队伍，提升消费意愿，培养受众的文化消费习惯。

（五）健全有效的保护机制，更新工作思路与手段

健全非遗项目的有效保护机制，探索非遗项目保护工作的新思路与新手段，是非物质文化遗产保护工作进入新的发展阶段的现实需要，同时也是贯彻新的发展理念和构建新的发展格局的必然要求。

首先，相关部门应当认真参考多年来非遗保护的工作经验以及各非遗项目的实际需求，及时更新工作思路，采取针对性措施，合理配置资金，适当放宽规章权限，取消“一刀切”的划线标准，采用更为具体灵活与切合实际的措施

积极引导曲艺项目的生存发展。

其次，逐步建立更为多元与开放的曲艺运作平台，使曲艺项目的保护主体逐渐打破原来各自为政、自成一体的格局，为曲艺项目的生存发展创造更为广阔的空间。例如可以通过设立曲艺演艺传承中心的方式，将多项非遗项目有机集合在一起，最大限度地发挥曲艺项目在保护、传承、开发、利用，以及市场化方面的作用，提高曲艺项目的整体性服务效果和指导效率。又如可以通过扶持优秀艺术家设立工作室的方式，将曲艺院团与艺术家以及传承人紧密结合在一起，使艺术家与传承人能够安心、倾心从业，同时也能更好地发挥曲艺院团等非遗保护单位在传承、推广、服务方面的功能。

最后，进一步健全和更新曲艺项目的考核评价体系，通过申请制与考核制相结合的方式，优化现有曲艺项目保护单位、传承人和传习所等主体的结构组成，将非遗保护责任真正落实到那些有能力承担的单位和个人。更新院团的收入分配制度，保证从业者除基本工资之外多劳多得，进一步激发从业者的积极性、主动性和创造性。

（蔡丰明　上海社会科学院文学研究所研究员；
贾东窈　上海社会科学院文化产业专业硕士研究生）

文摘转载

赵义山

“唱赚”与“覆赚”考论*

【内容提要】北宋出现的唱赚，一直影响着诸宫调和宋杂剧的发展，并对北曲杂剧套式的形成有直接的影响。但长期以来，人们对“唱赚”一体曲式构成和演化发展的认知，存在较大分歧。实际上，唱赚作为一种套曲体式，有缠令、缠达两种构套方式，但学界或将唱赚与缠令、缠达放在同一逻辑层面，并列为三种曲式，不妥。在南宋初期，张五牛创制一支名为【赚】的曲调，有人据此认为唱赚产生于南宋，亦不妥。唱赚到南宋中后期又出现覆赚一体，或以为覆赚是南诸宫调，也不妥。宋代之赚曲，实即金元北曲之套数，覆赚则应相当于北曲之联套。正确理解唱赚和覆赚的性质，对于认识元曲联套体制的渊源和宋杂剧的体制结构都有重要意义。

【关 键 词】唱赚　覆赚　考论

对于宋人文献中记载的唱赚一体，不乏解人，但真能洞穿赚曲与套数之关系者，实不多见。即使一些知名专家，也或将唱赚所属之缠令、缠达与唱赚相提并论，不经意间把曲艺名称与所属之曲式分体名称混为一谈。与唱赚相联系的覆赚究竟是怎样一种体式？它与唱赚之间又是什么关系？大陆学界似未见详

* 本文转载自《文艺研究》2018 年第 7 期。

细、具体之论说。近年来，笔者见台湾学者曾永义断其为南诸宫调[①]，曾氏这一论断的提出，将唱赚与诸宫调相联系，给人很大启发。循曾氏提供的思路，深入考察和比较唱赚和诸宫调之曲式特征，对准确认知二者之间的关系以及覆赚究竟是否为南诸宫调，必当有一些帮助。笔者多年前曾对唱赚之体式以及赚曲与套数之关系有过一些论述，在最近的文章中又对诸宫调和覆赚的性质略有论说[②]。惜或受当时的认知局限，或因文章篇幅和角度限制，未能作贯通阐释。今复撰此文，拟对这一问题做一全面探讨。

一、关于唱赚的原始文献与解读

唱赚是在两宋时期非常流行的一种歌唱伎艺。据笔者目前所知，最早明确记载唱赚一体之结构特征与发展历史的宋代文献是耐得翁的《都城纪胜》，该书“瓦舍众伎”条云：

> 唱赚在京师日有缠令、缠达。有引子、尾声为缠令，引子后只以两腔迎互循环间用者为缠达。中兴后，张五牛大夫因听动鼓板中又有四片【太平令】，或赚鼓板（即今拍板大节扬处是也），遂撰为【赚】。“赚”者，误赚之意也，令人正堪美听，不觉已至尾声，是不宜为片序也。今又有覆赚，又且变花前月下之情及铁骑之类。凡赚最难，以其兼慢曲、曲破、大曲、嘌唱、耍令、番曲、叫声诸家腔谱也。[③]

这段文字虽然不长，但文献价值却很高，意义特别重大。第一，它是宋人完整地记载宋代唱赚一体的第一篇专文。第二，它言简意赅地记载了唱赚一体

---

① 曾永义：《论说“曲牌”之三——宋乐曲对南北曲联套之影响》，《剧作家》2016 年第 1 期；《戏曲歌乐雅俗的两大类型——诗赞系板腔体与词曲系曲牌体》，载叶长海主编《曲学》第 2 卷，上海古籍出版社 2014 年版；《戏曲研究的几个关键性问题》，《福建艺术》2009 年第 2 期。

② 赵义山：《百年问题再思考——北曲杂剧音乐体制渊源新探》，《文学评论》2016 年第 4 期。

③ （宋）耐得翁：《都城纪胜》，载《丛书集成续编》第 240 册，台湾新文丰出版公司 1989 年版，第 269 页。

产生的时代和基本曲式。第三，它清楚地记载了【赚】这一曲调的渊源、作者和产生背景，并简要论述了【赚】这一曲调的调性特征。第四，它清晰地勾勒了唱赚的三个发展阶段，并简要介绍了各阶段的主要特点。第五，它简洁地记载了覆赚一体所演唱的主要题材内容，并暗含着覆赚产生的背景、体制扩展及其与唱赚的联系。第六，它还简要介绍了唱赚广泛地兼用“诸家腔谱”的强大的融汇、综合能力。

耐得翁介绍唱赚的这段文字，其后吴自牧《梦粱录》卷二〇“妓乐”条有转引，但文字略有差异。笔者关注学界对唱赚问题的论说多年，凡言及唱赚者，几乎必引这篇文字，但大多引而不解；其引而有解者，则又常常误解。其最为突出者，是不少论者常常把曲体之赚与曲调之【赚】相混，于是认为唱赚产生于南宋，是张五牛大夫在北宋缠令、缠达的基础上创制的一种歌唱体制，因而对缠令、缠达与赚体的关系和赚与覆赚之关系的论述便很难得出符合历史事实的结论。[①] 虽然也有学人曾经一度澄清了曲体之赚与曲调之【赚】的区别，也考明了赚曲的特点[②]，但对于唱赚的发展阶段及其阶段性特征、对覆赚的体式构成，对赚与覆赚的关系却未进行全面、深入的考论。因此，对于覆赚一体的性质和曲学史意义也就不甚了了。综观围绕唱赚一体产生的认知歧义，主要原因在于对耐得翁《都城纪胜》这段文字的理解有误，故很有必要对其作贯通性疏解。

（一）“唱赚在京师日有缠令、缠达”

开篇第一句记载了唱赚产生的时代：“在京师日”，即北宋时期；也记载了唱赚所包含的两种基本曲式类型：缠令和缠达。唱赚是涵盖缠令、缠达二者的

---

① 参见郑振铎《宋金元诸宫调考》，载《郑振铎文集》第 6 卷，人民文学出版社 1988 年版；廖奔、刘彦君《中国戏曲发展史》第 2 卷上编第二章“北杂剧的形成”第一节“北曲体系”三“北曲联套”，山西教育出版社 2012 年版；于天池、李书《又说又唱诸宫调》，《文史知识》2006 年第 7 期；吕文丽《诸宫调与中国戏曲形成》第一章“诸宫调的艺术形式”第二节“诸宫调的音乐渊源”，博士学位论文，中国艺术研究院，2004 年。

② 参见杨荫浏《中国古代音乐史稿》上册第六编第十四章“艺术歌曲与说唱音乐的发展”二“说唱音乐的发展”，人民音乐出版社 1981 年版。

曲艺名称，缠令、缠达则是唱赚所包含的两种曲式名称，是两种不同的联曲成套方式。有论者将三者并列，不妥。①

（二）“有引子、尾声为缠令”

这句先解释缠令。所谓“有引子、尾声为缠令”，是从曲式结构角度所作的解释，即在缠联多支曲调构成的缠令中有引子、尾声。这就告诉我们：缠令是组曲结构，引子、尾声均为其构成要件。一组曲子不可能只有引子和尾声，假如一套曲子刚一展开，却又立即煞尾，这不合常理，所以在引子和尾声之间必有过曲，这是可以肯定的。如王国维最先在陈元靓《事林广记》续集卷七中发现的那套赚曲《圆社市语》之用曲：【圆里圆】→【紫苏丸】→【缕缕金】→【好孩儿】→【大夫娘】→【好孩儿】→【赚】→【越恁好】→【鹘打兔】→【骨自有】→【尾声】。这套赚曲，其首曲【圆里圆】，便是所谓引子；其后自【紫苏丸】起，至【骨自有】止，凡九个支曲缠联一起，便是过曲；最后再加上【尾声】，从而构成一个标准的缠令体组曲。由此可见，缠令必为套曲，芝庵《唱论》所谓“有尾声名套数”②，陶宗仪《南村辍耕录》卷二五所列“唱尾声”③，实际上都只是就套曲一体的标识性特征而言，并非一见尾声即可认定其为套数，或者可以仅仅唱一套曲子之尾声。

（三）“引子后只以两腔迎互循环间用者为缠达”

这一句亦从曲式结构的角度解释何为缠达，即在引子后用两个曲调循环交替演唱。这在现存元曲杂剧中有遗存，其中最为典型的是【正宫·端正好】套曲。如秦简夫《东堂老》杂剧第二折【正宫·端正好】套:【端正好】→【滚绣球】→【倘秀才】→【滚绣球】→【倘秀才】→【滚绣球】→【倘秀才】→

---

① 参见廖奔、刘彦君《中国戏曲发展史》第2卷上编第二章“北杂剧的形成”第一节“北曲体系”三“北曲联套”。

② （元）燕南芝庵:《唱论》，载《中国古典戏曲论著集成》(一)，中国戏剧出版社1959年版，第160页。

③ （元）陶宗仪:《南村辍耕录》，中华书局1959年版，第313页。

【三煞】→【二煞】→【一煞】→【煞尾】。其首曲【端正好】即引子，后面的过曲，其主体是【滚绣球】和【倘秀才】两曲的交替使用，即所谓“两腔迎互循环间用”，这便是典型的缠达体。

如果全面考察元明散曲、杂剧和南戏所用套曲，可以发现，其套式的主体结构便是缠令，而缠达只是间或有之，抑或有缠令、缠达二体的结合。如按耐得翁所记，作为唱赚之基本体式的缠令、缠达二体在北宋时便已出现，此后历元、明而至清代中叶，六百年间便一直是中国古典戏曲主要的乐曲结构形式。宋人唱赚的组曲方式，实即元曲中套曲的结构方式，所以笔者曾指出：

> “赚”之一体，乃词中之“套曲”；“套曲”一式，乃曲中之赚体。如将词、曲通观，“赚”即是“套”，“套”即是“赚”，实质相同而称谓有别罢了。①

需要特别指出的是，不仅耐得翁所记唱赚之曲式和现存赚曲皆与元曲套式完全吻合，而且根据笔者早年在《癸辛杂识》中发现的一条材料，还可以证明，“套”与“赚”二者在体式称名上还有直接关系。《癸辛杂识》在记载南宋高文虎之侍妾银华善于唱曲时有云：“善小唱、嘌唱，凡唱得五百余曲；又善双韵，弹得赚五六十套。”② 文中所载“弹得赚五六十套”便明确告诉我们：赚曲是以“套”计数的，久而久之，则以计数单位名称之“套”取代了体式名称之“赚”。③ 所以，元之套曲，实即宋之赚曲。明乎此，我们便可以知道，所谓“唱赚”者，实即“唱套曲”，或曰“唱套数”。

（四）“中兴后，张五牛大夫因听动鼓板中又有四片【太平令】，或赚鼓板（即今拍板大节扬处是也），遂撰为【赚】”

这几句是在讲述【赚】这个曲牌产生的时代、由来和作者。所谓“中兴

① 赵义山：《元散曲通论》，上海古籍出版社 2004 年版，第 39 页。
② （宋）周密：《癸辛杂识·别集》卷下，明末毛晋《津逮秘书》本。
③ 赵义山：《元散曲通论》，上海古籍出版社 2004 年版，第 40 页。

后”，当指南宋前期。“张五牛大夫”，当为南宋歌坛著名艺人，据夏庭芝《青楼集》所载，可知其还编撰过《双渐小卿》诸宫调。所谓“动鼓板”，即指唱赚，从《事林广记》续集卷七所载之唱赚图，可知其伴奏乐器主要为鼓、拍板和笛，故有此称。所谓“又有四片【太平令】”，是说在某套赚曲中，作为过曲之一的【太平令】，由“四片”（四段）构成。所谓“或赚鼓板”，是指演唱时需在原有基础上增加板拍；因为赚曲中的一般过曲多为单片或双片，但【太平令】却有“四片”，所以需要增加板数，由此一来，自然有特殊的演唱效果。“拍板大节扬处”（或作“大篩扬处”），指节拍繁复、骤然变化之处。于是，张五牛便根据其特殊的演唱效果，创制了一支名叫【赚】的曲调。

考《事林广记》所载【圆里圆】一套曲子中的【赚】，也恰分为四段（即“四片”）；而明嘉靖间刊本《古本董解元西厢记》卷一【般涉调·哨遍】套曲中，也恰有一支名叫【太平赚】的过曲，并且亦为“四片”；由此透露了【赚】与【太平令】之间的渊源关系。这证明耐得翁的记载是有根据的。学界多认为是张五牛在北宋缠令、缠达的基础上创立了唱赚，认为唱赚是南宋时才产生的[①]，很显然，这是将曲体称名之“赚”与曲调称名之【赚】混淆了。由此误解所产生的对于唱赚与诸宫调关系的认识，以及对于唱赚之于北曲杂剧和南戏联套音乐体制形成的影响等重大的曲学史问题的认识，都不可避免地犯有重大失误。

（五）“‘赚’者，误赚之意也，令人正堪美听，不觉已至尾声，是不宜为片序也”

这几句是在论述【赚】这个曲牌的调性特征，意思是说，【赚】这个曲调的演唱效果是：正当听众沉浸在享受曲调旋律之美时，却在浑然不觉中就到了结尾。因此，耐得翁认为【赚】这个曲调“不宜为片序”（即不适合作为仅用一片的“序”曲）。

由前文所解析的两段文字可知，【赚】这个曲调有着显著的时代印记，可

---

① 参见（宋）耐得翁《都城纪胜》，载《丛书集成续编》第240册，台湾新文丰出版公司1989年版，第269页。

为考察南戏《张协状元》以及《西厢记诸宫调》和其他相关作品产生年代提供时代坐标。比如，《张协状元》和《西厢记诸宫调》中都出现了【赚】这个曲调，这就表明，它们的产生年代都不可能早于南宋前期。

（六）“今又有覆赚，又且变花前月下之情及铁骑之类”

这是耐得翁对他所处的时代唱赚之发展变化情况的叙述。耐得翁《都城纪胜·自序》落款署“端平乙未”（1235），据此推测，所谓“今又有覆赚”，即在南宋中后期又出现了覆赚。在此语境中，“覆”者，反覆（即反复）也；“覆赚”者，“复套”也，即一套又一套赚曲的接连演唱。对此，学界亦有这样的看法。赚曲是以一套曲子为一个演唱单位的，那么，覆赚联合若干个赚曲进行演唱，这在实质上就已经是北曲的联套了。所谓“又且变花前月下之情及铁骑之类”，揣摩其意，即是说，覆赚除了可以联套歌唱之外，还可以用它来改编才子佳人和征战杀伐一类的大型故事。所谓“变”，即“转变”之“变”，也即“改编”之意。联系宋代艺坛的情况可知，其被改编的对象，可能是杂剧、话本，也有可能是诸宫调及民间传说故事。根据耐得翁的记载，可以推知，覆赚的出现，当在金、元易代之前，这在唱赚的演化史上是一次突破性的发展，其隐含的曲学史意义十分重大。

（七）“凡赚最难，以其兼慢曲、曲破、大曲、嘌唱、耍令、番曲、叫声诸家腔谱也”

这是在论述唱赚“兼诸家腔谱”的融汇、综合能力。耐得翁所列“诸家腔谱”，其中“慢曲、曲破、大曲”，主要属于雅唱；而“嘌唱、耍令、番曲、叫声”则主要属于俗唱。只要熟悉宋代歌坛的诸种歌唱伎艺，就可知唱赚一体几乎是无所不包的。为什么一定要“兼诸家腔谱”？这应该有两方面的原因：其一，因为覆赚出现后，可以改编大型故事演唱，其歌唱内容、表现对象大大拓展，客观上有这种需要；其二，因为唱赚的演唱，不比杂剧搬演可以有角色分工，而唱赚者有时须模拟多人声口，所以必须雅俗兼容、各体并包。正因为唱赚“兼诸家腔谱”，所以“最难”。

综上，耐得翁不仅简要地介绍了唱赚的曲式构成：有缠令、缠达、覆赚，而且还简要叙述了唱赚一体的三个发展阶段："在京师日"为第一阶段，即北宋时期，唱赚的两种最基本构套方式缠令、缠达已出现，它是唱赚一体得以确立的重要标志。"中兴后"为第二阶段，即南宋前期，以张五牛在【太平令】基础上创制一个具有特殊唱法的新的曲牌【赚】为重要标志，进一步提高了唱赚的演唱效果。"今又"云云，为第三阶段，即南宋中后期，以覆赚的出现，可以"变花前月下之情及铁骑之类"为重要标志，唱赚发展到表现内容和体制规模都有空前拓展的鼎盛时期。耐得翁无意间的划段分期，对于研究唱赚与诸宫调之间的关系，非常重要，但却一直被论者忽略，惜哉！

理解了耐得翁对唱赚一体之曲式结构特征及其演化、发展历程的论述以后，接下来，我们还需要再考察诸宫调的曲式结构特征，然后才能判断覆赚一体究竟是否为南诸宫调。

二、诸宫调之曲式特征考察

众所周知，诸宫调这种曲艺是散说与曲唱的结合，所以又称"说唱诸宫调"，其产生亦在北宋时期。[①] 在现存三种诸宫调中，其产生时代最早的是残本《刘知远诸宫调》，一般认为产生于北宋后期。其次是《西厢记诸宫调》，学界或以为产生于金章宗在位时（1190—1208）[②]，后来又有人考证，以为产生于南宋孝宗朝（1165—1189）[③]。《天宝遗事诸宫调》出现最晚，产生于元代，现存者是近人从明代曲选中辑录而得的残曲，并且只有曲唱部分，散说部分已亡佚。对于考察诸宫调的曲式特征而言，当以前两种最有价值。

在现存约三分之一篇幅之残本《刘知远诸宫调》中，其曲唱部分共标宫调名七十八次（含宫调名重复者），在这七十八次曲唱中，一共有三种曲式。第

① 参见（宋）耐得翁《都城纪胜》，载《丛书集成续编》第240册，台湾新文丰出版公司1989年版，第269页。

② 参见徐凌云《关于〈董西厢〉的创作年代》，《文学遗产》1986年第3期。

③ 参见张炳森《〈西厢记诸宫调〉究竟创作于何时》，《河北学刊》2002年第4期。

一种曲式，是在所标宫调名之后，仅用一支曲子，如《知远走慕家庄沙佗村入舍第一》中的【歇指调·枕屏儿】：

未遇潜龙此夜，宿于庄舍。至天明，辞七翁，重游迥野。又思想，前程事，越无与决，终久待如何去也。迤逦登途时节，正当三月。落花飞，柳絮舞，慵莺困蝶。陌地临庄院，榆槐相接。树影下，权时气歇。[①]

在《刘知远诸宫调》残本中，像这样在所标宫调名之后仅用一支曲子演唱而不带“尾”者，凡十三次。

第二种曲式，是在所标宫调名之后，用一支曲子带“尾”，如《知远走慕家庄沙佗村入舍第一》中的【黄钟宫·愿成双】：

李三传频告诉：我儿你为何发怒？指定新来少年郎：此人也家豪大富。伤心阵上亡了慈父，这家亲娘嫁人为妇。独自一身尚漂蓬，向咱家中拈钱受雇。

【尾】你凭凶顽骋粗卤，交外人怎生存住？待你再打着，共你两个没好处。[②]

像这类在所标宫调名之后用一支曲子再带“尾”演唱者，在《刘知远诸宫调》残本中最多，凡六十二次。

第三种曲式，是在所标宫调名之后，用二支以上曲子再带“尾”演唱。如《知远走慕家庄沙佗村入舍第一》中出现的【正宫·应天长】之曲式结构：【正宫】【应天长】缠令→【甘草子】→【尾】。[③] 另如《君臣弟兄子母夫妇团圆第十二》中，有【仙吕调·恋香衾】，在所标宫调名之后，用了三支曲子再带

① 蓝立蓂校注：《刘知远诸宫调校注》，巴蜀书社 1989 年版，第 9 页。
② 蓝立蓂校注：《刘知远诸宫调校注》，巴蜀书社 1989 年版，第 12 页。
③ 参见蓝立蓂校注《刘知远诸宫调校注》，巴蜀书社 1989 年版，第 2 页。

"尾"：【仙吕调】【恋香衾】缠令→【整花冠】→【绣裙儿】→【尾】。[①] 在《知远走慕家庄沙佗村入舍第一》中，还有【中吕调·安公子】缠令，在所标宫调名之后，用了四支曲子再带"尾"：【中吕调】【安公子】缠令→【柳青娘】→【酥枣儿】→【柳青娘】→【尾】。[②] 其【安公子】一曲可视为引子，其后的【柳青娘】【酥枣儿】两曲，还略有"循环间用"的缠达组套方式的痕迹，或许《刘知远诸宫调》作者将缠达也看作缠令。现存《刘知远诸宫调》残本中，在所标宫调名之后出现的用二支以上曲子再带"尾"演唱的曲式，仅有上述三次，并且都无一例外地在首曲后标明"缠令"二字。

以上在《刘知远诸宫调》残本中出现的三种曲式，可将其概括为"一曲不带尾""一曲带尾"和"多曲带尾"。"一曲带尾"数量最多，是其主体曲式。《刘知远诸宫调》的曲式结构如此，《西厢记诸宫调》的曲式结构又是怎样的呢？

据笔者统计，在《西厢记诸宫调》中，标出宫调名者凡一百九十三次（含宫调名重复者），其曲式结构也可分为"一曲不带尾""一曲带尾"和"多曲带尾"三种。其中，用"一曲不带尾"者凡五十二次，用"一曲带尾"者凡九十四次，用"多曲带尾"者凡四十七次。这表明：与《刘知远诸宫调》一样，"一曲带尾"也是《西厢记诸宫调》的主体曲式。

对于诸宫调中大量存在的这种"一曲带尾"曲式之性质的认识，学界一直存在争议。[③] 或认为这种"一曲带尾"就是套数，至于其理由，或许因为芝庵曾在《唱论》中讲过"有尾声名套数"的话，乍看起来，理由似很充分。其实，《唱论》中"有尾声名套数"之说，就如同《辍耕录》中所记"唱尾声"一样，是仅就其套曲结构带有尾声这一显著标识而言的，所以，"有尾声名套数"的话，只能理解为套数有尾声，而不能反过来理解成凡有尾声者即为套数。

---

① 参见蓝立蓂校注《刘知远诸宫调校注》，巴蜀书社 1989 年版，第 41 页。

② 参见蓝立蓂校注《刘知远诸宫调校注》，巴蜀书社 1989 年版，第 13 页。

③ 参见郑振铎《宋金元诸宫调考》，载《郑振铎文集》第 6 卷；叶德均《宋元明讲唱文学》上篇二"乐曲系的讲唱文学"，商务印书馆 2015 年版；翁敏华《试论诸宫调的音乐体制》，《文学遗产》1982 年第 4 期；洛地《诸宫调的"尾"——向翁敏华同志请教》，《文学遗产》1984 年第 1 期。

对于诸宫调中“一曲带尾”这种曲式的性质做怎样的认识，非常重要，因为它牵涉对诸宫调曲体性质的基本认识。如果将“一曲带尾”认定为套数，那么，以套数为单位进行演唱便是诸宫调最基本的曲式。这样，将诸宫调视为覆赚，或将覆赚视为诸宫调，似乎并无不可了。然而，问题的关键在于，究竟能否将诸宫调的“一曲带尾”视作套数呢？其实，答案就在《刘知远诸宫调》和《西厢记诸宫调》本身，尤其是《刘知远诸宫调》更能说明问题。

这就要说到《刘知远诸宫调》中所保存的三个“多曲带尾”的曲式了。这三个“多曲带尾”的曲式，在紧接宫调名称的第一支曲子即【应天长】【安公子】【恋香衾】等曲调名称之后，都特别标出了“缠令”二字。这三个标明“缠令”的套曲，其首曲可视为引子，而且都有尾声，符合耐得翁《都城纪胜》“有引子、尾声为缠令”的解释，可见其来源于唱赚中“缠令”一体无疑。作者既以此标明这种“多曲带尾”曲式的来源为“缠令”，又借以表明它与自身的“一曲带尾”体制的区别。假如在作者的观念中，“一曲带尾”与“多曲带尾”都被视为套数体制的话，那他就根本不需要再标出“缠令”二字以示区别了，作者之所以要做这样的区分，无疑是将“多曲带尾”和“一曲带尾”区别对待。如果“多曲带尾”被作者视为套数体制，那么，“一曲带尾”就一定被其视为非套数体制了，这应该是可以肯定的。

但是，新的问题又出现了，即在《西厢记诸宫调》的四十七个“多曲带尾”的套曲中，却又有十多个并不在首曲之后标明“缠令”或“缠”的字样，这又是怎么回事呢？其实，这个问题不难解释。因为《刘知远诸宫调》产生较早，那时作者将唱赚中“多曲带尾”的缠令一体借用到诸宫调的演唱中来，大致还处于起步阶段，故其数量很少，这无论对于作者、读者和听众来说，都还是新鲜、稀奇之事，所以要用“缠令”二字明确标示其来源，并借以标明与自身“一曲带尾”曲式的区别。而《西厢记诸宫调》产生的时代较《刘知远诸宫调》晚，时间一久，诸宫调对唱赚中缠令曲式的借用也渐渐为读者和听众熟悉，在习以为常之后，就渐渐不再标出“缠令”二字，或仅标一“缠”字，再后来索性连这个“缠”字也懒得标出了。正因为如此，所以《西厢记诸宫调》中的“多曲带尾”中，有的标明了“缠令”或“缠”，有的没有标出。比如同样是“多曲带尾”的【般涉调·哨遍】套曲，有的在首曲【哨遍】之后标明了“缠令”，有的则没有标；又如同样是“多曲带尾”的【仙吕调·点绛唇】套曲，有的在首曲【点绛唇】之后标明了“缠令”，有的却没有标出。正因为这一缘故，所以在晚出的《天宝遗事诸宫调》中，所有的“多曲带尾”套曲便一律不再标“缠令”或“缠”的字样了。

不仅从早期诸宫调的文本书写中作者已经区别了“多曲带尾”与“一曲带尾”乃“套曲”与“非套曲”的关系，而且，从“尾”的性质本身看，“一曲带尾”也不能被视为套曲。在这一点上，笔者同意曲学界洛地等前辈的认识，即“尾”仅仅是一个程式唱段，并非一个可以单独歌唱或演奏的曲调。[①] 它在音乐上的作用和功能，大体相当于《楚辞》某些篇目结尾的“乱曰”。因“尾”并非一个独立的曲调，所以诸宫调中的“一曲带尾”，实际上便只有一个曲调，一个曲调当然无法构成套，因此，“一曲带尾”也自然不能被视为套曲。

综上所论，流行在宋金时期的诸宫调，其基本曲式为“一曲带尾”与“一曲不带尾”，且以“一曲带尾”为其主体曲式；诸宫调中出现的“多曲带尾”曲式，是名副其实的套曲，但它是对唱赚中“缠令”一式的借用，并非诸宫调的本来曲式。作为诸宫调基本曲式的“一曲带尾”不是“套曲”，而作为唱赚之基本曲式的缠令、缠达之“多曲带尾”才是套曲，所以，笔者在这里要特别指出，宋金时期以“一曲带尾”和“一曲不带尾”为基本曲式的诸宫调并非联套体。

三、覆赚与诸宫调之关系

在仔细考察和分析了“赚”“覆赚”和诸宫调的基本曲式之后，便可进一步考察覆赚与诸宫调的关系了。

从《都城纪胜》对唱赚一体的基本曲式和发展阶段的记载，再结合现存诸宫调文本进行对比，可以看出，唱赚一体的演进，一直影响着诸宫调曲式的

---

① 参见洛地《诸宫调的“尾”——向翁敏华同志请教》，《文学遗产》1984 年第 1 期。

变化。比如，在北宋时，唱赚有缠令、缠达两种曲式，而产生于北宋时的《刘知远诸宫调》中，也便出现了对缠令、缠达曲式的借用，使诸宫调在“一曲带尾”的曲式中增加了“多曲带尾”的套曲体制；在南宋前期，张五牛大夫在唱赚中【太平令】这个曲调的基础上创作了一支具有特殊唱法的新的曲调【赚】，而在产生于南宋前期的董解元《西厢记诸宫调》中，也便出现了多个使用【赚】这一曲调的套曲；尤其在南宋后期，当覆赚出现之后，元人王伯成的《天宝遗事诸宫调》基本上就以“多曲带尾”的套曲作为主要曲式了。这说明，唱赚一体的发展、演变，极大地而且也及时地影响着诸宫调曲式形态的变化。唱赚与诸宫调，因其是否“以套为演唱单位”、是否加入散说之不同，从体制上说确为不同的曲体。

宋代的唱赚，首先是一种歌唱曲艺，在《西湖繁胜录》《梦粱录》《武林旧事》等宋人笔记中，都记载了专门的唱赚艺人，如濮三郎、扇李二郎、郭四郎等，凡三十余人。其次，赚曲又是一种曲体，在这一点上，它与大曲的体用合一特征相同。因此，作为一种曲体，它既可以为杂剧的搬演所借用，也可以为诸宫调的说唱所借用。那么，当唱赚一体由北宋以来的以一套曲子为单位进行演唱，发展到南宋后期以多套曲子联套演唱的覆赚，并且可以“变花前月下之情及铁骑之类”大型故事时，是不是就变成诸宫调了呢？在笔者看来，似不可做如此理解，理由如下。

第一，曲体性质不同。唱赚是一种歌唱伎艺，是只有“唱”而没有说的曲唱体，无论是耐得翁的记载，还是现存的赚曲都可以说明这一点；而诸宫调则是说唱体，所以一直被称为“说唱诸宫调”，即“说”与“唱”相结合的体制，无论其所歌唱的曲式发生怎样的变化，其说、唱结合的基本架构不应发生改变，否则它就不再是“说唱诸宫调”，而成为别的伎艺了。从北宋的《刘知远诸宫调》到南宋前期的《西厢记诸宫调》都可以看出，诸宫调始终坚守着这一说、唱结合的基本体制。虽然在元代出现的《天宝遗事诸宫调》残本，其现存者皆为曲唱而无散说，实因这些残存的曲子皆散见于《雍熙乐府》《南北宫词纪》等一些曲选之中，所以都只有歌唱的曲词，并非如《刘知远诸宫调》残本那样保存了说、唱结合的完整片段。因此，我们不能凭残存的《天宝遗事诸宫调》没有散说的部分，就断定在覆赚出现后的诸宫调，其散说部分已消失而仅有曲唱。如果不能断定南宋后期的诸宫调已经演变为抛弃散说而仅存曲唱的体制，那也就不能将覆赚判定为诸宫调。

第二，曲式结构不同。前已言及，唱赚之曲的基本单位是“套”，无论缠令还是缠达，都是以“套”为基本演唱单位的。覆赚的演唱，应该是联套体，“套”应该是它最基本的曲式构成。而诸宫调的基本曲式，则是“一曲带尾”或“一曲不带尾”，现存诸宫调中“多曲带尾”的“套曲”，并非诸宫调甫一产生便与之俱来的，而是从唱赚那里借用来的。笔者甚至怀疑，诸宫调“一曲带尾”的那个“尾”，十有八九都是学唱赚之中缠令一体的。首先，在宋金人的文献记载中，还没有发现有人把“尾声”作为诸宫调曲式的标识，但却一直有人把尾声作为套曲（即赚曲）的标识。比如耐得翁说“有引子、尾声为缠令”，缠令即套曲体式之一种，芝庵在《唱论》中也说“有尾声名套数”，都是把尾声作为“套”的一种主要标识。我们现在看到诸宫调中有不少“一曲带尾”的现象，或直接把“一曲带尾”认作套曲，或屡屡怪罪芝庵的说法不符合事实。其实，芝庵所针对的事实，应该是唱赚曲式，而非诸宫调曲式。诸宫调借用了缠令的那个“尾”，但不少曲子又没有构成“套”，其结果便使得人们认为芝庵的话是“不经之谈”[①]，这实在是一种误会。其次，更能说明问题的是《辍耕录》卷二五所载《院本名目·打略拴搐》中有“唱尾声”一目，其下所属有四个尾声曲目，即《孟姜女》《遮盖子》《诗头曲尾》《虎皮袍》。如果把这里的尾声仅仅理解为一套曲子的“尾”曲，那显然说不通，因为曲唱中绝无单唱尾声的可能，而且，像《孟姜女》《虎皮袍》之类的民间传说故事，也不是可以单用尾声可以演唱的，因此，这里的尾声必为一种曲体的借代语无疑。那么，它代指的是什么曲体呢？联系耐得翁“有引子、尾声为缠令”和芝庵“有尾声名套数”的话，便可以知道，这里的尾声，实代指赚曲（套数）。所谓“唱尾声”者，当为“唱赚曲”或“唱套数”之同义语。只有这样理解，“唱尾声”与下面所列四个曲目构成隶属关系才显得顺理成章，尤其像《孟姜女》这样的大型故事，

---

① 参见郑振铎《宋金元诸宫调考》，载《郑振铎文集》第 6 卷，商务印书馆 2005 年版。

一套赚曲显然是无法应付的，也只有用覆赚构成联套体制才能进行演唱。据此可以推测，《辍耕录》“唱尾声”下面所隶属的四个曲目，十有八九即包含着覆赚曲目。

因此，退一步讲，即使南宋后期的诸宫调变成了只唱不说的单纯曲唱体制，恐怕也不能断定它就是覆赚。因为覆赚是赚曲的联套演唱，它必须以赚曲（即套曲）为基本单位，从现存元代王伯成的《天宝遗事诸宫调》残曲看，其中固然有不少赚曲，即缠令体套曲，但却仍然存在一些“一曲带尾”的曲式。以《雍熙乐府》所录为例，卷一【黄钟宫·抛球乐】《杨妃病酒》，其曲式结构为：【黄钟宫】【抛球乐】→【么篇】→【尾声】；卷五【仙吕宫·六么令】《明皇游月宫》，其曲式结构为：【仙吕宫】【六么令】→【么篇】→【赚煞】；卷五【仙吕宫·赏花时】《禄山判》，其曲式结构为：【仙吕宫】【赏花时】→【么篇】→【尾声】；卷五【仙吕宫·赏花时】《明皇梦杨妃》，其曲式结构为：【仙吕宫】【赏花时】→【么篇】→【尾声】；[①] 卷一五【大石调·催（摧）拍子】《杨妃》，其曲式结构为：【大石调】【催（摧）拍子】→【么篇】→【尾声】。[②] 这五篇曲子，每篇看起来似皆有三曲，但其中的【么篇】乃是重复前曲，故实质上仍然只是“一曲带尾”。由此可见，即便到了元代，“说唱诸宫调”之曲体，仍旧残存着它在宋金时期“一曲带尾”的体制。换句话说，自始至终，诸宫调都没有成为覆赚那样的联套体制，所以诸宫调不是覆赚，由此可以反证覆赚也并非诸宫调。

以上论述所证明的是，现存三种诸宫调都不是覆赚体式。接下来的问题是，现存三种诸宫调均非南诸宫调，那么，究竟有没有一种南诸宫调是覆赚呢？首先，需要指出的是，现在还未发现有独立的纯粹的南诸宫调文本传世，只是在南戏《张协状元》中保存了一个片段，即第一出中，末角有《满庭芳》词白：“这番书会，要夺魁名。占断东瓯盛事，诸宫调唱出来因。”[③] 在这几句道

---

① 参见顾廷龙主编《续修四库全书》第 1740 册，上海古籍出版社 2001 年版，第 354、514、509、509 页。

② 参见顾廷龙主编《续修四库全书》第 1141 册，上海古籍出版社 2001 年版，第 228 页。

③ 钱南扬校注：《永乐大典戏文三种校注》，中华书局 1979 年版，第 2 页。

白之后，末角便用说、唱结合的方式介绍剧情起因，其曲唱部分有【凤时春】【小重山】【浪淘沙】【犯思园】【绕池游】等五支南曲，唱完这几支南曲后又说："似恁唱说诸宫调，何如把此话文敷演?"[①] 既然演唱者都已明言此段为"唱说诸宫调"，而所唱又为南曲，当然可以算作南诸宫调无疑。不过，在这个仅存的南诸宫调片段中，每支曲子之后都夹有散说，可以见出其依旧是说唱体，它与北诸宫调的区别仅在于所唱为南曲而已。其次，再从文献记载来看，在南宋时期的杭州，坊间的确还有诸宫调的说唱。这在《西湖繁胜录》《梦粱录》《武林旧事》等宋人笔记中也有记载，而且诸书还记载了南宋时期在杭州说唱诸宫调的一些著名艺人，不过仅寥寥数人而已，远不如杂剧和唱赚一体著名艺人之众多。[②] 这时在杭州说唱的诸宫调究竟是北诸宫调还是南诸宫调，尚不得而知，估计为南诸宫调的可能性应更大，但从诸书记载中也依然可见出其为说唱体。比如，《西湖繁胜录》就明确记载道："说唱诸宫调：高郎妇、黄淑清。"[③]

由此可见，无论就传世文本还是就文献记载来看，南诸宫调依然是说唱体。既然其依旧是说唱体，那就有别于唱赚的曲唱体，当然也就有别于唱赚之中的覆赚了。

（赵义山　四川师范大学文学院教授）

---

① 钱南扬校注：《永乐大典戏文三种校注》，中华书局 1979 年版，第 4 页。

② 《西湖繁胜录》"瓦市"条记载："唱赚：濮三郎、扇李二郎、郭四郎。说唱诸宫调：高郎妇、黄淑卿。"（西湖老人：《西湖繁胜录》，载《续修四库全书》第 733 册，上海古籍出版社 2001 年版，第 810 页）《梦粱录》卷二〇"妓乐"条论及诸宫调时云："今杭城有女流熊保保及后辈女童皆效此。"论及唱赚时云："今杭城老成能唱赚者，如窦四官人、离七官人、周竹窗、东西两陈九郎、包都事香、沈二郎、雕花杨一郎、招六郎、沈妈妈等。"（吴自牧：《梦粱录》，载《丛书集成新编》第 96 册，台湾新文丰出版公司 1985 年版，第 739 页）《武林旧事》卷六"诸色伎艺人"条载："唱赚：濮三郎、扇李二郎、郭四郎、孙端、叶端、牛端、华琳、黄文质、盛二郎、顾和、马升、熊春、梅四、汪六、沈二、王六、许曾三、绍六、小王三、媳妇徐、沈七、谢一珪。""诸宫调传奇：高郎妇、黄淑卿、王双莲、袁本道。"（周密：《武林旧事》，载《丛书集成新编》第 96 册，台湾新文丰出版公司 1985 年版，第 669—670 页）

③ （宋）西湖老人：《西湖繁胜录》，载《续修四库全书》第 733 册，上海古籍出版社 2001 年版，第 810 页。

吴文科

“相声”创演与研究需要注意和规范的几个学理性问题 *

我们通常所说的“相声”，或者准确地说“北京相声”，是传播较广也影响较大的一个曲艺品种。之所以说它较之其他曲种在传播范围上更为广泛且影响也更为大一些，主要的原由有三个：一是它采用了与普通话最为相近的北京方音进行表演，从而易于为更广大的观众和听众所接受；二是它具有喜剧性审美即逗人笑乐的审美品格，从而更受大众的欢迎；三是由于它的上述特点所带来并拥有的在广播、电视等现代传媒上捷足先登的传播便利及其累积而成的深厚接受土壤。从而形成了地无分南北、人无论老幼，大都喜欢之的优势存在条件。

然而，与之形成鲜明对比的是：我们的社会包括业界自身，对于相声历史、艺术及其美学的了解和掌握，远未达到相应自觉的程度。对于相声及其在曲艺门类以及整个文艺领域的价值与地位，包括特点与规律也缺乏足够的了解与充分的认知，导致时常会出现并普遍存在着这样那样与其创演及发展有关的偏颇认识乃至错误理解。这些偏颇乃至错误，虽然也表现在更加广阔的社会层面，但根源却在于学术研究的不足，特别是学理性表达的缺失。其中，最为主要和常见且需特别注意和规范的问题，包括如下几个方面。

---

* 本文系作者 2018 年 7 月在中国文联出版社出版的《相声考论》一书的代自序。《中国艺术报》2019 年 3 月 4 日刊发。

一是对“相声”即北京相声艺术形态及诸般关系的偏颇认识，包括名与实、类与属、形式与内容、手段与目的等的纠缠不清。比如，通常我们所说的相声，实际上应当规范地称之为“北京相声”。换言之，“相声”是“谐趣”类曲艺中的一个小类型；“北京相声”是这个小类型中单个、具体的品种之一。这是由于，“北京相声”是在北京形成并采用北京话（北京方音）表演的曲艺形式。与其他所有的曲艺形式一样，它的“北京籍贯”及所赋予的形态特征包括方音运用，是它有别于其他同类形式而独立存在的理由与根本。而类似“北京相声”的其他相声类曲种，还有形成于上海而采用上海方音表演的“上海独脚戏”或谓“上海滑稽”，形成于浙江杭嘉湖绍地区而主要采用杭州方音表演的“杭州独脚戏”或谓“杭州滑稽”，形成于蒙古族聚居区而采用蒙古语表演的蒙古族曲种“笑嗑亚热”或谓“笑嗑”，形成于朝鲜族聚居区而采用朝鲜语表演的相类曲种“漫谈”（单口）、“才谈”（对口）和“三老人”（群口），形成并流行于广州地区而采用广东粤语表演的“白话相声”，以及 20 世纪中叶参照“北京相声”形式而采用藏语表演创建而成的“藏语相声”，等等。通常指称“北京相声”时，习惯上或者约定俗成地略称或简称之为“相声”，倒也无伤大雅，没有大碍。而一旦进入更为广阔的视野，涉及更多相类的形式，无论是日常性的交流，还是学术性的研究，就不是十分方便，而且会带来理解的混乱。“北京相声”的“北京”二字，因而好比人名中的姓氏，一旦走出自己的家门，便不能随意省略。这既是日常交流的实际需要，也是学术研究的必要规范。否则，名不正则言不顺，言不顺则意难通。一旦遇有诸如对外翻译的情形，情况可能会更为复杂。道理很简单，当同类的形式综合一处而需要进行各不相同的统筹表达时，如不加以区分，势必造成所指与能指、表达与理解等方面的错位乃至混乱，误读和误解也就在所难免。所以，至少在学术性的研究及学理性的表达方面，一定要使之逻辑周延且行文规范。换句话说，离开了相对封闭的具体语境，对于“北京相声”，最好还是不要习称或略称成“相声”为宜；再如，北京相声的艺术形式或者说表现手段，是通过逗人发笑来表达内容、塑造形象、阐明事理也升华主题，无论“说学逗唱”还是“三翻四抖”，均是艺术表现的技巧与手段，根本的目的，在于寓庄于谐、寓教于乐，让人在轻松愉快的笑声中，既娱乐放松、接受熏染，又会心解颐、启智明思。笑乐是手段，明理是目的。让人发笑只是形式，启人心智才是根本。但现实中的创演情形总是喧宾夺主、本末倒置：以为相声就是让人发笑，从而让“笑果”主导了应有的“效果”，仅仅停留于逗笑的层面即“为笑而笑”而忽略乃至忘却了为何而笑。形式遮蔽了内容，手段异化了目的。得不偿失、事与愿违，也就成为必然；又如，北京相声的演出方式，不只是最为常见的由两个演员一捧一逗搭档表演的“对口相声”样式，同时还有一个人演出的“单口相声”样式和三个人及三人以上合伙演出的“群口相声”样式。然而，很长时期以来，随着“对口相声”成为最常见的演出方式，“单口相声”和“群口相声”基本上处于被遗忘乃至丢弃的状态。再加上演出活动中节目单的印制以及主持词的介绍，极少在相声节目的标示中具体标出诸如“对口相声”“单口相声”或“群口相声”的情形，带来的问题也是多样的：一方面是对所演节目的介绍和说明不够明确和具体，另一方面是对相关知识的传播和普及不够精准和专业。久而久之，就会给人以北京相声就是或者仅是两个人搭档的对口演出之片面印象。尤其是在当今北京相声的传统传承机制即“师带徒”的方式大都有名无实而基本式微且新的学校化教育条件严重缺失的情况下，这种仅有对口演出的客观现实所造成的发展后果，就不只是其对社会人群所传递出的关于北京相声节目样式知识的单一化片面印象，而是关乎北京相声能否全面继承自身的艺术传统并使“单口相声”“群口相声”和“对口相声”共同发展的重大问题。同时，北京相声节目的篇幅容量，也不只是现今常见的综合晚会演出形式中通常看到的短篇形态即十来分钟的长度，而是应当还有中篇与长篇。历史上的“单口相声”，就有连回演出的《君臣斗》《马寿出世》《宋金刚押宝》《解学士》《康熙私访月明楼》《硕二爷》《张广泰回家》《九头案》等号称“八大棍儿”① 的中长篇节目。遗憾的是，中长篇节

① 关于“八大棍儿”称谓的来由和意涵，有两种说法。一是认为从北京评书而来。因早年间北京评书的坐场演出，每场都是八个段落。这种做法后被相声艺人借用而来，不仅用自身的“包袱”取悦观众，而且借用评书表演长篇连回带有悬念性“扣子”的内容和手法吸引笼络观众。由于屡试不爽，就有了“八根棍子，百发百中”的寓意和表达。那些既有“包袱”又有“扣子”的中长篇“单口相声”节目，就被称之为“八大棍儿”。另一种说法是，北京相声的传统中长篇节目，很多反映的是旧（转下页）

目的创作和表演在当今已经基本停歇乃至“断流”。北京相声的传统继承和现实发展，由此观之，已然蹩入了越来越窄却浑然不觉的小胡同。若再不从细处着手加以规范，从大处着眼予以警醒，则其艺术的发展道路，就不只是越走越窄的问题，而是有可能越走越偏，迷失自我，最终自毁前程。也就是说，包括北京相声演出介绍和节目标示中普遍存在的不够细致和不很专业的问题，看似不太经意或不值得苛求，但实际上所折射并包藏的，却是创演经营的理念偏失和传承发展的深层隐忧，不能不察，也不能不知。

二是对“相声”即北京相声形成历史与文化渊源的含混认知。北京相声作为一个曲种，形成的历史有着较为明确的文献记载和资料佐证。即从清代的道光至同治年间（1821—1874）产生迄今，不过一个半世纪左右。但是，许多人包括一些学术性著作，却将北京相声的本身历史与作为北京相声基本艺术精神的语言机趣之艺术文化传统，诸如古代的俳优讽谏、参军戏弄、“乔学”、“像生”与民间笑话等混为一谈。以为历史越悠久越好，沾亲带故的渊源关系扯得越多就越有学问。殊不知持这些含混认识的人，依据的大体都是 20 世纪 80 年代侯宝林带领南开大学、北京大学和山东大学的三个大学教师即薛宝琨、汪景寿和李万鹏编著并于 1982 年在人民文学出版社出版的《相声溯源》一书及其采用的史料文献。而人家的书名，就已经明明白白地告知读者：这是在对相声艺术的文化渊源及其审美传统进行追本溯源的历史考释，而非对北京相声形式本身的历史描述。但此类所谓的学术著述以及一些以讹传讹的“野狐禅”式研究文章，愣是渊源本体一锅熬，胡子眉毛一把抓，给北京相声历史知识和文化渊源的普及与传播造成混乱，也为相声艺术的学术研究和学理性表达制造了障碍，必须予以澄清，以正视听。

三是对“相声”即北京相声形态构成和艺术手段的混乱表述。“说学逗唱”

（接上页）社会北京的赌场生活。其中最有名的赌场又称“宝局”。有些赌徒赌红了眼，输得精光后会泼皮耍横，甚至将自己的手指头或大腿肉剁割下来抵扣赌资。也有一些赌徒没有本钱仍要参赌，就用挨打的方式来赢取赌注。而江湖规则又不允许赌场拒绝这些做法。为此，赌场通常会备有一根三尺多长专门用以击打此类赌徒的粗硬木棍，俗称“八大棍儿”。由于早期的中长篇“单口相声”如《宋金刚押宝》《张广泰回家》《康熙私访月明楼》和《马寿出世》等都涉及“宝局”及“八大棍儿”的内容，故艺人们就将这类节目称作“八大棍儿”了。

作为北京相声的“四门功课”，是对北京相声艺术表现基本手段的高度概括和通俗阐释。其中的“说”是相声表演的基本方式亦即“说表”，“学”是指运用“倒口”[1]“柳活”[2]“拟声”[3]和“仿形”[4]等手段辅助叙说表演的直观式与感性化模仿，“逗”是指制造笑料和抖响“包袱”的各种手段，“唱”是指“学唱”[5]。很显然，这四个字所代表的四种范畴，属于不同角度和层面的表演手段与艺术技巧，互不相同却紧密关联：以“说”统领，“学”为辅助，“唱”属“学唱”，“逗”在其中。四者之间，并非同一逻辑层面的并列关系。这种表述也算是历代相声艺人为了总结艺术、课徒传承而抽象概括的理论成果。体系严谨，自成一统。然而曾几何时，北京相声界乃至曲艺学术界的一些人，莫名其妙地又祭出了所谓“说学逗唱演”的“相声艺术理论体系”。表面上看，似是对北京相声艺术构成传统表达的充实与发展，其实是对“说学逗唱”之传统表述的曲解与破坏。仅从“说学逗唱演”的话语表达去看，一个“演”字的出现，就在语意逻辑上颠覆了传统表达的前提与条件：似乎“说学逗唱”于相声而言都不算“演”，从而将其排除在了相声的“表演”之外。殊不知，相声的表演，最为根本的艺术手段就是“说”！“说相声”就是“表演相声”或者说“相声表演”。实际上，那种所谓“说学逗唱演”中的“演”，不过是指辅助配合语言性的叙述表演即“说”的一些表情动作和身姿意态。这在曲艺包括相声表演的学术话语中，自有专门的术语，那就是“做”亦即“做功”。即使一定要把这种“做

---

① 指学说方言。

② 指学唱。也指具有学唱内容的节目。相声行话“活”还有“节目”的含义，如将演节目称作“使活”。

③ 指运用口技模仿自然界和社会中的各种声效。

④ 指虚示所述人物的表情动作与身姿意态。

⑤ 早期的北京相声艺人在撂地演出时，为了招徕观众，曾在正式开演相声节目之前，有过借用演唱莲花落节目及某些俗曲即所谓“太平歌词”的做法，并与边唱边用白沙撒字的做法一道，称之为“圆粘儿”，意犹“滚雪球”。但这种独立运用的“借唱”，并非相声表演中为制造笑料而采用的“学唱”。有人将此也归入“说学逗唱”的“唱”，其实是错误的。因为，走进茶园和走上高台的相声表演，是无须再去演唱“太平歌词”的。至于“太平歌词”名称的来历，相传是清末慈禧太后经常宣召市井艺人进宫演出，一次莲花落艺人赵星垣（艺名“抓髻赵”）进宫演唱莲花落，慈禧听后大为赞赏，夸他“唱的是忠孝贤良，颂的是国泰民安”，遂赐所唱之名为“太平歌词”。艺人们也以所唱被称之为“太平歌词”而感到骄傲和自豪。

功”性的表演引入相声“基本功课”的理论范畴，也不能用“演”来指称和表述，顶多只能用“做”，否则，会因语义逻辑的混乱而更让人不好理解和掌握。何况，前辈艺人之所以没有将之纳入相声表演的基本艺术手段而赋予其以一门必要“功课”的理论地位，是有其必然逻辑和充分理由的。那就是：较之“说学逗唱”，“做”或者“做功”之于相声表演，无法与“说学逗唱”并驾比肩，从而不能上升到基本功课的理论地位。道理很简单，相声属于口头语言的叙述表演，语言性的表达是其艺术创造的根本审美手段，表情动作和身姿意态属于较为次要的辅助手段。何况，那些模仿性的“做”，已然包含在“仿形”式的“学”之当中，无须也不能独立出来。再者，像广播中的相声演播和听赏接受，完全不需要借助表情动作的“做功”性表演，照样不会影响一个节目基本的审美传达与接受。而广播里的这种较为纯粹的语言性相声表演和传播例证同时表明，在某种程度上讲，“做”或者“做功”性的“演”，于相声艺术而言，几乎属于可有可无甚而可以忽略不计的构成与存在。特别面对“电视相声”的传播形态及节目类型，视听结合的表演固然有其自身的理由与特色，但从动作性的表演被一再强化乃至夸大和滥用，致使某些所谓的“电视相声”节目，已然变成了扭捏搞怪和“打哏”泛滥的“哑剧”戏弄，甚而成为趋向代言性表演的“话剧小品”，被批评为偏离相声艺术本真的“泛相声”，也算是比较精准。而此等在“说学逗唱演”的理论体系指导下的北京相声创演实践，之所以语言性的创造力直线下降，动作性的舞台表演逐渐上升，正是在这种偏颇理论的影响之下，日益远离文学性创造和语言性审美的本体特征，越来越泛化而变异滑向戏剧化“小品”，从而糊涂发展的一种实践恶果，不能不辨，也不能不防。

四是对“相声”即北京相声及其衍生形式相互关系的混同理解。这种混同理解，既有对所谓“化装相声”的错误创演实践，又有对“相声剧”形式的错误认知对待。其实，仅从字面去看，“化装相声”即是一个不能成立的假概念和伪命题。道理很简单：包括相声在内的曲艺表演，属于演员本色身份的语言性叙述[①]，与戏曲和影视剧的角色化代言性行动表演区分得非常清楚。而曲艺包括北京相声自打走上高台演出之后，也有了自己相对完善的舞台美术包括演员的必要“化妆”，属于十分正常而又有机的审美创造。但这里的本色性“化妆”，与戏曲和影视剧的角色性“化装”并非同一性质，更不能同日而语。北京相声的表演，需要“化妆”美化而无须“化装”表演，即演员不能“异化”成为角色进行演出。这就使所谓的“化装相声”，失去了称谓表达的逻辑依据。换言之，“化装相声”的称谓本身，属于一个不能成立的概念和名词。“说相声”属于演员的本色性表演，即便需要模仿辅助，也只能是所谓的“跳入跳出”。在这里，一个形容词“跳”，道尽了辅助“摹学”的表演状态，根本无法也绝不可能进入故事中人物的角色化代言。所谓“装文装武我自己，好似一台大‘戏’”，亦即不管如何模仿故事中的人物，舞台呈现的基本面貌，终究还是演员自己，似是而实非。同时，相声的表演，好就好在或者说妙就妙在采用语言性的叙述，完成想象性的创造，让听众在联想性的接受“还原”中赋予艺术形象以丰富多彩和万千可能，无须直观形象的展示和进入角色的表演。而且，那些“化装”后的所谓相声表演，由于通过服饰乃至道具等的打扮和框范，让本该以演员自我的本真身份呈现的语言叙述性表演，转换成了实际上的角色化表演，一方面破坏了相声表演的形态特征，另一方面也限制了语言叙演的特色与灵动，不仅形态上是一种变异，就是在技巧上也是一种束缚，南辕北辙，得不偿失。而将“相声剧”即采用相声艺术的某些表演手段和技巧去演戏，亦即进行事实上的喜剧表演的创演实践，认为是属相声艺术的一种表演方式，或者属于对相声本身的艺术创新，更是一种皮相理解和深刻误解。且不说“相声剧”称谓之“相声”与“剧”的偏正组词关系及其语言逻辑本身，已然撇清了其与相声形式的本质不同；就是其中采用相声表演的笑乐手法去演戏，也说明不了其就等同于相声形式，或者属于相声艺术的形态范畴。毕竟，“喜剧表演”不等于“喜剧性的表演”。而从历史上相声艺人曾经做过的“笑剧”表演，到

---

① 包括那些具有音乐性本体艺术构成的曲种，其“说唱”表演的本质，也是经过音乐辅助和美化了的语义表达即语言的叙述性表演。

延安时期何迟等人的“相声剧”实验，再到 21 世纪以来台湾戏剧人如赖声川等采用相声艺人生活题材的话剧创作及其“剧中剧”表演即在戏剧表演里出现相声艺人角色的“说相声”情节，以及其间借用相声表演的语言技巧和抖“包袱”手段，所进行的喜剧创演，都在明明白白地表明：那是戏剧而非曲艺，是“相声剧”而非“相声”。无须多辨，也毋庸赘言。

五是对“相声”即北京相声美学形态的错乱表述，包括对风格与流派的不加区分。如前所述，“喜剧性”的审美不等于“喜剧”式的形态。前者属于审美风格的类型特点，而后者则是艺术形态的类型概念。内在虽然有所关联，性质实则各有不同。但许多相声研究的著述，却常见有将二者混淆即以“喜剧”替代“喜剧性”范畴的情形，因而有必要加以提醒。而相声研究及相声业界最为常见的一个事关美学判断的重大问题，就是将相声创演的风格与流派等同或者混同看待。我们知道，风格与流派固然有着十分紧密的内在关联，但拥有某种风格，不一定形成某个流派。风格可以是个体的存在，而流派必须要有众多的追随。许多艺术流派的形成，是众多艺术上或因师承有自、或因情趣相投而聚集形成的具有共同风格特点和审美旨趣的一种群体乃至一些团体。而风格的形成，更多是属艺术家个体的审美造化。许多相声的研究者和创演者，不明就里，不加区别，动辄以演员姓氏所冠名的“× 派”来标示某种风格的存在，或者以“× 派”来给自己欣赏或者认为具有重要成就的演员进行评价“贴标”和地位“加冕”。事实上，不仅对于那些被认为具有某种成就的相声创演者的风格归纳和学术认定，由于对象本身的特点并不鲜明，或者对其特点的研究不够充分，尚且难以做到；就是对于那些虽然拥有某种较为鲜明的风格特征，却不一定形成或根本就没有形成流派的所谓群体的轻率评定，也是极为随意且缺乏理据。这固然有对相声艺术美学风格及其演员个体成就研究得不够专精的客观因素，但更多的因由，是对相声创演风格流派的理解和认知包括学术操作，缺乏严肃和严谨所致。同时，也与部分业界之人误将形成流派作为评价或标榜一个艺术家成就高低与贡献大小的最高价值尺度有关。对之辨析厘清，因而很有必要。

通过对上述诸般现象的描述和辨析，可以认为，有关北京相声的创演实践和学术研究，以及艺术的传承和文化的传播，都应特别注重自身的审美逻辑和形式格范，尤其要尊重传统的理论成果和话语的学理表达，并以此作为业界在未来发展中一个十分紧迫的重要任务。好比整个曲艺学的研究也需要强化自身的话语体系建设一样。

（吴文科　中国艺术研究院曲艺研究所研究员）

姚 慧

藏族格萨尔史诗音乐的独特性 *

【内容提要】格萨（斯）尔史诗是跨族群、跨文化传播的英雄史诗，其中藏族是其主要流布族群。相比其他民族，藏族格萨尔史诗作为藏族曲艺品种“岭仲”的传统经典曲本，其唱腔音乐呈现出较为鲜明的独特性：通过对西藏历史音乐传统中的戏剧性、西藏音乐传统中的固定衬词结构、西藏音乐传统中的曲式组织思维的梳理与论述，可知西藏地区格萨尔史诗的唱叙音乐与藏族传统说唱音乐一脉相承；通过田野访谈，又发现神授艺人斯塔多吉的唱叙音乐及其观念有别于格萨尔史诗其他创编型艺人，具有自身相应的“神圣性”；而通过对史诗文本的进一步考察，则可窥探到格萨尔史诗的演述曲调，本身还具有相应的社会身份属性，其曲调或曲名同时又是族群与族群之间或族群内部不同人物之间区分社会身份、族属身份、心理身份与历史记忆的重要标识。

【关 键 词】格萨尔　史诗音乐　西藏音乐史　神授艺人　以人定曲

不同族群以及同一族群内部不同流布区域的格萨（斯）尔史诗音乐会因方言和各地传统音乐体系的不同而风格各异。且不说藏族、蒙古族和土族三个民族格萨（斯）尔史诗音乐各有不同，仅藏族内部，卫藏（西藏）、康巴（四川、

---

* 本文转载自作者 2021 年 1 月在中国社会科学出版社出版的专著《史诗音乐范式研究——以格萨尔史诗族际传播为中心》的第三章第二节。

云南、青海玉树)、安多(青海、甘肃)三大方言区的不同区域也都具有各自的风格。诚如《中国曲艺音乐集成·西藏卷》所言:“西藏的格萨尔仲肯,大多散布在昌都和那曲地区。各地的仲肯说唱的音调大体相近,其不同点除了唱词带着各地的方言土语音调之外,有的曲调具有歌舞性和进行曲色彩,有的具有舒展、高亢的民歌风格。”[①]

因此,本文以西藏为主要聚焦点,并不涉及其他方言和流布区域的藏族格萨尔史诗音乐。

一、西藏音乐历史传统中的格萨尔史诗音乐

作为一种说唱音乐,格萨尔史诗音乐与其他西藏传统说唱音乐可谓一脉相承。对于格萨尔史诗音乐与西藏民族民间音乐的关系,学界已有一定的学术积累。边多曾从三个角度进行了论述:其一,他认可西藏地区的格萨尔史诗音乐与当地的民间音乐有着极为相似的风格色彩,如康区的格萨尔史诗音乐在风格上类似于康区民间的果卓音乐;其二,在曲式结构上,边多认为,格萨尔音乐上下两句和四个乐句组成乐段的曲式结构与西藏其他民间歌曲的结构存在密切关系;其三,格萨尔音乐与古代民间的“古尔鲁”也有着千丝万缕的联系,如唱词基本皆是八字或七字一句,皆使用不对称的三句一段的曲式结构。[②]

另一位藏族格萨尔史诗音乐专家扎西达杰也曾就这一问题进行过相关讨论,他认为格萨尔说唱曲调在牧区多吸收山歌的因素,在农区又与歌舞音乐彼此相联;《格萨尔王传》体现了鲁体民歌和牧歌的许多特征,如散韵结合、以唱为主,回环多段体的诗歌格律,三句或四句体,每句一般六字、七字、八字或九字,且一字配一音。[③]黄银善也曾提出,“从民间说唱艺术领域看,《格萨

① 《中国曲艺音乐集成·西藏卷》编辑委员会:《中国曲艺音乐集成·西藏卷》,中国 ISBN 中心 2007 年版,第 38 页。

② 参见边多《论藏族英雄史诗〈格萨尔〉说唱音乐的历史演变及其艺术特色》,《西藏艺术研究》1991 年第 3 期。

③ 参见扎西达杰《玉树藏族〈格萨尔王传〉说唱音乐研究》,转引自李晓玲《藏族史诗〈格萨尔〉音乐研究》,硕士学位论文,西北民族大学,2005 年。

尔王传》又广泛地综合和吸收了藏族民间音乐中丰富多样的艺术形式。它把朴实无华的折嘎尔（说唱）、古朴悠扬的勒（酒歌）、高亢婉转的纳伊（山歌）、活泼诙谐的则肉（表演唱）、节奏明快的卓一（舞蹈）等融为一体，集各种民间歌舞音乐艺术形式于一炉”[①]。由此可知，格萨尔说唱音乐可以说是在当地民间音乐的积淀与滋养下形成和发展起来的。对于史诗音乐与西藏音乐历史传统的问题，笔者试图将西藏历史音乐传统中的戏剧性、西藏音乐传统中的固定衬词结构、西藏音乐传统中的曲式组织思维作为本文的观察焦点。

（一）西藏音乐传统的戏剧性

与蒙古族和土族不同，很多藏族格萨尔唱腔都有一个专门的曲名，而且在众多曲名中又有很大一部分是以人物角色为命名依据的。边多之所以认为格萨尔音乐来源于吐蕃时期的古尔鲁，依据便是人物角色与曲调之间的对应关系。[②]《五部遗教·国王篇》中载：

国王下令大家把歌唱，
模仿三十三天神曲调，
王唱玉殿金座吉祥歌，
牟尼赞普大王子，
唱了雄狮显威曲；
牟日赞普小王子，
唱了十三欢喜曲；
王后唱了翠湖漩，
公主唱了绿枝颤。
诸位高僧把歌唱，
大德菩提萨缍师，

① 黄银善：《〈格萨尔王传〉说唱音乐》，《音乐探索（四川音乐学院学报）》1988年第1期。

② 为了更进一步说明“古尔鲁”与格萨尔说唱艺术的紧密关系，我们以“古尔鲁”的曲名与格萨尔说唱的曲名进行比较，从而可以更加清楚地看出它们之间实际存在的历史渊源关系。

唱了洁白禅珠歌；
密宗大师莲花生，
唱了光慑鬼神歌；
毗卢遮那八果氏，
唱了长调回环曲；
噶哇白泽大译师，
唱了幸福长歌曲；
鲁益坚赞觉诺氏，
唱了十八大哄曲；
南卡宁布努氏僧，
唱了鹏翔虚空曲；
俺朗尊者杰乔氏，
唱了马鸣菩萨曲；
拉斯化身错杰氏，
唱了长撅短撅曲。
大臣人人把歌唱，
郭氏唱了正直曲，
多氏唱了大小光，
许氏唱了大小螺，
娘氏唱了黄金大铃铎，
白氏唱了百愿歌，
噶尔唱了鹫鹰翔，
纳囊氏唱了雪鸡神柏，
枯氏唱了精要歌，
聂氏唱了月光明，
李氏唱了六面城，
将军唱了三泉清。
男唱达日九重山，

女唱村情长调欢。
别人唱的说不尽，
一人一歌唱不完。①

除此之外，《西藏王统记》在对建成桑耶寺时所举行的庆典的描述中，也有不同人物演唱不同曲调的记载：

松赞王、莲花生、大臣及王妃、译师们每人都唱一曲：
藏王赤松德赞唱《国王欢喜曲》，
王子牟尼赞普唱《人间光明曲》，
王子牟迪赞普唱《雄狮骄相曲》，
王妃们唱《蓝湖旋流曲》和《柔枝嫩叶曲》，
亲教师菩提萨缍唱《洁白的智慧真言曲》，
莲花生大师唱《威震神鬼曲》，
智者毗卢遮那唱《元音婉转曲》，
努彭朗卡宁波唱《大鹏盘旋曲》。②

我们不去探讨格萨尔史诗音乐是否来源于古尔鲁，但如果我们翻阅边多的《西藏音乐史话》会发现，事实上格萨尔说唱中这种带有角色划分的戏剧性元素③在藏族音乐舞蹈发展的早期已有萌芽，而这种唱腔角色的戏剧性是经过了

---

① 《中国曲艺音乐集成·西藏卷》编辑委员会：《中国曲艺音乐集成·西藏卷》，中国 ISBN 中心 2007 年版，第 11—12 页。

② 《中国曲艺音乐集成·西藏卷》编辑委员会：《中国曲艺音乐集成·西藏卷》，中国 ISBN 中心 2007 年版，第 12 页。

③ 这里仅仅提到“戏剧元素”，而没有笼统地把格萨尔当作戏剧音乐来研究，因为更准确地说，似乎格萨尔本质上是说唱音乐，同时具备一定的戏剧因素。但它与西方的或者汉族的创作戏剧或者文人加工的戏剧不同，它的专曲专用以及通用调都不是固定的，都是灵活即兴组合而成的，在传统的固定模式和词汇下做最灵活的变化，而西方的创作戏剧的专曲专用是固定的，只为一个人物的只有这个人物，并没有即兴创编的成分在里面。因此，这里只能说格萨尔史诗音乐具备戏剧化元素，但这些元素已经在格萨尔中播下了戏剧的种子，这个种子也为与格萨尔史诗说唱密切相关的藏戏的发展奠定了基础。

历史上诸种音乐舞蹈形式的积淀孕育才最终凝结在格萨尔史诗音乐中的。

与野兽进行生死搏斗的狩猎生活是原始社会藏族人的主要生活内容，而狩猎生活也在长期发展过程中孕育了与之相适应的一系列音乐舞蹈形式。以狩猎生活为内容的音乐艺术形式中猎人与野兽的角色划分可能是西藏音乐最早的戏剧性角色的划分思维，而且这种思维影响到了后世发展的其他藏族音乐艺术。下面，我们以前人已有的研究成果为依据，来粗略梳理格萨尔史诗音乐诞生之前，西藏的各类音乐舞蹈艺术形式为格萨尔的诞生奠定了怎样的基础；如今我们看到的、听到的格萨尔史诗音乐的结构和曲调特征又是否可以追溯到遥远的过去。

在原始社会，击石兽舞也许可以说是藏族音乐舞蹈形式戏剧性元素最早的孵化器。人们在敲击石块的伴奏下，表演各种野兽舞蹈，再现了人与野兽进行搏斗的生活情景，此时戏剧性的人物角色只有猎人与形态各异的野兽形象。后来出现了一种古老的民间艺术“喜戎仲孜”，在西藏，每当举行盛大典礼或迎接贵宾之时，都能够见到一位面戴猎人面具、手持五色彩箭的藏族老者，带领两位身披野牦牛皮的舞师狂舞的场面。[①] 可见，藏族先民征服野兽的正反方的人物角色在“喜戎仲孜”中是通过面具和身披野牦牛皮的形式表现出来的。

进入雅砻部落文化时期，西藏盛行万物有灵、灵魂不灭的原始本教，它有以上祀天神、下镇鬼怪、中兴人宅为准则的一整套祭祀禳解仪式。此时的西藏各种艺术形式均受到了本教的深刻影响。在新石器或石铁混合使用的时代，百兽起舞（工布卓巴舞）角色划分的标志已由披戴各种兽皮演变为模拟野兽的姿态动作。进入本教的盛行时期，一种以舞蹈为主体，融文学、歌唱和说唱为一体的综合性艺术形式《打狼歌舞》应运而生，“《打狼歌舞》在漫长的艺术实践中，渐渐地分化出了二十个不同的节目，而且节目之间有着较为明确的称谓与排列次序：1. 狼之特性；2. 人间形成之说；3. 五色蛋的演变；4. 十八个罗睺罗；5. 盘绕空域之声；6. 第一圣地；7. 迎送之歌；8. 名门贵胄的英雄；9. 念珠之说；10. 竹子出生之地；11. 彭波果拉山；12. 甲嘎尔山；13. 宝山；14. 东方的后山；

---

① 参见边多《西藏音乐史话》，中国藏学出版社 2006 年版，第 25 页。

15. 崇巴大姐；16. 在大山的后方；17. 空中的太阳；18. 年轻人的帽子；19. 在高山的草地上；20. 圣水长寿瓶”[①]。与最初的狩猎情节相比，这种《打狼歌舞》中已经在猎人与野兽颇为简单的角色划分的基础上产生了较为完整和复杂的情节建构逻辑，在节目之间有顺序的联缀中，戏剧性元素已开始崭露头角，此时已经形成了以本教为核心的综合性的艺术发展方向。

在综合性艺术的发展路径中，音乐的作用也日益凸显，如集杂技、音乐和舞蹈于一身的仪式性杂技歌舞“恰堪”，它通过模仿雄鹰等鸟类飞舞盘旋的姿态来塑造各种艺术造型，人物角色除了一名“恰堪”的主演、一名叫作“阿古”的喜剧角色之外，还有十多名伴唱人员。在整个表演过程中，“恰堪”的伴唱贯穿始终。“恰堪”的唱曲分祭祀曲、自我表演曲和悲歌三种，每一曲都由若干不同的曲调组成。另外，在杂技、说唱、舞蹈的综合性艺术“抛娃朵夏”中，音乐也始终发挥着举足轻重的作用。

经过一段时间的积淀与发展，在本教思想的影响下，带有一系列完整节目程序的综合性艺术开始由最初的狩猎生活主题向驱魔主题转化，如《吉达吉母》，意为“父亲与母亲”。人们认为冰雹灾害是天神娘娘派来的冰雹魔鬼造成的，于是人们按照本教“下镇鬼怪”之法，家庭成员在父亲和母亲的带领下通过表演来招魂驱魔、砍断魔爪，最后降服冰雹魔鬼，渐渐在民间就形成了傩歌舞“吉达”。表演时父亲戴白色面具，母亲戴绿色面具，还有四名不戴面具的阿叔和四名戴山羊皮面具的喜剧演员。[②]《吉达吉母》不仅通过不同颜色的面具来划分不同的人物角色，而且整套节目也有固定的情节程序：“1. 平整净地；2. 出场之歌；3. 悲歌；4. 在东方贡堂之上；5. 人间的形成；6. 绿色的草坪；7. 祀神之歌；8. 人生的需求多；9. 赞美装饰；10. 首领的宝地；11. 圣地孜日山；12. 东方巴拉山；13. 上部的山谷中；14. 阿久大哥；15. 母亲的女儿；16. 曲桑圣地；17. 大鹏的故乡；18. 老汉赞马；19. 射死魔鬼；20. 善良的空行母；21. 赞刀灭恶鬼；22. 砍断魔爪；23. 招财引福；24. 扎西吉祥。”[③] 与有着同样固定排列顺

① 边多:《西藏音乐史话》，中国藏学出版社 2006 年版，第 55 页。

② 参见边多《西藏音乐史话》，中国藏学出版社 2006 年版，第 78 页。

③ 边多:《西藏音乐史话》，中国藏学出版社 2006 年版，第 80 页。

序的《打狼歌舞》不同,《吉达吉母》已深受本教世界观的浸染,在系列戏剧化情节之外,开头与结尾分别是极具本教色彩的“平整净地”和“祈求吉祥”。

经过西藏音乐历史的沉积发展,在经由狩猎故事发展而来的、一脉相承的各种音乐艺术中,蕴藉着戏剧化元素的、集大成的综合性艺术开始出现了独立分化的局面,而分化指向了两个不同的方向:一则是继续承继原有的综合性艺术的发展轨迹,形成综合型艺术藏戏。二则便是脱离舞蹈和杂技形式,从综合性艺术中独立出来形成长篇的、大型的说唱叙事。白面具藏戏以狩猎生活为主要内容,集民族民间歌舞、杂技和说唱于一身,后经噶举派僧人汤东杰布创始和发展,吸收借鉴了歌舞、民间艺术、百戏杂技、喇嘛玛尼、鲁体民歌、古尔鲁、仲鲁、扎嘎、百、夏等各类艺术形式,最后形成了以佛教故事为内容的蓝面具藏戏。[①] 但藏戏并不是本书(《史诗音乐范式研究——以格萨尔史诗族际传播为中心》)的关注对象,因此在此不做讨论,我们来看综合性艺术的另一个分化支脉。

在格萨尔大型说唱(编者按:即岭仲)形成之前,由先人狩猎故事改编而成的口头说唱艺术仲鲁为格萨尔史诗音乐的发展奠定了深厚的基础。仲鲁继承了自“击石兽舞”以来的音乐艺术的戏剧性元素,借曲调来划分人物角色,使曲调在仲鲁的说唱中成为戏剧性表现的有效方式。在说唱形式上,仲鲁的“故事情节的叙述使用念白讲说,人物对话以歌谣的歌唱形式表现。表演时,在说讲故事中间,根据内容和感情表达的需要而穿插歌唱。边说边唱,生动活泼,感情表达丰富而真挚”[②]。在唱腔上,仲鲁的说唱曲目较多,曲调有些是以人定曲,专曲专用,但大多数是通用乐曲。[③] “仲鲁的曲调大多来自民间,不同的故事有不同的曲调,即使同一个故事,由于流传地区的不同,演唱的曲调有的稍有变化,有的则完全不同。篇幅比较短小的曲目,无论有多少唱词,通常只用

---

① 参见《中国曲艺音乐集成·西藏卷》编辑委员会《中国曲艺音乐集成·西藏卷》,中国ISBN中心2007年版,第34页。

② 《中国曲艺音乐集成·西藏卷》编辑委员会:《中国曲艺音乐集成·西藏卷》,中国ISBN中心2007年版,第32页。

③ 参见《中国曲艺音乐集成·西藏卷》编辑委员会《中国曲艺音乐集成·西藏卷》,中国ISBN中心2007年版,第32页。

一种曲调演唱故事中的不同唱词；篇幅比较长的曲目，则用多种曲调来分别演唱不同的唱段。”[1]

由此可见，格萨尔史诗音乐在说唱形式、音乐结构、以人定曲、专曲专用等方面均继承了仲鲁音乐的血脉，而同时又在其基础上得到了更大程度的发展，尤其体现在唱腔上。仲鲁的唱腔仍以最初狩猎故事中猎人与野兽、人物与动物、正方与反方的两大角色为基本的划分逻辑[2]，而格萨尔史诗音乐也承其路径，并使此划分逻辑得到了体系化的成熟发展。因此，格萨尔史诗以音乐唱腔为划分人物角色的手段并不是横空出世，而是在岁月的长河中与之前的综合性艺术环环相扣，一脉相承。

（二）西藏音乐传统中的固定衬词结构

不仅扎巴老人的格萨尔史诗音乐开始必唱“阿拉塔拉”衬词，西藏藏族的各种传统音乐艺术形式开头大多也都有固定的衬词结构，而且衬词往往是不同的音乐形式的典型标志，流传区域的民众只要听到标志性的衬词便可以辨别音乐的种类。如融说、唱和舞为一体的综合性艺术哲噶尔，表演开始时就会用十分响亮的长音呼喊“叽叽嗦嗦啦佳啰”，即本教颂扬神灵的术语，祈愿善神得胜。因此，西藏各种传统音乐形式中普遍存在的固定衬词结构的产生恐怕与本教的世界观表达有关。据边多的研究，较为原始的百兽起舞和后期发展的“吉达”傩歌舞均采用平整净地、主要内容和吉祥尾声的三部分的固定结构，这种三结构形式自原始艺术开始，一直影响到后世发展的很多西藏音乐形式。

所谓“平整净地”的仪式性表演寓意着将表演场地周围的鬼魂驱赶干净。中间部分为表演杂技和舞蹈节目的主要内容，尾声部分是祝福吉祥，为心想事

---

① 《中国曲艺音乐集成·西藏卷》编辑委员会：《中国曲艺音乐集成·西藏卷》，中国ISBN中心2007年版，第42页。

② 仲鲁的主要唱腔“由各种人物唱腔和众多动物唱腔两大系列组成。在人物唱腔系列中，狩猎故事的比例最大，其中猎人的唱腔最有典型性……这种猎人的唱腔，演唱时在同类身份的人物中可以相互借用，但它不能用于各种动物及其他不同身份的人物。在仲鲁各种动物系列的唱腔中，为了区别不同动物，在每首歌曲的引子部分，唱者要模仿动物的呼叫”（边多：《西藏音乐史话》，中国藏学出版社2006年版，第168—169页）。

成而共同祈祷的“吉祥”部分。[①] 根据觉嘎的研究，西藏的传统音乐中很多音乐艺术形式也都遵循这一模式化、固定化的三结构形式，如堆谐、囊玛、卡尔鲁歌曲和卡尔舞曲、迎送鼓乐、轻奏乐的前奏和后奏等固定段落，以及阿吉拉姆、热巴和恰姆乐舞的开场和结尾的固定段落。[②] 这种在西藏传统音乐中普遍使用的三结构是本教万物有灵、中兴人宅的思想体现，三结构中音乐形态因开场和尾声部分的“为神”而固定不变，又因中间部分的“为人”而富于变化。因此，在格萨尔说唱中反复出现的“阿拉塔拉”衬词很可能与三结构中的“平整净地”有着类似的功能与作用。

按照艺术发展的一般规律，原始社会的诗、歌、舞、乐、说唱等多种艺术形式往往是糅合在一个巫术礼仪活动的混沌统一体中，它们既是巫术礼仪的表达方式，也是先祖与神灵沟通对话的媒介。它们在巫术和原始宗教的统摄下具有神奇的效力，凝聚着原始人强烈的情感、思想、信仰与期待。而经过一定时期的发展，艺术形式逐渐从巫术和宗教的笼罩下解放出来，成为独立的艺术形式，它们的功能也由神圣性和宗教性转向世俗性、抒情性和娱乐性。通过回溯藏族音乐史，我们发现，西藏格萨尔史诗音乐的发展似乎也经历了这样一个过程，虽然藏族格萨尔史诗音乐历经历史的更迭，从混沌的宗教文化体中分化出来，成为独立的大型说唱形式，虽然与老一辈说唱艺人相比，当下的年轻艺人对宗教和神圣性的认可程度有所弱化，但藏族格萨尔史诗音乐始终深受宗教观念的影响，可以说藏族艺人在本教与佛教相互融合的思想体系中建构着格萨尔史诗及音乐。

（三）西藏音乐传统中的格萨尔音乐曲式思维

格萨尔史诗音乐一方面是在西藏其他音乐艺术形式充分发展的基础上提炼加工而得以定型，另一方面格萨尔史诗音乐又像一个中转枢纽一样影响着后世出现的各种音乐艺术形式。觉嘎曾在《西藏传统音乐的结构形态研究》一书中

① 参见边多《西藏音乐史话》，中国藏学出版社 2006 年版，第 70 页。

② 参见觉嘎《西藏传统音乐的结构形态研究》，上海音乐学院出版社 2009 年版，第 124 页。

总结了这样一段话：

> 按照曲式学的结构划分方式来描述：西藏传统音乐的结构主要采用并遵循下列两种组织原则：一种是隐含变奏性质的替换之积累原则，如 A + A1 + A2 + A3 + A4 + A5 +……等，构成了一种渐变的形式。这种原则在堆谐、囊玛和卡尔乐舞音乐的结构过程中得到充分的应用；另一种则是新材料并列性质的替换之积累原则，如 A + B + C + D + E + F +……等，构成了一种渐进的形式。这种原则作为热巴、阿吉拉姆和恰姆乐舞等大型结构的重要结构手段，在其结构过程中得到了充分利用。[①]

事实上，经过对格萨尔音乐纵横双向结构的分析，发现其与觉嘎上述“隐含变奏性质的替换之积累”和“新材料并列性质的替换之积累”两种组织原则有着异曲同工之处，前者被用于纵向唱段内部构成大型乐段，后者则被应用于横向结构以构成说唱内容的整部结构，而按照边多的历史分期和觉嘎的上述总结，这些出现在格萨尔大型说唱之后的堆谐、囊玛、阿吉拉姆、恰姆乐舞等音乐艺术形式也在与格萨尔共用着这样两种曲式结构的组织原则，而且“渐变”或“渐进”的替换积累模式不仅是格萨尔史诗旋律的进行与发展模式，也是堆谐、囊玛、阿吉拉姆、恰姆乐舞等西藏藏族传统音乐共用的一种构建旋律与整体结构的创编模式。

因此，格萨尔史诗音乐是西藏藏族传统音乐体系的一个重要组成部分，它既是前期各类音乐艺术形式相互融合的集大成者，也是影响后世音乐艺术形式发展的一个重要路标，在西藏传统音乐历史中具有举足轻重的地位。虽然格萨尔史诗音乐剔除了舞蹈部分，但它在音乐技法、文化历史积淀等方面仍然是藏族音乐艺术综合性发展巅峰时期的一个典型代表，是一部包罗藏族音乐传统万象的百科全书。

---

① 觉嘎：《西藏传统音乐的结构形态研究》，上海音乐学院出版社 2009 年版，第 99 页。

二、神授艺人史诗音乐思维的特殊性

学界通常将藏族格萨尔的说唱艺人分为五大类，即神授艺人、闻知艺人、掘藏艺人、吟诵艺人和圆光艺人。[①] 在这五类艺人中，神授艺人的传承方式极为特殊，他们很多都经梦授而开始自己的说唱生涯，他们可以流利地说唱史诗一二十部，甚至几十部之多，如著名格萨尔说唱艺人扎巴、玉梅、桑珠、次旺俊美、才让旺堆等。当我们翻阅其他民族史诗说唱音乐的研究文献时，会发现通过师承关系完成史诗说唱与传承的艺人通常会经过相对明确的几个学习阶段，在曲调与歌词的配置和安排上也会有一定的设想与构思意识。如内蒙古东蒙地区的胡尔奇从选择学习到最后成为一名正式的说唱艺人需要经过观摩、模仿、授受、交流、演练、实践六个学习阶段。[②] 塞科也曾将史诗歌手学歌的过程分为三个阶段，即聆听和吸收、运用和在更为挑剔的观众面前演唱。[③] 而谈到史诗歌手明确的配置曲调的构思意识，阿什哈巴德（Ashkhabad）音乐学院的德扎米尔雅·库尔班诺娃（Dzhamilya Kurbanova）也曾在《土耳其史诗的歌唱传统》中做过如下表述：

> Ödeniyaz Nobatov 是 Mary 传统最有天赋的音乐家之一，他告诉我们，奥秘并不在于旋律的数量，而在于这些旋律如何使用。一些流行的旋律能够有 10—14 种发展的层次（degree），也就是所谓的“oba”（意思是“位置”），其中每一个层次中的几首歌曲都可以被放置在一起进行归类。最初层次的歌曲在音域上是最低的，且发展动力严格受限。越是高层次，就越会拥有更多动力的演唱和更宽的音域……在这样的原则下，一段旋律能够形成各种各样的类型，然后歌手可以根据旋律各自的位置（oba）进行

① 参见杨恩洪《民间诗神——格萨尔艺人研究》，中国藏学出版社 1995 年版，第 72 页。

② 参见博特乐图《表演、文本、语境、传承——蒙古族音乐的口传性研究》，上海音乐学院出版社 2012 年版，第 242—249 页。

③ 参见［美］阿尔伯特·贝茨·洛德《故事的歌手》，尹虎彬译，中华书局 2004 年版，第 28 页。

汇总。这样的一种分类就使我们去理解民间的 bagshy（史诗歌手）如何在他的头脑中安排一个相当综合的歌曲库成为了可能……为了他们的歌曲，bagshy 们继续进行着他们个性化的旋律选择，其中主要的旋律选择标准不是音乐表达方式的范围，而是旋律与诗节中音节数量的正确结合。①

因此，受以上观念和洛德的“我们最直接的目的，是要弄清歌手们创作、学习、传递其史诗的方式”启发，笔者也曾试图去追问藏族格萨尔神授艺人是如何完成口头创编与史诗音乐传承的，在他们的脑中是否也有像土耳其史诗歌手那般明确的旋律配置和词曲结合的创作意识。

在对藏族格萨尔神授艺人斯塔多吉的采访中，笔者试图从情感与曲调、唱词与曲调的关系，曲调的配置依据，曲目的联缀规则，曲调的分类、布局与构思等不同角度对其进行提问，但斯塔多吉的答案均是“不知道”“不清楚”。

很多格萨尔史诗歌手喜欢闭目说唱。在采访中，斯塔多吉告诉笔者，闭目可以使他看到一个动态的画面，如电视播放一般，画面中不仅有静态的格萨尔的环境和场景，而且还有动态的人物动作、喜怒哀乐的表情与情绪，甚至还有说话和歌唱的声音。史诗歌手只需将画面中自己看到的、听到的内容表演出来即可，当他闭上双眼开始说唱的一刹那，故事和曲调自然显现，表演前或说唱过程中并不需要对曲调等因素做任何设计与构思，完全不存在所谓“创作”或“口头创编”的方法、思维和技巧。洛德曾言：“为了避免误解，我们必须承认，在谈及表演中的词语的‘创造’时，我们并非要说明歌手要有意追求独创或上佳的表达，它是在表演的压力下去进行思想表达的。他的义务就是表达，而不是创造，对他来说，创造诗歌极其陌生的概念，如果他了解这个字眼的话，他会避免这个词。”② 对于神授艺人来讲，“创造”一词可能在歌手个体的说唱中更需要谨慎使用，他们更多的义务也许只是“传达”或“表达”，“传达”或“表达”在神授艺人的说唱中具有特殊意味。如杨恩洪与笔者于 2013 年完

① Dzhamilya Kurbanova, “The Singing Tradtions of Turkmen Epic Poetry”, in Karl Reichl ed. *The Oral Epic: Performance and Music*, Berlin:VWB, Verlag für Wiss und Bildung, 2000, p117.

② 参见［美］阿尔伯特·贝茨·洛德《故事的歌手》，尹虎彬译，中华书局 2004 年版，第 61 页。

成的田野采访：

姚（慧）：曲调和情绪你怎么处理？比如刚才唱的格萨尔要走了，珠牡很难受，那这时曲调如何与这种情绪相匹配？

斯（塔多吉）：比如刚才这个六变调，内容上珠牡很伤心，而且也哭了。情绪不一样，音调的高音和低音也会变化，我的脸部表情还有动作这些都会变化。

姚：就是说这种感情的表达和曲调之间是有关系的，是吗？

斯：有关系。

姚：但是怎么来安排这种感情与曲调的搭配呢？

斯：就是根据内容来的。

姚：如果要去征战，你会用什么样的曲调？

斯：声音是高一些，曲调和表情都会变化。

姚：比如表现慷慨激昂的曲调给征战，把一些缓慢的柔情的曲调给珠牡，你有这样的意识吗？

斯：没有，就是故事的内容是什么样的，我就用什么样的曲调。

姚：那这不算是根据内容来安排曲调吗？还是你也不需要有意识地去安排，唱的时候自然就出现了？

斯：一方面可能与内容有关系，另一方面，我根本就没有意识去安排它。其他艺人我不知道，从我自己来讲，唱的时候眼前就会出现像看电视一样的情景，包括珠牡姑娘的面部表情，我看到她的表情是什么样，我在唱的时候就是什么样。

姚：你看到的只是一个画面，还是也有声音和曲调？

斯：里面有曲调。

姚：你能听到里面的曲调吗？

斯：我能听到她的曲调，我能看到她在干什么，她的动作是什么样，包括他们的声音也可以听到。

姚：那就相当于你是一个传输工具，你做的就是把你听到的、看到的转述出来，唱出来？

斯：是的。故事的情节不一样，出现的人物不一样，故事里的状态和形象也就都不一样了，曲调也就不一样了，没有自主意识的。

杨（恩洪）：那我问你，比如说你唱贯察的曲调，都是贯察的曲调，你在这一部和另外一部里用的曲调都是一致的吗？

斯：也不一定。要看人物所处的环境、心情、出现的形式、在这个人物身上发生了什么事，这些都会改变这个曲调，没有固定性。如果我在唱之前都安排好了，就没法唱了。因为万一有变化，不就唱差了吗？就唱不出来了。①

当笔者问及曲调与情绪、情感的关系时，斯塔多吉明确肯定二者之间存在相互关联。但当笔者进一步追问曲调和情绪如何对应时，他只说根据内容和故事来决定，内容不同时，喜怒哀乐的情绪以及曲调也随之变化。在反复追问的过程中，笔者始终感到未得其要。因为按照常规逻辑，既然内容可以决定情绪，那么在内容与情绪及曲调配置方面就应该有相应的组合方式和技巧。通过记录与分析著名神授艺人扎巴老人的曲调，我们发现扎巴老人的曲调特征与说唱内容、人物情感是完全吻合的。那么又如何解释斯塔多吉的“不清楚”“不知道”呢？

其中的缘由曾让笔者一度不解，但最后发现，之所以存在这样的理解误差，原因是笔者在用常规的师徒传承的史诗音乐创编思维来思考或推理藏族格萨尔的神授艺人。神授艺人通常靠梦授获得格萨尔的故事和曲调，并不存在所谓明确的学习阶段，也不通过师徒之间口耳相传的方式来学习、表演与传承。因此，斯塔多吉所说的“内容决定情绪和曲调变化”在神授艺人的思维中是可以成立的。在他的实际说唱中，曲调由故事决定，故事本身又取决于他闭上双眼眼前浮现出来的画面，因为画面事前是未知的，所以故事及曲调在说唱前也

① 摘自笔者采访笔录，采访时间：2013年9月10日上午9：00—11：30；被采访人：斯塔多吉；采访人：杨恩洪、姚慧；采访地点：西藏拉萨市殿影酒店。为了节省篇幅，笔者对谈话的顺序略作调整，但笔录内容并未作任何改动。

是未知的、不固定的。故此，在神授艺人的说唱中，故事和内容对史诗歌手和史诗音乐的重要意义不仅局限在文学与音乐的形式匹配本身之上。

在斯塔多吉的观念中，曲调与内容是紧紧地捆绑在一起的，如骨肉筋血，再精密的手术刀也无法将它们真正切割开来，当说唱内容倾泻而出时，曲调也必然随之唱出。他有时作为旁观者来转述他看到、听到的一切，有时又参与其中，仿佛自己就是格萨尔故事中的某个人物，在深入其境的同时可以做到物我两忘，而这所有的一切并没有斯塔多吉本人的主观创作意识，是在无意识的状态下完成的。因此，在说唱完毕、回到现实时，当眼前的画面消失时，斯塔多吉只能回忆起大概的情节，至于细节和曲调则无法再度想起。采访中，斯塔多吉曾言：

> 神授艺人不管场景怎么样，说唱时背后都要有护佑的神，如果没有神护佑，格萨尔说不了。开始说唱时，我脑海里现在的所有事情就都空白了，只有古代的格萨尔的事情。我唱完后，古代的事情又都消失了，又回到我们现在的生活。就像是一种状态，进去了就什么都能看到，出来了就什么都没有了……有舞台和有很多听众的场面，我就能有一个好的状态，眼前就只有格萨尔的事情，我也不知道这些事情是哪里来的，我在每次演出的时候，我后面都有会很多的人，我都把他们当作岭国的这些将领，这样的话我们都在一起，特别高兴。我感觉自己已经不在这个舞台上了，已经真正到了岭国，身临其境。[①]

此外，斯塔多吉的说唱语言已经在原有的牧区方言的基础上掺杂了一些拉萨话。对此，斯塔多吉有着明确的警惕意识。首先，斯塔多吉在城市中很少有机会讲家乡方言，反而讲汉语和拉萨话的机会更多。其次，拉萨人听不懂边坝方言、不喜欢格萨尔的听赏习惯也为斯塔多吉的说唱带来了心理上的顾虑，这

---

① 摘自笔者采访笔录，采访时间：2013 年 9 月 10 日上午 9：00—11：30；被采访人：斯塔多吉；采访人：杨恩洪、姚慧；采访地点：西藏拉萨市殿影酒店。为了节省篇幅，笔者对谈话的顺序略作调整，但笔录内容并未作任何改动。

种顾虑使他对格萨尔史诗家乡方言说唱的投入度有所降低，以致直接影响到说唱时他能否感应到故事神的护佑，能否表演出精彩的部分。第三，一些电台或电视台邀请斯塔多吉录音时，往往是在没有听众的录音棚中完成录制的，对着机器的演唱时常令斯塔多吉难以进入最佳的说唱状态。

笔者曾聘请斯塔多吉为扎巴老人的《霍岭战争》录音资料做歌词誊录，当笔者对《霍岭战争》汉译本与扎巴老人录音资料在开始情节[①]上的出入困惑质疑时，斯塔多吉也对扎巴老人的处理甚为不解。有意思的是，在誊录工作结束后，在我们采录斯塔多吉的说唱时，却发现原来与笔者一样感到诧异的斯塔多吉却在《霍岭战争》上部的一开始采用了与扎巴老人相同的处理手法。由此可知，誊录工作也在不自觉中影响着斯塔多吉的实际说唱。此外，据西藏大学觉嘎的研究，由于现代传媒打破了原有的区域化和地方化的封闭性，格萨尔艺人的音乐词汇也得到了前所未有的丰富和拓展，如格萨尔国家级非物质文化遗产传承人次仁占堆的说唱中也明显具有了安多民歌和安多格萨尔的唱腔风格。[②]而且据斯塔多吉讲，现在有些格萨尔艺人还在说唱中加入了流行歌曲。故作为个体，神授艺人除了说唱格萨尔时与神互通之外，他多数的时间仍然在每天的日常生活中，他无法脱离生活环境而独立存在。不管是梦授时的意识形态，还是日常的生活状态都会存储在艺人潜意识中，以致自然渗入神授艺人的格萨尔说唱中，这在演唱模式尚不固定、演述经验尚不充分的年轻艺人身上可能尤其明显。

由取样经验可知，笔者原本并不知道扎巴老人的歌唱内容，仅仅按照曲调风格与特征来截取样本，但在后来的誊写过程中却发现，风格迥异的曲调样本恰恰对应的是不同人物、不同性别、不同性格的人物唱腔。因此，在扎巴老人

① 笔者阅读到的《霍岭战争》汉译本一开始的情节通常是，格萨尔已经离开岭国九年，霍尔白帐王派使臣四处寻妃。而扎巴老人录音资料的一开始却是格萨尔要出征北方魔国，正与珠牡、诸大臣告别。笔者并不谙熟民间格萨尔的说唱规律，后经杨恩洪解释，我们才知道民间的格萨尔艺人为了让听众在情节上与上一部故事有所衔接，有时会对上一部故事做一个简短的回顾。

② 西藏大学音乐系觉嘎的发言，摘自西藏图书馆格萨尔史诗音乐会谈，时间：2013 年 9 月 11 日中午 12：00；地点：西藏自治区图书馆；会谈人：西藏图书馆馆长努木、西藏大学艺术学院音乐系教授觉嘎、杨恩洪和姚慧。

格萨尔的口头说唱中，无论是曲调自身的组合与变化，还是人物与内容的相互配合，并非杂乱无章，反而有相对严谨的逻辑与思维，甚至有通用的、类型化的“创编”痕迹。如果扎巴老人也如斯塔多吉所说靠眼前画面来完成格萨尔的说唱、并无个人的创编逻辑与方法的话，那么笔者通过记谱发现的、扎巴老人对曲调与内容相对完美的结合与处理又是由谁来完成的呢?

格萨尔不同类型的说唱艺人有着各自不同的曲调思维。在格萨尔艺人中，除了神授艺人以外，照着本子说唱的丹仲艺人[①]的格萨尔曲调更加丰富，而且他们将所有的格萨尔曲调凭借记忆存储在自己的脑海中，当不同人物出现时，他们会配以不同的曲调来标示人物的身份角色。与神授艺人不同，却与蒙古族《格斯尔》艺人类似的是，丹仲艺人也对曲调与故事情节、人物角色的搭配有着较为明显的构思意识。[②]有趣的是，丹仲艺人往往听完神授艺人演唱后，将曲调记录下来，然后再根据自己的理解，将风格各异的曲调配置在不同的人物身上，有时还会加入一些其他曲调，但丹仲艺人和其他类型格萨尔艺人的基础曲调却很多来自神授艺人，而神授艺人却要靠神授的画面和声音来完成说唱，那么是否就可以推出格萨尔口头传统中使用的曲调，包括格萨尔音乐逻辑缜密的庞大曲式结构的建构以及词曲的组合方式也皆来自神授?

安东尼·西格尔对苏亚人的研究或许可以为我们提供一种解释的可能，他曾言：

> 在上欣古地区的马托·格罗索州，与仪式连接在一起的歌曲，是先祖魂灵来到大地教给人们的，音乐使回到神圣的昔日并苏醒过来成为可能。[③]

---

① 丹仲艺人，即吟诵艺人。

② 据杨恩洪讲：“玉树州的丹仲艺人就与神授艺人有所不同了，他们一般拿着手抄本或者木刻本说唱，他们就必须要考虑曲调，他们就把所有的曲子学记在脑子里，珠牡唱什么调、有几个曲调，格萨尔有几个曲调，每个人都有不同的曲调，甚至有的人还有套曲，比如格萨尔有自己的套曲，然后他根据故事的发展来决定用什么曲调。他们知道什么曲子配什么内容，与神授艺人完全是两个概念。有人认为丹仲艺人不是格萨尔艺人。”（摘自笔者采访笔录中杨恩洪的讲述，采访时间：2013 年 9 月 10 日上午 9:00—11:30；采访地点：西藏拉萨市殿影酒店；被采访人：歌手 A；采访人：杨恩洪、姚慧）

③［美］安东尼·西格尔：《苏亚人为什么歌唱》，赵雪萍、陈铭道译，上海音乐学院出版社 2012 年版，第 8 页。

…………

灵魂王国本质的现实不断地被强调，这是因为苏亚人经常去那儿，或者将自己的灵魂放在那儿，他们讨论那将会是怎样的情景。灵魂和动物王国的超自然特征，举例来说，像欧洲或中国对从没去过那里的美国人来说同样真实。我们弹奏在维也纳写的音乐，我们聆听描述中国的生活，我们很肯定人们去过那儿，而那些地方也存在。我们看见游人离开，然后在他们回来的时候和他们交谈。不同的旅游解释强调不同的事情，但是我们不会因此而质疑那些国家的存在。我们知道到那里旅游充满了不寻常的经历，有时候会有危险，那里的生活不同寻常。那些地方成为我们生活和经历的一部分，即使我们可能从来没去过。苏亚人灵魂的经历亦同样如此这般真实。[①]

在实际的采访中，苏亚人对灵魂世界的信仰在神授艺人的观念中也同样存在，格萨尔神授艺人相信发生在古代的格萨尔故事以及他们进入神境后眼前浮现的画面与声音如同日常生活一样真切，而他们正是可以穿越时间、空间和现实存在的阻隔，可以与先祖灵魂进行沟通与对话的中间人。或许是先祖的灵魂将古老的格萨尔故事和歌曲教给或展现给神授艺人，再由神授艺人看到、听到并歌唱传播出去。如是思维逻辑在现代科学或现代人的思维中是不可思议、难以置信，甚至是子虚乌有的，但在神授艺人看来，格萨尔世界的真实性却丝毫不亚于我们今天现实世界的存在感。

当笔者问及斯塔多吉是否可以不按照整部故事而随口唱出不同人物的唱腔时，他回答不一定。但笔者曾就相同的问题采访格萨尔神授艺人达哇扎巴[②]和次仁占堆[③]，他们不但可以做到，而且完全可以开启点唱模式，可以随口唱出所

---

① ［美］安东尼·西格尔：《苏亚人为什么歌唱》，赵雪萍、陈铭道译，上海音乐学院出版社2012年版，第71—72页。

② 达哇扎巴，男，藏族，1978年出生在玉树藏族自治州治多县一个普通的牧民家里。从小在家放牧，在他15岁那年，经过一场神秘般的梦境之后，开始说唱格萨尔的故事。

③ 次仁占堆是国家级非物质文化遗产项目格萨尔代表性传承人。

点人物对应的唱腔。因此，其中也不排除不同地域、不同风格的神授艺人也会有各自不同的个体差异。但如何看待一位尚未定型的年轻歌手与娴熟练达的成熟歌手在神授感应与表演技巧上的差异，究竟哪一类型的歌手更容易保留、接近与神圣世界沟通的感应系统恐怕又是另一个值得深思的问题。

对神圣或神授世界没有太多感知的“我们”往往以一种常规的、“科学的”思维逻辑来判断推理我们的研究对象，在此思维下，尽管目前无法解释其中的来龙去脉，但我们更愿意相信：其一，格萨尔史诗中情感与曲调、唱词与曲调，曲调与人物的配置依据，曲目的联缀规则以及曲调的分类、布局与构思皆来自格萨尔世代传承的古老的史诗说唱传统，其中不但包括史诗的文学部分，还包括唱腔与曲调的部分，在长时间的口头流传过程中已经形成相对固定的搭配规律，这种规律作为传统的一部分被历代史诗歌手无意识地传承；其二，来自神授的说唱内容和曲调明显具有当地民歌的地方化特征，或许格萨尔唱腔的区域化风格的形成也与此相关。

此个案中，笔者所有的疑惑与不解均是以“我们”的、“科学”的世界观、价值观为基本出发点，从而质疑所谓“神圣”或“神授”存在的真实性。“局内”与“局外”是民族音乐学的老话题，歌手斯塔多吉的个案研究带给我们的启示是，与一般意义上的“局内”与“局外”的视角差异相比，试图在“内”“外”视角之间实现关涉思想世界、精神信仰层面或根本问题的彼此认同就显得更为不易。当我们以局外人的身份进入田野场域时，当“他者”的思想世界迥异于“我们”的日常生活与观念时，尤其是面对所谓“科学”与“神圣”相互对立冲撞的两极世界观与价值观时，“我们”首先需要反思的是我们的研究思维是否建立在一个平等对话的心理基础之上，是否将二者置于一个相互尊重的对话空间之中。我们的常规思维中储存着“我们”的、“科学”的丈量法尺，“我们”在信仰“科学性”的同时在一定程度上习惯性地质疑或否定迥异于“我们”思维逻辑的“神圣性”与“神授性”。所谓将“神圣”视作“迷信”，有时可能只是没有宗教信仰知识与体验的局外人戴着自我的“眼镜”所建构的特定想象。

古典佛教哲理认为主客体之间的关系存在两种见地，即相对真理和绝对真理。“如果主客体之间或是观察者与景色之间存在着某种干扰或过滤镜的话，所得到的见解就称为无效的或相对的真理；两者之间没有干扰或过滤镜存在，所得到的见解就是绝对真理。换句话说，相对真理就是通过过滤光镜的‘它的显现’，绝对真理是实相没有透过滤光镜的‘它的本性’。‘自我’是一种假设、一种决定、一种受干扰的见地。这表示自我的观点因为受到过滤，所以是扭曲的。”[①] 所谓真实与虚假、正确与错误、存在与非存在只是一种基于“我们”“自我”的误解和幻相，却被人们当作正确的见解和客观存在所认知。“我们”通常认为，“除非我们对现象有某种概念，否则那种现象对我们而言根本不存在”[②]。古典佛教哲理可以为我们对自我研究立场的反思提供参照，特定人群的特定世界观与价值观，包括作为这些观念的表现形式与文化载体的音乐思维，是基于某一特定族群、特定区域内世代传承的生活经验的总结、提炼与承继，他们的思想、情感、音乐、观念是没有经历的局外人无法体会与揣测的，同一风景在不同的人眼中或不同情绪状态下也会被感知为不同的美丽，有时“我”之所爱恰恰是“他”之所恶。因此，所谓的“客观”很大程度上也是基于判断者自身的生活体验、知识结构、认识水平等诸多因素共同作用的结果，是一种相对的客观。

故此，当我们以“自我”的天平衡量藏族格萨尔神授艺人的音乐思维时，不应该仅以“我们”的、“你们的”“科学”立场去评判“他们”的立场正确与否、存在与否，兼顾二者的综合判断才可接近完整的真实。

通过格萨尔神授艺人斯塔多吉音乐“创编”思维与过程的不存在，或许我们可以认为，对于神授艺人而言，格萨尔史诗音乐的“创编”指涉更多的是一种“传达”过程，此过程在特定人群与语境中具有神授性。“雕塑家说被人类感受到的普遍需求不仅仅是想象中的神、一般出现在天空中或宇宙中的神，而是人类拥有的一种直接的神圣感觉，这种感觉在心理上与神圣相接近、相靠

---

① ［不丹］宗萨蒋扬钦哲仁波切：《佛教的见地与修道》，马君美、杨忆祖、陈冠中译，新星出版社 2010 年版，第 12 页。

② ［不丹］宗萨蒋扬钦哲仁波切：《佛教的见地与修道》，马君美、杨忆祖、陈冠中译，新星出版社 2010 年版，第 15 页。

近，而这种感觉的实现或完成要通过精神或心理的方式来完成，这种方式与雕塑、绘画或其他各种神的想象形式相联系。”[①] 在口头史诗中，史诗音乐也可能是一种神的想象形式。通过史诗与音乐的重复演述与表演在心理上与神圣相靠近并与神沟通，史诗音乐恰恰是这种精神或心理感觉最直接的承载方式。故此，我们不能用他族的、格萨尔其他类型史诗艺人的通用思维或“我们”的“科学”思维来分析、判断与研究神授艺人的音乐创编。

三、以人定曲的身份意义

柯琳曾言，“不同的曲牌代表了不同的人物形象类型，表现出不同的环境事件，它们分别在曲牌名称、曲调、节奏及演唱上有不同的特点，同时存在着不可分割的联系。在每一部说唱故事中，与人物相关的繁多的说唱曲牌，构成了史诗格萨尔的说唱音乐基本特征，也成为史诗格萨尔在传承和传播过程中，必不可少的表现形式”[②]。藏族《霍岭战争》或格萨尔史诗的征战篇章并不像现代人想象的那般，当两军对峙时，双方战将一马当先、用手中的刀枪直接开战、一决胜负。实际的藏族《霍岭战争》却往往在两军阵前，双方将领手持利器先要以对歌的方式比试一番，不仅向对方表决心要先唱段曲子，而且还要由声音条件出色且英勇豪迈、言简意深、善于比喻的将领出马。这样的情节描述在藏族格萨尔中随处可见、俯拾即是。如岭方的尼奔开口说道：

“为了证明我们六个人（岭国六英雄）到了雅司城，让我们在城外一块儿发下一个三年内定要把霍尔彻底消灭的誓言吧！现在先让我们把那金顶、飞幡等各射它一箭，作为纪念好吗?”大家一致赞同。但由谁来向霍

① 摘自哈佛大学希腊研究中心主任格雷戈里·纳吉教授在哈佛大学网络公开课的讲义《古希腊的英雄》。

② 柯琳：《〈格萨尔〉说唱音乐的结构特征》，《中央音乐学院学报》1998 年第 4 期。这里作者沿用了扎西达杰用汉族“曲牌”的概念来指称格萨尔的曲调，这里的引用并不是关注曲牌与格萨尔曲调的问题，这个问题已经在前文做了较为详细的论述，这里主要试图说明的是人物与格萨尔曲调之间的关系。

尔唱曲子表达决心呢？大家都说："我唱！我唱！"尕德建议："还是叫森达唱吧！他声音洪亮，且能唱得英勇豪迈，言简意深，又善于比喻。"森达并不推辞地说："好！就由我来唱这支正义的曲子吧！"于是走了出来，挥着大刀，唱起没头没尾也不做任何询问的曲子：我无敌的森达阿顿木，乃是光明神裔的英雄，雄狮王格萨尔的噶伦。雅司卡玛城城楼上，红袍子里的白帐王，听这具有重要意义的曲子吧！①

再如岭方的丹玛与霍尔的梅乳孜之间的对歌对决：

壮士丹玛听到身后有人高喊，立即勒马转身，仔细一看，只见辛巴梅乳孜急驰而来。丹玛想：此人武艺超群，威名远扬，只可智取，不可力敌。我得赶快想个对付他的好主意才是。未等丹玛答话，梅乳孜已催动坐骑紧追了上来，他开口唱道：②

……

若不知我唱什么曲，
这是辛巴"长果短果曲"，
颂赞魔神我唱"长果曲"，
镇压敌人我唱"短果曲"

……

丹玛一面听，一面想道：一向听说梅乳孜智勇双全，今日一见，果然名不虚传。哎呀呀！此人如不早除，以后遗患必然不小。我不如先以谎言将他骗过，然后乘其不备，将他一箭射死。想罢，用"欺骗之曲"道：我出生在白云飘荡的中岭……③

---

① 王歌行、左可国、刘宏亮整理：《岭·格萨尔王（霍岭战争）》（中），中国民间文艺出版社 1986 年版，第 362 页。

② 王歌行、左可国、刘宏亮整理：《岭·格萨尔王（霍岭战争）》（中），中国民间文艺出版社 1986 年版，第 107 页。

③ 王歌行、左可国、刘宏亮整理：《岭·格萨尔王（霍岭战争）》（中），中国民间文艺出版社 1986 年版，第 110 页。

从汉译本来看，与蒙古族《格斯尔》极为详尽地描写战场、战将的着装和武器相比，藏族格萨尔双方将领代言体、韵文式的对歌占绝对篇章。那么我们需要思考：他们为何而唱？对歌或歌唱对传唱格萨尔的藏族史诗歌手、格萨尔流布区域的藏族民众以及格萨尔中正反方的人物角色意味着什么？为什么除了两军阵前刀枪激战、厮杀搏斗的描述之外，更多的是大篇幅的对歌与对唱？为什么在两军阵前除了“比比箭法，亮亮长枪”，还要“唱唱豪歌”？为什么“阿塔拉要在仇人队前唱”，“曲调要在十万大军侧面唱”①？

据车得驷的研究，“专用曲牌都是刻画人物、塑造人物个性的一个特殊组成部分。一个曲牌在一个人物身上反复使用，有使人物形象与曲境，渐次相融化在一起的作用。曲牌反映人物，人物体现曲牌。曲牌的雕塑人物与唱词中对人物的描述及道白中对人物的说明，完全水乳交融，不能分割”②。李晓玲也曾言：“《格萨尔》的曲调从曲名看，与人物的关系是密切的，它的曲名紧紧围绕着人物形象、演唱地点以及演唱内容等的不同而有所变化。”③据边多的统计，在藏族《赛马称王》全书中共有56个唱段，其中以人物特定标题性专曲专用的曲调达36首之多；《霍岭战争》全书共有233个唱段，其中以人物特定标题性专曲专用的曲调46首。④

可见，与蒙古族、土族格斯（萨）尔史诗音乐不同，庞大的曲名体系和人物曲调的专曲专用现象是藏族格萨尔史诗音乐的突出特点，格萨尔故事中每个人物、每种动物都有各自演唱的曲调，且不能混淆。格萨尔王是整部史诗贯穿始终的核心人物，他不能用史诗中魔敌及其他人物的专用曲调，他的特殊地位和使命决定了他的曲调及曲名与众不同，不能与其他人物的曲调相互替换。仅在《赛马称王》和《霍岭战争》中格萨尔王就使用几十个不同种类的说唱曲

---

① 王歌行、左可国、刘宏亮整理：《岭·格萨尔王（霍岭战争）》（中），中国民间文艺出版社1986年版，第63页。

② 车得驷：《〈格萨尔〉曲牌的创作艺术》，《西北民族学院学报（哲学社会科学版）》1994年第4期。

③ 李晓玲：《藏族史诗〈格萨尔〉音乐研究》，硕士学位论文，西北民族大学，2005年。

④《中国曲艺音乐集成·西藏卷》编辑委员会：《中国曲艺音乐集成·西藏卷》，中国ISBN中心2007年版，第399页。

调，如显示他特殊地位的【大海盘绕古尔鲁曲】【金刚古尔鲁曲】等；表现他谈情说爱的【婉转的情曲】【终身无变曲】【吉祥八宝曲】等；表现他祭祀行为的【呼天唤地曲】【呼神箭歌曲】等；表现他在大庭广众叙述实力的【大河慢流曲】【欢聚江河慢流曲】【高亢婉转曲】等；表现他战斗激情的【攻无不克的金刚自声曲】【威振大地曲】等。除此之外，曲名体系和专曲专用也因说唱艺人、流布区域的不同而有所差异。

有的艺人把不同的曲调分为岭国人物和其他国家人物两大类，也就是所谓的“人物专用调”；有的艺人说唱某一大部时，每个重要人物都配以多首“专用曲调”，形成成套的“人物专用曲”；有的艺人则把相同的曲调用于不同的人物，或一般人物用同一种曲调，或多部格萨尔的人物又只用同一种曲调，这就是所谓的“人物通用调”；有些自娱的业余说唱者和少数民间艺人，选用民歌或其他任何曲调来说唱格萨尔故事，或自由选用曲调，这就是“自由选用曲”。据扎西达杰的研究，格萨尔形成了军事类、国务类、仪俗类、心理类、说教类等内容的歌名系统，以及由格萨尔、岭方人物、他方人物、反派人物、神类人物、动物类曲名，以及其他曲名系组成的曲调名称体系。[①]

如果我们仔细观察，这个藏族庞大的曲名体系其实包含着人物与动物、正方与反方、岭方与敌方或岭方与他方的划分逻辑，而且所有的曲名中以人定曲占有绝大多数。如果回顾前文的“西藏音乐历史传统中的格萨尔史诗音乐”，我们会发现西藏音乐艺术形式早期的猎人与野兽的人物角色的戏剧化划分，可能是后期发展的格萨尔史诗音乐人物与动物、正方与反方、岭方与敌方或岭方与他方角色划分逻辑的源头，格萨尔史诗音乐中一系列对立关系的角色划分是早期猎人与野兽身份关系的延伸与发展。因为在猎人围猎野兽的过程中，野兽是被俘获的对象，而猎人却是为生存而实施猎取的主体，也就是说在猎人与野兽的角色中暗含着敌我与正反的身份关系，而且上文已述，这样的戏剧化角色划分直接影响到后期很多音乐艺术的发展趋向和思维逻辑，而格萨尔却实现

① 参见《中国曲艺音乐集成·西藏卷》编辑委员会《中国曲艺音乐集成·西藏卷》，中国 ISBN 中心 2007 年版，第 399 页。

了敌我、正反、人物与动物对立身份关系的曲调化，换言之，用曲调的人物专用、人物定曲来界定、区分人物间及人物与动物的身份地位。因此，格萨尔的歌唱不仅仅是曲调本身，而且已经成为格萨尔故事中人物角色身份认同与建构的重要组成部分，用不同的曲调来区分敌我双方、你我同方或同方内部不同地位的身份关系。如格萨尔王的一系列曲调就不能与敌方或岭方其他身份地位的人物相混淆。据车得驷的研究：

> 用“杜鹃”鸟所造曲牌就有八个：“杜鹃婉转曲”（khu byug ldemglu）、“杜鹃声”（khu byug vgyur glu）、“杜鹃六律”（khu byug drug vgyur）、“杜鹃啭声调”（khu byug ldem vgyur）、“杜鹃六啾”（khu byug ldem drug）、“杜鹃慢旋曲”（khu byug dal lding）、“杜鹃旋律调”（khu byug gi gdangs）、“杜鹃怒鸣曲”（khu byug ngar sgra）。杜鹃是一种鸣叫悦耳的小候鸟，她象征着言辞好听，或者比喻一个女性的莺舌燕语，或者表达一种善良的意愿等，代表一种温和活跃的气氛。使用这八个曲牌的人物分别是：角如母、阿里尤介托贵、阿里王女儿扎西才措、岭臣詹巴让夏、格萨尔、色戎家媳妇、汉地法王、嘎德曲郡白拉，其中有三名是女性。没有反面人物，全属格萨尔系统。不是亲人就是投奔岭王；不是拥护消灭恶魔就是弃恶的善男信女。他们都带着爱戴格萨尔、拥护岭国事业、愿佛法昌盛、人民安乐的强烈愿望。[①]

由此可见，藏族格萨尔史诗的音乐曲调根据人物角色的不同被赋予了人物类型化的特征。而对于动物的曲调，车得驷也曾言：“利用动物所创造的曲牌：这一类曲牌是用各种动物之名所创造，它有显示动物形象的特点。所有的动物也是经过慎重选择的，要能代表战争中正义与非正义双方人物的不同形象。”[②]

---

① 车得驷：《〈格萨尔〉曲牌的创作艺术》，《西北民族学院学报（哲学社会科学版）》1994年第4期。

② 车得驷：《〈格萨尔〉曲牌的创作艺术》，《西北民族学院学报（哲学社会科学版）》1994年第4期。

可见，即使是动物也是藏族人或史诗歌手重构之后的动物角色，它们也需要有正义与非正义的身份归属。而另一方面，在早期“猎人与野兽”的对立关系之外，实际上“猎人与野兽”还存在一种依存关系，猎人的生存要靠捕猎动物来维持，甚至有时人类的生存要靠动物的帮助，而这种依存关系也在格萨尔中得到了充分体现，其中大量的动物曲调与曲名以及模仿动物叫声的大量衬词就是例证，并且乌鸦发现珠牡也成为霍岭战争的直接导火索。

专用曲调和曲名体系可以说承载着完整的身份关系与社会认同，不同人物或动物的正反角色规定着他在格萨尔中如何使用与之身份角色相对应的曲调和曲调名称，而曲调及曲名本身也暗示着人物角色的身份归属，是岭方还是敌方，是正方还是反方一目了然。与此同时，岭方与他方也在通过对方来界定着自身，而曲调就正是这种身份界定不可或缺的重要方式，这也是熟悉格萨尔的藏民通过曲调可以判断下一位出场人物的主要原因。诚如安东尼·西格尔所言：“民族音乐学研究应当从考察音乐与其他艺术形式的关系着手，因为没有事物可以孤立存在。每一个东西总是部分地由它不是什么，并由其同一体系中的其他成员界定的，它们通常是系统地联系在一起。”[①] 没有霍尔白帐王的“调兵曲”，也就无所谓有岭方格萨尔的“雄狮六变调”，没有岭方晁同用老狼嚎叫的声音唱起的“鬼门青刀曲”，也就无所谓有贾察的“白狮六变调”，没有歇庆供养虚空的三位魔神的“阻拦之曲”，也就无所谓有金刚道情曲、无碍梵天妙音曲、深明行道的活佛曲、大吽九声的咒师曲、吉祥八宝的僧人曲。事实上，这些标示着岭方身份认同的曲调和曲名重要，而那些标示着霍尔或其他敌方身份地位的曲调和曲名更加重要，因为这里的敌方是经过岭国人或藏族人或西藏人建构之后的敌方，敌方曲调或曲名的确立直接影响到对岭方内部社会身份关系和族群认同的解读，也就是说曲调本身也具有社会身份的属性，曲调或曲名也是族群与族群之间或族群内部不同人物之间区分社会身份、族属身份、心理身份与历史记忆的重要标识。如贾察在与霍尔的东旋奔图尔决战时用“勇武短

---

① ［美］安东尼·西格尔：《苏亚人为什么歌唱：亚马孙河流域印第安人音乐的人类学研究》，赵雪萍、陈铭道译，上海音乐学院出版社 2012 年版，第 30 页。

调”唱道：

曲如河水滔滔奔流不歇，
歌如云空渺茫难以预测，
调如血液流动周身燥热。
我在打击敌人时，
定唱“勇武短调”曲；
我若刀割敌人头颅时，
必唱“流水慢调”曲。①

珠牡高举金杯走出来躬身说道：

呀！请听呀，神圣的后裔君臣大众们！这杯美酒犹如久旱之甘露，我的曲子，犹如杜鹃之嘤鸣，词句则如丰年的穗头。请听我唱一曲！

……

三夏我唱“鲜花清露曲”，
三冬我唱“旋风抒情曲”，
三春我唱“车前子婉转曲”，
一生常唱“九曼六变曲”，
六变取自苍龙的啸音，
九曼取自虚空的雨声。②

珠牡对唐聂早有怀疑，也想试探试探，便不由分说，唱起了这样一支歌道：

杜鹃在树木葳蕤葱茏的时节，

① 王歌行、左可国、刘宏亮整理：《岭·格萨尔王（霍岭战争）》（上），中国民间文艺出版社1985年版，第141页。

② 王歌行、左可国、刘宏亮整理：《岭·格萨尔王（霍岭战争）》（中），中国民间文艺出版社1986年版，第101—102页。

以它妙曼婉转的歌喉高唱欢乐之曲。
当秋季严霜寒露凝结的时候,
它呀,要唱那转移地区的忧郁之曲。
黄天鹅在碧绿湖水盈溢时飞舞盘旋,
以它曼丽的喉声高唱欢乐之曲。
当秋风瑟瑟封冻湖水的时候,
它呀,要唱转移他乡的忧郁之曲。
蜜蜂在草原上莲花盛开时飞来,
以它薄翅的幽雅韵调高唱欢乐之曲。
当那花败草衰色调转变的时候,
它呀,要唱寻觅冬眠梦乡的忧郁之曲。
嘉洛·森姜珠牡姑娘,
所唱的九曼六变歌曲。
当在东方花花岭尕时,
是为取悦于岭主雄狮大王,
尽情唱那愉快欢乐之曲。
在霍尔这鬼魅的地区,
我呀,只能唱怀念故乡的忧愁之曲。
……①

总管老王比较老成持重,他为了稳住大伙情绪,以便弄清情况,故意慢慢悠悠地唱道:

我老汉要唱就唱漫长之曲,
慢慢就像海水渐渐潴聚,
唱得就像清风吹拂层层涟漪;
我唱的词句也很绵软,

① 王歌行、左可国、刘宏亮整理:《岭·格萨尔王(霍岭战争)》(下),中国民间文艺出版社 1986 年版,第 282—283 页.

绵软得就像中华的绸丝，
唱得就像绸纹一样轻柔细密；
我唱的歌曲句尾悠长，
长得就像黄河向东奔流不息
……①

当年察阿旦、伍雅周吉、穆庆、塔尔哇四位英雄壮志未酬、含恨离开人间、全部阵亡后，奔巴王贾察如同马头明王碰见了魔鬼似的，愤怒万分，向前冲到约一箭之远，拔出雅司宝刀，张口唱道：

唱曲要从苍天界中先唱，
祝天神权势如青天般崇高；
取词要从虚空界中去取，
愿好汉心胸如虚空广阔；
断句要从碧海界中去断，
愿豪杰毅勇如大海怒涛。②

丹玛在与梅乳孜决战时想道：

这是你们霍尔兴兵犯境，而我们是为了保卫自己的国家，从敌人手里夺来的马匹怎能不明不白地轻易归还。于是坚决地回答：
我说的虽不关圣教正法，
会听的比那正法更有益处。
正因为霍尔牛头虎帽王，

① 王歌行、左可国、刘宏亮整理：《岭·格萨尔王（霍岭战争）》（下），中国民间文艺出版社1986年版，第297页.

② 王歌行、左可国、刘宏亮整理：《岭·格萨尔王（霍岭战争）》（下），中国民间文艺出版社1986年版，第305页。

强暴的铁蹄践踏岭国山河，
栽起那霸道的魔法战旗，
玷污了雪山下纯洁甜美的生活。
以往霍、岭两国，
犹如波涛和堤岸属于同一条河，
互相依傍紧密相连，
从来没有搅起仇恨的旋涡。
如今你霍尔自恃兵强马壮，
无端地侵犯我们岭国，
这种阴谋已如日月明朗，
大军压境燃起了战火。[①]
……
霍尔倘若撤兵离去，
各自尊重国家的权利，
不再图谋侵犯我国的土地，
那时我自然会照你的要求去做！
不但不需要你们的瘦马，
甚至连一根鬃毛也不会拿去。[②]

从以上的引述中，我们会发现单从曲名上来看，除了曲调与曲名以人物角色为划分依据以外，事实上很多曲名是与歌词内容相对应的，或者说曲名也有提示歌词内容的作用。

因为格萨尔史诗几乎所有人物间的对话都是通过韵文的歌唱体来完成的，因此格萨尔曲调的歌唱及曲名的描述在一定程度上定义了每个人物与他人的关

① 王歌行、左可国、刘宏亮整理:《岭·格萨尔王（霍岭战争）》(上)，中国民间文艺出版社1986年版，第113—114页。

② 王歌行、左可国、刘宏亮整理:《岭·格萨尔王（霍岭战争）》(上)，中国民间文艺出版社1985年版，第115页。

系以及族属关系，定义了每个人物的年龄、性别、时间、空间、地位、情境或情绪，格萨尔中的曲调怎样唱、唱什么、何时唱、谁来唱的背后都几乎体现着藏族族群内部以及格萨尔史诗歌手个体的意义建构与情感表达，这些我们都可以在上述引文中清晰地看到。例如在《赛马称王》中，只有在神马已经找到，外道贡巴若杂已经被灭，恶鬼均被镇压，赛马已经取胜，威慑条件全已具备，大局已定的条件下，格萨尔才分别在对卦师求卜和镇压超同时使用了专用曲牌“威慑大众曲”。[①] 因此，当时间、空间、情境和人物的身份属性等发生变化时，格萨尔曲调也会随之变化。如果对于镶嵌在诸种仪式中的音乐而言，每一次仪式的进行，每一次音乐的表达都是对姓氏族群社会身份的再证实的话，那么对于世世代代传唱格萨尔的史诗歌手和藏民而言，歌手每一次的着衣戴帽、起腔说唱相信都是对格萨尔故事中不同族群社会身份、年龄性别的再认知，是对过往霍岭两国之间恩怨仇恨与历史记忆的再度强化，是族群混居、文化碰撞交流区域“我”是格萨尔的后代或“他”是霍尔子孙身份认同的再度指认。

安东尼·西格尔曾言：“音乐与服饰和语言文体，可以是有用的建立群体身份的工具。即使生活类型变化了，村庄形式废除了，那些身上羽毛用作身体装饰的鸟类灭绝了，衣服破了，当地语言忘记了，一个群体的成员可能使用歌曲和舞蹈来显示他们喜欢自己应当是什么样子，在特定的场合，重新建立他们跟过去的联系。也许，这就是为什么如此众多的分裂的群体坚韧地紧附在他们的音乐传统上。”[②] 大概这也是为什么除了两军阵前刀枪激战、厮杀搏斗的简短描述之外，更多的是大篇幅的双方对歌与对唱的原因所在，也可能是为什么藏族格萨尔史诗音乐经过历代的更迭至今仍然保留着古老音乐结构与形式的原因之一。他们在大战之际、战场之上唱的并不仅仅是歌曲本身，而是将对歌也作为了一种宣战的方式，且对歌的成功在一定程度上丝毫不逊色于刀枪的胜利。或许歌曲本身就是当时藏族人的一种生活方式，它与格萨尔故事中的人物唇齿

① 参考车得驷《〈格萨尔〉曲牌的创作艺术》，《西北民族学院学报（哲学社会科学版）》1994 年第 4 期。

② ［美］安东尼·西格尔：《苏亚人为什么歌唱：亚马孙河流域印第安人音乐的人类学研究》，赵雪萍、陈铭道译，上海音乐学院出版社 2012 年版，第 165 页。

相依，相互诠释，不论是喜悦、忧愁，还是悲愤、激励，不论是国事议政、对策商榷，还是求神问卜、战场对决都无法缺少歌唱的身影。如果说诗句与故事是格萨尔口头历史与记忆的承载者的话，那么与诗句、故事水乳交融、难分彼此的格萨尔史诗音乐则更是任何艺术形式所无法替代的重要组成部分。如西格尔所言，当有一天语言、故事、诗词格律在现代观念的影响下都发生松动或变异时，或许格萨尔诗词的重要依附形式——音乐却依然可以薪火相传。

综上所述，西藏藏族格萨尔史诗音乐中以人定曲是自原始社会以来早期音乐艺术形式中猎人与野兽对立角色划分的曲调化，虽然格萨尔史诗音乐的曲调众多，但它们仍然以传统的正反、敌我、人物与动物的对应关系来建构与配置曲调，可见早期戏剧化角色划分的思维逻辑在格萨尔史诗音乐中得到了继承与发展，可以说“以人定曲”成为连接过去、现在和未来的文化纽带。与此同时，以人定曲并不是只具有简单的形式意义，而且在形式之外，它也在正反、敌我、人物与动物的对立或对应关系中建构着西藏藏民内部以及藏族与他族之间各异的身份关系，并且其中不仅包含了藏族人对自己历史的理解与记忆，也包括当下仍然应用“以人定曲”的史诗歌手对藏族格萨尔身份认同的坚守与重构。①

（姚　慧　中国社会科学院民族文学研究所副研究员）

① 这里还需要注意一个问题，那就是格萨尔史诗歌手叙述中或唱段中的曲名是否与实际的史诗音乐曲调完全对应，由于笔者现有条件限制目前无法对此问题做出解答，故暂且不论。

稿　约

《曲艺学》是中国艺术研究院曲艺研究所和中国说唱文艺学会联合创办的专门汇集刊载曲艺研究学术文章的不定期出版物。设有“人物研究”“曲种研究”“历史考察”“理论探索”“创演评论”“文献考述”“美学鉴赏”“文化探究”“名家谈艺”“学术演讲”“口述访谈”“人物述林”“资料钩沉”“序跋书评”“传承传播”“域外曲艺”“商榷争鸣”“学科建设”“专题辑览”“调研报告”“文摘转载”等栏目，全面刊载曲艺研究各种范式的学术成果。每篇字数一般不超过50000字，欢迎投稿。

一、来稿要求

（1）文稿内容除标题外，应包括三个部分，即内容提要、关键词、正文。

（2）注释格式采用页下注，全文统一编码。

（3）文献引用按如下格式：

①侯宝林、汪景寿、薛宝琨：《曲艺概论》，北京大学出版社1980年版，第50页。

②车文明：《诸宫调创始人孔三传新解》，《文艺研究》2014年第2期，第83页。

③刘漫：《唱曲舞蹈考略》，博士学位论文，中国艺术研究院，2012

年，第 36 页。

④（宋）孟元老等:《东京梦华录》(外四种)，上海古典文学出版社 1957 年版，第 68 页。

二、作者介绍

姓名，性别，民族，出生年月，籍贯，学位。现任职单位和职称。联系电话及电子邮箱。

三、收稿邮箱

13601160923@139.com

四、联系电话

010—64952414（办）

五、通联地址

北京市朝阳区惠新北里甲 1 号中国艺术研究院曲艺研究所（100029）